Kolbenverdichter

Thermodynamische Grundlagen, Berechnung

Konstruktion und Betriebsverhalten

Von

Dr.-Ing. Franz Fröhlich

apl. Professor an der Technischen Universität Berlin

Mit 146 Abbildungen
und 29 Tafeln im Text
sowie 3 Tafeln in einer Tasche

Springer-Verlag Berlin Heidelberg GmbH
1961

ISBN 978-3-642-51049-6   ISBN 978-3-642-51048-9 (eBook)
DOI 10.1007/978-3-642-51048-9

© by Springer-Verlag Berlin Heidelberg 1961
Ursprünglich erschienen bei Springer-Verlag OHG., Berlin/Göttingen/Heidelberg 1961
Softcover reprint of the hardcover 1st edition 1961

Vorwort

Das vorliegende Buch über Verdichter mit hin- und hergehenden Kolben soll sowohl dem Studierenden als auch dem praktisch tätigen Konstrukteur, Planer und Betriebsingenieur alle jenen Kenntnisse vermitteln, die notwendig sind, um die thermodynamischen Vorgänge im Verdichter und sein Betriebsverhalten verstehen und seinen Energieaufwand sowie alle für die Auslegung und Konstruktion benötigten Hauptabmessungen der Maschine berechnen zu können. Über Kolbenverdichter sind in der Literatur zum Teil irreführende Anschauungen anzutreffen. Um dem Leser dieses Buches Irrtümer und unnützen Zeitaufwand zu ersparen, werden allgemeine Hinweise auf solche Veröffentlichungen vermieden. Alles wird so eingehend erläutert, wie es für das Verständnis notwendig ist.

Bei den theoretischen Grundlagen wird nur das gebracht, was mit den inneren Vorgängen im Verdichter unmittelbar zusammenhängt und was für die weitere Entwicklung der rechnerischen Grundlagen dem Verfasser notwendig erschien. Die thermischen und kalorischen Zustandsgrößen werden nur soweit behandelt, als es für das Rechnen mit ihnen erforderlich ist. Wie sie z. B. zu messen sind, wird als bekannt vorausgesetzt und auf die einschlägigen Abschnitte in den Büchern der Wärmelehre oder in technischen Handbüchern verwiesen.

Soweit Gase verdichtet werden, die sich bei Umgebungstemperaturen nicht verflüssigen, wird der Energieumsatz im Verdichter am besten nach dem isothermen Wirkungsgrad beurteilt. Dies setzt natürlich voraus, daß die isotherme Verdichtungsleistung realer Gase, welche sich von der für ideale Gase im höheren Druckbereich beachtlich unterscheidet, bekannt ist. Eine einfache Methode für ihre Berechnung wird angegeben und für verschiedene für die Technik interessante Gase in Form von Kurventafeln, welche zum Teil in Studienarbeiten an der Technischen Universität Berlin aufgestellt wurden, ausgewertet.

An Hand zahlreicher Beispiele ausgeführter Maschinen von verschiedenster Bauart können wertvolle Erkenntnisse für die Auslegung und Konstruktion neuer Verdichtermaschinen gewonnen werden. Den Herstellerfirmen, welche die Unterlagen hierfür zur Verfügung stellten, sei auf diesem Wege der verbindlichste Dank ausgesprochen.

Die an Kolbenverdichtern vorhandenen besonderen Bauteile, wie z. B. Zylinder, Laufbüchsen, Kolben usw., werden in diesem Buch eingehend behandelt. Um seinen Umfang nicht unnötig auszuweiten, wurden von Teilen, wie z. B. den Arbeitsventilen, Stopfbüchsen usw., die von Spezialfirmen nach Größen und Drücken bzw. Bauarten genormt sind und in Serien hergestellt werden, nur die allgemein gültigen Hinweise für ihre Berechnung und Konstruktion gebracht. Im Bedarfsfall sind die ausführlichen Sonderdrucke zu verwenden, die von den Spezialfirmen über ihre Bauarten aufgestellt und auf Wunsch zugesandt werden. Aus dem gleichen Grund und um das Erscheinen dieses Buches nicht noch länger zu verzögern, wurde Grundsätzliches über die Berechnung der Triebwerke nicht gebracht. Diesbezüglich wird auf die umfangreiche Literatur über Kolbentriebwerke verwiesen.

Unter Berücksichtigung der bei Kolbenverdichtern vorliegenden besonderen Betriebsbedingungen werden für die Wärmetauscher zur Kühlung der heißen Gase nach jeder Verdichtungsstufe diejenigen theoretischen Grundlagen gebracht, welche für eine verständnisvolle Berechnung notwendig sind. Mit Rücksicht auf die für Wärmetauscher schon vorhandene Fachliteratur wird auf die vielen Ausführungsmöglichkeiten, abgesehen von einigen wenigen im Zusammenhang mit beschriebenen Maschinen gebrachten Anwendungsbeispielen, nicht näher eingegangen. In einem besonderen Abschnitt „Maschinengründung" werden einige einfache Verhältnisse berücksichtigende theoretische Unterlagen gebracht, deren Kenntnis dem konstruierenden und planenden Ingenieur die wichtigsten Voraussetzungen für eine einwandfreie Gründung seiner Maschinen und deren Verbindung mit ihren Fundamenten vermitteln soll.

Das international vorgeschlagene und von einzelnen Ländern auch schon vorgeschriebene MKSA-Einheitssystem ist auch für die Berechnung der Verdichter vorteilhaft. Solange für die Einheit des Druckes das kp/m^2 bzw. kp/cm^2 zugelassen wird, ist die Umstellung für den praktisch tätigen Ingenieur äußerst leicht, zumal die Zahlenwerte für die meisten Begriffe sowieso unverändert bleiben. In diesem Buch wurde daher das MKSA-System verwendet. Unter kg wird daher stets eine Masse verstanden.

Außerdem wird neben atm für die physikalische Atmosphäre unter dem Begriff $at = kp/cm^2$ für die technische Atmosphäre stets der absolute Druck, wie er auch in allen Gleichungen erscheint, verstanden. Die Begriffe at. abs., atü und ata werden nicht verwendet. Auf diese Weise werden nach Ansicht des Verfassers Irrtümer vermieden, die besonders leicht bei Drücken im Vakuumgebiet vorkommen können.

Berlin-Frohnau, im Oktober 1960

F. Fröhlich

Inhaltsverzeichnis

Verzeichnis der Tafeln

Im Anhang:

In Tasche:

Bezeichnungen

Symbol	Einheit	Symbol	Einheit	Bedeutung
P	kp/m²	p, p_i	kp/cm²	Absoluter Druck, mittlerer indizierter Druck
at	kp/cm²			Technische Atmosphäre, absoluter Druck
atm	1,033 kp/cm²			Physikalische Atmosphäre
P_D	kp/m²	p_D	kp/cm²	Dampfdruck
P'	kp/m²	p'	kp/cm²	Dampfdruck im Zustand der Sättigung
V	m³	m³/h;	m³/min.	Rauminhalt
v	m³/kg			Spezifischer Rauminhalt
V_N	m³ [bei 0° C und 760 Torr]			Normkubikmeter
G				Zahlengröße für Mengen in kg (Masse)
γ	kp/m³			Wichte, Gewicht der Volumeneinheit
ϱ	kg/m³			Dichte, Masse der Volumeneinheit
T	$t°$ C $+$ 273,16			Absolute Temperatur in ° Kelvin
M				Molekulargewicht
R	mkp/kg grd			Gaskonstante
$\Re$	mkp/kmol grd			Allgemeine Gaskonstante
A	1/427 kcal/mkp			Mechanisches Wärmeäquivalent
$\psi (= P_n/P_{n-1})$				Druckverhältnis
$\psi (= x/x')$				Sättigungsgrad
$\varphi (= P_D/P')$				Relative Feuchte
ζ				Verdichtbarkeitszahl
c, c_p, c_v	kcal/kg grd			Spezifische Wärmen
$x = c_p/c_v$				Adiabatenexponent
m				Polytropenexponent
Q	kcal	q	kcal/kg	Wärmemenge
U	kcal	u	kcal/kg	Innere Energie
I	kcal	i	kcal/kg	Enthalpie
S	kcal/grd	s	kcal/kg grd	Entropie
s	m			Kolbenhub
s_0	m			Schädlicher Raum/Kolbenfläche
n	U/min			Drehzahl in der Minute
$c_m (= sn/30)$	m/s			Mittlere Kolbengeschwindigkeit
F	cm² oder m²			Wirksame Kolbenfäche
L	mkp			Arbeit, Energie
N	PS oder kW			Leistung; nicht zu verwechseln mit der Einheit der Kraft N (NEWTON) im MKS-System
$\eta_v = V_{a_i}/V_h$				Volumetrischer Wirkungsgrad (auch indizierter Liefergrad)
$\lambda = V_{eff}/V_h$				Liefergrad (auch Ausnutzungsgrad bzw. Nutzliefergrad)
$\eta_m = N_i/N_e$				Mechanischer Wirkungsgrad
$\eta_{is} = N_{is}/N_e$				Isothermer Wirkungsgrad
$\eta_{ad} = N_{ad}/N_e$				Adiabater Wirkungsgrad

Vorbemerkung

Kolbenverdichter sind Arbeitsmaschinen, bei denen Gase und Dämpfe von in Zylindern bewegten Kolben angesaugt und auf einen von dem jeweiligen Verwendungszweck abhängigen höheren Druck verdichtet werden.

Zum Beispiel werden benötigt für Preßluftwerkzeuge Drücke von 6 bis 7 at, für Ammoniakkälteanlagen bis 12 at, für Ferngas bis 36 at, für Luftverflüssigung bis 200 at, für Drucksynthesen bis 2500 at, wie z. B. bei der Herstellung von Polyäthylen.

1. Thermodynamische Grundlagen für Gase

In diesem Abschnitt wird behandelt die Theorie der Verdichtung von Gasen und Gasgemischen (Luft, Stickstoff, Wasserstoff usw.), welche hochüberhitzte Dämpfe sind, die bei Umgebungstemperatur auch durch starke Verdichtung nicht in den flüssigen Zustand übergeführt werden können. Dies könnte erst durch gleichzeitig tiefe Abkühlung geschehen. In den einzelnen Abschnitten werden jedoch die Unterschiede aufgezeigt, die zu beachten sind, wenn Dämpfe, wie höhere Kohlenwasserstoffe, Ammoniak usw., verdichtet werden.

1.1 Thermische Zustandsgrößen

Der Zustand eines Gases wird bestimmt von den drei thermischen Zustandsgrößen

P der absolute Druck .... (kp/m^2)[1]
T die absolute Temperatur .... $(^\circ K) = t\,^\circ C + 273{,}16$
v das Volumen der Masseneinheit (spezifisches Volumen) .. (m^3/kg)

Der Druck einer technischen Atmosphäre (1 at) ist 1 kp/cm² = 10000 kp/m² = 735,559 Torr. Man kann ihn auch als Druckhöhe, d. i. das Gewicht einer Flüssigkeitssäule von 735,559 mm QS, 10 m H_2O oder ähnlich ausdrücken.

Die Gasmengen werden oft in Normkubikmetern Nm³ angegeben. Darunter versteht man die Menge von 1 m³ Gas bei einer Temperatur von 0 °C und unter dem Druck der physikalischen Atmosphäre (760 Torr = 10332 kg/m² = 1 atm), wie er an der Meeresoberfläche herrscht.

Ist die Dichte ϱ (kg/m³) oder die zahlenmäßig gleich große und auf das Gewicht (kp) bezogene Wichte γ (kp/m³) bekannt, so errechnet sich v aus der Beziehung von $v\dfrac{1}{\varrho} = 1$.

Da bei allen idealen Gasen (nach AVOGADRO) unter gleichen Drücken und Temperaturen in gleichen Räumen gleichviel Moleküle vorhanden sind, rechnet man bei Gasmischungen mitunter vorteilhaft mit Molvolumen. Dabei versteht man unter 1 Mol (kmol) die Gasmenge von so viel kg Masse, wie das Molekulargewicht des betreffenden Gases Einheiten hat.

Beim physikalischen Normzustand (0 °C, 760 Torr) beträgt das Molvolumen für alle idealen Gase M. v. = 22,4 m³. Diesen gleichen Raum nehmen 32 kg O_2, 28 kg CO, 2 kg H_2 usw. ein.

---

[1] Die Einheit des Druckes (MKSA-System) 1 N/m² = 1 kg/ms², 1 bar = 10⁵ N/m² mit der Krafteinheit 1 Newton = 1 N = 1 kgm/s²: 1 kp/m² = 9,80665 N/m², 1 atm = 1,01325 bar, 1 at = 1 kp/cm² = 0,980665 bar.

1.2 Thermische Zustandsgleichungen

1.2.1 für ideale Gase

Die thermischen Zustandsgrößen sind voneinander nicht unabhängig. Mit der Temperatur nehmen Druck und Volumen linear zu. Versuche von GAY-LUSSAC ergaben, daß innerhalb weiter Grenzen folgende Beziehungen gelten:

$$v_1 = v_0(1 + \alpha t) \text{ für } P \text{ konst.}, \qquad P_1 = P_0(1 + \alpha t) \text{ für } v \text{ konst.} \tag{1}$$

mit $\alpha \approx 1/273 \approx 0{,}003\,663$ als den linearen Ausdehnungskoeffizienten; v_0 und P_0 sind darin das spezifische Volumen und der absolute Druck bei 0 °C.

Bei einer Temperatur von $-273{,}16$ °C würden nach diesen Gleichungen Druck und Volumen auf Null zusammenschrumpfen, was natürlich undenkbar ist. Für ganz tiefe Temperaturen kann Gl. (1) daher nicht gelten.

Für geringe Druckunterschiede gilt bei gleichbleibender Temperatur ($t = $ konst.) die Beziehung (BOYLE-MARIOTTE)

$$P v = P_1 v_1 = \text{konst.} \tag{2}$$

Mit Gl. (1) und (2) erhält man für die drei Zustandsgrößen die allgemeine Beziehung

$$P v = R T . \tag{3}$$

Ableitung von Gl. (3). Sind $I\,(P_1, v_1, t_1)$ und $II\,(P_2, v_2, t_2)$ zwei beliebige Zustände eines Gases, so kann man das Gas von dem Zustand I in den Zustand II überführen, indem man es zunächst bei gleichbleibender Temperatur t_1 von dem Druck P_1 auf den Druck P_2, Zustand (P_2, v_2', t_1) bringt und anschließend bei gleichbleibendem Druck P_2 die Temperatur t_1 auf t_2 erhöht. Somit erhält man die Gleichung

$$P_1 v_1 = P_2 v_2'$$

mit

$$v_2' = v_0 (1 + \alpha t_1) .$$

Erhöht man nun die Temperatur auf t_2, so gilt die Beziehung

$$v_2 = v_0 (1 + \alpha t_2) .$$

Damit erhält man

$$\frac{v_2'}{v_2} = \frac{1 + \alpha t_1}{1 + \alpha t_2} = \frac{273 + t_1}{273 + t_2} = \frac{T_1}{T_2}$$

und für v_2'

$$v_2' = v_2\left(\frac{T_1}{T_2}\right) .$$

Setzt man für v_2 diesen Wert in die zuerst aufgestellte Gleichung ein, so erhält man

$$P_1 v_1 = P_2 v_2\left(\frac{T_1}{T_2}\right)$$

bzw.

$$\frac{P_1 v_1}{T_1} = \frac{P_2 v_2}{T_2} = \frac{P v}{T} = \text{konst.} = R$$

Gl. (3) ist die auf 1 kg bezogene thermische Zustandsgleichung für vollkommene oder ideale Gase, in welcher R eine nur von der Gasart abhängige Gaskonstante ist. Für eine beliebige Gasmenge $G = V/v$ kg ist die allgemeine Zustandsgleichung

$$P V = G R T . \tag{3a}$$

Setzt man in Gl. (3a) das Molvolumen (22,4 m³) und dementsprechend für $P = 10\,332$ kp/m² und $T = 273{,}16$ °K ein, so ergibt sich für die Gaskonstante R folgende Beziehung:

$$R = \frac{P M v}{M T} = \frac{10\,332 \cdot 22{,}4}{M \cdot 273{,}16} = \frac{848}{M} \text{ mkp/grd}$$

ein für jedes Gas fester Wert.

Den für alle Gase gleichen Wert

$$\Re = M R = 848 \text{ (genauer } 847{,}82) \text{ mkp/kmol grd} \tag{4}$$

nennt man auch die allgemeine Gaskonstante.

1.2.2 für reale Gase

Gl. (3) und (3 a) sind für die wirklichen Gase nur bei unendlich kleinem Druck genau; sonst gelten sie nur angenähert.

Im Temperaturbereich üblicher Verdichtermaschinen und bei Drücken bis etwa 30 at reicht für Luft und zweiatomige Gase ihre Genauigkeit (von ± 1 bis 2%) für normale Berechnungen völlig aus. Hierbei ist allerdings vorausgesetzt, daß die kritische Temperatur der Gase verhältnismäßig tief unter der Umgebungstemperatur liegt. Bei höheren Drücken und in jenen Gebieten, in denen sich der Zustand des Gases der kritischen Temperatur nähert, weicht die Beziehung zwischen den Zustandsgrößen des Gases stark von der Gleichung $Pv = RT$ ab.

Eine Zustandsgleichung der wirklichen Gase für das ganze Druck- und Temperaturgebiet — ausgenommen das der feuchten Dämpfe — muß von wesentlich verwickelterer Form sein. Eine solche empirisch ermittelte Zustandsgleichung ist z. B. die VAN DER WAALSsche:

$$\left(P + \frac{a}{v^2}\right)(v - b) = R T. \tag{5}$$

Nach der kinetischen Gastheorie berücksichtigt a/v^2 den Kohäsionsdruck und b das Eigenvolumen der Moleküle. Für die Isothermen ($t = $ konst.) ergeben sich nach Gl. (5) Kurven, die dem allgemeinen Verlauf nach den beobachteten Isothermen wohl ähnlich sind, zahlenmäßig jedoch mit ihnen nicht übereinstimmen.

Eine empirische Zustandsgleichung, die von der VAN DER WAALSschen etwas abweicht und die bis zu höchsten Drücken gilt, ist die von CLAUSIUS (1880)

$$\left(P + \frac{a}{(v + h)^2}\right)(v - b) = R T \tag{6}$$

mit

$$a = f(T) = d - m T + \frac{n}{T}.$$

h, b, d, m und n sind Konstanten, die je nach der Gasart und dem Temperaturgebiet verschiedene Werte annehmen und für jedes Gas bzw. Gasgemisch besonders ermittelt werden müssen[1].

Für die Berechnung eines Hochdruckverdichters für irgendein technisches Gas wäre es sehr umständlich, die Zustandsgleichung von CLAUSIUS oder auch ähnliche von anderen Autoren[2] anzuwenden. Ihre Konstanten lassen sich nur recht umständlich ermitteln. Wesentlich einfacher ist die Berechnung von Hochdruckverdichtern mit der durch einen Berichtigungswert ζ erweiterten Zustandsgleichung

$$P v = \zeta R T \quad \text{bzw.} \quad P V = \zeta G R T. \tag{7}$$

Hierin bedeutet die Gaskonstante R den bei unendlich kleinem Druck gültigen Wert Pv/T des jeweiligen Gases. Die von Druck und Temperatur abhängigen und durch Versuche ermittelten Werte $\zeta = Pv/RT = v/v_{ideal}$ (auch $p\,v$-Abweichung oder Verdichtbarkeitszahl genannt) müssen für die verschiedenen Gase aus Tabellen[3] oder den Kurventafeln I bis IX entnommen werden.

In den Tabellen sind meist nicht die ζ-Werte selbst angegeben, sondern die Werte $pv/p_N\,v_N$, d. h. die Verhältniswerte, die man für pv bei den verschiedenen Drücken und Temperaturen erhält, wenn man beim

---

[1] In der im VDI-Verlag 1934 erschienenen Veröffentlichung F. FRÖHLICH, Berechnung und Untersuchung von Kolbenverdichtern an Hand neuer Entropietafeln für Luft und NH_3-Synthesegas (1) wurden für die beiden Gase folgende Konstanten angegeben:

	b	h	d	m	n
Luft	0,00101	0,0003	4,29	0,005	2530
NH_3-Synthesegas	0,0024	0,0025	4,00	0,0164	11200

Die damit errechneten Werte stimmen in dem untersuchten Bereich (-50 bis $+200$ °C und Drücken bis 1200 at) mit den Versuchswerten völlig überein.

[2] BERTHELOT, R. PLANK, KAMERLINGH ONNES usw.

[3] Zum Beispiel HENNING, Wärmetechnische Richtwerte 1938; LANDOLT-BJÖRNSTEIN, Physikalisch-chemische Tabellen; D'ANS-LAX, Taschenbuch für Chemiker und Physiker, Berlin 1943; EUCKEN-JAKOB, Der Chemie-Ingenieur Bd. 2; jeweils im Abschnitt Kompressibilität von Gasen.

Normzustand von 0 °C und 760 Torr (bezeichnet durch den Zeiger N) $pv = 1$ setzt. Bei den Druckangaben ist der Unterschied zwischen Atm = 760 Torr und at = 735,559 Torr zu beachten. Aus ihnen erhält man, wenn $p_0 v_0/p_N v_N$ der pv-Wert für 0 °C und $p = 0$ ist, ζ nach der Gleichung

$$\zeta = \frac{\left(\dfrac{p\,v}{p_N\,v_N}\right)}{\left(\dfrac{p_0\,v_0}{p_N\,v_N}\right)}\; \frac{T_N}{T}.$$

1.3 Gasmischungen

Die Zustandsgleichungen [Gl. (3) und (7)] gelten in gleicher Weise auch für Mischungen beliebiger Gase, sofern sie keine chemischen Einwirkungen aufeinander ausüben. Für das Gasgemisch gilt daher auch

$$PV = \zeta\,G\,R\,T = \zeta\,G\left(\frac{\Re}{M}\right)T.$$

Bei N-Molen also für eine Gasmenge $G = N\,M$ kg gilt daher

$$PV = \zeta\,N\,\Re\,T \tag{8}$$

und für die i-te Komponente

$$P_i\,V = \zeta_i\,N_i\,\Re\,T. \tag{8a}$$

1.3.1. Konzentration

Das Gasgemisch setzt sich aus zwei oder mehreren Bestandteilen zusammen. Der Anteil eines Bestandteiles, bezogen auf die Gesamtmenge der Gasmischung, wird als Konzentration bezeichnet. Je nach Art der Menge (Raum, Masse oder Mol) spricht man von einer Raum-, Massen- oder Molkonzentration. Für die i-te Komponente beträgt die

$$\left.\begin{aligned}
\text{Raumkonzentration}\quad r_i &= \frac{V_i}{V} = \frac{P_i}{P}, \\[2mm]
\text{Massenkonzentration}\quad g_i &= \frac{G_i}{G}, \\[2mm]
\text{Molkonzentration}\quad n_i &= \frac{N_i}{N}.
\end{aligned}\right\} \tag{9}$$

1.3.2. Zusammenhang zwischen Einzel- und Gesamtmenge

Die Summe der einzelnen Massen- und Molanteile ergibt die Gesamtmasse bzw. die Mole der Gasmischung.

$$\sum G_i = G, \qquad \sum N_i = N. \tag{10}$$

Ferner gilt

$$\sum V_i = V, \tag{10a}$$

d. h. die Summe der Volumina der einzelnen Gaskomponenten ist gleich dem Gasvolumen des Gasgemisches. Hierbei wird angenommen (nach AMAGAT), daß in einem Gasgemisch jede Komponente ein Teilvolumen einnimmt, jede einzelne Komponente aber unter dem Gesamtdruck des Gasgemisches steht.

Eine andere Auffassung (nach DALTON) besagt, daß die einzelnen Komponenten das Gesamtvolumen einnehmen, aber jede unter ihrem eigenen Partialdruck steht.

$$\sum P_i = P.{}^1 \tag{10b}$$

Bezüglich der Raumkonzentration ist es gleichgültig, welcher Auffassung man sich anschließt.

Aus vorstehenden Gleichungen folgt:

$$\sum r_i = 1, \quad \sum g_i = 1, \quad \sum n_i = 1.$$

---

[1] Gilt genau nur bei nicht zu hohen Drücken; für reale Gasgemische gilt das DALTONsche Gesetz nicht genau; ΣP_i kann größer oder kleiner als P sein.

1.3.3 Beziehungen zwischen den Konzentrationen

1.3.3.1 Raum- und Molkonzentration

Setzt man die Zustandsgleichung für die i-te Komponente einer Gasmischung Gl. (8a) ins Verhältnis zu der für die Gasmischung, so erhält man:

$$\frac{P_i\,V = \zeta_i\,N_i\,\Re\,T}{P\,V = \zeta\,N\,\Re\,T}\,,$$

$$r_i = \left(\frac{\zeta_i}{\zeta}\right) n_i. \tag{11}$$

Bei idealem Verhalten der Gase und ihrer Komponenten ($\zeta_i = 1$, $\zeta = 1$) ist die Raumkonzentration gleich der Molkonzentration. Dieser Fall wird meistens als gegeben betrachtet. Tatsächlich bedarf es bei der Annahme, daß die Molkonzentration der Raumkonzentration gleichzusetzen ist, nicht der Voraussetzung, daß es sich um *ideale* Gase handelt, sondern es genügt lediglich, daß $\zeta_i = \zeta$ ist, wobei ζ (oder ζ_i) jeden Wert annehmen kann.

1.3.3.2 Raum- und Massenkonzentration

Setzt man die Gleichung für die i-te Komponente $P_i\,V = \zeta_i\,G_i\,\dfrac{\Re}{M_i}\,T$ ins Verhältnis zu der Gleichung für die Gesamtmischung, so erhält man

$$r_i = \left(\frac{\zeta_i}{\zeta}\right) g_i \left(\frac{M}{M_i}\right). \tag{12}$$

Auch hier erkennt man, daß zu der Raumkonzentration stets die Angabe über die Abweichung vom idealen Verhalten der Gase gehört.

1.3.3.3 Mol- und Massenkonzentration

Setzt man in Gl. (13) für r_i aus Gl. (12) $(\zeta_i/\zeta)\,n_i$ ein, so erhält man

$$n_i = g_i \left(\frac{M}{M_i}\right). \tag{13}$$

Der Zusammenhang zwischen Mol- und Massenkonzentration ist unabhängig von den ζ-Werten.

1.3.4 Spezifisches Volumen und Dichte der i-ten Komponente

$$v_i = \frac{V_i}{G_i} = \zeta_i\,\frac{\Re\,T}{M_i\,P}\left(\frac{M}{M}\right)\left(\frac{G}{G}\right)\left(\frac{V}{V}\right) = \zeta_i\left(\frac{G\,R\,T}{V\,P}\right)\frac{V}{G}\,\frac{M}{M_i}\,,$$

$$v_i = \left(\frac{\zeta_i}{\zeta}\right)\left(\frac{M}{M_i}\right) v, \tag{14}$$

$$\varrho_i = \left(\frac{\zeta}{\zeta_i}\right)\left(\frac{M_i}{M}\right) \varrho. \tag{14a}$$

Für $\zeta = \zeta_i$ verhalten sich die Dichten wie die Molekulargewichte.

1.3.5 Mischungsregeln

Kennt man die Zusammensetzung eines Gases, so kann man mit Hilfe der Mischungsregeln die Stoffgrößen des Gemisches ermitteln.

1.3.5.1 Kompressibilität

$$r_i\,P\,V = \zeta_i\,N_i\,\Re\,T,$$

$$r_i = \zeta_i\,N_i\,\frac{\Re\,T}{P\,V}\,\frac{N}{N} = \zeta_i\,n_i\left(\frac{N\,\Re\,T}{P\,V}\right) = \left(\frac{\zeta_i}{\zeta}\right) n_i,$$

$$\sum r_i = \sum \left(\frac{\zeta_i}{\zeta}\right) n_i = \frac{1}{\zeta}\sum (\zeta_i\,n_i) = 1,$$

$$\zeta = \sum (\zeta_i\,n_i). \tag{15}$$

Die Frage, auf welchen Druck die einzelnen ζ-Werte der Gaskomponenten zu beziehen sind, ist noch ungeklärt. Nach Angaben von WITTE (2. Bd. „Chemie-Ingenieur" 1939) (2) sind die ζ-Werte für NH_3-Synthesegas und die meisten übrigen Gasgemische ohne wesentlichen CO_2-Gehalt auf den Gesamtdruck P zu beziehen. Bei Gasgemischen mit wesentlichem CO_2-Anteil ist das Ergebnis genauer, wenn man die ζ-Werte auf die Partialdrücke P_i bezieht.

Dieser Fragenkomplex führt noch in unerforschte Gebiete[1].

1.3.5.2 Dichte

$$\varrho\,[\text{kg/m}^3] = \frac{G}{V} = \sum \frac{G_i}{V}\,\frac{V_i}{V_i} = \sum \frac{G_i}{V_i}\,\frac{V_i}{V},$$

$$\varrho = \sum (r_i\,\varrho_i). \tag{16}$$

An der Gesamtmasse der Raumeinheit beteiligen sich die Bestandteile einer Gasmischung im Verhältnis ihrer Raumanteile.

1.3.5.3 Spezifisches Volumen

$$\frac{V}{G} = v = \sum \frac{V_i}{G}\,\frac{G_i}{G_i},$$

$$v = \sum (g_i\,v_i). \tag{17}$$

Am Gesamtvolumen der Masseneinheit beteiligen sich die Bestandteile einer Gasmischung im Verhältnis ihrer Massenanteile.

1.3.5.4 Molekulargewicht

Da sich die Dichten wie ihre Molekulargewichte verhalten, erhält man für das scheinbare Molekulargewicht die Gleichung

$$M = \sum (r_i\,M_i). \tag{18}$$

Am scheinbaren Molekulargewicht einer Gasmischung beteiligen sich demnach die einzelnen Bestandteile im Verhältnis ihrer Raumanteile.

1.3.5.5 Gaskonstante

$$R = \sum (g_i\,R_i)\,\text{mkp/kg grd.} \tag{19}$$

An der Gaskonstante einer Gasmischung beteiligen sich die einzelnen Bestandteile im Verhältnis ihrer Massenanteile.

Mitunter errechnet sich die Gaskonstante R einfacher mit der allgemeinen Gaskonstanten $\Re$ aus Gl. (4)

$$R = \frac{\Re}{M}.$$

Beispiel: Die Luft besteht aus 79 Raumteilen Stickstoff (N_2) und 21 Raumteilen Sauerstoff (O_2). Das scheinbare Molekulargewicht M der Luft ergibt sich nach Gl. (18) zu

$$M = 0,79 \cdot 28 + 0,21 \cdot 32 = 28,8$$

und die Gaskonstante R aus Gl. (4) zu

$$R = \frac{848}{28,8} = 29,27\,\text{mkp/kg grd.}$$

1.3.6 Feuchte Gase

Die atmosphärische Luft sowie die meisten Gase enthalten stets einen gewissen Zusatz von Wasserdampf, der nur von der Temperatur abhängt und der, solange er nicht übersättigt ist, als gasförmige Beimengung behandelt werden kann.

Der Wasserdampfanteil läßt sich durch Trocknen oder Befeuchten verändern. Das kann absichtlich oder ungewollt geschehen. Ein fast trockenes Gas, das aus irgendwelchen Gründen eine Naßwäsche durchlaufen muß, wird dabei mit Feuchtigkeit angereichert.

---

[1] Die von VAN DER WAALS JR. [3] Handbuch der Physik, Bd. X, 1926, auf S. 139 angegebene Zustandsgleichung für ein Gemisch trifft nicht zu. Dies wurde vom Verfasser beim NH_3-Synthesegas (75% H_2 + 25% N_2) einwandfrei nachgewiesen. Siehe Anmerkung 1 auf S. 3.

Für die rechnerische Behandlung der feuchten Gase zieht man ebenfalls die allgemeine Gasgleichung heran. Dabei wird das unter normalen Bedingungen nicht kondensierbare Gas oder Gasgemisch als eine und der Wasserdampf als die andere Komponente eines Zweistoffgemisches betrachtet. Der Wasserdampf steht in diesem Gemisch unter seinem Teildruck P_D gemäß dem DALTONschen Gesetz. Je höher der Anteil des Wasserdampfes steigt, desto mehr steigt auch sein Teildruck. Erreicht der Teildruck den zu der Gastemperatur gehörigen Sättigungsdruck P' des Wasserdampfes, so kann das Gas keine weitere Feuchtigkeit mehr aufnehmen. Wird bei konstantem Gesamtdruck die Temperatur des gesättigten Gases gesenkt, so fällt so lange tropfbares Wasser aus, bis sich als Partialdruck des Wasserdampfes der zur Temperatur gehörige Sättigungsdruck einstellt.

Aus Tafel X können die Drücke des Wasserdampfes in gesättigtem Zustand abhängig von den Temperaturen zwischen $-20°$ und $+50\ °C$ sowie die dazugehörigen Dampfmengen ϱ_D in kg/m³ entnommen werden.

Für das Zweistoffgemisch, z. B. Luft-Wasserdampf, gilt wie unter 1.3

$$\text{für die trockene Luft} \ldots\ P_L\,V = \zeta_L\,N_L\,\Re\,T = \zeta_L\,N_L\,(M_L\,R_L)\,T,$$
$$\text{für den Wasserdampf} \ldots\ P_D\,V = \zeta_D\,N_D\,\Re\,T = \zeta_D\,N_D\,(M_D\,R_D)\,T',$$
$$\text{Gesamtdruck} \ldots\ldots\ldots\ldots\ P = P_L + P_D.$$

Die p v-Abweichungen haben hier nur eine sehr untergeordnete Bedeutung, da sie bei geringen Drücken ohnehin bei 1 liegen, während bei höheren Drücken der Feuchtigkeitsgehalt sehr klein wird und somit auch seine Bedeutung verliert. ζ_L und ζ_D werden daher im folgenden vernachlässigt.

1.3.6.1 Absolute Feuchte

Eine neue Konzentrationsgröße ist die „absolute Feuchte" x.

$$x = \frac{G_D}{G_L} = \frac{N_D\,M_D}{N_L\,M_L},$$

d. i. die auf die trockene Luft- bzw. Gasmenge bezogene Wasserdampfmenge. Der Zusammenhang mit der Massenkonzentration ergibt sich wie folgt:

$$g_d = \frac{G_D}{G_L + G_D} = \frac{\dfrac{G_D}{G_L}}{1 + \dfrac{G_D}{G_L}},$$

$$g_d = \frac{x}{1 + x} \quad \text{bzw.} \quad x = \frac{g_d}{1 - g_d}.$$

Mit Hilfe der beiden Zustandsgleichungen für die trockene Luft und für den Wasserdampf läßt sich x wie folgt angeben:

$$\frac{V}{\Re\,T} = \frac{N_L}{P_L} = \frac{N_D}{P_D}.$$

Setzt man für $N_D = x\,N_L\,(M_L/M_D)$ ein, so erhält man

$$\frac{N_L}{P_L} = \frac{x\,N_L\left(\dfrac{M_L}{M_D}\right)}{P_D}$$

und daraus die absolute Feuchte x zu

$$x = \left(\frac{M_D}{M_L}\right)\left(\frac{P_D}{P_L}\right)$$

bzw.

$$x = \left(\frac{M_D}{M_L}\right)\frac{P_D}{(P - P_D)}. \tag{20}$$

Bei Sättigung wird $P_D = P'$. P' ist eine reine Temperaturfunktion und kann den Tabellen für Wasserdampf und aus Tafel X entnommen werden.

Im Sättigungszustand ist dann

$$x = x' = \left(\frac{M_D}{M_L}\right) \frac{P'}{(P - P')}.$$ (20a)

Das Verhältnis $(x/x') = \psi$ wird als „Sättigungsgrad" bezeichnet und gibt an, wieviel Wasserdampf — bezogen auf die größtmögliche Wasserdampfmenge — im Gas enthalten ist.

1.3.6.2 Relative Feuchte

Am häufigsten wird die Feuchtigkeit als „relative Feuchte φ" angegeben.

$$\varphi = \frac{P_D}{P'}.$$

Beim trockenen Gas ist wegen $P_D = 0$ auch $\varphi = 0$; beim gesättigten Gas ist $P_D = P'$ und damit $\varphi = 1$.

Dieselben Grenzwerte gelten auch für den Sättigungsgrad ψ. Zwischen φ und ψ besteht folgender Zusammenhang:

$$\psi = \frac{P_D}{P - P_D} \frac{P - P'}{P'} = \frac{P_D}{P'} \frac{P - P'}{P - P_D},$$

$$\psi = \varphi \frac{P - P'}{P - \varphi P'}.$$ (21)

Setzt man in Gl. (20) für P_D $\varphi P'$ ein, so erhält man für die absolute Feuchte x die Gleichung

$$x = \left(\frac{M_D}{M_L}\right) \frac{\varphi P'}{(P - \varphi P')}.$$

Diese Gleichung wird bei Luft für die Eintragung der Linien gleicher relativer Feuchte in das MOLLIER-$i-x$-Diagramm benutzt. Diese Diagramme gelten für einen konstanten Gesamtdruck und sind gewöhnlich für $P = 760$ Torr oder $P = 735{,}6$ Torr entworfen worden.

Will man den Zustandsverlauf bei der Verdichtung und Kühlung von Luft in einem solchen Diagramm (das z. B. für $P = 1$ at aufgestellt ist) verfolgen, so setzt man an Stelle der eingetragenen φ-Linien die Werte (φ/P) ein.

$$x = \frac{M_D}{M_L} \frac{\left(\dfrac{\varphi}{P}\right) P'}{1 - \left(\dfrac{\varphi}{P}\right) P'}.$$ (22)

Der Wert x enthält die Größe M (Molekulargewicht) und ist somit stoffabhängig, d. h. bei gleichen Bedingungen (φ, T, P), aber ungleichen Trägergasen $(M_{L1} \neq M_{L2})$ wird x unterschiedliche Werte annehmen.

1.3.6.3 Feuchtigkeit f; Feuchtigkeitsschaubild

Ein weiterer Begriff, der für alle Gase gilt, ist die „Feuchtigkeit f". Für sie gilt

$$f = \frac{G_D}{V_N},$$

d. i. die auf Normkubikmeter trockenes Gas (0 °C, 760 Torr) bezogene Wasserdampfmenge G_D.

Aus der Gasgleichung ergibt sich

$$P_N V_N = N_L \Re T_N = \frac{G_L}{M_L} \Re T_N,$$

$$P_N V_N = \frac{G_D}{x M_L} \Re T_N,$$

$$\frac{G_D}{V_N} = x \frac{P_N M_L}{\Re T_N} = \frac{M_D}{M_L} \frac{\varphi P'}{P - \varphi P'} \frac{P_N M_L}{\Re T_N},$$

$$f = \frac{M_D}{\Re} \frac{\varphi P'}{P - \varphi P'} \frac{P_N}{T_N} = \frac{P_N}{R_D T_N} \frac{\varphi P'}{P - \varphi P'}.$$ (23)

Im Sättigungszustand ist

$$f = f' = \frac{P_N}{R_D T_N} \frac{P'}{P - P'}.$$ (23a)

Aus Tafel XI kann die Feuchtigkeit f abhängig von Druck und Temperatur entnommen werden.

Den Sättigungsgrad $\psi = x/x'$ nach Gl. (21) erhält man auch aus der Gleichung

$$\frac{f}{f'} = \varphi \, \frac{(P - P')}{(P - \varphi P')} = \psi \, .$$

Im Überdruckgebiet bei normaler Raumtemperatur ist stets $P \gg P'$ und $P' \geqq P_D$. Daher ist

$$(P - P') \leqq (P - \varphi P') \, .$$

Da jedoch der Wert $\left(\dfrac{P - P'}{P - \varphi P'} \right)$ in diesem Bercich und namentlich bei höheren Drücken P nur wenig von Eins abweicht, kann man für technische Belange gewöhnlich $\psi = \varphi$ setzen. Damit ergibt sich für das Feuchtigkeitsschaubild Tafel XI eine gute Anwendungsmöglichkeit.

Beispiele

1. Für einen chemischen Arbeitsprozeß müssen von einem Kolbenverdichter $V_N = 8000 \; \mathrm{Nm^3/h}$ Gas auf einen höheren Druck verdichtet werden. Welches ist das tatsächlich von der Maschine zu fördernde Gasvolumen V_1, wenn bei einem Barometerstand von 720 Torr und einer Temperatur von 30 °C wasserdampfgesättigt angesaugt wird?

Für den Normzustand 0 °C, 760 Torr gilt die Gleichung

$$P_N V_N = G R T_N \, .$$

Berücksichtigt man, daß nach DALTON der Druck des reinen Gases um den Druck P' des Sattdampfes bei der jeweiligen Ansaugetemperatur kleiner sein muß als der Gesamtdruck P_1 des Gas-Wasserdampf-Gemisches, so erhält man für den Ansaugezustand die Gleichung

$$(P_1 - P') \, V_1 = G R T_1 \, .$$

Aus beiden Gleichungen erhält man für $G R$

$$\frac{V_N P_N}{T_N} = \frac{V_1 (P_1 - P')}{T_1}$$

und für V_1

$$V_1 = V_N \, \frac{P_N T_1}{(P_1 - P') \, T_N} \, .$$

Aus Tafel X erhält man bei 30 °C für den Dampfdruck $P' = 32$ Torr. Daher

$$P_1 - P' = 720 - 32 = 688 \; \text{Torr,}$$

$$V_1 = 8000 \cdot \frac{760 \cdot 303}{688 \cdot 273} \, , \qquad \underline{V_1 = 9800 \; \mathrm{m^3/h}} \, .$$

2. In einer dreistufigen Maschine werden 5000 $\mathrm{Nm^3/h}$ Gas von 1 at, 30 °C, mit Wasserdampf gesättigt, auf 30 at verdichtet, wobei nach jeder Stufe das erwärmte Gas durch Wasser gekühlt wird. Die Zwischendrücke sind 3,2 at und 10 at. Die Kühlwassereintrittstemperatur ist 30 °C, so daß man mit einer Gastemperatur hinter den Kühlern von etwa 40 °C rechnen kann.

Welche Wasserdampfmengen werden in den Kühlern verflüssigt? Aus Tafel XI erhält man für 1 at, 30 °C, den Feuchtigkeitsgehalt f_1' am Saugstutzen der 1. Stufe. $f_1' = 37 \; \mathrm{g/Nm^3}$ (für den Fall $\varphi < 1$ ist $f \approx \varphi f'$).

Während der Verdichtung bleibt f konstant. Erst während des Kühlens kann f kleiner werden, und zwar dann, wenn $f_2' = f_{(P_2 t_2)}$ unter f_1 liegt. In diesem Fall ist das Gas am Saugstutzen der 2. Stufe in jedem Fall wasserdampfgesättigt. Liegt f_2' über f_1, so fällt im Kühler keine Feuchtigkeit aus, und es ist $f_2 = f_1$. In unserem Beispiel ist $f_2' = 20 \; \mathrm{g/Nm^3}$.

Nach der 2. Stufe liest man zu 10 at, 40 °C, den Wert $f_3' = 6,4 \; \mathrm{g/Nm^3}$ ab. Hinter dem Nachkühler sind entsprechend 30 at, 40 °C, noch $f_4' = 2,15 \; \mathrm{g/Nm^3}$ Feuchtigkeit im Gas enthalten.

In den Kühlern der einzelnen Stufen werden daher folgende Flüssigkeitsmengen abgeschieden:

$$
\begin{aligned}
\text{1. Stufe} \quad 5000 \; (37 \;\; -20) \;\;\; &= 85\,000 \; \mathrm{g/h} = 85 \quad\;\; \mathrm{kg/h} \\
\text{2. Stufe} \quad 5000 \; (20 \;\; -6{,}4) \;\; &= 67\,000 \; \mathrm{g/h} = 67 \quad\;\; \mathrm{kg/h} \\
\text{3. Stufe} \quad 5000 \;\; (6{,}4-2{,}15) \;\; &= 21\,250 \; \mathrm{g/h} = \underline{21{,}25 \; \mathrm{kg/h}} \\
\hline
&\phantom{= 21\,250 \; \mathrm{g/h} = } 173{,}25 \; \mathrm{kg/h}
\end{aligned}
$$

Insgesamt werden also stündlich etwa 173 l Wasser aus dem Gas ausgeschieden.

1.4 Kalorische Zustandsgrößen und -gleichungen

Wärme und Arbeit sind einander gleichwertige Energieformen. Wird auf irgendwelchem Wege Wärme in Arbeit oder umgekehrt verwandelt, so gilt die Gleichung

$$q = A L \qquad (24)$$

mit dem Proportionalitätsfaktor $A = 1/427$ kcal/mkp als spezifisches Wärmeäquivalent. Der Wärmeeinheit Kilokalorie (kcal) entspricht eine Arbeit von 427 mkp (genau 426,78) (1 PSh = 632 kcal, 1 kWh = 860 kcal).

Wird einem Gas eine unendlich kleine Wärmemenge dq zugeführt, so ändert sich sein Zustand nach der Gleichung

$$dq = du + A P dv. \qquad (25)$$

$A P dv$ ist der Teil der zugeführten Wärmemenge dq, der äußere Arbeit leistet, du jener Teil von dq, um den sich die innere Energie des Gases erhöht.

Für eine endliche Zustandsänderung erhält man

$$q = (u_2 - u_1) + A \int_{v_1}^{v_2} P dv \qquad (25\,\mathrm{a})$$

mit u_1 und u_2 als Absolutwerte der inneren Energie u für den Anfangs- und Endzustand des Gases. Je höher die Temperatur des Gases ist, um so größer ist seine innere Energie u.

Verrichtet das Gas keine Arbeit — Dehnung —, sondern nimmt Arbeit auf — Verdichtung —, so ist die äußere Arbeit als negative Größe einzuführen

$$q = (u_2 - u_1) - A \int_{v_1}^{v_2} P dv. \qquad (25\,\mathrm{b})$$

Tabelle 1. *Physikalische*

Gase und Dämpfe	Atomzahl	Molekulargewicht M	Molvolumen Nm³/kmol	Dichte ϱ_N bei 0 °C, 760 Torr kg m³	Gaskonstante R $\dfrac{\mathrm{mkp}}{\mathrm{kg\ grd}}$
Helium .... He	1	4,00	22,42	0,1785	212,0
Argon .... Ar	1	39,94	22,39	1,7839	21,23
Luft .... (CO₂ frei)	2	28,96	22,40	1,293	29,27
Sauerstoff .... O₂	2	32	22,39	1,429	26,50
Stickstoff .... N₂	2	28	22,40	1,251	30,26
Wasserstoff .... H₂	2	2	22,43	0,0898	420,6
Stickoxyd .... NO	2	30,008	22,39	1,3402	28,26
Kohlenoxyd .... CO	2	28	22,40	1,25	30,28
Kohlendioxyd .... CO₂	3	44	22,26	1,977	19,27
Schwefeldioxyd .... SO₂	3	64,06	21,89	2,926	13,24
Stickoxydul .... N₂O	3	44,016	22,25	1,978	19,26
Wasserdampf.......... H₂O	3	18,016	(22,4)	(0,804)	47,06
Ammoniak .... NH₃	4	17,031	22,08	0,771	49,79
Azetylen .... C₂H₂	4	26,02	22,22	1,179	32,59
Chlor .... Cl₂	2	70,914	22,02	3,22	11,96
Methan .... CH₄	5	16,03	22,36	0,717	52,90
Äthylen.............. C₂H₄	6	28,03	22,24	1,261	30,25
Äthan .... C₂H₆	8	30,05	22,16	1,357	28,21
Propylen .... C₃H₆	9	42,05	21,96	1,87	20,2
Propan .... C₃H₈	11	44,06	21,82	1,99	19,25
n-Butan .... C₄H₁₀	14	58,08	21,49	2,68	14,61
Isobutan..............			21,77		
n-Pentan............. C₅H₁₂	17	73		3,24	11,63
Isopentan					
Hexan............... C₆H₁₄	20	86		3,52	9,85

Die Wärmegleichungen lassen sich so umformen, daß die theoretischen Zusammenhänge zwischen Wärme und äußerer Arbeit anschaulicher zu erkennen sind. In Abb. 1 ist der (ideale) Arbeitsprozeß wiedergegeben, wie er beispielsweise in dem Zylinder eines Kolbenverdichters vor sich geht, der keinen schädlichen Raum besitzt und bei dem sich die Zustandsgrößen des Arbeitsmediums nicht ändern, während es in den Zylinder ein- oder ausströmt. Das Arbeitsmedium ändert seinen Zustand also nur während der eigentlichen Verdichtung.

Aus Abb. 1 ist zu erkennen, daß die Fläche $\int P\,dv$ für die theoretische Verdichtungsarbeit durch die Fläche $\int v\,dP$ für die im Zylinder tatsächlich aufgewendete (praktische) Verdichtungsarbeit ausgedrückt werden kann.

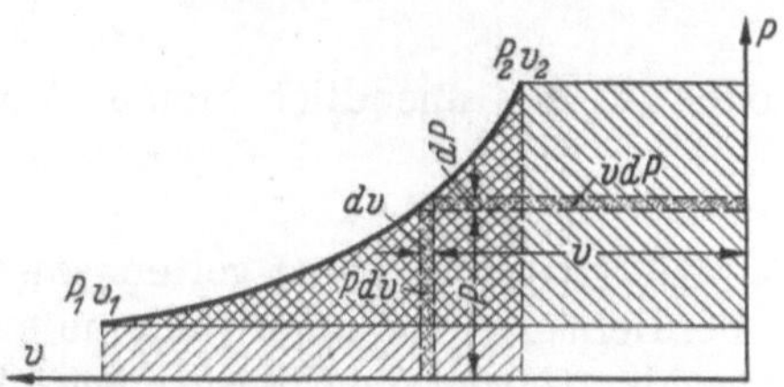

Abb. 1. Pv-Diagramm für theoretische und praktische Verdichtungsarbeit

Es ist daher

$$q = (u_2 - u_1) - A \int_{v_1}^{v_2} P\,dv = (u_2 - u_1) - \left[A \int_{P_1}^{P_2} v\,dP + A P_1 v_1 - A P_2 v_2 \right],$$

$$q = (u_2 + A P_2 v_2) - (u_1 + A P_1 v_1) - A \int_{P_1}^{P_2} v\,dP.$$

Die Klammerwerte $(u_1 + A P_1 v_1)$ und $(u_2 + A P_2 v_2)$ sind nur vom Anfangs- bzw. Endzustand des Gases, also nur von T, P und v abhängig und haben nichts damit zu tun, wie die Zustandsänderung wirklich verläuft. Den nur durch den jeweiligen Zustand bestimmten Wert $u + A P v$ nennt man Wärmeinhalt oder auch Enthalpie i. Er stellt sozusagen sein Arbeitsvermögen vor.

Werte technischer Gase[1]

Kritische Werte			c_p kcal/kg grd bei 1 at			c_v kcal/kg grd bei 1 at			$\varkappa = c_p/c_v$
t_k °C	p_k kp/cm²	v_k m³/kg	20 °C	100 °C	200 °C	20 °C	100 °C	200 °C	20 °C
$-267,9$	2,34	$15 \cdot 10^{-3}$	1,24			0,75			1,66
$-122,4$	49,6	$1,9 \cdot 10^{-3}$	0,1243			0,075			1,66
$-140,7$	38,5	$3,2 \cdot 10^{-3}$	0,240	0,241	0,245	0,173	0,173	0,176	1,40
$-118,8$	51,4	$2,33 \cdot 10^{-3}$	0,219	0,223	0,230	0,160	0,161	0,168	1,40
$-94,0$	34,6	$3,22 \cdot 10^{-3}$	0,248	0,250	0,2515	0,177	0,178	0,181	1,40
$-239,9$	13,2	$32,3 \cdot 10^{-3}$	3,418	3,45	3,47	2,43	2,47	2,48	1,40
$-94,0$	67,2	$1,925 \cdot 10^{-3}$	0,238	0,238	0,242	0,172	0,172	0,175	1,4
$-140,2$	35,6	$3,22 \cdot 10^{-3}$	0,249	0,250	0,253	0,178	0,179	0,182	1,40
$+31,0$	75,8	$2,16 \cdot 10^{-3}$	0,202	0,220	0,238	0,157	0,175	0,198	1,29
$+157,3$	80,4	$1,92 \cdot 10^{-3}$	0,149	0,159	0,171	0,118	0,128	0,140	1,26
$+36,5$	74,2	$2,22 \cdot 10^{-3}$	0,209	0,228	0,245	0,164	0,183	0,199	1,28
$+374,1$	225,4	$3,14 \cdot 10^{-3}$	0,444	0,449	0,462	0,333	0,339	0,351	1,3 (Heißdampf) 1,135 (Sattdampf)
$+132,4$	115,2	$4,24 \cdot 10^{-3}$	0,498	0,527	0,570	0,382	0,410	0,452	1,30
$+35,7$	63,64	$4,33 \cdot 10^{-3}$	0,403	0,452	0,499	0,327	0,375	0,418	1,24
$+144$	78,6	$1,75 \cdot 10^{-3}$	0,1190	0,1198	0,1205	0,089			1,34
$-82,5$	47,2	$6,18 \cdot 10^{-3}$	0,524	0,586	0,668	0,400	0,462	0,544	1,31
$+9,5$	52,3	$4,7 \cdot 10^{-3}$	0,462	0,545	0,626	0,369	0,443	0,526	1,25
$+35,0$	50,5	$4,8 \cdot 10^{-3}$	0,417	0,475		0,345			1,20
$+92,3$	46,8								
$+96,81$	43,39	$4,42 \cdot 10^{-3}$	0,405	0,462	0,54	0,352			1,15
$+152,0$	35,65	$4,45 \cdot 10^{-3}$		0,455	0,53	0,356			1,11
$+133,7$	37,71			0,45	0,52				
$+197$	34,1	$4,31 \cdot 10^{-3}$	0,395	0,45	0,52	0,395			1,0
$+188$		$4,27 \cdot 10^{-3}$							
$+234,8$	30,58	$4,27 \cdot 10^{-3}$	0,442						1,0

[1] Nach E. Justi, d'Ans Lax, L. Grosze u. E. Reitz usw.

Setzt man

$$u_1 + A P_1 v_1 = i_1, \quad u_2 + A P_2 v_2 = i_2,$$

so erhält man die Gleichung

$$q = (i_2 - i_1) - A \int_{P_1}^{P_2} v \, dP, \tag{26}$$

oder für den unendlich kleinen Vorgang

$$dq = di - A v \, dP. \tag{26a}$$

Gl. (26) und (26a) gelten sowohl für eine Zustandsänderung mit Arbeitsaufnahme (Verdichtung) als auch für eine solche mit Arbeitsabgabe (Dehnung). u und i, die nur von den thermischen Zustandsgrößen abhängen, kann man auch als kalorische Zustandsgrößen ansehen.

1.5 Spezifische Wärmen c_v und c_p für Gase und Gasmischungen; Molekularwärme

1.5.1 Spezifische Wärmen c_v und c_p

Mit großer Annäherung kann für die innere Energie $du = c_v \, dT$ bzw. $u = \int_{T=0}^{T} c_v \, dT$ gesetzt werden.

$c_v = (\partial u / \partial T)_v$ ist eine von Druck und Temperatur abhängige Funktion und bedeutet die spezifische Wärme bei gleichbleibendem Volumen, d. i. diejenige Wärmemenge, die 1 kg Gas bei gleichbleibendem Volumen zugeführt werden muß, um seine Temperatur um 1 °C zu erhöhen. Eine Temperaturerhöhung vergrößert also seine innere Energie, seine fühlbare Wärme. Für die Enthalpie gilt analog $di = c_p \, dT$ bzw. $i = \int_{T=0}^{T} c_p \, dT$.

$c_p = (\partial i / \partial T)_p$ ist hierbei die spezifische Wärmemenge bei unveränderlichem Druck, eine von Druck und Temperatur abhängige Funktion. Sie ist diejenige Wärmemenge, welche bei einem Gas unter gleichbleibendem Druck für eine Temperaturerhöhung um 1 °C notwendig ist.

Die spezifischen Wärmen c_p und c_v sowie die Gaskonstante R stehen untereinander in fester Beziehung. Aus $i = u + A P v$ bzw. $di = du + A P \, dv + A v \, dP$ erhält man für eine Zustandsänderung bei gleichbleibendem Druck die Beziehung

$$di = c_v \, dT + A P \, dv$$

und für ideale Gase, für die man $P v = R T$ einsetzen kann,

$$di = c_v \, dT + A R \, dT = (c_v + A R) \, dT.$$

Da für di aber auch $c_p \, dT$ gesetzt werden kann, so erhält man für c_p die Beziehung

$$c_p = c_v + A R,$$

c_p ist stets um den Wärmewert der nach außen abgegebenen Arbeit größer als c_v.

Setzt man für $c_p/c_v = \varkappa$ (Exponent der adiabatischen Zustandsänderung), so erhält man für c_v und c_p die Gleichungen

$$c_v = \frac{A R}{\varkappa - 1} \quad \text{und} \quad c_p = \frac{\varkappa A R}{\varkappa - 1}. \tag{27}$$

Im Verdichterbau sind im allgemeinen die Temperaturgrenzen, innerhalb deren sich die Vorgänge abspielen, eng, so daß man die für eine mittlere Temperatur gültigen spezifischen Wärmen c_v und c_p als konstant ansehen kann. Man erhält dann aus Gl. (25a) und (25b) für eine endliche Zustandsänderung

$$q = c_v(T_2 - T_1) \pm A \int_{v_1}^{v_2} P \, dv \tag{28}$$

bzw. aus Gl. (26)

$$q = c_p(T_2 - T_1) - A \int_{P_1}^{P_2} v \, dP. \tag{29}$$

Die Gase lassen sich in 3 Gruppen einteilen: Die erste Gruppe bilden die einatomigen Gase, wie Argon, Helium usw., die zweite und technisch wichtigste Gruppe ist die der zweiatomigen oder einfachen Gase N_2, H_2, O_2, CO usw. und ihre Mischungen, zu der auch Luft gehört. Zur dritten Gruppe zählen die mehratomogen Gase, wie CH_4, C_2H_2, C_2H_4, CO_2 usw. Versuche haben gezeigt, daß außer bei den einatomigen Gasen die spezifischen Wärmen c_p und c_v aller Gase mit wachsender Temperatur zunehmen.

Auf Tabelle 1 sind die physikalischen Werte technischer Gase aufgeführt. Die spezifischen Wärmen sind außer für 20° auch noch für 100° und 200 °C, also für einen Temperaturbereich angegeben, wie er hauptsächlich im Verdichter vorkommen kann.

Für die Abhängigkeit der spezifischen Wärmen c_p vom Druck sind für einige Gase in Abb. 2 Versuchswerte nach DEMING und SHOUPE (N_2, H_2 und CO) bzw. nach ROEBUCK (Luft) aufgenommen. Bis 220 at stimmen danach die C_p-Werte für CO und Luft nahezu überein.

1.5.2 Molekularwärme

Für ein- und zweiatomige Gase ließ sich mit guter Annäherung die allgemeine Beziehung aufstellen, daß unter gleichen äußeren Umständen zur Erwärmung gleicher Volumen verschiedener Gase von gleicher Atomzahl gleiche Wärmemengen nötig sind. Da sich die Gewichte gleicher Volumen verschiedener Gase wie ihre Molekulargewichte M_1, M_2 verhalten, und weil M_1, M_2 ... kg von jedem Gase das gleiche Volumen (Molvolumen: 22,4 m³ bei 0 °C und 760 Torr) einnehmen, gilt daher mit großer Annäherung

$$M_1 c_{p1} = M_2 c_{p2}. \qquad (30)$$

Das Produkt Mc_p, das die spezifische Wärme bezogen auf M kg eines Gases darstellt, bezeichnet man als Molekularwärme. Für zweiatomige Gase ergibt sich ihr Mittelwert zu

$$M c_{p_N} = 6,86, \qquad Mc_{v_N} = 4,88$$

und für 1 Nm³

$$c_{p_N} = \frac{M c_{p_0}}{22,4} \approx 0,31.$$

Beispiel. Die spezifische Wärme c_p für NH_3-Synthesegas (75% H_2 + 25% N_2) bei 0° C und Atmosphärendruck. Das Molekulargewicht beträgt nach Gl. (18)

$$M = 0,75\, M_{(H_2)} + 0,25\, M_{(N_2)} = 8,517;$$

daher

$$c_{p_N} = \frac{6,86}{8,517} = 0,8055.$$

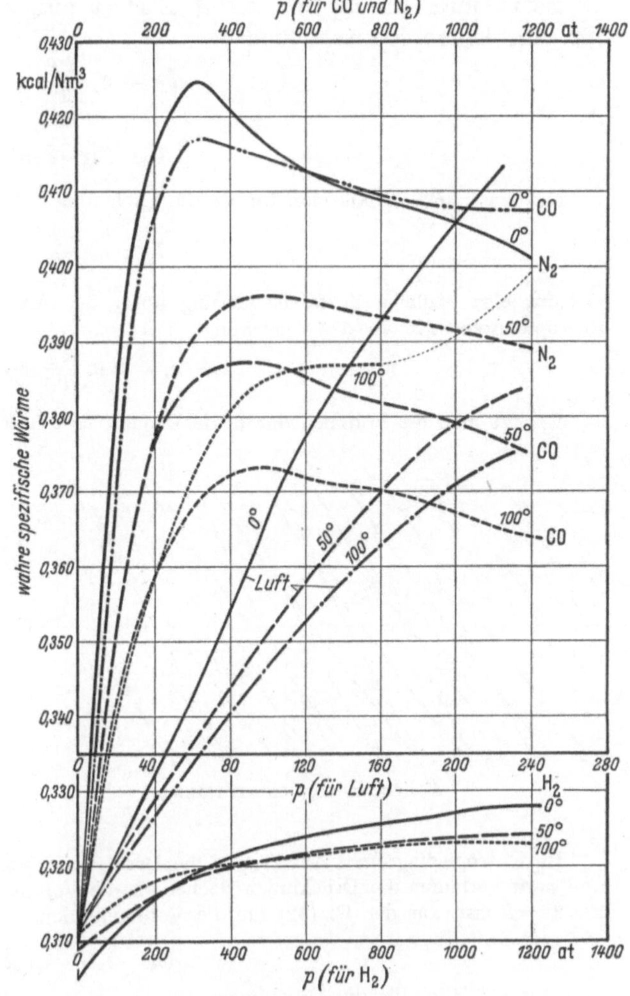

Abb. 2. Druckabhängigkeit von c_p

1.6 Entropie-Temperatur-Diagramm

Um den Verlauf einer Zustandsänderung anschaulich darzustellen, bestehen zwei Möglichkeiten, nämlich das Druck-Volumen-Diagramm und das Entropiediagramm. Während im ersteren (z. B. Indikatordiagramm) nur die mit dem Druck sich verändernden Volumen und äußeren Arbeiten erkennbar sind, kann man im Entropiediagramm auch erkennen, wie sich die Temperaturen und Wärmeinhalte ändern bzw. welche Wärmemengen zu- und abgeführt werden.

Im Entropie-Temperatur-Diagramm wird der Absolutwert der Wärmeenergie, die Wärmemenge, als Fläche dargestellt: Sie ist das Produkt der absoluten Temperatur T (Ordinate) und der Entropie s (Abszisse). Ohne entsprechend hohe Temperatur können die größten Mengen an Wärmeenergie nur gering oder gar nicht in mechanische Energie umgewandelt werden.

Die Entropie s, oder besser der während einer Zustandsänderung auftretende Entropieunterschied Δs, wird im folgenden nur als einfache Rechnungsgröße angesehen. Für ihren Elementarwert gilt die Gleichung

$$ds = \frac{dq}{T}. \tag{31}$$

Setzt man für $dq = c_v\, dT + A P\, dv$ ein, so erhält man als allgemeine Gleichung für den Entropieunterschied

$$ds = c_v \frac{dT}{T} + A \frac{P\, dv}{T}.$$

1.6.1 für ideale Gase

Mit $Pv = RT$ erhält man für ds die Gleichung

$$ds = c_v \frac{dT}{T} + A R \frac{dv}{v}$$

und für eine endliche Zustandsänderung unter der Annahme unveränderlicher spezifischer Wärme den Entropieunterschied aus der Gleichung

$$s_2 - s_1 = c_v \ln \frac{T_2}{T_1} + A R \ln \frac{v_2}{v_1}. \tag{32}$$

Ersetzt man die Volumen durch die Drücke, so erhält man die Gleichung

$$s_2 - s_1 = c_p \ln \frac{T_2}{T_1} - A R \ln \frac{P_2}{P_1} \tag{32a}$$

und nach Eliminieren der Temperaturen die Gleichung

$$s_2 - s_1 = c_p \ln \frac{v_2}{v_1} + c_v \ln \frac{P_2}{P_1}. \tag{33}$$

Für die Linien konstanten Druckes erhält man die Gleichung

$$s_2 - s_1 = c_p \ln \frac{v_2}{v_1} = c_p \ln \frac{T_2}{T_1}. \tag{34}$$

Für die Linien konstanten Volumens

$$s_2 - s_1 = c_v \ln \frac{P_2}{P_1} = c_v \ln \frac{T_2}{T_1}. \tag{35}$$

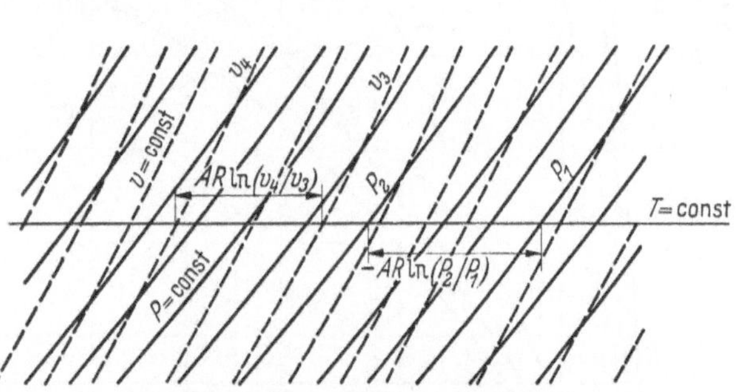

Abb. 3. Entropiediagramm

Im Entropiediagramm Abb. 3 sind die Druck- und Volumenlinien äquidistante logarithmische Kurven, und zwar verlaufen die Drucklinien flacher als die Volumenlinien. Ihr waagerechter Abstand ermittelt sich für $T = $ konst. aus der Gl. (32) für die Volumenlinien

$$(s_4 - s_3)_T = A R \ln \frac{v_4}{v_3} \tag{36}$$

und aus Gl. (32a) für die Drucklinien

$$(s_2 - s_1)_T = - A R \ln \frac{P_2}{P_1}. \tag{37}$$

1.6.2 für reale Gase

Bei großen Temperaturunterschieden und vor allem bei höheren Drücken ist die Zustandsgleichung für wirkliche Gase und die Veränderlichkeit der spezifischen Wärmen zu berücksichtigen. Berechnet man damit die Entropiewerte für eine größere Zahl von P- und v-Linien, so entstehen Kurvenscharen, die nicht mehr äquidistant verlaufen.

Ist eine die wirklichen Zustände genau wiedergebende Zustandsgleichung vorhanden, kann man mit ihr auch die Enthalpie- und Entropiewerte berechnen.

Für eine beliebige Zustandsänderung gilt Gl. (26a)

$$dq = di - A\,v\,dP.$$

Mit $dq = T\,ds$ ergibt sich

$$T\,ds = di - A\,v\,dP$$

bzw.

$$ds = \frac{1}{T}\,(di - A\,v\,dP).$$

Da $i = f_{(PT)}$ eine Funktion von den beiden unabhängig Veränderlichen P und T ist, kann man setzen

$$di = \left(\frac{\partial i}{\partial P}\right)_T dP + \left(\frac{\partial i}{\partial T}\right)_P dT$$

und

$$ds = \left(\frac{\partial i}{\partial T}\right)_P \frac{dT}{T} + \frac{1}{T}\left[\left(\frac{\partial i}{\partial P}\right)_T - A\,v\right] dP.$$

Nun ist aber auch die Entropie $s = f_{1(PT)}$ eine Funktion der beiden unabhängig Veränderlichen P und T

$$ds = \left(\frac{\partial s}{\partial T}\right)_P dT + \left(\frac{\partial s}{\partial P}\right)_T dP.$$

Sollen nun die beiden Gleichungen für ds für alle beliebigen Werte von dT und dP identisch sein, so müssen die Koeffizienten von dT und dP in beiden gleich sein, also ist

$$\left(\frac{\partial s}{\partial T}\right)_P = \frac{1}{T}\left(\frac{\partial i}{\partial T}\right)_P, \qquad \left(\frac{\partial s}{\partial P}\right)_T = \frac{1}{T}\left[\left(\frac{\partial i}{\partial P}\right)_T - A\,v\right].$$

Hieraus kann s eliminiert werden, indem man die linke Gleichung nach P bei konstantem T, die rechte Gleichung nach T bei konstantem P ableitet. Die linken Seiten werden dann gleich, nämlich

$$\frac{\partial^2 s}{\partial P\,\partial T} = \frac{\partial^2 s}{\partial T\,\partial P}.$$

Somit werden auch die beiden rechten Seiten gleich, nämlich

$$\frac{1}{T}\frac{\partial^2 i}{\partial T\,\partial P} = \frac{1}{T}\left[\frac{\partial^2 i}{\partial P\,\partial T} - A\left(\frac{\partial v}{\partial T}\right)_P\right] - \frac{1}{T^2}\left[\left(\frac{\partial i}{\partial P}\right)_T - A\,v\right],$$

$$A\left(\frac{\partial v}{\partial T}\right)_P = -\frac{1}{T}\left[\left(\frac{\partial i}{\partial P}\right)_T - A\,v\right],$$

somit

$$\left(\frac{\partial i}{\partial P}\right)_T = -A\,T\left(\frac{\partial v}{\partial T}\right)_P + A\,v. \tag{38}$$

Nach dieser Gleichung ändert sich der Wärmeinhalt, soweit seine Änderung mit dem Druck bei isothermer Zustandsänderung in Frage kommt.

Für die Änderung der Entropie mit dem Druck ergibt sich in Verbindung mit der Gleichung

$$\left(\frac{\partial s}{\partial P}\right)_T = \frac{1}{T}\left[\left(\frac{\partial i}{\partial P}\right)_T - A\,v\right]$$

die Gleichung

$$\left(\frac{\partial s}{\partial P}\right)_T = -A\left(\frac{\partial v}{\partial T}\right)_P. \tag{39}$$

Außer der Abhängigkeit des Wärmeinhaltes und der Entropie vom Druck bei konstanter Temperatur interessiert auch noch jene der spezifischen Wärme c_p.

Aus der Zustandsgleichung bei konstantem Druck folgt

$$T\,ds_P = c_p\,dT_P \quad \text{oder} \quad \left(\frac{\partial s}{\partial T}\right)_P = \frac{c_p}{T}.$$

Leitet man diese Gleichung nach P bei konstanter Temperatur T und die vorhergehende Gleichung nach T bei konstantem Druck P ab, so erhält man

$$\frac{\partial^2 s}{\partial T\,\partial P} = \frac{1}{T}\left(\frac{\partial c_p}{\partial P}\right)_T \quad \text{und} \quad \frac{\partial^2 s}{\partial P\,\partial T} = -A\left(\frac{\partial^2 v}{\partial T^2}\right)_P.$$

Da die linken Seiten der beiden Gleichungen gleich sind, so müssen auch die rechten Seiten einander gleich sein.

Damit erhält man für c_p folgende Abhängigkeit vom Druck:

$$\left(\frac{\partial c_p}{\partial P}\right)_T = -A\,T\left(\frac{\partial^2 v}{\partial T^2}\right)_P. \tag{40}$$

Wärmeinhalt, Entropie und spezifische Wärme lassen sich also aus den ersten und zweiten partiellen Ableitungen der Volumen nach den Temperaturen bei konstantem Druck ermitteln.

Eine die wirklichen Zustände genau wiedergebende Gleichung, mit der man nach den Gl. (38) bis (40) i, s und c_p für alle Zustände ermitteln und damit eine genaue Entropietafel aufstellen könnte, gibt es bis jetzt in einer praktisch brauchbaren Form leider nicht[1]. Alle bisher bekannten Zustandsgleichungen ergeben nur eine mehr oder weniger genaue Annäherung an die versuchsmäßig ermittelten Pv-Werte.

Im folgenden wird eine graphische Methode beschrieben, die nur von den Pv-Abweichungen ausgeht und die sich als praktisch brauchbar erwiesen hat, um die Entropie- bzw. Enthalpiewerte zu ermitteln[2].

Ein graphisches Verfahren gibt zunächst natürlich zu bedenken, daß damit noch wesentlich größere Ungenauigkeiten verbunden sind als mit einer Zustandsgleichung, welche der wirklichen nicht restlos entspricht. Es erscheint ja z. B. schon schwierig, zwei Pv-Abweichungen, die sich um etwa 1,0 unterscheiden, mit der in den Tafeln angegebenen Genauigkeit von vier Stellen hinter dem Komma im gleichen Bild darzustellen. Werden nun an derartigen Mittelwertskurven zeichnerische Tangenten bestimmt, ergeben sich tatsächlich Ungenauigkeiten, die es unmöglich machen, ein derartiges Verfahren anzuwenden. Noch unsicherer ist das Ergebnis, würde man aus den zweiten Ableitungen nun noch zeichnerisch die c_p-Werte ermitteln.

Wesentlich andere Verhältnisse ergeben sich jedoch, wenn die auch bei idealem Gaszustand auftretende Entropieänderung von der durch die Pv-Abweichung hervorgerufenen zusätzlichen Änderung abgetrennt wird, so daß nur diese zusätzliche Änderung zeichnerisch untersucht werden muß, während der Hauptteil der Änderung, nämlich $A\,R\ln(P_2/P_1)$ beliebig genau berechnet werden kann.

Aus Gl. (7) erhält man

$$v = \frac{\zeta\,R\,T}{P} = R\,T\left(\frac{\zeta-1}{P} + \frac{1}{P}\right).$$

Die Kurven

$$f_{(T)} = \frac{\zeta-1}{P} \quad \text{und} \quad f_{1(T)} = T\,\frac{\zeta-1}{P}$$

geben an sich schon in verschiedener Beziehung Auskunft über die Veränderung des Wärmeinhaltes i und der spezifischen Wärme c_p sowie über die zusätzliche Änderung der Entropie s mit dem Druck[3].

Differenziert man die Gleichung

$$v = R\,T\left(\frac{\zeta-1}{P} + \frac{1}{P}\right)$$

partiell nach der Temperatur bei konstantem Druck P und setzt diesen Wert in die Gl. (38) bzw. (39) ein, so erhält man

$$\left(\frac{\partial v}{\partial T}\right)_P = R\,\frac{\partial}{\partial T}\,\frac{T\,(\zeta-1)}{P} + R\,\frac{1}{P},$$

$$\left(\frac{\partial i}{\partial P}\right)_T = -A\,R\,T\left[\frac{\partial}{\partial T}\,\frac{T\,(\zeta-1)}{P} + \frac{1}{P}\right] + A\,R\,T\,\frac{\zeta-1}{P} + A\,R\,T\,\frac{1}{P},$$

$$\left(\frac{\partial i}{\partial P}\right)_T = -A\,R\,T\left[\frac{\partial}{\partial T}\left(T\,\frac{\zeta-1}{P}\right)_P - \frac{\zeta-1}{P}\right],$$

$$\left(\frac{\partial i}{\partial P}\right)_T = -A\,R\,T^2\left(\frac{\partial}{\partial T}\,\frac{\zeta-1}{P}\right)_P.$$

Durch Integrieren zwischen den Drücken P_1 und P_2 erhält man die Enthalpieänderung

$$(i_{P_2} - i_{P_1})_T = \int_{P_1}^{P_2}\left(\frac{\partial i}{\partial P}\right)_T dP$$

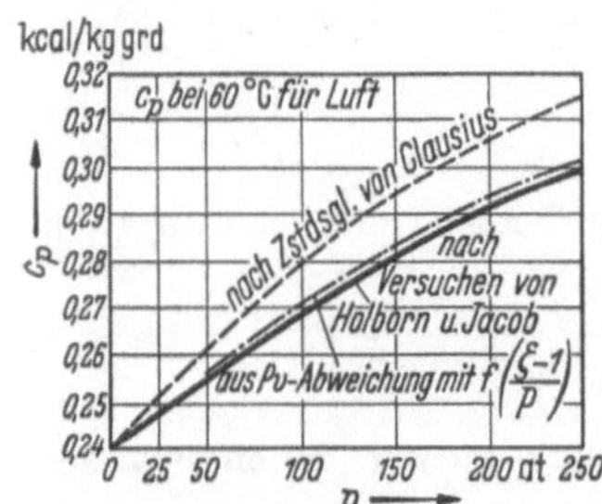

Abb. 4. Spezifische Wärme c_p bei 60° C für Luft

[1] Die vom Verfasser seinerzeit für die Berechnung von Zustandstafeln für Luft- und NH_3-Synthesegas verwendete Gleichung von Clausius Gl. (6) mit den hierfür errechneten Konstanten für die beiden vorerwähnten Gase berücksichtigt die Pv-Abweichungen sehr genau. Die aus dieser Gleichung nach Gl. (40) berechneten und in Abb. 4 eingetragenen c_p-Werte weichen jedoch beträchtlich von den Versuchswerten ab. Die Gleichung von Clausius gibt, wie man sieht, wohl die c_p-Werte ihrer Charakteristik nach richtig wieder, jedoch liegen diese, vor allem für die niederen Temperaturen, wesentlich höher als die aus Versuchen ermittelten c_p-Werte.

[2] Zuerst vorgeschlagen von W. Buchholz, Technische Universität Berlin. Dipl.-Arbeit 1947. [4]

[3] W. Christian, Das Verhalten der Gase bei hohen Drücken. Dissertation Technische Universität Berlin 1947. [5]

und nach Einsetzen von $\left(\dfrac{\partial i}{\partial P}\right)_T$ aus den obenstehenden Gleichungen

$$(i_{P_2} - i_{P_1})_T = -A\,R\,T\left[\frac{\partial}{\partial T}\left(T\int_{P_1}^{P_2}\frac{\zeta-1}{P}\,dP\right)_P - \int\frac{\zeta-1}{P}\,dP\right]$$

bzw.

$$(i_{P_2} - i_{P_1})_T = -A\,R\,T^2\frac{\partial}{\partial T}\left(\int_{P_1}^{P_2}\frac{\zeta-1}{P}\,dP\right)_P. \tag{41}$$

Analog erhält man für die Änderung der Entropie die Gleichungen

$$\left(\frac{\partial s}{\partial P}\right)_T = -A\,R\left[\frac{\partial}{\partial T}\left(T\frac{\zeta-1}{P}\right)_P + \frac{1}{P}\right],$$

$$\left(\frac{\partial s}{\partial P}\right)_T = -A\,R\left[T\left(\frac{\partial}{\partial T}\frac{\zeta-1}{P}\right) + \frac{\zeta-1}{P} + \frac{1}{P}\right].$$

Durch Integrieren zwischen den Drücken P_1 und P_2 erhält man die Entropieänderung

$$(s_{P_2} - s_{P_1})_T = \int\left(\frac{\partial s}{\partial P}\right)_T dP$$

und nach Einsetzen von $\left(\dfrac{\partial s}{\partial P}\right)_T$ aus den vorstehenden Gleichungen

$$(s_{P_2} - s_{P_1})_T = -A\,R\left[\underbrace{\left(\frac{\partial}{\partial T}\left(T\int_{P_1}^{P_2}\frac{\zeta-1}{P}\right)dP\right)_P}_{\Delta s} + \ln\frac{P_2}{P_1}\right],$$

$$(s_{P_2} - s_{P_1})_T = -A\,R\left[\underbrace{T\left(\frac{\partial}{\partial T}\int_{P_1}^{P_2}\frac{\zeta-1}{P}\,dP\right)_P + \int_{P_1}^{P_2}\frac{\zeta-1}{P}\,dP}_{\Delta s_i} + \ln\frac{P_2}{P_1}\right]. \tag{42}$$

Aus Gl. (42) ersieht man deutlich, aus welchen verschiedenen Teilen sich bei einer isothermen Druckänderung die hierbei auftretenden Entropieänderungen zusammensetzen. Das letzte Glied $A\,R\ln(P_2/P_1)$ entspricht der auch bei idealen Gasen auftretenden Entropieänderung, während die beiden ersten Teile Δs der durch die $P\,v$-Abweichung hervorgerufenen zusätzlichen Entropieänderung entsprechen. Dabei stellt wiederum Δs_i den Anteil dar, der von der Enthalpieänderung herrührt, während $A\,R\displaystyle\int_{P_1}^{P_2}\frac{\zeta-1}{P}\,dP$ sich aus der durch die $P\,v$-Abweichung bewirkten zusätzlichen isothermen Verdichtungsarbeit ergibt[1].

Die Abhängigkeit der spezifischen Wärme c_p vom Druck aus Gl. (40) erhält man schließlich wie folgt:

$$\left(\frac{\partial c_P}{\partial P}\right)_T = -A\,T\left(\frac{\partial^2 v}{\partial T^2}\right)_P,$$

$$\left(\frac{\partial c_P}{\partial P}\right)_T = -A\,R\,T\frac{\partial^2}{\partial T^2}\left(T\frac{\zeta-1}{P}\right),$$

$$(c_{P_2} - c_{P_1})_T = -A\,R\,T\frac{\partial^2}{\partial T^2}\left(T\int_{P_1}^{P_2}\frac{\zeta-1}{P}\,dP\right)_P = -\left(\frac{\partial\Delta s}{\partial T}\right)_P. \tag{43}$$

Nach Gl. (41) und (42) kann Δs_i dadurch bestimmt werden, daß man die Kurven $\left(\dfrac{\zeta-1}{P}\right)_T = f_{(P)}$ von P_1 bis P_2 integriert, die erhaltenen Werte für jeweils gleiche Grenzen P_1 und P_2 in Abhängigkeit von T aufträgt, die Tangenten an diesen Kurven ermittelt und schließlich die dadurch erhaltenen Werte mit T multipliziert.

Δs würde man danach aus Gleichung

$$\Delta s = \Delta s_i + A\,R\int\frac{\zeta-1}{P}\,dP$$

erhalten.

---

[1] Siehe Abb. 9 und die dazugehörigen Erläuterungen auf S. 20/21.

Es hat sich jedoch gezeigt, daß die Abweichungen durch Ungenauigkeiten in der Kurvenzeichnung geringer werden, wenn Δs unmittelbar aus den Tangenten an die Kurven $T \int \dfrac{\zeta - 1}{P}\,dP = f_{(T)}$ bestimmt wird. Δs_i errechnet sich danach aus Gleichung

$$\Delta s_i = \Delta s - A\,R \int\limits_{P_1}^{P_2} \frac{\zeta - 1}{P}\,dP.$$

Die Rechnung wird nun so durchgeführt, das $\Delta s \big|_{P_1}^{P_2}$ für aufeinanderfolgende Bereiche von je 50 at jeweils für Isothermen: $-50°$, $-25°$, $0°$, $25°$ usw. bis $200°$ bestimmt und dann die Summe dieser $\Delta s \big|_{P_1}^{P_2}$ von 1 at bis zum Druck P, d. h. also $\Delta s \big|_{P_1}^{P}$ in Abhängigkeit von P aufgetragen und diese Punkte zu entsprechenden Temperaturlinien verwendet werden. Aus dem so entstehenden Bild kann man für jeden Druck und die verschiedenen Temperaturen Δs ablesen und damit die tatsächlichen Entropiedifferenzen berechnen und in die TS-Tafel eintragen. Die Änderungen der spezifischen Wärme c_p von P_1 bis P_2 bei gleichbleibender Temperatur erhält man durch die Tangenten an die Kurven $\Delta s = f(t)$ nach Multiplikation mit $A\,R\,T$.

Die im Anhang aufgenommenen Temperatur-Entropietafeln für Luft von W. Buchholz und Wasserstoff von W. Christian sind nach dem zuletzt beschriebenen graphischen Verfahren aus den Kurvenscharen $T\,\dfrac{\zeta - 1}{P}$ ermittelt worden.

Aus dem Beispiel auf S. 114 bis 116 ist zu erkennen, wie der tatsächliche Vorgang in einem Höchstdruck-H_2-Verdichter in der von W. Christian nach dem vorerwähnten graphischen Verfahren ermittelten Entropietafel gut dargestellt werden kann. Ebenso geht aus Abb. 4 die praktisch gute Übereinstimmung der Versuchswerte von c_p für Luft von Holborn und Jacob mit den nach obigem Verfahren errechneten Werten hervor.

1.7 Zustandsänderungen

1.7.1 Zustandsänderung bei unveränderlichem Volumen (Isochore)

Betrachtet man in Abb. 5 (links Pv-, rechts Ts-Diagramm) $I\,(T_1,\,P_1,\,v)$ als den Anfangszustand des Gases und führt man bei gleichbleibendem Volumen Wärme zu, so findet eine Zustandsänderung statt, die der v-Linie bis $II\,(T_2,\,P_2,\,v)$ als Endzustand des Gases folgt. Da das Volumen des Gases unverändert bleibt, die äußere Arbeit daher gleich Null ist, vereinfacht sich die kalorische Zustandsgleichung $dq = c_v\,dT + A\,P\,dv$ in

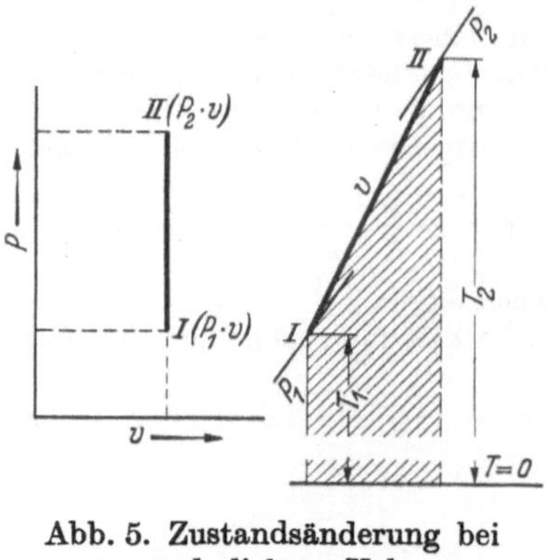

$$dq = c_v\,dT,$$

$$q = \int\limits_{T_1}^{T_2} c_v\,dT. \tag{44}$$

Die gesamte zugeführte Wärmemenge wird zur Temperaturerhöhung des Gases aufgewendet und ist durch die unter der v-Linie liegende rechts aufwärts schraffierte Fläche dargestellt. Durch Ausmessen dieser Fläche mit dem Planimeter kann die Wärme q ermittelt werden. Dabei ist zu beachten, daß sämtliche Werte, die man aus der Entropietafel erhält, für 1 kg Gas gelten.

Abb. 5. Zustandsänderung bei unveränderlichem Volumen

Für ideale Gase und mäßige Temperaturgrenzen, bei welchen man c_v konstant setzen kann, erhält man die Näherungsgleichung

$$q = c_v\,(T_2 - T_1). \tag{44a}$$

Soll die Zustandsänderung umgekehrt von II nach I verlaufen, so muß die Wärmemenge q abgeführt werden.

1.7.2 Zustandsänderung bei unveränderlichem Druck (Isobare)

Führt man einem Gase unter gleichmäßigem Druck P eine Wärmemenge q zu, so findet eine Zustandsänderung statt, die mit $I\,(T_1,\,P,\,v_1)$ als Anfangszustand der P-Linie bis zum Punkt $II\,(T_2,\,P,\,v_2)$ dem Endzustand des Gases folgt (Abb. 6). Die unterhalb der P-Linie, innerhalb der beiden Ordinaten durch I und II bis zur absoluten Nullinie reichende Fläche stellt den Wärmeaufwand für 1 kg Gas dar.

$$q = \int_{T_1}^{T_2} c_p \, dT \, . \qquad (45)$$

Für ideale Gase und mäßige Temperaturgrenzen, innerhalb deren c_p und c_v konstant angenommen werden können, erhält man

$$q = c_v\,(T_2 - T_1) + A\,P\,(v_2 - v_1),$$
$$q = c_v\,(T_2 - T_1) + A\,R\,(T_2 - T_1),$$
$$q = c_p\,(T_2 - T_1). \qquad (45\,\mathrm{a})$$

Während $c_v\,(T_2 - T_1)$ die allein zur Temperaturerhöhung aufgewendete Wärme ist und durch die unter der v_2-Linie rechts aufwärts schraffierte Fläche dargestellt wird, bezeichnet man das zweite Glied $A\,P\,(v_2 - v_1) = (c_p - c_v)\,(T_2 - T_1)$, den in äußere Arbeit (Gleichdruckarbeit) umgewandelten Teil der Wärme, der als rechts abwärts schraffierter Flächenstreifen zwischen der P-Linie und der v-Linie zu erkennen ist. Dem Pv-Diagramm (Abb. 6 links) kann nur die äußere Arbeit $P\,(v_2 - v_1)$ entnommen werden.

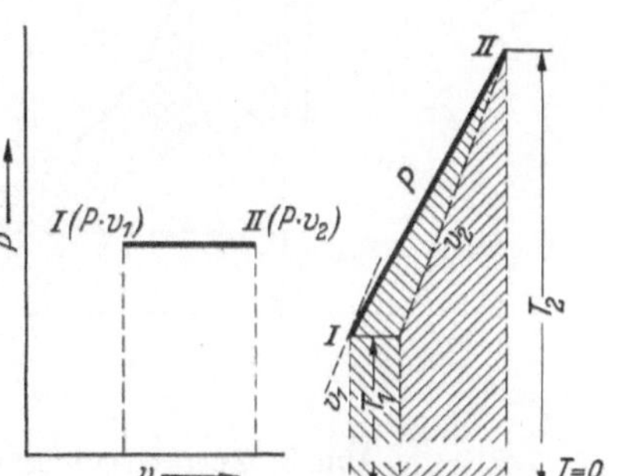

Abb. 6. Zustandsänderung bei unveränderlichem Druck

Soll die Zustandsänderung umgekehrt von II nach I verlaufen, so ist die Wärmemenge $\dot{q}$ abzuführen.

1.7.3 Zustandsänderung bei unveränderlicher Temperatur (Isotherme)

Eine isotherme Zustandsänderung, Abb. 7, verläuft im Temperatur-Entropie-Diagramm nach einer Waagerechten I—II.

Die Linien gleichen Wärmeinhaltes i sind je nach der Gasart verschieden geneigt. Die Fläche $I_0\,I\,II\,II_0\,I_0$ unter der Linie I—II ist äquivalent der während der Verdichtung abzuführenden Wärmemenge q.

Da $i_2 < i_1$, erhält man aus Gl. (26)

$$\left.\begin{aligned} q &= -(i_1 - i_2) - A \int_{P_1}^{P_2} v \, dP \\[2mm] -q &= (i_1 - i_2) + A \int_{P_1}^{P_2} v \, dP \, . \end{aligned}\right\} \qquad (46)$$

bzw.

Die abzuleitende Wärmemenge q besteht danach aus zwei Teilen, nämlich der Abnahme des Wärmeinhaltes $(i_1 - i_2)$ und aus der äußeren Arbeit $A\,L_{is} = A\int v\,dP$. Aus Abb. 7 ist die der Abnahme des Wärmeinhaltes $i_1 - i_2$ äquivalente rechts abwärts schraffierte Fläche $3_0\,3\,I\,I_0\,3_0$ sowie die der äußeren Arbeit $A\,L_{is}$ gleichwertige rechts aufwärts schraffierte Fläche $3_0\,3\,I\,II\,II_0\,3_0$ ohne weiteres zu entnehmen. Je nachdem, ob der Wärmeinhalt i mit größerem Druck ab- oder zunimmt, wird die äußere Arbeit kleiner oder größer als die abzuführende Wärmemenge q.

Für ideale Gase Abb. 8 bleibt der Wärmeinhalt i bei gleichbleibender Temperatur unverändert und geht Gl. (26) über in

$$q = -A \int_{P_1}^{P_2} v \, dP = -A\,L_{is}.$$

Die vom Gas aufgenommene Verdichtungsarbeit L_{is} geht in Wärme q über, die unmittelbar, nachdem sie entsteht, dem Gase entzogen werden muß. Im Ts-Diagramm entspricht sie der Fläche $(I_0\,I\,II\,II_0\,I_0)$. Die

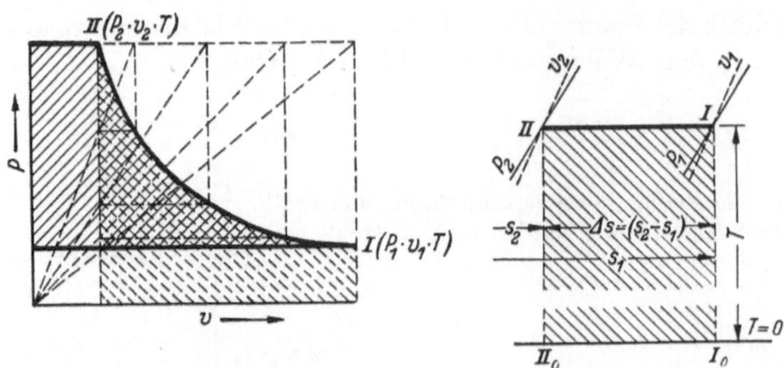

Abb. 8. Zustandsänderung bei unveränderlicher Temperatur für ideale Gase

äußere Arbeit $L_{is} = \int\limits_{P_1}^{P_2} v\,dP$ errechnet sich hierbei zu

$$L_{is} = R\,T \int\limits_{P_1}^{P_2} \frac{dP}{P} = R\,T \ln \frac{P_2}{P_1}$$

oder

$$L_{is} = P_1 v_1 \ln \frac{P_2}{P_1} \quad \text{[mkp/kg]}. \tag{47}$$

Für eine zu verdichtende Gasmenge von G kg mit dem Volumen $V_1 = G\,v_1 \,[\text{m}^3]$ erhält man die Leistung N_{is} aus der Gleichung

$$\left| \; N_{is} = c\,p_1\,V_1 \log \frac{p_2}{p_1} \; \right| \tag{48}$$

In dieser Gleichung ist c eine Konstante, die je nach der Wahl der Dimension für N, V und den Druck verschiedene Werte hat. Für p in kp/cm² erhält man für

	N	
	in PS	in kW
V_1 in m³/h c	0,0852	0,0627
V_1 in m³/min c	5,112	3,762

Die äußere Arbeit L_{is} realer Gase erhält man aus der Zustandsgleichnung von CLAUSIUS $\left(P + \dfrac{a}{(v+h)^2} \right)(v - b) = R\,T$ zu

$$L_{is} = \int\limits_{P_1}^{P_2} v\,dP = R\,T \ln \frac{v_1 - b}{v_2 - b} - \frac{a}{v_2 + h} + \frac{a}{v_1 + h} + P_2 v_2 - P_1 v_1 \quad \text{[mkp/kg]}, \tag{49}$$

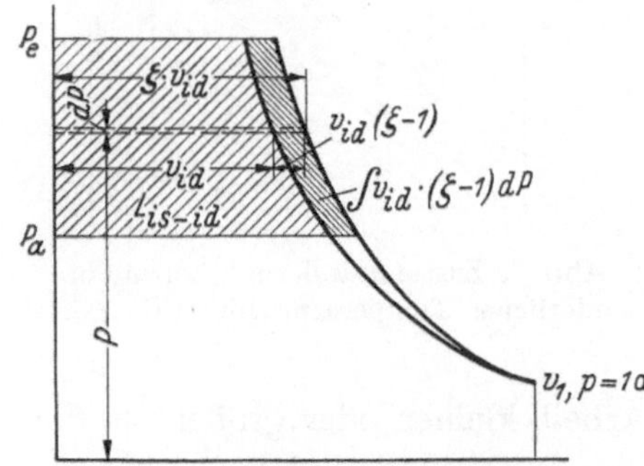

Abb. 9. Isotherme Verdichtungsarbeit
für reale Gase

wobei die Konstanten a, b und h bekannt sein oder ermittelt werden müssen.

Einfacher errechnet sich L_{is} nach W. CHRISTIAN[1] gemäß Abb. 9 aus

$$v = \zeta\,v_{id} = v_{id} + v_{id}(\zeta - 1).$$

Setzt man diesen Wert für v in $L_{is} = \int\limits_{P_a}^{P_e} v\,dP$, so erhält man die isotherme Verdichtungsarbeit L_{is} zu

$$L_{is} = \int\limits_{P_a}^{P_e} V_{id}\,dP + \int\limits_{P_a}^{P_e} V_{id}(\zeta - 1)\,dP.$$

Die gesamte Verdichtungsarbeit L_{is} wird also unterteilt in die Arbeit für das ideale Gas und den Mehraufwand infolge der Pv-Abweichung. Setzt man für $V_{id} = V_1 \dfrac{p_1}{p}$

---

[1] Berechnung der isothermen Leistung bei der Verdichtung auf hohe Drücke. Z. VDI 86 (1942) S. 721/22 (6).

für V_1 das Volumen in m³ bei der jeweiligen Ansaugetemperatur und bei dem Druck $p_1 = 1$ kp/cm² und den Druck p in kp/cm², so erhält man

$$L_{is} = V_1 \underset{(p_1=1)}{(1)} \left[\ln(p_e/p_a) + \int_{p_a}^{p_e} \frac{(\zeta-1)}{p}\,dp \right] \quad [\text{mkp}]. \tag{50}$$

Aus der Funktion $\zeta = f(P)$ für $t = $ konst. können leicht punktweise die Funktion $\dfrac{\zeta-1}{p}$ und deren Integral $\int \dfrac{\zeta-1}{p}\,dp$ bestimmt werden. Man erhält daher die isotherme Verdichtungsarbeit für wirkliche Gase zu

$$L_{is} = V_1 \left[\ln(p_e/p_a) + \left(\int_{p=1}^{p=p_e} \frac{\zeta-1}{p}\,dp - \int_{p=1}^{p=p_a} \frac{\zeta-1}{p}\,dp \right) \right] \quad [\text{mkp}].$$

Beim Übergang von der Arbeit auf die Leistung ist es zweckmäßig, die Festwerte zusammenzufassen. Man erhält dann z. B. für V_1 in m³/h und N_{is} in kW

$$N_{is} = 0{,}0627\,V_1\,[\lg(p_e/p_a) + (C_{(p_e)} - C_{(p_a)})] \quad [\text{kW}]. \tag{51}$$

Hierin bedeutet die Funktion $C(p)$

$$C(p) = \frac{1}{2{,}301} \int_{p=1}^{p=p} \frac{\zeta-1}{p}\,dp.$$

In den Tafeln **XII** bis **XXI** sind für verschiedene Gase und Gasgemische nach diesem Verfahren der Mehraufwand infolge der jeweiligen Pv-Abweichung mit Hilfe der Funktion $(\zeta - 1)/p$ für die Isothermen von 0 bis 50 °C, wie sie für die Berechnungen der Praxis benötigt werden, ermittelt.

Beispiel 1. Für einen chemischen Prozeß werden 2200 Nm³/h Wasserstoff bei einem Überdruck von 325 at benötigt. Von einem mehrstufigen Kolbenverdichter wird das Gas bei einem Druck von 1 at und einer Temperatur von 15 °C trocken angesaugt. Wie hoch ist die hierfür erforderliche isotherme Leistung?

Für den Ansaugezustand errechnet sich das Volumen V_1 in m³/h zu

$$V_1 = \frac{V_N\,p_N\,T_1}{p_1\,T_N} = \frac{2200 \cdot 760 \cdot 288}{735{,}6 \cdot 273} = 2400\,\text{m}^3/\text{h}$$

und nach Gl. (51) und Taf. XII

$$N_{is} = 0{,}0627 \cdot 2400\,(\lg(326/1) + 0{,}09),$$

$$\underline{N_{is} = 377{,}5 + 13{,}5 = 391\,\text{kW}}.$$

Die Mehrleistung gegenüber dem idealen Gas beträgt rd. 3,6%.

Beispiel 2. Für eine Hydrierung wird eine H_2-Menge von 10000 Nm³/h bei einem Druck von 750 at benötigt. Welche Leistung ist erforderlich, wenn der Verdichter diese Gasmenge bei einem Druck von 325 at und einer Temperatur von 30 °C ansaugt? (Wasserdampfgehalt ist bei hohem Druck bedeutungslos und daher nicht zu berücksichtigen!)

Das Volumen V_1 in m³/h bei dem Druck 1 at und bei der Ansaugetemperatur 30 °C errechnet sich zu

$$V_1 = 10000\,\frac{760}{735{,}6} \cdot \frac{303}{273} = 11470\,\text{m}^3/\text{h},$$

$$N_{is} = 0{,}0627 \cdot 11\,470[\log(750/325) + (C_{750} - C_{325})].$$

Aus Taf. XII erhält man für eine Temperatur von 30 °C den Wert C zu:

$$C_{750} = 0{,}198 \quad \text{und} \quad C_{325} = 0{,}086.$$

Damit ergibt sich N_{is} zu

$$N_{is} = 0{,}0627 \cdot 11\,470[5{,}363 + (0{,}198 - 0{,}086)],$$

$$N_{is} = 261 + 79 = 340\,\text{kW}.$$

Die Mehrleistung gegenüber dem idealen Gas beträgt in diesem Hochdruckgebiet rd. 31%.

1.7.4 Zustandsänderung bei unveränderlicher Entropie (Adiabate)

Wenn sich der Entropiewert des Gases während einer Zustandsänderung nicht ändern soll, so darf während ihres Verlaufes Wärme weder zugeführt noch abgeleitet werden. Im TS-Diagramm ist die Adiabate daher eine senkrechte Gerade. Für sie gilt die Gleichung

$$dq = c_v\, dT + A\, P\, dv = 0.$$

Für ideale Gase leitet sich für die Adiabate folgende Beziehung ab:
Durch Differenzieren der allgemeinen Zustandsgleichung $P v = R T$ erhält man für $dT = (1/R)\,(P\, dv + v\, dP)$. Setzt man diesen Wert in die obenstehende Gleichung ein, so erhält man

$$c_v\, P\, dv + c_v\, v\, dP + A\, R\, P\, dv = 0,$$

$$(c_v + A\, R)\, P\, dv + c_v\, v\, dP = 0,$$

$$\frac{c_p}{c_v}\, \frac{dv}{v} + \frac{dP}{P} = 0,$$

$$x \ln \frac{V_2}{V_1} = \ln \frac{P_1}{P_2},$$

$$\left(\frac{v_2}{v_1}\right)^{x} = \frac{P_1}{P_2},$$

$$P_2\, v_2^x = P_1\, v_1^x = P\, v^x = \text{konst.} \tag{52}$$

Abb. 10a zeigt eine derartige Verdichtung im Ts-Diagramm mit $I\,(T_1,\ P_1,\ v_1)$ als Anfangs- und $II\,(T_2,\ P_2,\ v_2)$ als Endzustand. Außerdem wurde angenommen, daß der Wärmeinhalt i des Gases bei gleichbleibender Temperatur mit dem Druck zunimmt. Die kalorische Zustandsgleichung

$$q = (i_2 - i_1) - A \int v\, dP$$

vereinfacht sich, da $\varDelta s$ und daher auch q gleich Null sein muß, zu

$$i_2 - i_1 = A \int\limits_{P_1}^{P_2} v\, dP = A\, L_{ad}. \tag{53}$$

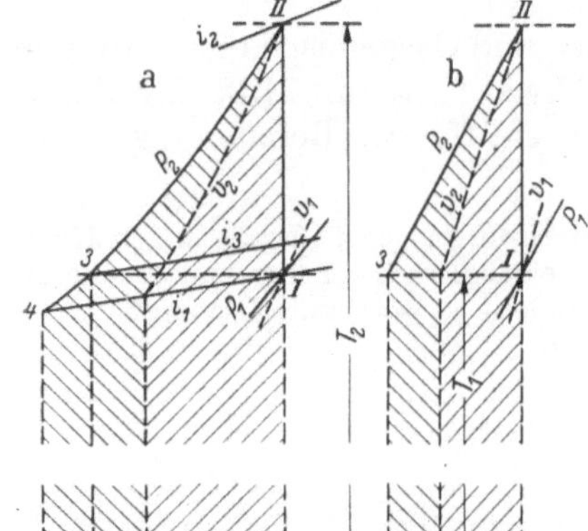

Abb. 10. Zustandsänderung bei unveränderlicher Entropie

a) für reale Gase;   b) für ideale Gase

Die gesamte äußere Arbeit wird zur Erhöhung des Wärmeinhaltes des Gases aufgewendet. Die gesamte dem Gase zugeführte äußere Arbeit findet man daher als Fläche wieder, die unter der P_2-Linie zwischen den Senkrechten durch II und 4 liegt und bis zur absoluten Nullinie reicht. Während bei der Abkühlung des verdichteten Gases auf die Ansaugetemperatur eine Wärmemenge abzuführen ist, welche der unterhalb der P_2-Linie liegenden Fläche I_0, II, 3, 3_0, I_0 gleichwertig ist, entspricht die aufgewendete äußere Arbeit der Fläche I_0, II, 4, 4_0, I_0. Letztere ist also größer als die vorerwähnte bei der Abkühlung auf Ansaugetemperatur abzuführende Wärmemenge q, und zwar um $i_3 - i_1$, d. i. die bei gleichbleibender Temperatur T_1 eintretende Erhöhung des Wärmeinhaltes bei der Zunahme des Druckes von P_1 auf P_2.

Setzt man für i ein $u + A\, P\, v$, so erhält man die Gleichung

$$(u_2 + A\, P_2\, v_2) - (u_1 + A\, P_1\, v_1) = A\, L_{ad}$$

Die v_2-Linie durch den Endzustand des Gases teilt die Gesamtfläche in zwei Teile. Der eine Teil, der unter der v_2-Linie liegt und rechts aufwärts schraffiert ist, ist der Wärmemenge $\int c_v\, dT$ äquivalent, um die sich die innere Energie u des Gases erhöht hat. Der andere zwischen der v_2- und P_2-Linie liegende rechts abwärts schraffierte Flächenstreifen entspricht jener Wärmemenge, die dem Teil der aufgewendeten äußeren Arbeit äquivalent ist, um den sich die sogenannte äußere Energie des Wärmeinhaltes vergrößert hat, also die Wärmemenge $\int c_p \, dT - \int c_v \, dT$.

Geht die Zustandsänderung unter Arbeitsabgabe — Dehnung — des Gases vor sich, so verringert die gesamte vom Gas nach außen abgegebene Arbeit den Wärmeinhalt. Wie vorher sind in der Ts-Tafel die einzelnen Teile erkenntlich, um die sich innere und äußere Energie des Wärmeinhaltes vermindert haben.

Innerhalb mäßiger Temperaturen und im Bereich niederer Drücke, wo Gleichung $Pv = RT$ noch gilt und sich die Enthalpie bei gleichbleibender Temperatur praktisch nicht ändert, gilt das einfachere Temperatur-Entropieschaubild der Abb. 10b, welches die der äußeren Arbeit, inneren und äußeren Energie, gleichwertigen Flächen erkennen läßt. Mit c_v und c_p als mittlere spezifische Wärme erhält man

$$i_2 - i_1 = c_v\,(T_2 - T_1) + A\,R\,(T_2 - T_1) = c_p\,(T_2 - T_1) = A\,L_{ad}.$$

Setzt man für $c_p = \dfrac{\varkappa\,A\,R}{\varkappa - 1}$ ein, so erhält man für die äußere Arbeit L_{ad} die Gleichung

$$L_{ad} = \frac{\varkappa\,R}{\varkappa - 1}\,(T_2 - T_1) = \frac{\varkappa}{\varkappa - 1}\,(P_2\,v_2 - P_1\,v_1). \tag{54}$$

Aus der Beziehung $P\,v^{\varkappa} = $ konstant und aus Gl. (54) erhält man für L_{ad} folgende nur vom Anfangszustand des Gases $P_1\,v_1$ und vom Druckverhältnis (P_2/P_1) abhängige Gleichung

$$L_{ad} = \frac{\varkappa}{\varkappa - 1}\,P_1\,v_1\left(\frac{P_2\,v_2}{P_1\,v_1} - 1\right)$$

bzw.

$$L_{ad} = \frac{\varkappa}{\varkappa - 1}\,P_1\,v_1\left[\left(\frac{P_2}{P_1}\right)^{\frac{\varkappa - 1}{\varkappa}} - 1\right]. \tag{55}$$

Für wirkliche Gase wurde ferner gefunden, daß der Einfluß der Pv-Abweichung auf den Arbeitsbedarf praktisch ausreichend dadurch berücksichtigt werden kann, daß man die äußere Arbeit L_{ad} nach Gl. (54) und (55) mit dem Faktor $\sqrt{\zeta_2/\zeta_1}$ multipliziert. Da ζ_1 auch schon im Ansaugevolumen berücksichtigt werden muß, ergibt sich ohne weiteres, daß für die äußere Arbeit eines realen Gases eingesetzt werden kann

$$L_{ad_{real}} = L_{ad_{id}}\,\zeta_1\,\sqrt{\zeta_2/\zeta_1},$$
$$L_{ad_{real}} = L_{ad_{id}}\,\sqrt{\zeta_1\,\zeta_2}. \tag{55a}$$

Der Fehler nach dieser vereinfachten Gleichung ist $\ll 1\%$, wovon man sich an zahlreichen Beispielen überzeugen konnte, und damit praktisch bedeutungslos.

Aus der Zustandsgleichung $Pv = RT$ und der Gleichung für die Adiabate $P\,v^{\varkappa} = $ konst. erhält man für die bei der adiabaten Verdichtung auftretende Temperatur T_2 die Beziehung

$$T_2 = T_1\left(\frac{v_1}{v_2}\right)^{\varkappa - 1} = T_1\left(\frac{P_2}{P_1}\right)^{\frac{\varkappa - 1}{\varkappa}}. \tag{56}$$

Gl. (56) mit dem $\varkappa$-Wert für ideale Gase gilt anscheinend auch noch mit für die Praxis genügender Genauigkeit für reale Gase bis Enddrücke von mehreren 100 at, soweit das aus den bisherigen Entropietafeln für Luft und Wasserstoff ersichtlich ist. Soweit dies zutrifft, kann mit Hilfe der ζ-Werte, die nur für Isothermen angegeben sind, auch die Pv-Linien für die Adiabaten im Hochdruckgebiet ermittelt werden, wo sich der $\varkappa$-Wert mit dem Druck und der Temperatur erheblich ändert.

1.7.5. Allgemeine Zustandsänderung

Die auf Abb. 11 dargestellte Zustandsänderung I—II entspricht einer solchen Verdichtung unter Wärmeabfuhr. Die dabei abgeleitete Wärmemenge beträgt

$$q = \int dq = \text{Fläche } I_0\,I\,II\,II_0\,I_0.$$

Bei dieser Verdichtung erhöht sich der Wärmeinhalt des Gases von i_1 auf i_2. (Fläche $II_0\,II\,3\,3_0\,II_0 = (i_2 - i_1) = \int di.$) Im Gegensatz zu Abb. 10a wurde hier angenommen, daß der Wärmeinhalt des Gases bei gleichbleibender Temperatur mit zunehmendem Druck abnimmt.

Nach Gl. (26) erhält man mit $(-q)$ für die „abgeführte" Wärme die gesamte für die Verdichtung aufgewendete äußere Arbeit zu

$$A\,L = A\int_{P_1}^{P_2} v\,dP = q + (i_2 - i_1).$$

Sie entspricht der Fläche $I_0\,I\,II\,3\,3_0\,I_0$ bzw. $5_0\,5\,I\,II\,4\,4_0\,5_0$.

Ist das Gas in einem dem Verdichter nachgeschalteten Wärmetauscher von der Temperatur T_2 auf die Anfangstemperatur T_1 zu kühlen, so ist eine Wärmemenge abzuführen, die der Fläche $II_0\,II\,4\,4_0\,II_0$ äquivalent ist.

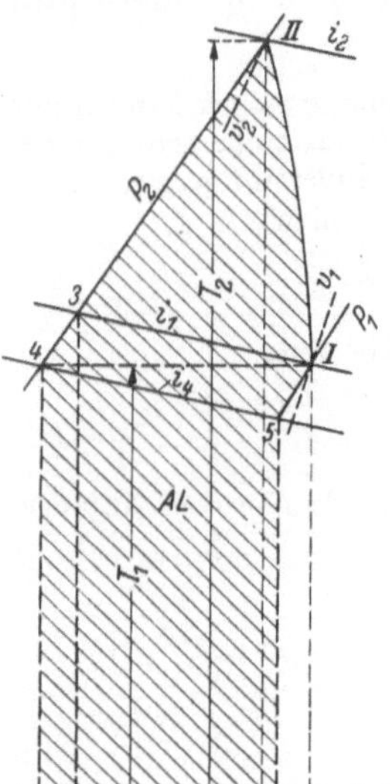

Abb. 11. Allgemeine Zustandsänderung

Bei idealen Gasen entspricht die Gleichung $P\,v^m =$ konst. einer auch als Polytrope bezeichneten allgemeinen Zustandsänderung, die bei unveränderlicher spezifischer Wärme vor sich geht.

Unter der Voraussetzung unveränderlicher spezifischer Wärme c_v erhält man aus Gl. (26)

$$q = c_v\,(T_2 - T_1) + A\,R\,(T_2 - T_1) - A \int_{P_1}^{P_2} v\,dP.$$

Um das Integral für die äußere Arbeit aufzulösen, setzt man v aus der Gleichung $P\,v^m = P_1\,v_1^m =$ konst. ein und erhält für die äußere Arbeit L die Gleichung

$$L = P_1^{\frac{1}{m}}\,v_1 \int_{P_1}^{P_2} \frac{dP}{P^{\frac{1}{m}}},$$

$$L = \frac{m}{m-1}\,P_1\,v_1\left[\left(\frac{P_2}{P_1}\right)^{\frac{m-1}{m}} - 1\right] \text{ mkp/kg}. \tag{57}$$

Setzt man in diese Gleichung für $(P_1/P_2) = (v_2/v_1)^m$ ein, so erhält man für L die Gleichung $L = \dfrac{m}{m-1}(P_2\,v_2 - P_1\,v_1)$ und für die während der Zustandsänderung zugeführte Wärmemenge q die Beziehung

$$q = c_v\,(T_2 - T_1) + A\,R\,(T_2 - T_1) - \frac{A\,R\,m}{m-1}\,(T_2 - T_1),$$

$$q = \frac{(m-1)\,(c_v + A\,R) - m\,A\,R}{m-1}\,(T_2 - T_1) = \frac{m\,c_v - c_p}{m-1}\,(T_2 - T_1),$$

$$q = c\,(T_2 - T_1) \quad \text{mit} \quad c = c_v\,\frac{m - \varkappa}{m-1}. \tag{58}$$

Die Gleichung $P\,v^m =$ konst. entspricht also tatsächlich einer Zustandsänderung, welche mit unveränderlicher spezifischer Wärme c vor sich geht. c stellt dabei jene Wärmemenge vor, die 1 kg Gas zugeführt werden muß, um neben der Arbeitsleistung noch eine Erwärmung um 1° herbeizuführen.

Gl. (58) läßt auch gut erkennen, daß c nur dann positiv ist, wenn $m > \varkappa$ ist. Für $m < \varkappa$ sind c und q negativ, d. h. während der Zustandsänderung wird Wärme nicht zu-, sondern abgeführt.

Aus der Zustandsgleichung $P\,v = R\,T$ und der Gleichung für die Polytrope $P\,v^m =$ konst. erhält man analog wie für die Adiabate die Endtemperatur T_2 aus der Beziehung

$$T_2 = T_1\left(\frac{v_1}{v_2}\right)^{m-1} = T_1\left(\frac{P_2}{P_1}\right)^{\frac{m-1}{m}}. \tag{59}$$

Für den Verlauf der Polytropen im Ts-Diagramm erhält man die Beziehungen

$$c = \frac{dq}{dT},$$

$$ds = \frac{dq}{T} = c\,\frac{dT}{T},$$

$$s_2 - s_1 = c\,\ln\frac{T_2}{T_1}. \tag{60}$$

Diese Gleichung ergibt im Ts-Diagramm eine Kurve, die bei kleinen und mittleren Druckverhältnissen nur wenig von einer Geraden abweicht. Es wird daher in der Folge die Polytrope im Ts-Diagramm durch eine Gerade ersetzt.

Sieht man von den bereits besprochenen Sonderfällen, der Isotherme (für $m = 1$) und der Adiabate (für $m = \varkappa$) ab, so kann man je nach der Größe des Exponenten m

zwei Fälle für eine polytrope Zustandsänderung unterscheiden:

1. $1 < m < \varkappa$ für Verdichtung unter Wärmeabfuhr und für Dehnung unter Wärmezufuhr.

2. $m \gtrless \varkappa$ für Verdichtung unter Wärmezufuhr und für Dehnung unter Wärmeabfuhr.

1.7.5.1 Verdichtung unter Wärmeabfuhr und Dehnung unter Wärmezufuhr

Abb. 12 zeigt eine derartige polytrope Zustandsänderung im Ts-Diagramm. Mit I (T_1, P_1, v_1) als Anfangs- und II (T_2, P_2, v_2) als Endzustand des Gases verläuft sie nach der Geraden $I-II$ (genauer nach einer nur wenig nach unten gekrümmten Kurve). Aus der Gleichung

$$P_1 v_1^m = P_2 v_2^m \quad \text{bzw.} \quad \frac{P_2}{P_1} = \left(\frac{v_1}{v_2}\right)^m$$

erhält man den Polytropenexponenten m zu

$$m = \frac{\ln\left(\dfrac{P_2}{P_1}\right)}{\ln\left(\dfrac{v_1}{v_2}\right)}.$$

Da nach Gl. (37) die Strecke $\overline{B\,I} = -A\,R\ln(P_2/P_1)$ und nach Gl. (36) die Strecke $\overline{C\,I} = A\,R\ln(v_2/v_1) = -A\,R\ln(v_1/v_2)$, erhält man den Polytropenexponenten m aus dem Verhältnis der beiden Strecken

$$\frac{\overline{B\,I}}{\overline{C\,I}} = \frac{\ln\left(\dfrac{P_2}{P_1}\right)}{\ln\left(\dfrac{v_1}{v_2}\right)} = m.$$

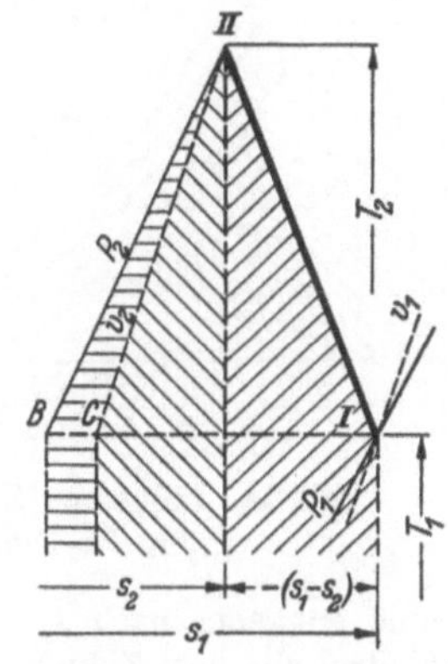

Abb. 12. Verdichtung unter Wärmeabfuhr

Die während der Verdichtung abgeleitete Wärmemenge erscheint im Entropiediagramm als rechts aufwärts schraffierter Flächenstreifen der Linie $I-II$ und wird errechnet zu

$$q = (s_2 - s_1)\frac{T_1 + T_2}{2} = -(s_1 - s_2)\frac{T_1 + T_2}{2}.$$

Setzt man in Gl. (26): $q = (i_2 - i_1) - A\,L$ für q diesen Wert ein, so erhält man die gesamte aufgewendete äußere Arbeit $A\,L$ zu

$$A\,L = (i_2 - i_1) - q = (i_2 - i_1) + (s_1 - s_2)\frac{T_1 + T_2}{2}$$

oder

$$A\,L = c_v(T_2 - T_1) + A(P_2 v_2 - P_1 v_1) + (s_1 - s_2)\frac{T_1 + T_2}{2}. \tag{61}$$

Die drei Teile der vorstehenden Gleichung zeigen, wieviel Wärme zur Temperaturerhöhung und auf Erhöhung der äußeren Energie des Wärmeinhaltes aufgewendet und wieviel Wärme schon während der Zustandsänderung abgeleitet wurde. Im Ts-Diagramm sind die betreffenden Flächen durch verschiedene Schraffur hervorgehoben. Aus Abb. 12 sieht man, daß sich die Polytrope um so mehr der Isothermen nähert, je größer die abgeleitete Wärmemenge q ist, und umgekehrt um so mehr der Adiabate nähert, je kleiner q wird. Bei umgekehrten Arbeitsvorgang — Dehnung von II nach I — muß die Wärmemenge q dem Gase zugeführt werden.

1.7.5.2 Verdichtung unter Wärmezufuhr, Dehnung unter Wärmeabfuhr

Abb. 13 zeigt eine solche Zustandsänderung im Ts-Diagramm, und zwar für eine Verdichtung mit I (T_1, P_1, v_1) als Anfangs- und II (T_2, P_2, v_2) als Endzustand des Gases. Die während der Verdichtung zugeführte Wärme, die durch den Flächenstreifen unter der Zustandslinie $I-II$ dargestellt ist, ergibt sich aus dieser Fläche zu

$$q = (s_2 - s_1)\frac{T_1 + T_2}{2}.$$

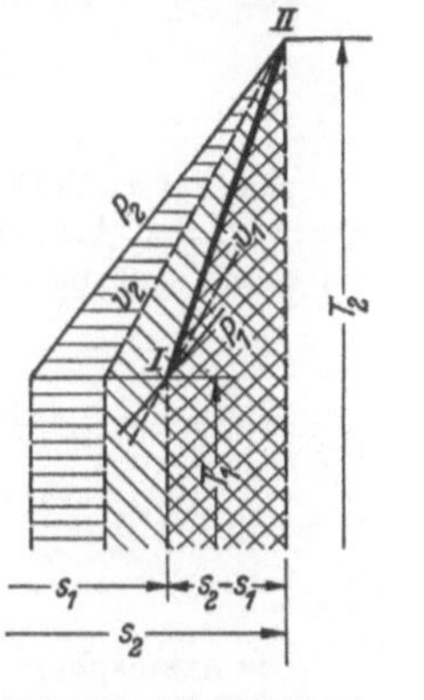

Die gesamte aufgewendete Arbeit $A\,L$ erhält man daher auf gleiche Weise wie unter 1.7.5.1 zu

$$A\,L = c_v(T_2 - T_1) + A(P_2 v_2 - P_1 v_1) - (s_2 - s_1)\frac{T_1 + T_2}{2}. \tag{62}$$

Abb. 13. Verdichtung unter Wärmezufuhr

Die äußere Arbeit $A\,L$ wird teils zur Erhöhung der äußeren Energie um $A\,(P_2\,v_2 - P_1\,v_1)$, teils zusammen mit der dem Gase während der Verdichtung zugeführten Wärmemenge q zur Erhöhung der inneren Energie um $c_v\,(T_2 - T_1)$ aufgewendet. Gegenüber der Verdichtung nach 1.7.5.1 ist hier, wie aus dem Vergleich von Abb. 12 und 13 hervorgeht, der Arbeitsaufwand bedeutend größer.

Eine Verdichtung ähnlich Abb. 13 findet z. B. in den einzelnen Rädern eines Turboverdichters und bei Kolbenverdichtern mit hohem Druckverhältnis zu Beginn der Verdichtung statt. Im Gegensatz zum Turboverdichter, bei dem die Eigenreibung des geförderten Mittels an den Wänden des Lauf- und insbesondere des Leitrades selbst die Wärmezufuhr herbeiführt und bei dem diese Reibungswärme daher auch unmittelbar durch Mehrarbeit des Antriebsmotors aufgebracht werden muß, erfolgt beim Kolbenverdichter die Wärmezufuhr aus dem gegenüber dem Fördermittel zu Beginn der Verdichtung noch viel heißeren Zylinderwandungen. Diese Wärmezufuhr ist gleichwertig einer Beheizung von außen, die aufzuwendende äußere Arbeit entspricht daher auch Gl. (62).

Beim umgekehrten Arbeitsvorgang — Dehnung von II nach I — muß die Wärme q abgeführt werden.

In Abb. 14 ist je eine Verdichtung nach 1.7.5.1 und 1.7.5.2 im Pv-Diagramm dargestellt. Zum Vergleich ist in der Figur auch die Isotherme und Adiabate eingetragen.

Ohne seine Zustandsgrößen zu verändern, tritt das Gas in den Zylinder ein und verdrängt den Kolben um V_1 von der einen Totlage in die andere, dabei $A\,P_1\,V_1$ in Gleichdruckarbeit abgebend. Bei der nun einsetzenden Verdichtung wird die Wärmemenge q entweder ab- oder zugeführt. Dementsprechend verläuft die Verdichtungslinie entweder nach $I\!-\!II$ oder nach $I\!-\!II'$. Nach Beendigung der Zustandsänderung wird das Gas vom Kolben aus dem Zylinder wieder hinausgedrückt, wobei die Arbeit $A\,P_2\,V_2$ oder $A\,P_2\,V_2$ an das Gas übertragen wird.

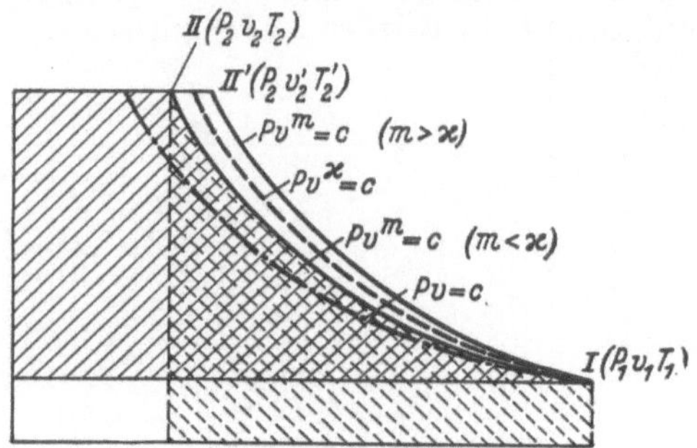

Abb. 14. Polytrope Zustandsänderung
im Pv-Diagramm

Auch im Pv-Diagramm sieht man deutlich den Mehraufwand an mechanischer Arbeit einer polytropischen Verdichtung unter Wärmezufuhr gegenüber einer solchen unter Wärmeabfuhr. Die dabei auftretenden Temperaturen und ausgetauschten Wärmemengen sind jedoch daraus nicht zu entnehmen.

Um für die verschiedenen Zustandsänderungen zwischen der Isothermen und Adiabaten den Arbeitsbedarf nach Gl. (57) und die Verdichtungsendtemperatur nach Gl. (59) leicht ermitteln zu können, wurden für Druckverhältnisse bis 7 und für Polytropenexponenten von 1,0 bis 1,4 die Tafeln XXII und XXIII aufgestellt. Aus Tafel XXII erhält man den Arbeitsbedarf L_{id} in kWh für 1 m³, das bei einem Druck von 1 at angesaugt wird, und aus Tafel XXIII die Verdichtungsendtemperatur für Ansaugetemperaturen von 0 bis 50 °C.

Wird das zu verdichtende Medium unter einem Druck von x at angesaugt, so ist nach Gl. (57) der aus der Tafel XXII entnommene Wert mit x zu vervielfachen.

Beispiel. 6000 Nm³ eines Gases mit einer Adiabatenexponenten von 1,35 werden in der Stunde von einem Druck von 3 at auf 9 at verdichtet. Welche theoretische Leistung ist hierfür aufzubringen und welche Temperatur stellt sich am Ende der Verdichtung ein, wenn bei 20 °C angesaugt und während der Zustandsänderung Wärme weder zu- noch abgeführt wird?

Das zu verdichtende Volumen errechnet sich zu

$$V = 6000 \frac{1{,}033 \cdot 293}{3{,}0 \cdot 273} = 2240\,\text{m}^3/\text{h}.$$

Aus Tafel XXII erhält man für ein Druckverhältnis von 3 und dem Exponenten für die Adiabate von $\varkappa = 1{,}35$ den Arbeitsbedarf L_{id} zu 0,0355 kWh/m³ (bei einem Ansaugedruck von 1 at). Für die 6000 Nm³/h bei einem Ansaugedruck von 3 at ergibt sich daher eine Leistung von

$$N_i = 2240 \cdot 0{,}0355 \cdot 3 = 238\,\text{kW}.$$

Aus Tafel XXIII erhält man für die Ansaugetemperatur von 20 °C die Verdichtungsendtemperatur zu 117 °C.

1.8 Atmosphäre

Die Atmosphäre setzt sich bis zu einer Höhe von 20 km aus folgenden Raumanteilen zusammen: 78 N_2, 21 O_2, 0,9 Argon, 0,04 CO_2, 0,0012 Neon, 0,001 H_2 und 0,0004 Helium. Von 20 km aufwärts nimmt der O_2-Gehalt ab, bis in einer Höhe von etwa 60 km kein Sauerstoff mehr vorhanden ist.

Vielfach wird für chemische Arbeitsprozesse eine bestimmte Luft- oder Gasmenge, ausgedrückt zumeist in Nm³/h, gefordert. Wird die Anlage in einer größeren Höhe über dem Meeresspiegel errichtet, so ist bei der Berechnung der von dem Verdichter anzusaugenden Luftmenge der Druck der Atmosphäre und ihre Temperatur in dieser Höhe zu berücksichtigen.

Am Meeresspiegel ist der Druck der Luftsäule bekanntlich 1,0332 kp/cm². Nach oben nimmt das Gewicht und der Druck der Luftsäule immer mehr ab, das spezifische Volumen dagegen immer mehr zu. In unendlich großer Höhe muß der Druck gleich Null, das spezifische Volumen daher unendlich groß sein. Für eine Luftsäule von der Fläche F und der Höhe dH in irgendeiner Höhe über dem Meeresspiegel gilt nach Abb. 15 folgende Beziehung:

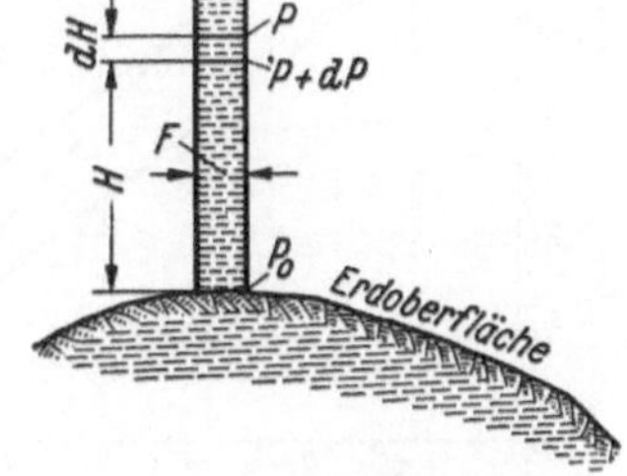

$$dp = -dH \varrho = -\frac{dH}{v}.$$

$(-)$ weil mit zunehmender Höhe der Druck abnimmt.

Hierbei wird der Einfluß der Erdrotation sowie die Abnahme der Erdbeschleunigung mit steigender Höhe vernachlässigt.

Denkt man sich nun ein Luftteilchen nach einer tieferen Stelle gebracht, muß das Teilchen entsprechend verdichtet

Abb. 15. Luftsäule

werden, wobei seine Temperatur steigen wird. Ist diese Temperatur identisch mit jener Temperatur, die an dieser Stelle herrscht, so sind die Dichten des verschobenen Teilchens und der an dieser Stelle vorhandenen Luftteile gleich. Ist dies nicht der Fall, ist ein Gleichgewicht nicht möglich, und das Teilchen erhält einen Auf- oder Abtrieb.

1.8.1 Adiabate Temperaturverteilung

Ist die betrachtete Luftsäule gegenüber ihrer Umgebung wärmedicht abgeschlossen, kann nur bei adiabatischer Temperaturverteilung die Luftsäule in Ruhe bleiben. Setzt man aus der Gleichung der Adiabate $p\, v^\varkappa = p_0\, v_0^\varkappa = $ konst. den Wert für v in die Gleichung $dP = -dH/v$ ein, so ergibt sich

$$dP = -dH \frac{1}{v_0} \left(\frac{P}{P_0}\right)^{\frac{1}{\varkappa}}$$

und

$$dH = -v_0\, P_0^{\frac{1}{\varkappa}}\, P^{\frac{1}{\varkappa}}\, dP.$$

Durch Integration erhält man

$$-H = -\frac{\varkappa}{\varkappa - 1}(Pv - P_0 v_0) = \frac{\varkappa R}{\varkappa - 1}(T - T_0) = 103\,(T - T_0)\quad \text{m}.$$

Mit zunehmender Höhe nimmt die Temperatur ab, und zwar um 1° für einen Höhenunterschied von rd. 100 m.

Nach einigen Umformungen erhält man für den Druck die Gleichung

$$P = P_0 \left(1 - \frac{H}{R\, T_0}\, \frac{\varkappa - 1}{\varkappa}\right)^{\frac{\varkappa}{\varkappa - 1}}.$$

1.8.2 Isotherme Temperaturverteilung

Die adiabate Zustandsänderung ist in der Atmosphäre praktisch nie vorhanden, weil die Luftmassen dauernd in Bewegung sind. Zur Berechnung des mit der Höhe niedriger werdenden Druckes wurde daher mitunter vorgezogen, eine gleichbleibende mittlere Temperatur anzunehmen. Dabei erhält man

$$dH = -P_0\, v_0\, \frac{dP}{P}$$

und nach Integration

$$H = P_0\, v_0 \ln \frac{P_0}{P}$$

oder

$$\underline{P} = P_0\, e^{-\frac{H}{v_0\, P_0}} = P_0\, e^{-\frac{H}{R\, T_0}}.$$

Diese Formel zur Berechnung des Druckes in Abhängigkeit von der Höhe bei angenommener gleichbleibender Temperaturverteilung wird auch **barometrische Höhenformel** genannt.

1.8.3 Normalatmosphäre

Die Sonnenstrahlung durchdringt die Atmosphäre, ohne wesentlich von dieser absorbiert zu werden. Die Temperatur ist daher in der Höhe niedriger, weil die Luft vom Erdboden her erwärmt wird.

Den tatsächlichen Verhältnissen trägt man Rechnung, wenn man gemäß DIN 5450 der *Normalatmosphäre* einen Temperaturabfall von 6,5 °C für 1000 m Höhenunterschied zugrunde legt. Als Normalatmosphäre wird hierbei der Druck von $P_0 = 10332$ Torr bei einer Temperatur $t = 15$ °C und der Dichte $\varrho = 1,226\ \text{kg/m}^3$ zugrunde gelegt. Ermittelt man sich für obigen Temperaturabfall den zugehörigen Polytropenexponenten, so erhält man nach entsprechender Umformung für den Druck und die Dichte folgende von der Höhe abhängige Beziehung:

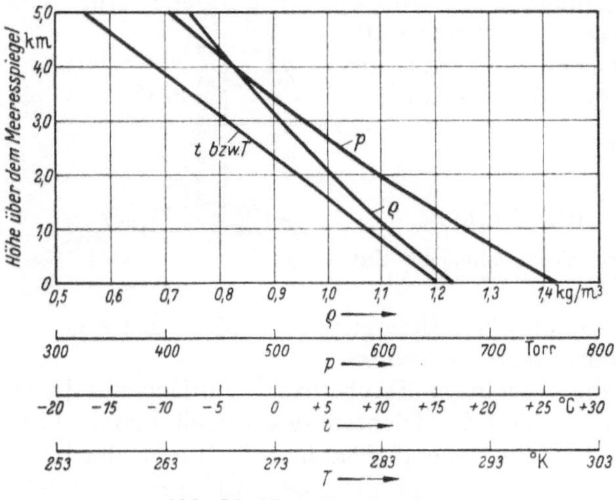

Abb. 16. Normalatmosphäre

$$P = P_0 \left(1 - \frac{6,5}{288} H\right)^{5,25}, \qquad (63)$$

$$\varrho = \varrho_0 \left(1 - \frac{6,5}{288} H\right)^{4,255}. \qquad (63\,\text{a})$$

In dieser Gleichung, die bis etwa 11 km gilt, ist H in km einzusetzen. Bis zu einer Höhe von 5000 m sind auf Abb. 16 die Verhältnisse wiedergegeben, wie sie sich nach diesen Gleichungen ergeben.

Infolge von Wettereinflüssen schwankt der Luftdruck P um etwa 5%, die Dichte ϱ um etwa 20% um die Mittelwerte.

2 Der wirkliche Vorgang im Verdichter

In den Abschnitten über die theoretischen Zustandsänderungen wurde angenommen, daß diese in einem Zylinder ohne schädlichen Raum vor sich gehen und daß während des Ansaugens und Ausschiebens die Zustandsgrößen des Gases P, v und T unverändert bleiben. Diese Einschränkungen werden bei den nun folgenden Erläuterungen fallengelassen.

2.1 Hubvolumen, schädlicher Raum

Den Längsschnitt durch den Zylinder eines Kolbenverdichters zeigt Abb. 17. Unter seinem Hubvolumen versteht man das Produkt aus wirksamer Kolbenfläche und Kolbenhub. Aus konstruktiven Gründen ist der Zylinderinhalt immer um den schädlichen Raum $s_0\,F = \varepsilon\,V_h$ größer.

Bei seinem Hin- und Rückgang darf der Kolben die Zylinderdeckel nicht berühren. Zwischen diesen und dem Kolben in seinen beiden Totpunktlagen muß daher ein ausreichender Zwischenraum (Hubspiel) vorhanden sein, der etwa 0,3 bis 1% des Hubes beträgt. Außerdem sind für das ein- und austretende Fördermittel innerhalb der Abschlußorgane des Zylinders auch noch Räume vorhanden, die vom Kolben nicht überstrichen werden und die man insgesamt als schädlichen Raum bezeichnet. Auf Abb. 17 ist er besonders gekennzeichnet.

Die Größe des schädlichen Raumes ist von der Konstruktion der Zylinder und von den Geschwindigkeiten, die in den Kanälen und Ventilen zugelassen werden, sehr stark abhängig. Je nach Bauart kann für ε als Anhalt gelten.

4 bis 5% für einfachwirkende (Tauchkolben-) Maschinen mit Saugventilen im Kolben.

6 bis 10% für liegende Kreuzkopf-Maschinen bei Drücken bis rd. 10 at und niedrigen Drehzahlen (>200 Upm).

8 bis 15% für liegende Kreuzkopf-Maschinen bei Drücken über 10 at und niedrigen Drehzahlen (< 200 Upm).

10 bis 20% für Kreuzkopf-Maschinen mit höheren Drehzahlen (stehender, stehend-liegender und Boxerbauart).

Kolbenverdichter für kleine Druckverhältnisse (Gebläse, Umwälzpumpe), wie sie z. B. in der Hefe-industrie und bei der Drucksynthese vorkommen, haben oft sogar schädliche Räume von 20% und mehr. An diesen Maschinen beeinflußt die Größe des schädlichen Raumes nur wenig die Liefermenge, da das Druck-verhältnis nur gering ist. Es können daher besonders niedrige Geschwin-digkeiten in den Kanälen und Ven-tilen vorgesehen werden, wodurch geringe Strömungsverluste und da-durch ein kleinerer Arbeitsaufwand, d. h. eine bessere Wirtschaftlichkeit, erreicht werden.

2.2 Indiziertes Ansaug-volumen, volumetrischer Wirkungsgrad

Abb. 17 unten zeigt den Druckverlauf im Pv-Dia-gramm. Statt der Kolben-hübe sind in das Diagramm die mit der wirksamen Kol-benfläche multiplizierten Hübe, also die Volumen, ein-getragen. Das Gas, das am Ende des Ausschiebens im schädlichen Raum zurück-bleibt (Punkt 3), dehnt sich nach der Kolbenumkehr auf den Ansaugedruck aus, so daß erst im Punkt 4 mit dem Ansaugen begonnen werden

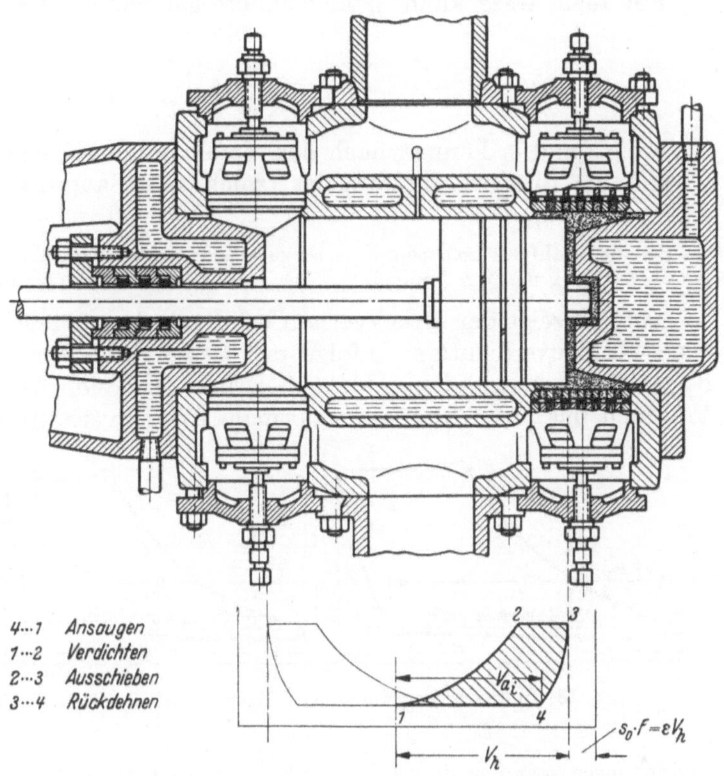

Abb. 17. Verdichterzylinder mit Druckvolumendiagramm

kann. Das für das Ansaugen wirksame Hubvolumen — indiziertes Ansaugevolumen — wurde mit V_{a_i} bezeichnet. Das Verhältnis vom indizierten Ansaugevolumen zum Hub-volumen V_h nennt man

volumetrischer Wirkungsgrad[1]· $\qquad \eta_v = \dfrac{V_{a_i}}{V_h}.$ \hfill (64)

Mit zunehmendem Druckverhältnis und zunehmendem schädlichen Raum nimmt der volumetrische Wirkungsgrad ab. Zur einfacheren Berechnung wird für das Rückdehnen des im schädlichen Raum verbliebenen sogenannten Restgewichtes eine polytropische Zustandsänderung zugrunde gelegt.

Man erhält η_v aus der Gleichung

$$\frac{V_4}{V_3} = \frac{\varepsilon V_h + V_h - \eta_v V_h}{\varepsilon V_h}.$$

Hieraus erhält man

$$\eta_v = 1 - \varepsilon \left(\frac{V_4}{V_3} - 1 \right)$$

und mit $P_3 v_3^m = P_4 v_4^m$

$$\eta_v = 1 - \varepsilon \left[\left(\frac{P_3}{P_4} \right)^{\frac{1}{m}} - 1 \right].$$ \hfill (65)

---

[1] Mitunter auch indizierter Liefergrad λ_i genannt.

Für zweiatomige Gase kann für m gesetzt werden:

$$m = 1{,}2\ -\ 1{,}30 \quad \text{für} \quad n < 200,$$
$$m = 1{,}25 - 1{,}35 \quad \text{für} \quad n > 200.$$

Für mehratomige Gase mit kleinerem Adiabatenexponenten $\varkappa$ als 1,4 liegt m entsprechend niedriger.

Für reale Gase kann η_v angenähert gerechnet werden nach der Gleichung

$$\eta_v = 1 - \varepsilon\left[\left(\frac{\zeta_3}{\zeta_4}\right)\left(\frac{P_3}{P_4}\right)^{\frac{1}{m}} - 1\right]. \tag{65a}$$

Für ζ_3 und ζ_4 können nach den Tafeln I bis IX jene Werte eingesetzt werden, wie sie sich bei Temperaturen auf der Druck- und Saugseite des Verdichters für ideale Gase ergeben würden.

Bei der Wahl des Exponenten m ist zu beachten, daß der Adiabaten-Exponent $\varkappa$ im Hochdruckgebiet mit dem Druck und der Temperatur sich erheblich verändern kann.

Abb. 18 zeigt den Druckverlauf während eines Arbeitsspieles an zwei Pv-Diagrammen eines Kolbenverdichters. Infolge der Druckverluste in den Zuleitungen und Ventilen liegen die Ansaugelinien unter dem Druck der freien Atmosphäre oder des Saugraumes. Während das linke Diagramm normale Ansaugverhältnisse zeigt, läßt das rechte Diagramm erkennen, daß das Medium beim Ansaugen stark schwingt, wie es mitunter durch lange Rohrleitungen und bei Schnelläufern hervorgerufen wird.

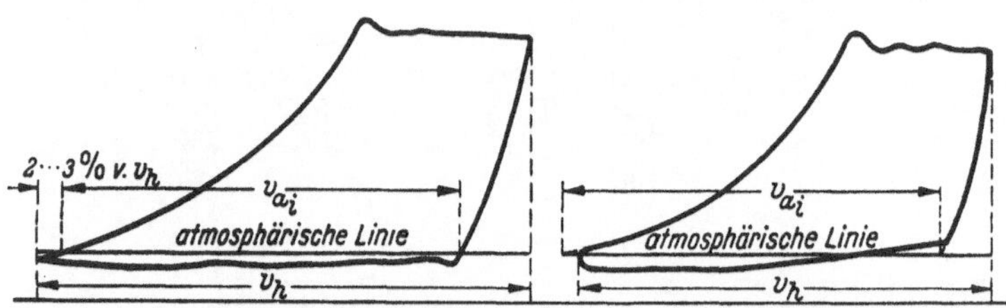

Abb. 18. Indikatordiagramme von Kolbenverdichtern

Der Ansaugedruck sinkt zumeist, wenn der Kolben beschleunigt wird, und steigt wieder an, wenn der Kolben gegen Hubende stark verzögert wird. Bei langen Rohrleitungen kann dies dazu führen, daß bei der Umkehr des Kolbens im Totpunkt die noch in Bewegung befindliche Gassäule in der Saugleitung infolge ihrer Massenwirkung nachstößt und der Druck im Zylinder sogar über den der Atmosphäre ansteigt.

In beide Indikatordiagramme ist der für das Ansaugen wirksame Hub, der dem indizierten Ansaugevolumen entspricht, mit V_{a_i} eingetragen. Der in der linken Abbildung auftretende Verlust an der Diagrammspitze beträgt im allgemeinen etwa 2 bis 3% von V_h. Im rechten Diagramm mußte die Verdichtungs- und Dehnungslinie bis zur Atmosphärenlinie verlängert werden, um V_{a_i} zu erhalten.

Mitunter kann es sogar vorkommen, daß der volumetrische Wirkungsgrad $\eta_v = V_{a_i}/V_h$ den Wert Eins erreicht bzw. sogar etwas überschreitet.

Da Schwingungsvorgänge fast immer einen Energiemehraufwand verursachen, sind sie durch konstruktive Maßnahmen, wie z. B. größere Aufnehmerräume möglichst nahe an der Maschine, zu vermeiden.

Saugt man mit einem Verdichter nicht aus der Atmosphäre an, sondern z. B. Gas aus einem Behälter, so wird man den volumetrischen Wirkungsgrad auf der in das Indikatordiagramm eingetragenen waagerechten Linie aufsuchen, die dem konstanten Druck vor der Maschine (Behälterdruck) entspricht.

Für die höheren Stufen mehrstufiger Verdichter fehlt eine eindeutige Bezugnahme. Der Ansaug- bzw. Ausschubdruck der einzelnen Stufen (Stufendruck) ändert sich oft je nach der Größe des Aufnehmervolumens und der Stufenanordnung. Als Bezugsdrücke nimmt man hier am zweckmäßigsten die mittleren Ansaug- und Ausschubdrücke aus den Indikatordiagrammen.

2.3 Fördermenge, Liefergrad

Wie bereits im Abschn. 1.6 erwähnt wurde, ist der wirkliche Druck- und Temperaturverlauf im Zylinder eines Kolbenverdichters am anschaulichsten in einem Entropiediagramm. Um einen Arbeitsprozeß im Entropiediagramm darstellen zu können, wird folgendes vorausgesetzt:

1. Die Maschine ist vollkommen dicht. Die selbsttätigen Ventile oder etwa vorhandenen gesteuerten Absperrorgane sowie die Kolben und Stopfbüchsen schließen den Arbeitsraum des Zylinders mit ihren Ringen völlig dicht ab, was bei gut gewarteten Maschinen auch nahezu zutrifft.

2. Die Temperatur des am Hubende im schädlichen Raum zurückbleibenden Mediums entspricht der Temperatur, die man im Druckstutzen mißt.

3. Der im allgemeinen nur geringe Wasserdampfgehalt ist praktisch ohne Einfluß auf die Gaskonstante R.

Für die praktische Untersuchung von Arbeitsprozessen im Entropiediagramm ist die Annahme unter 2. sehr vorteilhaft. Da die Größe des schädlichen Raumes leicht mit einer Genauigkeit von unter 1% angegeben oder durch Auffüllen mit Öl an der zu untersuchenden Maschine unmittelbar ermittelt werden kann, ist damit das Restgewicht eindeutig festgelegt.

Trotz gut gehaltener Indikatoren geben die Indikatordiagramme die Dehnungslinien vielfach recht ungenau wieder. Infolge der·Massenträgheit des Schreibzeuges wird bei seiner schnellen Abwärtsbewegung die Dehnungslinie oft verzerrt aufgezeichnet, was um so mehr der Fall ist, je höher die Drehzahl und je höher das Diagramm ist. Dazu können bei langen Maschinen noch Fehler im Schnurzug des Indikatorantriebes kommen.

Mit Hilfe dieser drei Annahmen kann jeder Arbeitsprozeß aus dem Indikatordiagramm in das Entropiediagramm übertragen werden. Ist durch gleichzeitig vorgenommene Messung die geförderte Luft- bzw. Gasmenge bekannt, so ist die Übertragung völlig eindeutig; anderenfalls kommt man mit Hilfe von aus der Praxis bekannten Zahlenwerten zu befriedigenden Übertragungen.

Abb. 19 zeigt das Indikatordiagramm der Hochdruckseite eines zweistufigen Luftverdichters mit nachstehend aufgeführten Konstruktions- und Versuchswerten:

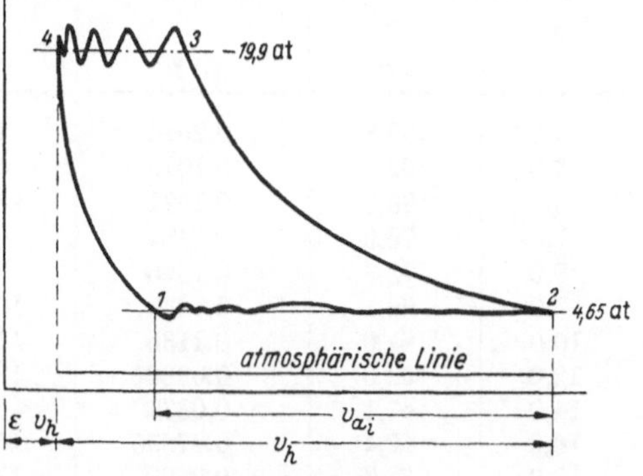

Abb. 19. Indikatordiagramm der 2. Stufe eines Luftverdichters[1]

Zylinderdurchmesser .... $D = 120$ mm
Kolbenhub .... $H = 220$ mm
Wirksame Kolbenfläche .... $F = 113{,}1$ cm²
Hubvolumen .... $V_h = 2{,}486$ dm³
Schädlicher Raum .... $\begin{cases} \varepsilon\, V_h = 0{,}244 \text{ dm}^3 \\ \varepsilon = 9{,}8\% \end{cases}$
Geförderte Luft .... $G_f = 92{,}0$ kg/h
Drehzahl .... $n = 163{,}2$ U/min
Lufttemperatur im Saugstutzen ... $t_1 = 22{,}3°$
Lufttemperatur im Druckstutzen . $t_4 = 147{,}2°$
Mittlere Kühlwassertemperatur im Zylinder .... $13°$

Die geförderte Luftmenge wurde für die eine Zylinderseite zu 92,0 kg/h bei der angegebenen Drehzahl ermittelt. Die Temperatur der Luft wurde im Saug- und im Druckstutzen des Zylinders gemessen. In das Diagramm sind die mittleren Ansaug- und Ausschubdrücke 4,65 und 19,9 at eingetragen.

Die Übertragung des Indikatordiagramms ins Ts-Diagramm zeigt Abb. 20.

Den Beginn der Rückdehnungslinie IV erhält man mit $P_4 = 19{,}9$ at (aus dem Indikatordiagramm) und mit $t_4 = 147{,}2°$.

---

[1] Entnommen KOLLMANN, K.: Wärmedurchgang im Luftkompressor; VDI-Forschungsheft **343**. Berlin: VDI-Verlag 1931. [7]

Um den Anfangspunkt *II* der Verdichtungslinie zu bestimmen, muß vorerst die Restmenge ermittelt werden. Das spezifische Volumen zu Beginn der Dehnung erhält man zu

$$v_4 = \frac{R\,T_4}{P_4} = \frac{29{,}27 \cdot (273 + 147{,}2)}{19{,}9 \cdot 10000} = 0{,}0618 \ \text{m}^3/\text{kg}$$

somit die stündliche Restmenge zu

$$G_r = \frac{\varepsilon\,V_h\,n \cdot 60}{v_4} = \frac{0{,}000244 \cdot 163{,}2 \cdot 60}{0{,}0618} = 38{,}7 \ \text{kg/h}.$$

Die gesamte Arbeitsmenge wird daher

$$G_f + G_r = 92{,}0 + 38{,}7 = 130{,}7 \, \text{kg/h}$$

und dessen spezifisches Volumen zu Beginn der Verdichtung aus stündlichem Gesamtvolumen und Gesamtmenge

$$v_2 = \frac{(V_h + \varepsilon\,V_h)\,n \cdot 60}{G_f + G_r} = \frac{0{,}00273 \cdot 163{,}2 \cdot 60}{130{,}7} = 0{,}2044 \, \text{m}^3/\text{kg}.$$

Mit $p_2 = 4{,}57$ at (aus dem Indikatordiagramm) ergibt sich die Temperatur im Punkt *II* zu

$$t_2 = \frac{P_2\,v_2}{R} - 273 = 46{,}3\,^\circ.$$

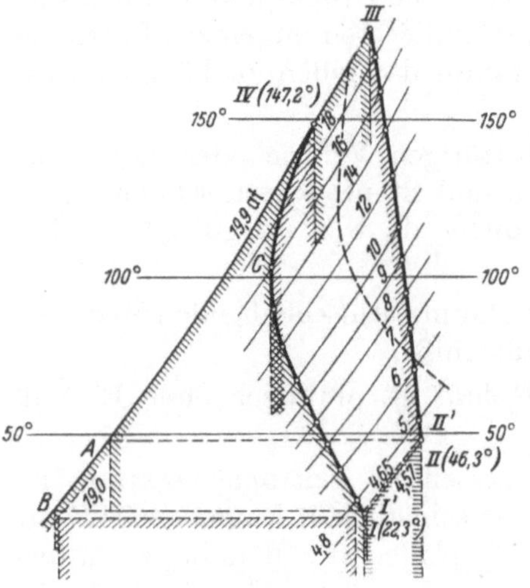

Abb. 20. *T s*-Diagramm der 2. Stufe eines Luftverdichters

Bei diesen Rechnungen wurde noch die Gleichung $Pv = RT$ verwendet. Von der genauen Zustandsgleichung weicht sie in diesem Gebiet nur sehr gering ab. Für höhere Drücke empfiehlt es sich jedoch, die Zustandsgrößen der Entropietafel bzw. den Tafeln I—IX zu entnehmen.

Die Verdichtungs- und Dehnungslinie wurde nach den auf nachstehender Tab. 2 aufgeführten Werten in die *Ts*-Tafel[1] übertragen.

Tabelle 2. *Übertragung des Indikator- ins Ts-Diagramm*

Verdichtungslinie				Dehnungslinie			
p at	V mm	v m³/kg	t ° C	p at	V Maßstab mm	v m³/kg	t ° C
4,57	109,8	0,2044	46,3	19,9	9,8	0,0618	147,2
5,0	102,9	0,1915	54,2	18,0	10,1	0,0637	118,7
6,0	89,8	0,1671	69,5	16,0	10,9	0,06875	102,7
7,0	79,9	0,1487	82,7	14,0	12,0	0,0757	89,0
8,0	72,3	0,1345	94,7	12,0	13,65	0,0851	77,0
9,0	66,1	0,1230	105,3	10,0	15,8	0,09965	67,3
10,0	61,0	0,1135	114,8	9,0	17,2	0,10845	60,5
12,0	53,0	0,09865	131,3	8,0	19,0	0,1198	54,6
14,0	47,1	0,0877	146,3	7,0	21,2	0,1337	46,8
16,0	42,4	0,07895	158,5	6,0	24,0	0,1513	37,3
18,0	38,7	0,07205	170,0	5,0	28,0	0,1765	28,5
19,9	35,8	0,06665	180,0				

Deutlich erkennt man, welche Wärmemengen während der einzelnen Vorgänge übertragen wurden. Die mit einer Temperatur von 22,3° eintretende Luft mischt sich mit der im Zylinder zurückgebliebenen Luft, die sich selbst bei der Dehnung auf 24° abgekühlt hat, und beide erwärmen sich an den relativ heißen Wänden bis auf 46,3° am Ende der Ansaugperiode. Die bei dieser Zustandsänderung (bei praktisch gleichbleibendem Druck) zugeführte Wärmemenge wird durch die Fläche dargestellt, die unterhalb der Drucklinie *I* und *II* liegt und bis zur absoluten Nullinie reicht (bez. der Punkte *II* und *II'* siehe die späteren Ausführungen auf S. 35/36).

---

[1] Entropietafel vom gleichen Verfasser, s. Anmerkung 1 auf S. 3.

Die im Punkt II' einsetzende Verdichtung, die fast adiabatisch beginnt, verläuft dauernd unter Wärmeabgabe der heißen Luft an die kälteren Wände. Die unterhalb der Linie II' und III liegende und bis zur absoluten Nullinie reichende Fläche zeigt die Wärmeabgabe an die Wand an. Aus dem Verlauf der Verdichtungslinie erkennt man, wie mit zunehmender Temperatur mehr Wärme an die Wand abgegeben wird und die Verdichtungslinie sich von der Adiabaten entfernt.

Ein umgekehrter Verlauf, zunächst unter größerer Wärmeabfuhr an die Wand und gegen Ende der Verdichtung, beispielsweise nach einer Adiabaten, ist praktisch undenkbar. Wenn zwischen Luft und Wand ein kleineres Temperaturgefälle besteht, kann nicht mehr Wärme ausgetauscht werden als bei hohem Temperaturgefälle am Ende der Verdichtung. Erhält man solche undenkbaren Verdichtungslinien im Ts-Diagramm, so ist das Indikatordiagramm fehlerhaft (etwa fehlerhafter Schnurzug beim Indikatorantrieb).

Während des anschließenden Ausschiebens der verdichteten Luft aus dem Hubraum des Zylinders kühlt sich die Luft ab und gibt einen Teil ihrer Wärme einerseits an die den Arbeitsraum, andererseits an die den Druckraum des Zylinders umschließenden Wände ab. Die während dieser Ausschubperiode von der Luft abgegebene Wärmemenge findet sich als Flächenstreifen wieder, der unter der Linie III—IV liegt und bis zur absoluten Nullinie reicht.

Schließlich erfolgt die Dehnung der Restmenge noch unter Wärmeabgabe an die Wand, wobei der unter der Linie IV—C liegende Flächenstreifen die Größe der Wärmeabgabe für 1 kg Luft anzeigt. Von C angefangen dehnt sich dagegen die Luft unter Wärmeaufnahme, wobei der unter der Linie C—I' liegende Flächenstreifen die von 1 kg Restluft aus der nun wieder heißeren Wandung aufgenommene äquivalente Wärmemenge vorstellt.

Bei diesem Wärmeaustausch wird von der an die Wände abgegebenen Wärmemenge nur ein kleiner Teil in das Kühlwasser abgeführt. Nur die Wärme, welche an die den Druckraum umgebenden Wände — also schon außerhalb des eigentlichen Arbeitsraumes des Zylinders — abgeleitet wird, geht ganz in das Kühlwasser über. Von der Wärme aber, die innerhalb des Hubraumes von der Luft an die umgebenden Wände abgegeben wird, gelangt nur ein verhältnismäßig sehr kleiner Teil in das Kühlwasser. Der weitaus größte Teil dieser Wärme erhöht die Temperatur der von außen angesaugten Luft, gelangt daher gar nicht erst ins Kühlwasser.

Der Vorgang, der hier stattfindet, ist dem ähnlich, der im Zylinder einer Dampfmaschine vor sich geht, die dauernd im überhitzten Gebiet arbeitet. Dort gibt der eintretende Dampf einen Teil seiner Wärme über die Wandung an den austretenden Dampf ab und entzieht daher diesen Teil der Wärme (die vagabundierende Wärme) der Arbeitsabgabe. Hier gibt die verdichtete heiße Luft einen Teil ihrer Wärme über die Wandung an die eintretende kalte Luft ab, erhöht deren Temperatur und damit den auf die Fördermenge bezogenen Arbeitsaufwand.

Die je Hub tatsächlich geförderte Luftmenge, umgerechnet auf den Ansaugezustand, stimmt daher mit dem indizierten Ansaugvolumen (V_{a_i} in Abb. 17) nicht überein, sondern ist in erster Linie durch den inneren Wärmeaustausch, welcher die mit $22{,}3°$ angesaugte Luft um $24°$ bis auf $46{,}3°$ zu Beginn der Verdichtung erwärmt hat, stets kleiner. Unter dem Liefergrad λ eines Verdichters versteht man

$$\lambda = \frac{V_{eff}}{V_h} \tag{66}$$

das Verhältnis der in einer bestimmten Zeit, z. B. Stunde, in den Druckstutzen geförderten Gasmenge zum stündlichen Hubvolumen. Die geförderte Gasmenge ist dabei auf ihren Ansaugezustand zu beziehen.

Bei den höheren Stufen eines mehrstufigen Verdichters bezieht man nach Abschn. 2.2, letzter Absatz, die von den einzelnen Stufen geförderten Mengen auf den mittleren Ansaugedruck und selbstverständlich auf die Temperatur, die man vor Eintritt in die betreffende Stufe mißt.

Für die auf Abb. 19 untersuchte Arbeitsstufe erhält man daher den Liefergrad λ wie folgt:

$$\text{Temperatur im Ansaugstutzen} \dots\dots\dots\dots t_1 = 22{,}3°,$$
$$\text{mittlerer Druck während des Ansaugens} \dots p_2 = 4{,}65 \text{ at,}$$

$$v_1 = \frac{29{,}27 \cdot (273 + 22{,}3)}{46\,500} = 0{,}186,$$

$$\lambda = \frac{G_f\, v_1}{V_h \cdot n \cdot 60} = \frac{92{,}0 \cdot 0{,}186}{0{,}002\,486 \cdot 163{,}2 \cdot 60} = \underline{0{,}704},$$

Der volumetrische Wirkungsgrad aus dem Indikatordiagramm ergab sich aus dem Verhältnis der Strecken V_{a_i} zu V_h mit

$$\eta_v = \frac{V_{a_i}}{V_h} = \frac{80}{100} = 0{,}8.$$

Der Liefergrad ist daher um $100 \cdot (\eta_v - \lambda)/\eta_v = 10\%$ kleiner als der volumetrische Wirkungsgrad.

Wie erwartet, zeigen zahlreiche Versuche, daß der Aufheizungsgrad λ/η_v mit zunehmendem Druckverhältnis abnimmt, der Verlust an Fördermenge infolge des Wärmeaustausches im Zylinder daher zunimmt.

Für Dehnlinien nach einer Isothermen, Adiabaten oder einer dazwischen liegenden Polytropen lassen sich aus Tafel XXIV für Druckverhältnisse bis 8, für schädliche Räume bis zu 30%, die nach Gl. (65) errechneten volumetrischen Wirkungsgrade η_v und die Liefergrade λ entnehmen. Für letztere wurden mittlere Aufheizungsgrade, die von der Größe und Bauart der Maschine beeinflußt werden, angenommen.

Hierbei blieb unberücksichtigt, daß bei einem aus der Atmosphäre ansaugenden Verdichter der Druck am Hubende zu Beginn der Verdichtung zumeist kleiner ist als der Atmosphärendruck, da sich die Strömungsenergie nicht gänzlich wieder in Druckenergie zurückwandeln kann. In diesem Fall ergibt sich an der Diagrammspitze ein weiterer Verlust, weil die Verdichtungslinie erst in einer kleineren Entfernung vom Hubende die Atmosphärenlinie schneidet und daher nicht mehr das ganze Hubvolumen unter Atmosphärendruck steht, sondern nur ein etwas kleineres. Dieser Verlust beträgt erfahrungsgemäß 2 bis 3% des Hubvolumens, um welchen Betrag der aus Gl. (65) bzw. Tafel XXIV ermittelte volumetrische Wirkungsgrad vermindert werden muß.

Beispiel. Für ein Druckverhältnis 4 : 1 bei einem angenommenen Polytropenexponenten für die Rückdehnung von $m = 1{,}2$ erhält man aus Tafel XXIV bei einem schädlichen Raum von 7% η_v zu 0,845 und λ zu 0,78.

Mitunter sind in Maschinen Laufbüchsen vorgesehen. Die Kolben bzw. die Kolbenringe gleiten in diesem Fall nicht unmittelbar in der gekühlten Zylinderwand, sondern in einer in den Zylinder eingesetzten Laufbüchse, welche durch eine neue ersetzt werden kann, sobald sie sich unzulässig abgenützt hat. Ein solcher Zylinder hat natürlich ungünstigere Kühlverhältnisse, das Fördermittel kann sich daher während des Ansaugens höher erwärmen und der Liefergrad stärker vermindern als bei Zylindern ohne Laufbüchsen.

Besonders groß ist die Aufheizung bei Verdichtern für Kältegewinnungsanlagen. An den zumeist ungekühlten Zylinderwandungen erwärmen sich die angesaugten Dämpfe (NH_3, SO_2, Frigen, Methylchlorid u. dgl.) besonders stark. Auf Abb. 21 sind Aufheizungsgrade gegenübergestellt von Verdichtern mit guter Zylinderkühlung und für zweiatomige Gase, wie H_2, N_2, Luft u. dgl., und von Verdichtern mit ungekühlten Zylindern für NH_3- und SO_2-Dämpfe. Wie aus der Abbildung ersichtlich, sind bei letzteren die Verluste durch Aufheizung wesentlich größer und außerdem noch viel stärker von der Größe und der Bauart der Zylinder abhängig als dies bei den Verdichtern für normale Gase der Fall ist. So liegen z. B. λ/η_v-Werte für Gleichstrom-Maschinen (Saugventile im Kolben) in der linken, die für Wechselstrom-Maschinen in der rechten, also ungünstigeren Hälfte des für Tauchkolben-Maschinen angegebenen Feldes III. Die auf der Abbildung angegebenen Werte (λ/η_v) werden auch von dem Unterschied zwischen Verdampfer- und

Umgebungstemperatur beeinflußt und sind für tiefere Temperaturen als $-25\,°C$ noch weiter zu verringern. Sie enthalten auch alle Verluste durch undichte Ventile und Kolbenringe, die jedoch bei richtig arbeitender Maschine von untergeordneter Bedeutung sind.

Hier soll auch noch auf einen mitunter bei Regelung von Kolbenverdichtern auftretenden Sonderfall hingewiesen werden, bei dem die Ansaugemenge dadurch vermindert wird, daß man im Bedarfsfall größere schädliche Räume dem Arbeitsraum zuschaltet und dadurch flachere Rückdehnungslinien und kleinere Liefer-

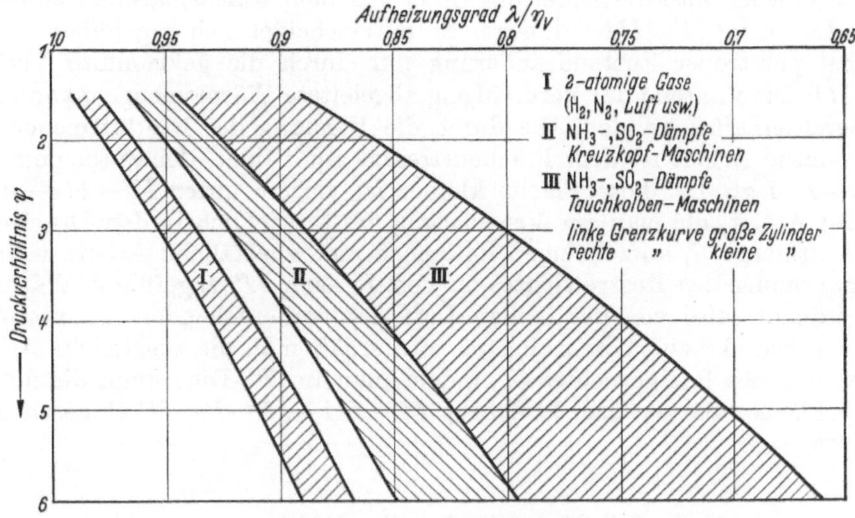

Abb. 21. Aufheizungsgrade

mengen erhält. In diesem Fall wird der Unterschied zwischen volumetrischem Wirkungsgrad und Liefergrad gegenüber den Werten aus dem Kurvenblatt kleiner, und die Rückdehnungslinien nähern sich mehr der Adiabaten. Der Verlust an der Diagrammspitze kann sich in einem solchen Falle jedoch bis auf etwa 5 % des Hubvolumens erhöhen.

Gleichfalls sind die (λ/η_v)-Werte niedriger bei ungünstigen Kühlungsverhältnissen und Ventilanordnungen (unmittelbar übereinander).

Es ist nicht leicht allgemein gültige Regeln anzugeben, wie die verschiedenen Einflüsse sich zahlenmäßig auf den Aufheizungsgrad λ/η_v auswirken. Aus den vorstehenden Ausführungen wird man jedoch erkennen, wie wichtig es ist, daß der Konstrukteur die den Wärmeaustausch beeinflussenden Faktoren in jedem Fall sorgfältig abwägt.

2.4 Arbeit (Energie)

Ein Maß für die während einer Umdrehung vom Kolben auf das Fördermittel übertragene Energie ist im Pv-Diagramm die vom Indikator aufgezeichnete Fläche $1, 2, 3, 4, 1$ (Abb. 17). Sie beträgt

$$L = F\,p_{mi}\,s\,\mathrm{mkp}, \tag{67}$$

In dieser Gleichung ist F in cm² die wirksame Kolbenfläche p_{mi} in kp/cm² der mittlere indizierte Druck und s in m der Hub. Die zur Überwindung der mechanischen Verluste des Verdichters benötigte Mehrarbeit blieb in dieser Gleichung noch unberücksichtigt.

Dem Ts-Diagramm ist die der indizierten Arbeit gleichwertige Fläche für die aus dem Indikatordiagramm erhaltenen mittleren Drücke des Ansaugens und Ausschiebens zu entnehmen.

Aus dem Indikatordiagramm, Abb. 19, erhält man den mittleren Ansaugdruck $(p_m)_{1,2}$ zu 4,65 at und den mittleren Ausschubdruck mit $(p_m)_{3,4}$ zu 19,9 at. Im Entropiediagramm liegen die Punkte I' und II' daher auf der Drucklinie 4,65 at, der nur für die Übertragung der Verdichtungslinie wichtige Anfangspunkt II auf dem ihm zugehögen Druck $p_2 = 4{,}57$ zu Beginn der Verdichtung.

Die Wärmemenge, die die Luft während des Ansaugens von I nach II aus den Wandungen aufnimmt, wurde von der heißen Luft während der vorhergegangenen Verdichtungs- und Ausschubperiode an die Wandungen abgegeben. Es wird dafür keine äußere Arbeit mehr aufgewendet.

Der Arbeitsaufwand $(AL)_f$ für 1 kg Luft ist entsprechend dem im Abschn. 1.7.5 unter polytropischer Zustandsänderung Gesagtem dem Flächenstreifen äquivalent, der unter dem Linienzug $II'-III-A$ liegt. Er unterscheidet sich gegenüber dem Arbeitsaufwand bei polytroper Zustandsänderung nur durch die gekrümmte Verdichtungslinie $II'-III$. Die während der Verdichtung abgeleitete Wärmemenge q kann hier durch Planimetrieren erhalten werden. Die durch die Dehnung der Restluftmenge (für 1 kg) zurückgewonnene Arbeit ist dem Flächenstreifen äquivalent, der unter dem Linienzug $B-IV-C-I'$ liegt. Da diese Fläche kleiner ist als die unter $II'-III-A$ liegende, ist außer der Arbeit, die man zur Verdichtung der tatsächlich in den Druckstutzen geförderten Luftmenge G_f aufzubringen hat, noch eine zusätzliche Arbeit zu leisten. Da die zur Erwärmung des Restgewichtes G_r von I' nach II' zugeführte Wärme aus der Wandung stammt (also von der heißen Luft des vorhergehenden Arbeitsspieles) und dafür keine äußere Arbeit mehr zu leisten war, erhält man die zusätzliche Arbeit $(AL)_r$ zur Verdichtung des Restgewichtes G_r, indem man im Ts-Diagramm die dieser Arbeit äquivalente Fläche, die von dem Linienzug $II'-III-IV-I'-II'$ eingeschlossen wird, planimetriert.

2.5 Mehrstufige Verdichtung

Wie schon erwähnt, wird im Hubraum des Zylinders nahezu adiabatisch, also bei nur geringer Wärmeabfuhr verdichtet. Auch durch stärkste Kühlung kann dies nicht merkbar beeinflußt und die für einen geringen Arbeitsaufwand anzustrebende isotherme Verdichtung erreicht werden. Hierfür ist praktisch allein die mehrstufige Verdichtung mit Zwischenkühlung brauchbar.

Ist ein Gas vom Druck p_0 auf den Druck p zu verdichten und wird dabei an ortsfesten Verdichtern das Druckverhältnis $\psi = p/p_0 > 4$ (bei zweiatomigen Gasen), so wählt man im allgemeinen je nach der Höhe des Druckverhältnisses zwei- oder mehrstufige Verdichtung. Die in der 1. Stufe auf einem bestimmten Teildruck vorverdichtete Luft wird in einem Zwischenkühler bis nahe auf die Eintrittstemperatur des Kühlwassers abgekühlt, von der nächsten Stufe wieder angesaugt, weiter verdichtet und wieder gekühlt usw. Das Druckverhältnis wird dabei so unterteilt, daß Arbeitsaufwand bzw. Endtemperatur in den einzelnen Stufen ungefähr gleich sind. Nach Abschn. 1.7 ist dafür nicht der Druckunterschied, sondern das Druckverhältnis maßgebend. Ist p/p_0 das Gesamtdruckverhältnis, so beträgt daher bei n Verdichtungsstufen das mittlere Druckverhältnis für jede von ihnen

$$\psi = \frac{p_n}{p_{n-1}} = \sqrt[n]{\frac{p}{p_0}} \, . \tag{68}$$

Im Entropiediagramm wird der gesamte Entropieunterschied, der sich aus dem Anfangs- und Enddruck ergibt, in so viel gleiche Teile geteilt, als Verdichtungsstufen ausgeführt werden sollen. Auf diese Weise erhält man unmittelbar und sehr anschaulich die mittleren Drücke, spezifischen Volumen und Verdichtungsendtemperaturen in den einzelnen Stufen.

Bei der Wahl der Stufenzahl ist zu beachten, daß die Strömungsverluste und der Anschaffungspreis des Verdichters mit steigender Stufenzahl zunehmen und die vorerwähnten Vorteile nicht aufheben dürfen.

Aus Abb. 22 sind folgende Vorteile einer derartigen Arbeitsweise an einem zweistufigen Verdichter ohne schädlichen Raum für einen Enddruck von 9 at — links im Pv und rechts im Ts-Diagramm — ersichtlich:

1. *Geringerer Arbeitsaufwand.* Durch Kühlung des in der 1. Stufe auf 3,0 at verdichteten Gases verringert sich das Ansaugvolumen der 2. Stufe auf einen Wert, wie er bei der isothermen Verdichtung erreicht worden wäre. Die Ersparnis an Arbeit wird durch die waagerecht schraffierten Flächen dargestellt. Die senkrecht schraffierten Flächen lassen den unvermeidlichen Mehraufwand in den einzelnen Stufen gegenüber der Isothermen erkennen.

Durch den stets vorhandenen schädlichen Raum ändert sich an dieser Arbeitsersparnis theoretisch wenig und praktisch fast nichts.

2. *Verringerte Kolbenkraft.* Wird in mehreren Stufen verdichtet, so werden die Kolbenkräfte wesentlich kleiner. Gegenüber einstufiger Verdichtung verringert sich bei zweistufiger auf z. B. 9 at die Kolbenkraft auf die Hälfte, wenn kein schädlicher Raum vorhanden wäre. Durch dessen Einfluß wird die Kolbenkraft noch mehr verringert.

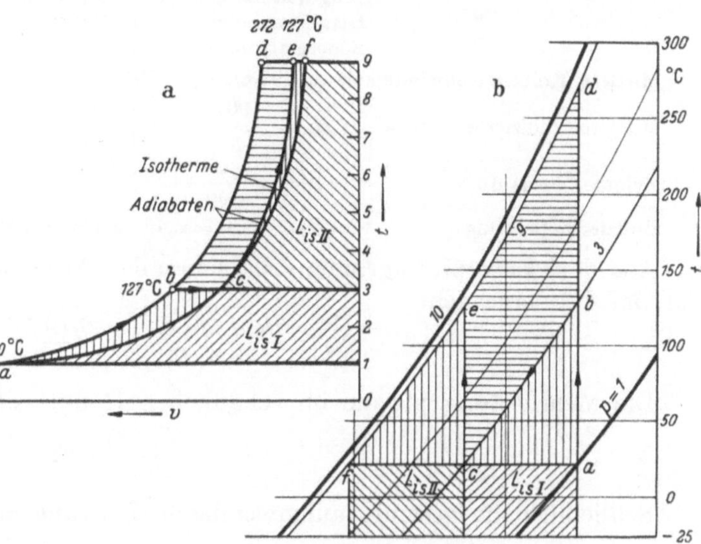

Abb. 22. Zweistufige Verdichtung

3. *Größerer Liefergrad.* Dem geringeren Druckverhältnis in der einzelnen Stufe entspricht auch infolge des Einflusses des schädlichen Raumes nach Abschn. 2.2 und des inneren Wärmeaustausches nach Abschn. 2.3 ein wesentlich größerer Liefergrad λ und ein dementsprechend kleineres Hubvolumen für die Zylinder.

4. *Geringere Verdichtungsendtemperatur.* Mit zunehmendem Druckverhältnis sinkt nicht nur der isotherme Wirkungsgrad und wächst der Einfluß des schädlichen Raumes, sondern es treten auch nach Gl. (59) höhere Temperaturen auf (auf Abb. 22 272 gegenüber 127 °C). Dadurch werden die Schmierungsverhältnisse ungünstig beeinflußt, der Verschleiß der aufeinandergleitenden Teile nimmt zu und wird die Lebensdauer der Maschine und der meist selbsttätigen Ventile herabgesetzt.

2.6 Leistung, isothermer Wirkungsgrad, Idealverdichter

2.6.1 Leistung

Die indizierte Leistung eines Kolbenverdichters, welche die mechanischen Verluste der Maschine noch nicht einschließt, wird, wie bei Kraftmaschinen, für jede Zylinderseite ermittelt aus der Gleichung

$$N'_i = F\,p_{mi}\frac{c_m}{150}\ \ [\mathrm{PS}], \qquad N'_i = F\,p_{mi}\frac{c_m}{204}\ \ [\mathrm{kW}], \tag{69}$$

mit $c_m = 2\cdot s\cdot n/60$ als mittlere Kolbengeschwindigkeit in m/s, F als nutzbare Kolbenfläche in cm² und n als minutliche Umdrehungszahl.

Für einen mehrstufigen Verdichter mit i wirksamen Kolbenflächen erhält man N_i aus der Summe N'_i für die einzelnen Kolbenseiten

$$N_i = \sum N'_i. \tag{69a}$$

Faßt man die für eine Maschine gleichbleibenden Werte $F\,c_m/150$ (bzw. $F\,c_m/204$) zu dem Wert c, auch Zylinderkonstante genannt, zusammen, so erhält man für die indizierte Leistung einer Zylinderseite die einfache Gleichung

$$N i' = c\,p_{mi} \quad \text{bzw. für den Verdichter} \quad N_i = \sum c_i\,p_{mi}. \tag{70}$$

Beispiel. Aus dem Indikatordiagramm, Abb. 19, erhält man die indizierte Leistung wie folgt:

$$\text{Diagrammfläche} \ldots \quad f\colon 22{,}57 \text{ cm}^2,$$
$$\text{Diagrammlänge} \ldots. \quad l\colon 100 \text{ mm},$$
$$\text{Federmaßstab} \ldots.. \quad m\colon 1 \text{ at} = 3{,}5 \text{ mm}.$$

Mittlere Kolbengeschwindigkeit $c_m = s\,n/30 = 1{,}197 \text{ m/s}.$

Mittlerer indizierter Druck $\qquad p_{mi} = \dfrac{100 f}{1\,m} = \dfrac{100 \cdot 22{,}57}{100 \cdot 3{,}5} = 6{,}45 \text{ kp/cm}^2.$

Zylinderkonstante $\qquad\qquad c = F\,\dfrac{c_m}{150} = \dfrac{113{,}1 \cdot 1{,}197}{150} = 0{,}903 \text{ PS cm}^2/\text{kp}.$

Indizierte Leistung $\qquad\qquad N_i = p_{mi}\,c = 6{,}45 \cdot 0{,}903 = 5{,}82 \text{ PS}.$

Aus dem Entropiediagramm erhält man den Arbeitsaufwand wie folgt: Die Leistung für das Fördergewicht

$$N_f = \frac{G_f\,(A\,L)_f \cdot 427}{3600 \cdot 75} = \frac{G_f\,(A\,L)_f}{632} \text{ PS}.$$

Die Mehrleistung für die im schädlichen Raum verbleibende Restmenge

$$N_r = \frac{G_r\,(A\,L)_r}{632} \text{ PS}.$$

Schließlich die gesamte aufzuwendende Leistung zu

$$N_i = N_f + N_r = \frac{G_f\,(A\,L)_f}{632} + \frac{G_r\,(A\,L)_r}{632} \text{ PS}. \tag{71}$$

Beispiel. Aus Abb. 20 ergeben sich folgende Zahlenwerte:

$$(A\,L)_f = 38{,}24 \text{ kcal/kg},$$
$$(A\,L)_r = 4{,}34 \text{ kcal/kg}.$$

Für die entsprechenden Leistungen:

$$N_f = \frac{G_f\,(A\,L)_f}{632} = \frac{92{,}0 \cdot 38{,}24}{632} = 5{,}65 \text{ PS},$$

$$N_r = \frac{38{,}7 \cdot 4{,}34}{632} = 0{,}266 \text{ PS}.$$

Die gesamte indizierte Leistung ergibt sich daher zu

$$N_i = N_f + N_r = 5{,}92 \text{ PS}.$$

N_f aus dem Entropiediagramm ist um etwa 0,1 PS (rd. 1,6%) größer als aus dem Indikatordiagramm. Dies ist leicht erklärlich, wenn man überlegt, daß die Annahme über die Temperatur des Restgewichtes zu Beginn der Rückdehnung mit 147,2 °C nicht zutreffen kann. Die Luft kühlt sich während des Ausschiebens in der Hauptsache erst außerhalb des Hubraumes im sogenannten Druckraum des Zylinders an dessen zumeist gut gekühlten Wänden ab. Die Dehnung der Restmenge dürfte daher so verlaufen, wie es in Abb. 20 gestrichelt eingetragen wurde. **Damit wird erkenntlich, daß der Einfluß des Restgewichtes im allgemeinen verschwindend klein ist. Die Darstellung im Entropiediagramm kann daher wesentlich vereinfacht werden, indem man den Einfluß der Restmenge vernachlässigt.**

Bei der Projektierung von Verdichtern, vor allem, wenn die Gasmengen in einzelnen Stufen unterschiedlich sind, empfiehlt es sich, den Arbeits- bzw. Leistungsbedarf für jede Stufe zu ermitteln. Hierbei wäre es zu umständlich, die indizierten Leistungen in den einzelnen Stufen aus erst noch aufzuzeichnenden $p\,v$-Diagrammen nach Gl. (69) zu ermitteln. Berücksichtigt man die Erläuterungen von Abschn. 2.3 über den Aufheizungsgrad λ/η_v, so lassen sich der Arbeits- und Leistungsbedarf sehr einfach aus Taf. XXII ermitteln, wenn man auf das durch die Erwärmung während des Ansaugens vergrößerte indizierte Ansaugevolumen übergeht. Den Arbeitsbedarf L_i für 1 m³ indiziertes Ansaugevolumen erhält man danach, indem man den spezifischen Arbeitsbedarf L_{id} aus Taf. XXII durch den Aufheizungsgrad λ/η_v dividiert. Da aus den vorhergehenden Abschnitten ersichtlich ist, daß die Verdichtung im allgemeinen nur wenig von der Adiabaten abweicht, genügt es vollkommen, wenn man für die Vorausberechnung die Adiabate zugrunde legt

$$L_{i_{id}} = \frac{L_{id}}{\dfrac{\lambda}{\eta_v}} \, . \tag{72}$$

Bei der Verdichtung realer Gase wurde gefunden, daß der Einfluß der pv-Abweichung auf den indizierten Arbeitsbedarf am besten durch den Faktor $\sqrt{\zeta_e/\zeta_a}$ berücksichtigt wird[1], wobei ζ_a und ζ_e die pv-Abweichungen für den Ansauge- und Verdichtungsendzustand sind. Überlegt man ferner, daß außerdem schon ζ_a im indizierten Ansaugevolumen berücksichtigt werden muß, so ergibt sich ohne weiteres, daß für die indizierte Arbeit eines realen Gases eingesetzt werden kann

$$L_{i_{real}} = L_{i_{id}} \, \zeta_a \sqrt{\frac{\zeta_e}{\zeta_a}} = L_{i_{id}} \sqrt{\zeta_a \, \zeta_e} \, .$$

Mit dem spezifischen Arbeitsbedarf nach Taf. XXII erhält man mit Gl. (72) für die indizierte Arbeit eines realen Gases

$$L_{i_{real}} = \frac{L_{id}}{\dfrac{\lambda}{\eta_v}} \sqrt{\zeta_a \, \zeta_e} \, . \tag{73}$$

Beispiel. 12000 Nm³/h NH₃-Synthesegas sind auf 326 at zu verdichten. Der Ansaugezustand beträgt 121 at und 40 °C. Wie groß ist der indizierte Leistungsbedarf $N_{i_{real}}$?

Das zu verdichtende Volumen vom Ausgangszustand errechnet sich zu

$$V = 12000 \, \frac{1{,}033 \cdot 313}{121 \cdot 273} = 117{,}5 \text{ m}^3/\text{h} .$$

Aus Taf. XXII erhält man für das Druckverhältnis 326/121 = 2,7 und bei einem Adiabatenexponenten von 1,4 den spezifischen Arbeitsbedarf L_{id} zu 0,0317 kWh.

Bei einem angenommenen Aufheizungsfaktor (λ/η_v) von 0,94 erhält man nach Gl. (72) $L_{i_{id}} = 0{,}0317/0{,}94 = 0{,}0337$ kWh.

Aus Taf. XXII erhält man für eine Ansaugetemperatur von 40 °C die Verdichtungstemperatur zu 145 °C.

Aus Taf. II erhält man für

$$\begin{aligned} &121 \text{ at und } \ \ 40 \text{ °C} \quad \zeta \text{: zu } 1{,}07, \\ &326 \text{ at und } 145 \text{ °C} \quad \zeta \text{: zu } 1{,}165 . \end{aligned}$$

Nach Gl. (73) erhält man daher

$$L_{i_{real}} = 0{,}0337 \cdot \sqrt{1{,}07 \cdot 1{,}165} = 0{,}036 .$$

Für die 12000 Nm³/h bei dem Ansaugedruck von 121 at ergibt sich daher eine Leistung von

$$N_{i_{real}} = 117{,}5 \cdot 0{,}036 \cdot 121 = \underline{515 \text{ kW}} .$$

Die von der Antriebswelle abzugebende effektive Leistung beträgt

$$N_e = \frac{N_i}{\eta_m} , \tag{74}$$

wobei der mechanische Wirkungsgrad η_m die Reibung der aufeinandergleitenden Maschinenteile, wie Lager, Kolbenringe, Stopfbüchsen usw., berücksichtigt. Bei normalen Maschinen mit Druckölumlaufschmierung liegt η_m bei Vollast zwischen 0,91 bis 0,95; bei Tauchkolbenmaschinen jedoch wesentlich niedriger.

2.6.2 Isothermer Wirkungsgrad

Nach den früheren Ausführungen ist der Arbeitsaufwand am geringsten, wenn bei gleichbleibender Temperatur, also nach der Isothermen, verdichtet wird. Die Isotherme stellt somit den anzustrebenden idealen Vorgang vor, der auch als Vergleichswert für die Güte der in einer Maschine tatsächlich erreichten Verdichtung herangezogen wird.

---

[1] Siehe S. 23.

Allgemein versteht man unter dem isothermen Wirkungsgrad η_{is} das Verhältnis der isothermen Leistung N_{is} zu der an der Welle aufgewendeten mechanischen Leistung N_e.

$$\eta_{is} = \frac{N_{is}}{N_e} = \frac{\text{isotherme Leistung}}{\text{mechanische Leistung}} \cdot \tag{75}$$

Die Differenz zwischen dem tatsächlichen und dem isothermen Leistungsbedarf deckt alle mehr oder weniger großen *Verluste*, die sich wie folgt unterteilen lassen:

1. Aufheizung im Zylinder während des Ansaugens. Während des Einströmens in die Hubräume der Zylinder erwärmt sich das Gas an den heißen Kolben und Zylinderwandungen. Im Mittel ist damit zu rechnen, daß für je 3°, um die sich das angesaugte Gas erwärmt, der isotherme Arbeitsaufwand für die betreffende Stufe um rd. 1% höher wird[1]. Dieser Verlust kann durch Bauart und richtige Kühlungsverhältnisse niedrig gehalten werden.

2. Nahezu adiabate Verdichtung je Arbeitsstufe. Wie schon erwähnt, wird in den einzelnen Stufen der Maschine nahezu adiabatisch verdichtet. Für einen intensiven Wärmeaustausch zwischen den gekühlten Wandungen im Zylinder und dem Gas ist während des Verdichtens zu wenig Zeit. Dieser Verlust bzw. Mehraufwand ist vom Adiabatenexponenten abhängig und wächst mit dem Druckverhältnis. Er kann nur wenig beeinflußt werden.

Für ideale Gase kann der Mehraufwand gegenüber der Isothermen aus Taf. XXVI für Druckverhältnisse bis 5,6 und für Polytropenexponenten zwischen 1 und 1,4 entnommen werden.

3. Thermischer Kühlerverlust, zu geringe Zwischenkühlung. Nach jeder Verdichtungsstufe werden in Zwischenkühlern die heißen Gase, zumeist durch Wasser, gekühlt. Diese Kühlung wird um so besser sein, je wirksamer der Kühler ist, wofür die Größe der eingebauten Kühlfläche und ihre Anordnung maßgebend ist. Eine Kühlung bis auf die Temperatur des eintretenden Kühlwassers ist praktisch nicht erreichbar. Im allgemeinen begnügt man sich mit einer Kühlung auf 5 bis 10° über Kühlwassereintrittstemperatur. Die hierfür erforderlichen Kühlflächen halten sich dabei noch in wirtschaftlich tragbaren Grenzen. Wie beim Verlust durch Aufheizung im Zylinder nimmt auch hier der isotherme Leistungsbedarf der darauffolgenden Stufe um rd. 1% für je 3° zu, um welche die Temperatur des herabgekühlten Gases über der Temperatur des eintretenden Kühlwassers liegt.

4. Strömungsverluste. Beim Strömen der Gase durch die Saug- und Druckventile, die Rohrleitungen, Zwischenkühler usw. sind Widerstände zu überwinden. Die dadurch notwendige Mehrarbeit ist davon abhängig, wie groß die Geschwindigkeiten in den Ventilen und in den Kanälen der Zylinder sowie in den Kühlern und Rohrleitungen gewählt werden. Diese Mehrarbeit ist auch davon abhängig, ob genügend große Beruhigungsräume zwischen den einzelnen Stufen sowie vor und hinter der Maschine angeordnet sind, um größere Schwingungen und Stöße der Gassäulen zu verhindern. Die Strömungsverluste sind von der Ausführung der Maschine stark abhängig und liegen bei guten Maschinen je nach der Dichte des zu fördernden Mediums zwischen 6 und 10%.

5. Undichtheitsverluste. Die inneren durch undichte Kolbenringe verursachten Verluste können nur gemeinsam mit dem unter 1. aufgeführten Aufheizungsverlust erfaßt werden. Bei einer Maschine in gutem Betriebszustand liegen die gesamten Undichtheitsverluste zumeist unter 1%. Sie sind daher von untergeordneter Bedeutung.

6. Mehraufwand für Restmenge. Wie aus dem Entropiediagramm, Abb. 20, und den Ausführungen auf S. 38 hervorgeht, ist dieser Mehraufwand zumeist von untergeordneter Bedeutung und kann im allgemeinen vernachlässigt werden.

---

[1] Im allgemeinen wird bei Temperaturen zwischen 20 und 30 °C bzw. 293 und 303 °K, also bei Temperaturen um 300 °K, angesaugt, so daß eine Temperaturerhöhung von rd. 3° den Leistungsbedarf für die Isotherme um 1% vergrößert.

7. Mechanische Verluste. Diese werden durch Reibung der aufeinandergleitenden Maschinenteile (Lager, Kolbenringe, Stopfbüchsen usw.) verursacht. Als Maßstab hierfür dient der mechanische Wirkungsgrad $\eta_m = N_i/N_e$ als Verhältnis der indizierten Leistung N_i zur effektiven Leistung N_e. Bei gut durchgebildeten großen Maschinen mit Druckumlaufschmierung liegt er zwischen 0,91 und 0,95.

Alle diese Verlustarbeiten werden im isothermen Wirkungsgrad zusammengefaßt, welcher die in einer Maschine tatsächlich zu erreichende oder erreichte Verdichtung richtig beurteilen läßt. Hierzu ist einschränkend zu sagen, daß der Vergleich mit der Isothermen wenig Sinn hat, wenn es sich um Gase oder Dämpfe handelt, deren kritischer Zustand bei der isothermen Verdichtung erreicht wird. In solchen Fällen würde man ja die Verdichtung eines Gases mit der einer Flüssigkeit vergleichen. In allen diesen Fällen, wie beispielsweise bei den Verdichtern für NH_3, SO_2 usw. für die Kälteerzeugung, wird daher die Adiabate als Vergleichsprozess gewählt.

Für alle Maschinen jedoch, die unter Umgebungstemperatur nicht verflüssigbare Gase verdichten, wird die in der Maschine erreichte Güte des Arbeitsprozesses am besten nach dem isothermen Wirkungsgrad beurteilt.

Hierbei ist zu beachten, daß Verdichter, welche mit unterschiedlichen Gasen und Drücken betrieben werden, untereinander nicht nach ihren isothermen Wirkungsgraden allein beurteilt werden können, da letztere sehr von der Gasart (Exponenten der Adiabate) und von den Betriebsbedingungen (Druckverhältnis, Temperaturen usw.) abhängig sind.

2.6.3 Idealverdichter

Bei mehrstufigen Verdichtern für technische Gase oder Luft müssen noch folgende zwei Einflüsse berücksichtigt werden:

1. Die Gasansaugetemperatur weicht zumeist von der Kühlwasser-Eintrittstemperatur ab.

2. In den Zwischenkühlern wird die mit dem Gas angesaugte Feuchtigkeit verflüssigt, abgeschieden und nimmt mit zunehmendem Druck daher ab.

Die Definition des idealen Verdichters muß daher erweitert lauten: *Der ideale Verdichter ist eine Maschine, welche die gewünschte Gasmenge in der 1. Stufe von der Ansaugetemperatur, in den übrigen Stufen von der Temperatur des eintretenden Kühlwassers ohne überschüssige Feuchtigkeit isotherm verdichtet.*

Dieser erweiterte Begriff des idealen Verdichters ergibt einen Wert für die isotherme Verdichtungsleistung, der nur in ganz geringem Maße von der Stufenzahl abhängt.

Durch Auswertung von Abnahmeversuchen ausgeführter Verdichtermaschinen können über die vorerwähnten einzelnen Verluste Erfahrungswerte gesammelt werden, mit Hilfe derer der isotherme Wirkungsgrad und die erforderliche Antriebsleistung neu zu konstruierender Maschinen unter Berücksichtigung der Verschiedenartigkeit der Gase und der Betriebsbedingungen richtig eingeschätzt bzw. ermittelt werden kann.

Beispiel. Ein fünfstufiger H_2-Verdichter soll $V_N = 3000$ Nm³/h von $p_e = 300$ at liefern. Gesucht: 1. N_{eff} bei der Auslegung der Maschine; 2. η_{is} nach dem Abnahmeversuch.

Zu 1. Es sei gegeben der Ansaugezustand mit $p_a = 740$ Torr $= 1,006$ at, $t_a = 20$ °C wasserdampfgesättigt $t_w = 30$ °C. In der Formel $N_{eff} = N_{is}/\eta_{is}$ wird η_{is} nach Erfahrungswerten zu 0,67 gewählt und N_{is} für alle Stufen mit einer mittleren Temperatur $t_m = (20 + 4 \cdot 30)/5 = 28$ °C berechnet. Der Wasserdampfgehalt wird hier vernachlässigt (aber nicht bei Berechnung der Hubräume). Man erhält $V_1 = 1,033 \cdot 3000 \cdot 301/273 = 3415$ m³/h und damit nach Gl. (51)

$$N_{is} = 0,0627 \cdot 3415 \left(\lg \frac{300}{1,006} + 0,076 - 0 \right) = 214 \cdot (2,475 + 0,076),$$

$$N_{is} = 547 \text{ kW},$$

$$N_{eff} = \frac{547}{0,67} = 817 \text{ kW}.$$

Zu 2. Der Abnahmeversuch ergab: $p_a = 1,02$ at; $t_a = 23$ °C und 50% wasserdampfgesättigt; $t_w = 30$ °C Die Ansaugedrücke der Stufen: $p_{a_2} = 3,3$; $p_{a_3} = 11,0$; $p_{a_4} = 37,5$; $p_{a_5} = 108,5$ at. Gegendruck $p_e = 300$ at Fördermenge im Druckstutzen $V = 3020$ Nm³/h; $N_{eff} = 820$ kW. Aus Taf. X erhält man für 23 °C

$p' \approx 0{,}03$ at, bei 50% Sättigung also $p_1' = 0{,}015$ at, für 30 °C $p_2' \approx 0{,}043$ at. Gl. (51) ist für jede Stufe einzeln anzusetzen. Da jedoch der Einfluß des Wasserdampfes im Verhältnis des Anfangsdruckes in den einzelnen Stufen abnimmt, kann man ihn in der 4. und 5. Stufe ganz vernachlässigen. Der Wert $C_e - C_a$ läßt sich für alle Stufen zusammenziehen. Für N_{is} erhält man daher

$$N_{is} = 0{,}0627 \cdot 1{,}033 \cdot 3020 \cdot \frac{296}{273} \, \frac{1{,}02}{1{,}02 - 0{,}015} \, \lg \frac{3{,}3}{1{,}02} +$$

$$+ \frac{303}{273} \left(\frac{3{,}3}{3{,}3 - 0{,}043} \, \lg \frac{11{,}0}{3{,}3} + \frac{11{,}0}{11{,}0 - 0{,}043} \, \lg \frac{37{,}5}{11{,}0} + \lg \frac{300}{37{,}5} + 0{,}076 \right)$$

$$N_{is} = 196 \, [0{,}562 + 0{,}589 + 0{,}594 + 1{,}002 + 0{,}085] = 555 \text{ kW}$$

$$\eta_{is} = \frac{555}{820} = 0{,}675$$

Ohne Berücksichtigung des Wasserdampfes ergäbe sich

$$N_{is} = 196 \left[\frac{296}{273} \, \lg \frac{3{,}3}{1{,}02} + \frac{303}{273} \left(\lg \frac{300}{3{,}3} + 0{,}076 \right) \right]$$

$$N_{is} = 196 \, [0{,}553 + 2{,}175 + 0{,}085] = 552 \text{ kW}$$

$$\eta_{is} = 0{,}671$$

Der Einfluß wäre wesentlich größer bei einer einstufigen Maschine. Würde das Gas etwa bei 1 at und 30 °C wasserdampfgesättigt angesaugt, so wäre er 4,6% von N_{is}, während er oben nur 0,7% von N_{is} ist.

2.7 Hinweise zur Verbesserung der Wirtschaftlichkeit von Verdichtermaschinen

In den vorhergehenden Abschnitten wurde ausführlich der Energieaufwand von Kolbenverdichtern behandelt, und zwar sowohl für ideale Maschinen (geringster Energieaufwand bei isothermer Verdichtung) als auch für wirkliche Maschinen mit dem für diese unvermeidlichen Mehraufwand. Danach kann man sich der Isothermen praktisch nur dadurch nähern, daß man die Stufenzahl erhöht und damit das Druckverhältnis der einzelnen Verdichtungsstufen verringert. Es wurde jedoch schon darauf hingewiesen, daß die dadurch erreichte geringere Leistung und Ersparnis an Energiekosten nicht durch die höheren Kosten für Verzinsung und Tilgung der in ihrer Anschaffung teureren Maschine mit der größeren Stufenzahl aufgezehrt werden darf.

Aus der Wärmebilanz Abb. 82 ist zu erkennen, daß von der aufgewendeten Energie rd. 10% an das Öl für die Triebwerksschmierung sowie die die Maschine umgebende Luft, rd. 2% mit dem verdichteten Gas nach der 3. und 6. Stufe und rd. 88% in den Zylindern und Zwischenkühlern an das Kühlwasser der Maschine abgeleitet wurden. Wenn sich auch die Prozentsätze der abgeleiteten Wärmen den betrieblichen Verhältnissen und der Größe der Maschine entsprechend ändern können, so ändert sich aber grundsätzlich nichts an der Tatsache, daß die in der Verdichtermaschine aufgewendete Energie vollständig in Wärme umgewandelt und nahezu vollständig mit dem Kühlwasser abgeleitet wird.

Die Wirtschaftlichkeit von Verdichtermaschinen kann wesentlich nur dadurch verbessert werden, daß die in den Wärmetauschern abgeleiteten Wärmen irgendwie nutzbringend verwertet werden. Im allgemeinen werden die Zwischenkühler der Verdichter so ausgelegt, daß sie bei einer Erwärmung des Kühlwassers um 10 bis 15 °C auf etwa 10° über Kühlwassereintrittstemperatur herunterkühlen. Mit den sich hierbei ergebenden großen Mengen von wenig erwärmtem Wasser kann im allgemeinen nichts begonnen werden.

Die mit dem Kühlwasser abgeleiteten Wärmemengen können jedoch ausgenutzt werden als

2.7.1 Warmwasser bei einer Temperatur von z. B. rd. 45 °C[1]

In manchen Industrien, vor allem in der chemischen, ist es oft möglich, derart vorgewärmtes Wasser in der Fabrikation zu verwenden. Die Kühler bei derartigen Verdichteranlagen sind jedoch so auszulegen, daß bei dem gedrosselten Kühlwasserverbrauch und den dabei geringeren Wassergeschwindigkeiten der Kühleffekt in den
Zwischenkühlern nicht beeinträchtigt wird. Ein größerer Energieaufwand infolge geringerer Rückkühlung ist unter allen Umständen zu vermeiden. Bei vorhandener Verwendungsmöglichkeit des stark erwärmten Kühlwassers ist die Vergrößerung der Kühlflächen immer gerechtfertigt.

2.7.2 Heißwasser von z. B. 70 bis 80 °C

Hierbei erzeugt die Wärme des verdichteten Gases von höherer Temperatur (über
75 °C) Heißwasser, das z. B. in einer Zentralheizung ausgenutzt werden kann. Das
umlaufende heiße Wasser muß hierbei natürlich besonders aufbereitet (destilliert) sein,
um zu verhindern, daß sich die Rohrleitungen und Wärmetauscher durch die anfallenden Karbonate zusetzen. Die restliche Wärme des verdichteten Gases kann außerdem in
den nachgeschalteten entsprechend ausgelegten normalen Kühlern als stark erwärmtes
Warmwasser nach 2.7.1 verwertet
werden.

Die in den verdichteten Gasen
vorhandenen Wärmemengen können aber auch noch verwendet
werden, um den Energieaufwand
für die Verdichtermaschine unmittelbar zu verringern, und zwar
z. B. für die

2.7.3 Beheizung von Austreibern von Absorptions-Kälteanlagen,

in denen Kaltwasser (oder auch
Kühlsole) auf tiefe Temperatur
herabgekühlt wird. Das auf diese
Weise gewonnene Kühlmittel
kann dazu benutzt werden, um
das vom Verdichter angesaugte
Gas vorzukühlen und das in den
Zwischenkühlern durch normales
Gebrauchswasser gekühlte Gas
mit dem Kaltwasser aus der
Absorptions-Kältemaschine noch
weiter herunterzukühlen.

In Abb. 23 ist im Schema
das Zusammenspiel einer derarti

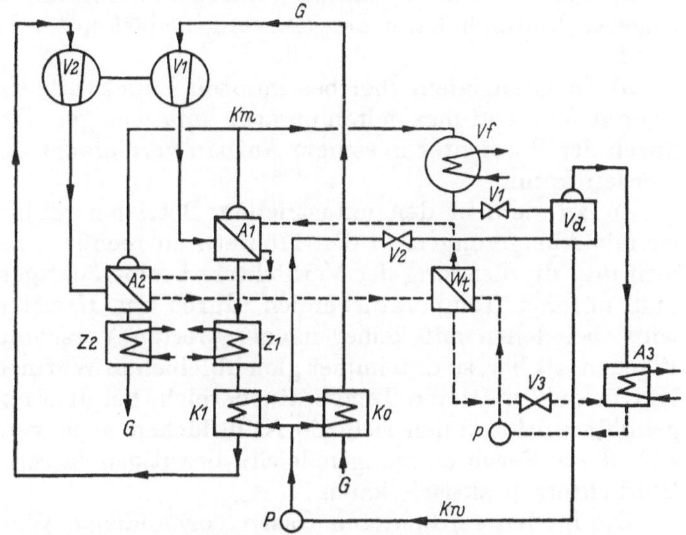

Abb. 23. Schaltbild eines zweistufigen Verdichters mit Absorptions-Kältemaschine

V_1 Verdichter 1. Stufe K_0, K_1 Kaltwasserkühler
V_2 Verdichter 2. Stufe W_t Wärmetauscher
V_f Verflüssiger G Gas
V_d Verdampfer Km Kältemittel (dampfförmig)
A_1, A_2 Austreiber Kw Kaltwasser
A_3 Absorber P Pumpe
Z_1 Zwischenkühler 1. Stufe V_1, V_2, V_3 Regelventile
Z_2 Endkühler

gen Absorptions-Kältemaschine mit einem zweistufigen Gasverdichter zu erkennen, bei
dem das Gas im Ansaugezustand und im Zwischenkühler durch Kaltwasser gekühlt
wird, das in einer einstufigen Absorptions-Kälteanlage auf tiefe Temperatur gebracht
wird, wobei der Austreiber durch die heißen verdichteten Gase beheizt wird.

Das Gas wird zunächst vor Eintritt in den Verdichter im Oberflächenkühler K_0 durch das Kaltwasser
auf eine Temperatur von etwa 5 bis 10 °C gebracht, wobei ein Teil des Gasfeuchtigkeit ausfällt. Das in der
1. Stufe verdichtete Gas gibt im Heizsystem des Austreibers A_1 die Verdichtungswärme im hohen Temperaturbereich an die siedende Lösung ab. Danach strömt das Gas zum Zwischenkühler Z_1, der durch

---

[1] Eine höhere Erwärmung des Kühlwassers läßt man im allgemeinen nicht zu, um zu verhindern, daß
sich die Rohrleitungen mit Kesselstein zusetzen und korrodieren.

normales Wasser gekühlt wird, und gelangt schließlich über den Tiefkühler K_1, der mit Kaltwasser beschickt wird, so daß das Gas auch hier auf eine tiefe Temperatur gebracht wird, in die 2. Stufe des Verdichters. Über den Austreiber A_2, wo ebenfalls die Wärme des hohen Temperaturbereiches an siedende Lösung abgeführt wird, strömt das Gas zum Nachkühler Z_2, in dem das Gas, wie üblich, auf Umgebungstemperatur heruntergekühlt wird.

Der Arbeitsprozeß der Absorptions-Kälteanlage verläuft hierbei folgendermaßen:

Der beim Verdampfen der Lösung in den Austreibern A_1 und A_2 entstandene Kältemitteldampf strömt zum Verflüssiger Vf, wo er kondensiert, wobei die Verflüssigungswärme an Kühlwasser abgegeben wird. Das verflüssigte Kältemittel fließt zum Verdampfer Vd, nachdem es vorher im Regelventil V_1 entspannt wurde. Über das Regelventil V_2 gelangt ebenfalls in den Verdampfer der Rücklauf des·Kaltwassers, das sich in den Kühlern K_0 und K_1 erwärmt hat. Infolge des hohen Vakuums im Verdampfer, welches durch die Saugkraft des Absorbers A_3 aufrechterhalten wird, verdampft ein Teil des Wassers und kühlt dabei den Rest auf tiefe Temperaturen ab. Das gekühlte Kaltwasser wird dann durch eine Pumpe den Kühler K_0 und K_1 zugeführt. Die im Verdampfer entstandenen Dämpfe strömen zum Absorber A_3, wo sie durch die von den Austreibern kommende entgaste arme Lösung absorbiert werden. Die reiche Lösung wird von einer Pumpe abgesaugt und dem Wärmetauscher W_t zugeführt, wo sie sich an der heißen armen Lösung erwärmt und in die Austreiber A_1 und A_2 gelangt. Die entgaste arme Lösung strömt über den Wärmetauscher W_t, wo sie sich abkühlt, in den Absorber zurück, nachdem sie vorher im Regelventil V_3 auf den dort herrschenden Druck entspannt wurde.

Bei diesem Verfahren ergeben sich folgende Vorteile:

a) Das angesaugte Gas wird durch die Kühlung entfeuchtet und sein Volumen verringert. Dadurch kann der Leistungsbedarf unter Umständen bis um 10% erniedrigt werden.

b) In Grenzfällen (bei bestimmten Druckverhältnissen) kann man wegen der niedrigeren Verdichtungsendtemperatur mit weniger Verdichtungsstufen auskommen, wodurch der Verdichter in seinem Aufbau vereinfacht und unter Umständen auch verbilligt werden kann.

c) Bei dem in den industriellen Betrieben üblicherweise verwendeten Kühlwasser ist mit Ablagerungen in den Kühlern zu rechnen, die den Wärmeübergang verschlechtern und die Leistung des Verdichters beeinträchtigen. Dadurch, daß das Gas im oberen und unteren Temperaturbereich durch im Kreislauf geführte Flüssigkeiten gekühlt wird, bei denen mit keiner nennenswerten Verschmutzung zu rechnen ist, bleiben die Flächen sauber, so daß immer gleichbleibende Wärmeübertragungsverhältnisse vorliegen. Nur in dem mittleren Temperaturbereich, bei dem noch mit normalem Gebrauchswasser gekühlt wird, können sich die Kühlflächen noch verschmutzen. Abgesehen davon, daß sich diese Verunreinigungen leicht beseitigen lassen, beeinflussen sie die Leistung des Verdichters praktisch kaum.

Die in den verdichteten Gasen vorhandenen Wärmemengen können auch noch verwendet werden zur

2.7.4 Verdampfung von Kältemitteln (z. B. Frigen)

deren Energie in einer Expansionsmaschine gewonnen wird und dazu dient, entweder direkt oder indirekt die Antriebsleistung des Verdichters zu verringern[1].

3 Bauarten, Stufenteilung und -anordnung

Taf. XXV a und b zeigen schematisch, wie die Stufen von vielfach anzutreffenden Bauarten angeordnet werden. Hierbei waren folgende Gesichtspunkte maßgebend:

3.1 Stufenzahl

Über ein von der Größe der Maschine und dem Verwendungszweck abhängiges Druckverhältnis geht man nicht gern hinaus. In ortsfesten Verdichtern mittlerer Größe läßt man bei zweiatomigen Gasen Druckverhältnisse bis 4 zu. An kleinen Maschinen werden

---

[1] Wunsch, W.: Z. VDI vom 11. 5. 1958, S. 609, unter Gasverdichtung [8]. — J. Funk, GWF 99 (1958) H. 39, S. 984—987 u. H. 41, S. 1055—1058 [9].

wegen der relativ größeren wärmeabführenden Flächen höhere Druckverhältnisse als an größeren zugelassen. Ebenso wird man an Verdichtern, die nur kurzzeitig auf einen höheren Druck arbeiten, z. B. zum Auffüllen oder Aufpumpen von Behältern, größere Druckverhältnisse zulassen als an Maschinen, die im Dauerbetrieb auf immer gleichen Enddruck verdichten müssen.

Die obere Grenze für das Druckverhältnis wird von der Temperatur des verdichteten Fördermittels bestimmt. Diese darf eine bestimmte Höhe nicht überschreiten, um die Schmierung der Maschine und damit ihre Betriebssicherheit nicht zu gefährden. Soweit keine besonderen Bestimmungen zu berücksichtigen sind, muß die auftretende Höchsttemperatur mindestens 40 °C niedriger als der Flammpunkt des für die Schmierung der Zylinder verwendeten Öles sein.

Damit dürfte man dem noch nicht ganz geklärten Einfluß der katalytischen Zündpunktherabsetzung, auf den man schon mehrfach beobachtete explosionsartige Verbrennungen von Luft-Öldampf-Gemischen zurückführt, wirksam begegnen.

Höhere Temperaturen als 185 °C sind möglichst zu vermeiden.

Nach unten wird die Höhe des Druckverhältnisses in den einzelnen Stufen dadurch begrenzt, daß der erzielte Leistungsgewinn nicht durch die höheren Verzinsungs- und Amortisationskosten der in ihrem Anschaffungspreis teureren Maschine mit größerer Stufenzahl ausgeglichen wird.

3.2 Einfach- oder doppeltwirkende Arbeitsstufen

Kleinere, vor allem schnellaufende Maschinen erhalten einfachwirkende Stufen; Tauchkolbenmaschinen mit einfachwirkenden Stufen bauen sich für kleine Einheiten wesentlich gedrängter und billiger als Kreuzkopfmaschinen mit doppeltwirkenden Stufen. Bei größeren Fördermengen zieht man doppeltwirkende Stufen vor. Die Arbeitsstufen bei hohen Drücken sind zumeist einfachwirkend. Zuweilen ergeben sich bei der Anordnung der Stufen sog. *Ausgleichsstufen*, das sind Stufen ohne Ventile, die unmittelbar an die Saugleitungen der Maschine oder zum Ausgleich der Triebwerkskräfte an die Saug- oder Druckleitung irgendeiner höheren Stufe angeschlossen sind. Sie stehen daher unter ständig gleichbleibendem Druck und sind ein oft nicht zu vermeidender Notbehelf.

3.3 Stufenteilung und -anordnung

Diese wählt man so, daß die Triebwerkskräfte für Hin- und Rückgang und bei mehrkurbligen Maschinen auch die Leistungen an allen Kurbeln möglichst gleich groß sind, um das Gestänge gut auszunutzen und eine günstige Gleichförmigkeit für den Antrieb ohne allzu schwere Massenschwungräder zu erhalten. Weiter sind hierfür Gesichtspunkte, wie Raumbedarf, bequeme Zugänglichkeit, leichter Ausbau, Trennung der Arbeitsstufen nach Gasart, Fundamentierung usw., maßgebend. Für kleine und mittlere Leistungen werden im allgemeinen die stehende und die V-Anordnung bevorzugt. Sie benötigen gegenüber den anderen Bauarten die geringsten Grundflächen.

Aus dem Wunsche nach einer Reihenfertigung wurden von einigen Herstellern für niedrige Drücke Mehrzylindermaschinen in stehender, V- oder W-Anordnung entwickelt, wobei Maschinen von verschiedener Förderleistung aus mehreren gleichen Einheiten zusammengesetzt werden (3 bis 4 Zylinder in einem Block oder sogar zwei mit dem Antriebsmotor direkt gekuppelte Zylinderblöcke mit je 3 bis 4 Zylindern). Gegenüber Maschinen mit Kreuzkopfführung haben diese billigeren Maschinen mit vielen Zylindern mit Tauchkolben einen höheren Kraftbedarf (geringer mechanischer Wirkungsgrad, höhere Strömungsverluste).

Verdichter für große Leistungen und mit vielen Verdichtungsstufen werden zumeist bei verhältnismäßig niedrigen Drehzahlen liegend ausgeführt. Bei dieser Bauart sind alle bewegten und dem Verschleiß unterworfenen Teile, wie Triebwerke, Ventile, Stopfbüchsen usw., sehr gut zugänglich und sind die Zwischenkühler und die Rohrleitungen im Keller günstig unterzubringen. In den letzten Jahren wurden von verschiedenen Herstellern auch stehende Maschinen großer Leistung mit höheren Drehzahlen geliefert. Manche Unbequemlichkeiten bei den Rohrleitungen und der Bedienung wurden mit Rücksicht auf den günstigen Massenausgleich, geringeren Platzbedarf, kleinere und leichtere Fundamente sowie den billigeren Antrieb in Kauf genommen.

In jüngster Zeit wurden auch von fast allen europäischen Herstellern Verdichter in Boxer- und Winkelbauarten, ähnlich den amerikanischen Firmen entwickelt. Die um 180° gegenläufigen Kolben der Boxerbauart ermöglichen einen fast vollständigen Massenausgleich. Die weniger Grundfläche benötigende Winkelbauart in V- oder stehendliegender Anordnung läßt auch die Massenkräfte erster Ordnung, welche vor allem die Fundamentierung der Maschinen erschweren, fast vollkommen ausgleichen. Bei diesen Bauarten sind daher viel höhere Drehzahlen möglich als bei den üblichen liegenden Maschinen. Sie können daher vielfach den Vorteil der guten Zugänglichkeit der liegenden Maschinen mit dem Vorteil der höheren Drehzahl der stehenden Maschinen in sich vereinigen.

Die Förderleistung eines Zylinders wird von der Möglichkeit begrenzt, die erforderlichen Ventile unterzubringen. Je größer die Drehzahl, je kleiner daher das Hubvolumen pro Umdrehung wird, um so schwieriger wird es auch, die mit Rücksicht auf geringe Strömungsverluste erforderlichen Durchflußquerschnitte unterzubringen. Die mittlere Geschwindigkeit im Ventilspalt darf ja mit zunehmender Drehzahl nicht erhöht werden. Im allgemeinen sind Kolbengeschwindigkeiten über rd. 4,2 m/s nicht anzutreffen, weil darüber hinaus es nicht mehr möglich ist, genügend große Ventile gut unterzubringen. Die Förderleistung pro Zylinder wird vielfach auch dadurch nach oben begrenzt, daß die durch die hin- und hergehenden Massen verursachten Kräfte nicht größer sein sollen als die durch die Gasdrücke bedingten Gestängedrücke.

3.4 Art des Antriebes

Im allgemeinen wird man immer anstreben, die Kolbenverdichter durch direkte Kupplung mit marktgängigen Maschinen, gleichgültig, ob es sich um Elektromotoren, Dampfmaschinen oder Verbrennungsmotoren handelt, anzutreiben. Nur dort, wo dies nicht angängig ist, wird man einen Riemen- oder Getriebeantrieb wählen.

Maschinen mit einer Antriebsleistung bis etwa 400 PS werden vielfach wegen der geringeren Kosten über Riemen von Motoren höherer Drehzahl angetrieben. Über 400 PS wird nur selten über Riemen angetrieben. Ein mit dem Verdichter direkt gekuppelter Motor ist einem Motor höherer Umdrehungszahl, der über ein Getriebe antreibt, zumeist vorzuziehen. Neben dem um 2 bis 3 % höheren Energieaufwand verursachen letztere zumeist auch unangenehme Geräusche.

3.5 Eingeführte Bezeichnungen

Um sich leichter über Kolbenmaschinen zu verständigen, haben sich folgende Bezeichnungen allgemein eingeführt:

Kurbelseite, Deckelseite.

Maschinen mit Lauf- oder Gleitkolben; das Gewicht des Kolbens wird vom Zylinder aufgenommen, der Kolben gleitet also in der Bohrung des Zylinders.

Maschinen mit Schwebekolben; das Gewicht der Kolben und Kolbenstangen wird von außerhalb der Zylinder angeordneten Trägern (Kreuzkopfkupplung, hintere Führung) aufgenommen. Der Kolben gleitet also nicht in der Bohrung, sondern nur die abdichtenden Kolbenringe.

Bei der zu den Stufenschemas in eckigen Klammern hinzugefügten Bezeichnung der Stufenanordnung wurden die Arbeitsstufen mit Schwebekolben dadurch kenntlich gemacht, daß für die die Gewichte aufnehmende Kupplung bzw. hintere Führung das Zeichen (+) hinzugefügt wurde. Werden die Zylinder nicht in einer zusammenhängenden Gruppe, sondern voneinander getrennt angeordnet, so ist dies durch das Zeichen (−) ersichtlich.

4 Bestimmung der Hauptabmessungen

Gegeben ist die verlangte Fördermenge (meist in m³/h oder m³/min und von einem bestimmten Zustand, z. B. Nm³), der Ansaugezustand, der Enddruck und die Kühlwassereintrittstemperatur. Zu wählen ist vorerst die Stufenzahl und die Stufenanordnung nach einer ebenfalls zu wählenden Bauart, wobei die Art des Antriebes und Gesichtspunkte, wie Trennung der Arbeitsstufen nach Gasart (ungereinigtes, gereinigtes Gas), bequeme Zugänglichkeit und leichter Ausbau maßgebend sein können.

Aus der Stufenzahl ergeben sich die mittleren Stufendruckverhältnisse, nach Schätzung der Strömungsverluste die Zylinderdruckverhältnisse in den einzelnen Stufen und nach Annahme der schädlichen Räume und der während des Ansaugens zu erwartenden Aufheizungen nach Taf. XXIV η_ν und λ. Bei einem verlangten Fördervolumen von V_0 bezogen auf P_0 und T_0 und bei einem Ansaugezustand der betr. Stufen von P_a und T_a berechnet sich das wirkliche Ansaugevolumen V_{eff} der einzelnen Stufen zu

$$V_{eff} = V_0 \frac{P_0}{P_a - P_D} \cdot \frac{T_a}{T_0} \cdot \frac{\zeta_a}{\zeta_0} \; [1]$$

und damit das Hubvolumen $V_h = V_{eff}/\lambda$ in m³/h oder m³/min.

Wie aus dem anschließenden Rechnungsbeispiel zu erkennen sein wird, ist es zweckmäßig, sich auf die Zeiteinheit Minute zu beziehen. Auch empfiehlt es sich, das angesaugte Gas mit Wasserdampf gesättigt ($P_D = P'$) anzunehmen. Die Ansaugetemperatur t_a, die für die 1. Stufe zumeist gegeben ist, nimmt man für die folgenden Stufen am besten mit 10° über Kühlwassereintrittstemperatur t_w an.

Bevor die Hauptabmessungen der Maschine bestimmt werden, empfiehlt es sich, noch aus der isothermen Leistung und dem isothermen Wirkungsgrad den Leistungsbedarf des Verdichters zu berechnen, da hieraus die Größe der an der Maschine auftretenden Kolbenkräfte leichter beurteilt und damit der Hub und die Umdrehungszahl sicherer gewählt werden können.

Bei der Wahl der Drehzahl muß auch darauf geachtet werden, daß die durch die hin- und hergehenden Massen verursachten Kräfte nicht größer werden als die durch die Gasdrücke bedingten Kolbenkräfte.

Für das Verhältnis Kolbenhub zu Zylinderdurchmesser ($S : D$) kann eine grundsätzliche Norm nicht angegeben werden. Zuviel Faktoren sind hierfür bestimmend. Da es mit zunehmender Kolbengeschwindigkeit auch schwierig wird, die erforderlichen Ventile am Zylinderumfang unterzubringen, wurden bisher größere mittlere Kolbengeschwindigkeiten als rd. 4,2 m/s kaum ausgeführt.

Im allgemeinen haben die Hersteller von Kolbenmaschinen die für ihre Maschinen erforderlichen Grundplatten, Gleitbahnen und Triebwerke nach einer zumeist geometrischen Reihe größenordnungsmäßig abgestuft. Dadurch ist es ihnen möglich, die Zahl der zum Abguß notwendigen Modelle auf ein Mindestmaß zu beschränken und sich die für eine wirtschaftliche und genaue Fertigung zweckmäßigen Vorrichtungen zu beschaffen. Abb. 24 und Tab. 3 lassen z. B. eine Ausführung von Rahmen und Triebwerken für liegende Maschinen erkennen, wie sie für mittlere Kolbenkräfte und Leistungen entwickelt worden sind. Während sich hierfür Rahmen mit zwei Kurbelwellenlagern (Gabelrahmen) als am zweckmäßigsten ergeben haben, werden für größere Kolbenkräfte und Leistungen Rahmen mit einem Kurbelwellenlager (Balken- oder Bajonettrahmen) gemäß Abb. 25 und Tab. 4 bevorzugt. Im letzteren Fall sind für eine Zweikurbelmaschine zwei an und für sich gleich große Balkenrahmen in jedoch symmetrischer Ausführung, einmal

---

[1] Siehe Beispiel 1 auf S. 9.

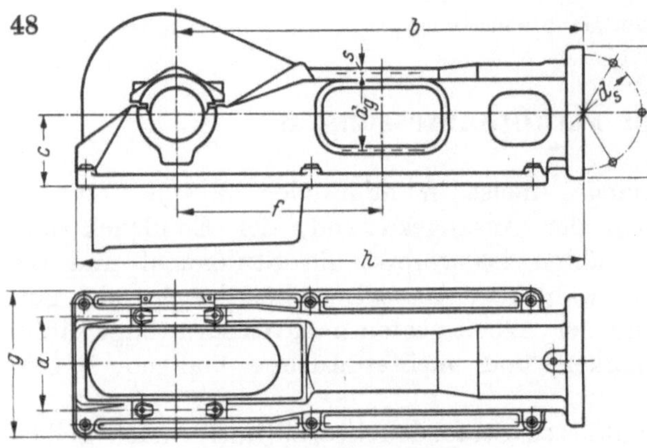

Abb. 24. Gabelrahmen

mit dem Kurbelwellenlager links und einmal rechts von der Geradführung für den Kreuzkopf erforderlich.

Für irgendeinen Bedarfsfall wird man die Hauptdaten (wie Kolbenhub, Zylinderdurchmesser, Drehzahl usw.) der zu entwerfenden Maschine so wählen, daß sie zu einem der vorhandenen Rahmen und Triebwerke sowohl kräfte- als auch leistungsmäßig passen.

Tabelle 3. *Hauptabmessungen der Gabelrahmen nach Abb. 24*

Rahmen		G 20	G 25	G 32	G 40
Gleitbahndurchmesser .... d_g	mm	200	250	315	400
Hub	mm	200	250	320	400
Gestängekraft	kg	4000	6300	10000	16000
Drehzahl	U/min		480	370	300
Mittlere Kolbengeschwindigkeit.......	m/s		4	4	4
Leistung	PSe	100	160	250	400
Hauptlager .... $d \times l$	mm	90×75	110×95	140×110	180×130
Kurbellager .... $d \times l$	mm	90×75	110×95	130×110	160×130
Kreuzkopflager .... $d \times l$	mm	56×56	70×70	90×90	110×110
Gleitschuh .... $b \times l$	mm	132×212	170×265	212×335	265×425
Kolbenstangendurchmesser	mm	45	55	70	85
Kolbenstangengewinde..............	mm	K $42 \times {}^1/_6''$	K $52 \times {}^1/_6''$	K $64 \times {}^1/_6''$	K $80 \times {}^1/_6''$
Schubstangenlänge	mm	500	630	800	1000
Schubstangenverhältnis	λ	1 : 5	1 : 5,04	1 : 5	1 : 5
Lagerabstand .... a	mm	250	315	375	450
Mitte Lager bis Flansch .... b	mm	1000	1250	1600	2000
Bauhöhe c	mm	190	220	280	355
Schraubenkreisdurchmesser .... d_s	mm	300	355	450	560
Flanschdurchmesser .... e	mm	360	415	520	650
Mitte Gleitbahnbohrung bis Mitte Lager........................... f	mm	500	630	800	1000
Ganze Breite.................... g	mm	400	500	600	710
Ganze Länge.................... h	mm	1250	1600	2000	2500
Wandstärke .... s	mm	18	20	22	25

An einem Beispiel soll nun der Rechnungsgang gezeigt werden.

Beispiel. Verlangt werden für einen chemischen Prozeß 2200 Nm³/h Wasserstoff bei einem Druck von 326 at. Das Gas ist bei einem Druck von 1 at bei einer Temperatur von 15 °C und mit einer relativen Feuchtigkeit von 50% anzusaugen. Die Kühlwassereintrittstemperatur beträgt 15 °C. Die Maschine soll durch einen Asynchronmotor über ein Getriebe angetrieben werden. Als Bauart wird die fünfstufige Einkurbelanordnung mit Stufenschema nach Abb. 26 gewählt.

Das mittlere Druckverhältnis jeder Arbeitsstufe errechnet sich zu

$$\psi = \frac{p_n}{p_{n-1}} = \sqrt[5]{\frac{326}{1,0}} = 3,18.$$

Das effektive Fördervolumen V_1 bei Ansaugverhältnissen ergibt sich zu

$$V_1 = V_N \frac{p_N T_1}{(p_1 - x\,p')\,T_N} = 2200 \frac{760 \cdot 288}{(735,6 - 0,5 \cdot 13) \cdot 273}$$

$$V_1 = 2420 \text{ m}^3/\text{h}$$

Die an der Welle aufzubringende mechanische Energie errechnet sich aus der Gleichung $N_e = N_{is}/\eta_{is}$. Für diese Maschine wird der isotherme Wirkungsgrad mit $\eta_{is} = 0,65$ angenommen. Die isotherme Leistung N_{is}

errechnet sich nach Abschn. 1.7.3 und Gl. (51) zu

$$N_{is} = 0{,}0627\,V_1 \left[\lg \frac{p_e}{p_a} + (C_e - C_a) \right] \text{ kW}$$

Aus Taf. XII erhält man für $C_e - C_a$ den Wert 0,09. Damit erhält man die isotherme Leistung zu

$$N_{is} = 0{,}0627 \cdot 2420 \left[\lg \left(\frac{326}{1{,}0} \right) + 0{,}09 \right]$$

$$N_{is} = 931 \text{ kW}$$

Infolge der niedrigen Ansaugetemperatur von 15 °C ist der Einfluß des mitangesaugten Wasserdampfes auf den Leistungsbedarf nur gering. Mit Rücksicht darauf und auf die in η_{is} vorhandene Unsicherheit erscheint es daher unnötig

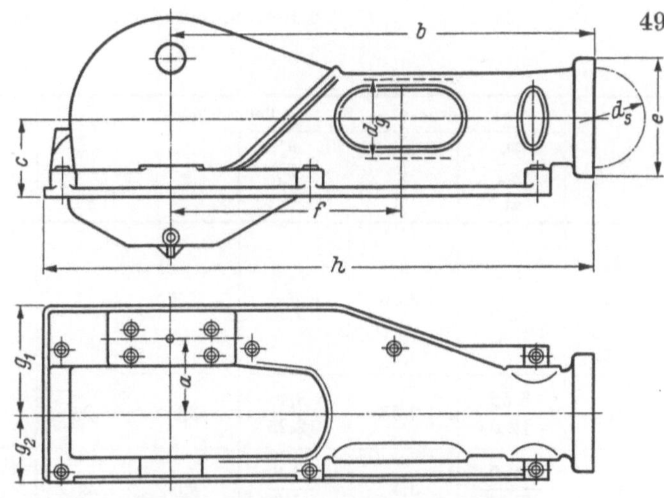

Abb. 25. Balken- oder Bajonettrahmen

Tabelle 4. *Hauptabmessungen der Balkenrahmen nach Abb. 25*

Rahmen		B 50	B 56	B 63	B 71	B 80	B 90
Gleitbahndurchmesser ...... d_g	mm	450	500	560	630	710	800
Hub	mm	500	560	630	710	800	900
Gestängekraft	t	25	31,5	40	50	63	80
Höchste Drehzahl	U/min	250	225	200	180	160	140
Mittlere Kolbengeschwindigkeit	m/s	4,2	4,2	4,2	4,2	4,2	4,2
Leistung	PSe	630	800	1000	1250	1600	2000
Hauptlager .... $d \times l$	mm	280×280	320×320	360×360	400×400	450×450	500× 500
Kurbellager .... $d \times l$	mm	180×160	200×180	225×200	250×225	280×250	315× 280
Kreuzkopflager .... $d \times l$	mm	140×140	160×160	180×180	200×200	225×225	250× 250
Gleitschuh { oben .... $b \times l$	mm	280×375	315×425	355×475	400×530	450×600	500× 670
Gleitschuh { unten ...... $b \times l$	mm	280×560	315×630	355×710	400×800	450×900	500×1000
Schubstangenlänge	mm	1250	1400	1600	1800	2000	2240
Schubstangenverhältnis	λ	5,0	5,0	5,07	5,07	5,0	4,97
Abstand von Mitte Lager bis							
Mitte Gleitbahnbohrung ... a	mm	400	450	500	560	630	710
Flansch .... b	mm	2400	2700	3000	3350	3750	4000
Bauhöhe c	mm	450	500	560	630	670	710
Schraubenkreisdurchmesser .. d_s	mm	600	670	750	850	950	1060
Flanschdurchmesser .... e	mm	670	750	850	950	1060	1180
Mitte Gleitbahnbohrung bis							
Mitte Lager .... f	mm	1250	1400	1600	1800	2000	2240
Abstand von Mitte Führung							
nach innen .... g_1	mm	615	690	775	875	925	975
nach außen .... g_2	mm	450	475	500	525	550	630
Ganze Länge .... h	mm	3100	3500	3900	4350	4850	5300

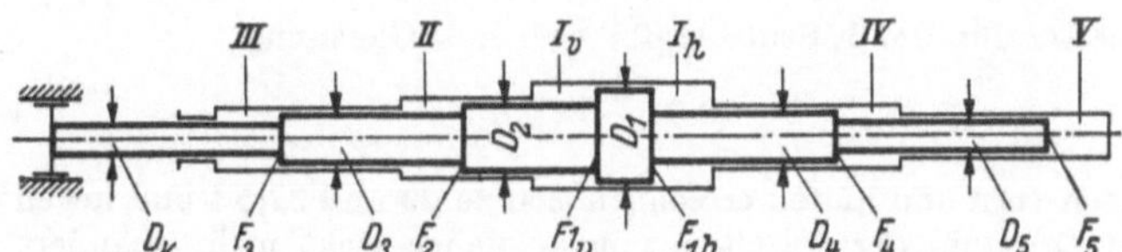

Abb. 26. Stufenschema eines fünfstufigen Verdichters

bei N_{is} den Einfluß des Wasserdampfes zu berücksichtigen.

$$N_e = \frac{391}{0{,}65} = 602 \text{ kW}$$

Mit Rücksicht auf den Wirkungsgrad des Getriebes, eine eventuell erhöhte Ansaugmenge des Verdichters und dadurch benötigte größere Antriebsleistung empfiehlt es sich, den Elektromotor um etwa 10 % stärker, also für 660 kW = 900 PS vorzusehen.

Tabelle 5. *Berechnung eines*

St	Stufendrücke		Zylinderdrücke		t_a	ζ	$Va = \dfrac{V_N \cdot p_N \cdot Ta \cdot \zeta\,p\,s}{60\,(p_S - P_D)\,T_N}\ \mathrm{m^3/min}$
	$\dfrac{p_s}{p_d}$ at	ψ	$\dfrac{p'_s}{p'_d}$ at	ψ'	°C	bei p_s	
I_v —— I_h	$\dfrac{1,0}{3,55}$	3,55	$\dfrac{0,95}{3,7}$	3,9	15	1,0	$\dfrac{2200 \cdot 760 \cdot 288 \cdot 1,0}{60 \cdot (735,6 - 0,5 \cdot 13) \cdot 273} = 40,0$
II	$\dfrac{3,55}{12,0}$	3,38	$\dfrac{3,4}{12,25}$	3,6	25	1,0	$\dfrac{2200 \cdot 1,033 \cdot 298 \cdot 1,0}{60 \cdot 3,4 \cdot 273} = 12,17$
III	$\dfrac{12,0}{40,75}$	3,4	$\dfrac{11,8}{41,3}$	3,5	25	1,01	$\dfrac{2200 \cdot 1,033 \cdot 298 \cdot 1,01}{60 \cdot 11,8 \cdot 273} = 3,54$
IV	$\dfrac{40,75}{117,8}$	2,9	$\dfrac{40,2}{120,6}$	3,0	25	1,03	$\dfrac{2200 \cdot 1,033 \cdot 298 \cdot 1,03}{60 \cdot 40,2 \cdot 273} = 1,07$
V	$\dfrac{117,8}{326}$	2,77	$\dfrac{115}{332}$	2,89	25	1,07	$\dfrac{2200 \cdot 1,033 \cdot 298 \cdot 1,07}{60 \cdot 115 \cdot 273} = 0,385$
Kolbenstange							

Auf Tab. 5 sind nun für alle Stufen jene Werte eingetragen, die angenommen bzw. errechnet werden müssen, um die Hauptabmessungen der Maschine ermitteln zu können. Auf Grund des mittleren Druckverhältnisses wurden die Druckverhältnisse in den einzelnen Stufen ohne und mit den durch die Strömungsverluste bedingten Druckverlusten angenommen. Da infolge der Stufenanordnung die wirksame Kolbenfläche für die 1. Stufe hinten wesentlich größer als für die 1. Stufe vorn ist, muß bei für alle Stufen gleichbleibendem Druckverhältnis die Stangenkraft nach hinten wesentlich größer als nach vorn sein. Um die Stangenkraft etwas besser auszugleichen, wurden daher die Druckverhältnisse für die 2. und 3. Stufe größer als für die 4. und 5. Stufe angenommen.

Die Ansaugtemperatur der höheren Stufen wurde einheitlich mit 10° über Kühlwassereintrittstemperatur angenommen. Für den schädlichen Raum ε und für den Aufheizungsfaktor λ/η_v sowie für die durch die Strömungsverluste bedingten Druckverluste wurden Erfahrungswerte eingesetzt.

Der Hub der Maschine wurde mit 600 mm und die Drehzahl mit 167 U/min festgelegt. Nach den errechneten Stangenkräften kann für die Maschine die für einen max. Hub von 630 mm zulässige Gleitbahn nach Abb. 25 und Tab. 4 mit einem Gestängedruck von 40 t verwendet werden. Für die einzelnen Arbeitsstufen ergeben sich die wirksamen Kolbenflächen F_n in cm² mit V_{hn} in m³/min aus der Gleichung

$$F_n = \frac{V_{hn} \cdot 10\,000}{s\,n}$$

Der Zylinderdurchmesser für die 1. Stufe ergibt sich aus Gleichung

$$2\,D_\mathrm{i}^2 \frac{\pi}{4} = \Sigma F_n$$

Die Kolbendrücke nach vorn und hinten errechnen sich zu 29 und 37,5 t und liegen damit unter dem zulässigen Wert. Hub und Drehzahl der Maschine müssen daher nicht mehr geändert werden.

Durch eine Strömungsdruckregelung an der (größeren) hinteren 1. Stufe soll die Fördermenge des Verdichters stufenlos auf etwa 70 % verringert werden. Die Gestängedrücke nach vorn und hinten verringern sich dabei von 29/37,5 t auf 20,5/30 t. Würde man die (kleinere) vordere 1. Stufe durch Anheben der Saugventile auf Leerlauf schalten, wodurch die Fördermenge auch auf etwa 70 % verringert wird, würden sich die Gestängedrücke von 29/37,5 t auf 17,8/30 t verändern.

Wird eine Maschine, deren Hauptabmessungen, wie vorbeschrieben, ermittelt worden waren, ausgeführt, so müssen zunächst die Zylinder aller Verdichtungsstufen entworfen und ihre schädlichen Räume nachgerechnet werden. Weichen diese von den ursprünglich angenommenen Werten wesentlich ab, so sind die Hauptabmessungen entsprechend zu ändern.

5 stufigen Kolbenverdichters

η_v (m=1,2)	$\dfrac{\lambda}{\eta_v}$	λ	V_h m³/min	$F_{erf.}$ cm²	D mm	$F_{vorh.}$ cm²	Stangenkraft	
							nach vorn t_0	nach hinten t_0
7,5	0,82	0,94	0,77	52,0	5200	$\dfrac{700}{525}$	1610	+ 5.95	− 1,53
						$\dfrac{700}{160}$	3658	− 3,48	+13,55
9	0,825	0,94	0,775	15,7	1570	525	1570	+19,2	− 5,23
10	0,81	0,93	0,753	4,7	470	275	463	+19,2	− 5,47
12,5	0,81	0,92	0,745	1,44	144	160	148	− 5.95	+17,8
15	0,78	0,92	0,717	0,537	53,7	83	54,2	− 5,97	+18,0
						130	133		
								29	37,5

5 Steuerung, Ventile

Die Abschlußorgane der Kolbenverdichter, welche den Ein- und Austritt des Fördermittels im Zylinder steuern, sind zumeist keine zwangläufig bewegten Schieber oder Ventile wie im Dampfmaschinen- oder Verbrennungsmotorenbau, sondern selbsttätige Ventile ähnlich Abb. 27 mit ebenen, oft auch als Ringe oder rechteckige Streifen ausgeführten 2 bis 3 mm starken abdichtenden Platten. Letztere öffnen und schließen fast ausschließlich durch den Druckunterschied im Fördermittel auf beiden Seiten des Ventils, also zwischen dem sich periodisch ändernden Druck im Hubraum einerseits und dem annähernd gleichbleibenden Druck im Saug- bzw. Druckraum des Zylinders andererseits. Durch den mit dem Ventilsitz a zumeist verschraubten Hubfänger b wird der Ventilhub begrenzt. Damit die Ventilplatten c rechtzeitig schließen, sind an den Ventilen außerdem noch Federn e vorgesehen, welche die Ventil-

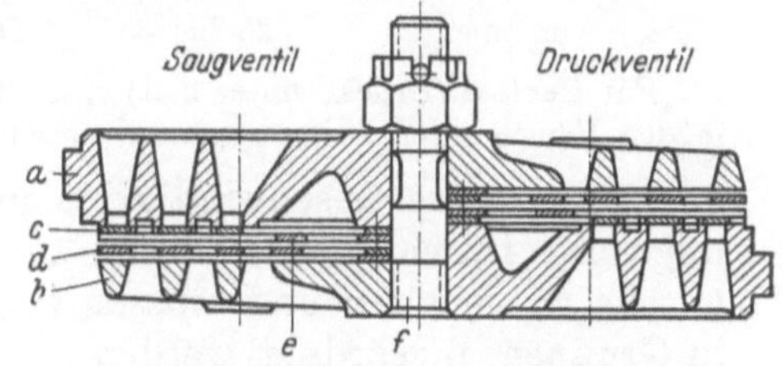

Abb. 27. Ringplattenventil

a Ventilsitz	d Dämpferplatte
b Hubfänger	e Ventilfeder
c Ventilplatte	f Mittelschraube

platten zusätzlich belasten und den Strömungswiderstand des Ventils erhöhen. Diese zusätzliche Belastung durch die Federn ist daher so klein zu wählen, wie es mit Rücksicht auf einen ruhigen und sicheren Betrieb noch zulässig ist.

5.1 Ventilanordnung

Die Ventile werden zumeist im Zylindermantel (Abb. 17), bei Verdichtern mit Tauchkolben im Zylinderdeckel (Abb. 96) angeordnet, und zwar derart, daß sie durch besondere mit Deckeln verschlossene Öffnungen leicht ein- und ausgebaut werden können. Bei größeren Fördermengen müssen mehrere Ventile einzeln oder in Gruppen angeordnet werden. Druckschrauben im Ventildeckel oder Druckfedern pressen die Ventile entweder unmittelbar oder über sog. Ventilkörbe auf ihren Sitz. Bei schnellaufenden Verdichtern, bei denen sich ausreichende Ventilquerschnitte im Zylinder schwer unterbringen lassen, werden die Saugventile bisweilen auch im Kolben (Gleichstrombauart) eingebaut (Abb. 105).

5.2 Ventilberechnung

Im Gegensatz zu den Kolbenpumpen, welche nicht verdichtbare Flüssigkeiten fördern und bei denen die Ventile angenähert nach dem Kontinuitätsprinzip abhängig von der Kolbenbewegung öffnen und schließen, bewegt sich die Ventilplatte im Kolbenverdichter völlig unkontrolliert. Durch den Druckunterschied wird die Ventilplatte aufgestoßen und unterliegt hierbei Einflüssen, wie Reibung, Massenkraft, Klebewirkung des Schmieröls usw., die verhindern, diese Bewegung auch nur annähernd vorauszuberechnen. Nur eingehende Versuche[1] können Aufschluß über die tatsächlichen Bewegungsverhältnisse der Ventilplatte geben. Die Ventile lassen sich daher nur nach bewährten Ausführungen und Verhältniswerten berechnen.

An den mechanisch sehr hoch beanspruchten Ventilen sind durch große Öffnungsquerschnitte und geeignete Formgebung die Drosselverluste so gering als möglich zu halten. Die freie Durchgangsfläche f_s im Ventilspalt in cm² wird zumeist aus der Gleichung

$$f_s = F \frac{c_m}{c_s} \tag{76}$$

berechnet mit F [cm²] als wirksame Kolbenfläche $c_m = s\,n/30$ [m/s] als mittlere Kolbengeschwindigkeit und c_s [m/s] als mittlere Geschwindigkeit im Ventilspalt. c_s sollte für Verdichter von Luft und ähnlich schweren Gasen nicht über 35 m/s gewählt werden, damit die Haltbarkeit der Ventile nicht zu gering und die Strömungsverluste und der Leistungsaufwand nicht zu groß werden. Für schwerere Gase ist c_s natürlich niedriger, für leichtere Gase entsprechend höher zu wählen. Für höhere Drücke müssen diese Werte den höheren Dichten gemäß erniedrigt werden, wobei die nachfolgenden Werte als Anhalt dienen können:

Bei Drücken bis	10 at	30 at	100 at	500 at	> 500 at
c_s in m/s	25 bis 35	20 bis 25	15 bis 20	12 bis 15	< 12

Für Gebläse (Drücke unter 2 at) c_s < 20 m/s; bei diesen Maschinen beeinflussen die Strömungsverluste in den Ventilen den Leistungsbedarf wesentlich stärker als bei Verdichtern für höhere Drücke.

Die mittlere Geschwindigkeit im Ventilsitz soll kleiner als im Spalt sein. Um genügenden Durchflußquerschnitt zu erhalten, hat jedes Ventil zumeist mehrere konzentrische Ringspalten und müssen bei größerer Fördermenge mehrere Ventile einzeln oder in Gruppen angeordnet werden.

Die Ausführung der zumeist von Spezialfirmen[2] entwickelten Ventilbauarten unterscheiden sich in der Form der Ventilplatten und deren Herstellung, in der Art der Federbelastung und wie die Ventilplatten bei ihrer Bewegung geführt werden. Bei Borsig werden z. B. die Ventilplatten durchwegs in einzelne Ringe unterteilt, die durch einige schmale Rippen im Hubfänger geführt werden. Die Ventilplatte kann im Betrieb auf ihrem Sitz leicht wandern, was als vorteilhaft angesehen wird. Hörbiger verwendet dagegen bei seinen Ventilen zumeist durch Lenkerarme reibungslos geführte etwa 2 bis 3 mm starke Ventilplatten (Abb. 28) aus einem Stück. Diese werden zwischen Ventilsitz und Hubfänger auf der Spindel festgeklemmt und federn in den auf etwa 1 mm aus der Ventilplatte herausgeschliffenen bogenförmigen Stegen. Dadurch wird der Ringrostteil der Ventilplatte, der den Ein- und Austritt des Fördermittels steuert, im Gegensatz zu anderen Bauarten völlig reibungslos durch die federnden Stege geführt. Eine

---

[1] MÜLLER, H.: Untersuchung von Kompressorventilen. Diss. Braunschweig 1958 [10] — Ermittlung des Ventilwiderstandes und Aufnahme von Huboszillogrammen von Verdichterventilen, Konstruktion 11 (1959) H. 10 [11].

[2] Borsig, Berlin-Tegel; Dienes, Köln; Hörbiger, Wien; Ibach, Remscheid.

besondere Polsterplatte, die vom eigentlichen Hubfänger rd. 0,5 mm entfernt ist, dämpft im Zusammenhang mit den Ventilfedern wirksam das Geräusch des Ventilspiels, was diese Ventilbauart für Maschinen mit großen Drehzahlen besonders geeignet macht.

Die sehr stark von Drehzahl und Druck abhängige Federbelastung der Saugventilplatten liegt bei geschlossenem Ventil gewöhnlich zwischen 0,02 und 0,12 kp/cm², wobei die geringeren Belastungen für niedere Drehzahlen und geringe Drücke gelten. Die Platten der Druckventile sind zumeist um 50 bis 100% höher als die der Saugventile belastet.

Um Federbrüche möglichst zu vermeiden, empfiehlt es sich, keine größeren Beanspruchungen als 1800 kp/cm² einschließlich der durch die Krümmung und Steigung der Feder bedingten zusätzlichen Beanspruchung auf Biegung und Schub zuzulassen.

Für eine zylindrische Schraubenfeder mit kreisförmigem Querschnitt errechnet sich die Federspannung aus der Gleichung

$$\tau = a\,\frac{16\,P \cdot 4}{\pi\,d^3} \tag{77}$$

und die Federung bzw. Zusammendrückung f der Feder aus der Gleichung

$$f = \frac{64\,i\,r^3\,P}{d^4\,G} \tag{78}$$

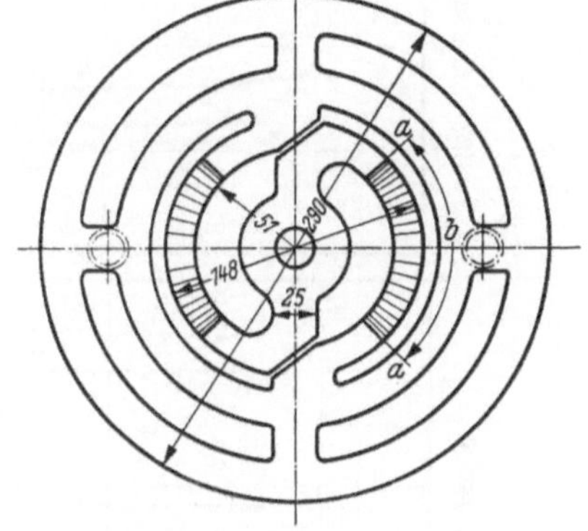

Abb. 28. Ventilplatte von Hoerbiger

In diesen Gleichungen bedeuten:
P [kp]   Federkraft,
d [cm]   Drahtdurchmesser,
r [cm]   mittlerer Windungsradius,
f [cm]   Zusammendrückung unter der Federkraft P,
i Zahl der federnden Windungen,
$G = 830000$ [kp/cm²] Schubmodul oder Gleitmaß,
τ [kp/cm²] größte an der Innenfaser der Feder auftretende Beanspruchung,
a Beiwert, welcher die gekrümmte Stabachse und die Spannungserhöhung der durch die Querkraft $P/2$ erzeugten zusätzlichen Schubspannung sowie der infolge der Steigung auftretenden zusätzlichen Beanspruchung auf Biegung berücksichtigt.

Nach GÖHNER[1] gilt für den Beiwert a folgende, besonders bei sehr dichter Wicklung genaue Näherungsgleichung:

$$a = 1 + \frac{5}{4}\left(\frac{d}{2r}\right) + \frac{7}{8}\left(\frac{d}{2r}\right)^2 + \left(\frac{d}{2r}\right)^3 \tag{79}$$

Damit ergeben sich für a Werte, wie sie aus Abb. 29 ersichtlich sind.

Hierbei ist für die Feder ein Steigungswinkel α bis auf 12° (der nur sehr selten überschritten wird) sowie für $m = 10/3 \left(\text{POISSONsche Zahl} = \dfrac{\text{Längsdehnung}}{\text{Querkürzung}}\right)$ angenommen.

Zylindrische Schraubenfedern mit rechteckigem Querschnitt können nach LIESECKE[2] berechnet werden.

Ferner ist noch darauf zu achten, daß im zusammengedrückten Zustand die einzelnen Gänge der Federn sich nicht berühren und die Eigenschwingzahl der Feder der Umdrehungszahl der Maschine oder einer Vielfachen davon nicht zu nahe kommt.

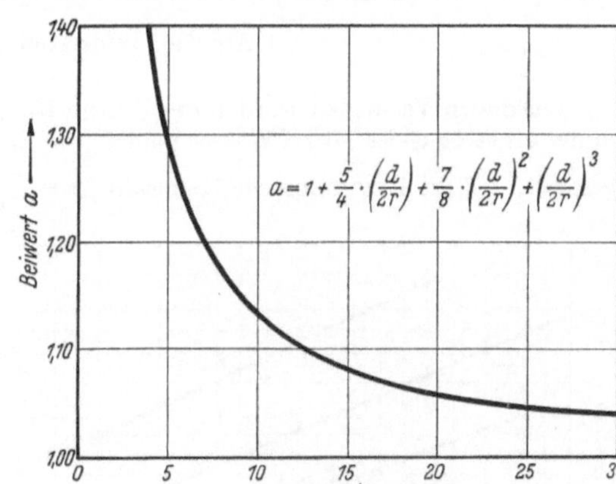

Abb. 29
Beiwert zur Federberechnung nach GÖHNER

Bei einer Feder mit Kreisquerschnitt errechnet sich die Eigenschwingzahl Z aus der Gleichung

$$Z = 4530\,\frac{m\,d}{i\,r^2} \quad [\text{s}^{-1}] \tag{80}$$

r, i und d haben dieselbe Bedeutung wie in Gl. (77) bis (78). m ist die Ordnungszahl der Schwingung, und zwar 1, 3, 5 usw. bei einseitig eingespannter Feder, 2, 4, 6 usw. bei beiderseits eingespannter Feder.

---

[1] Z. VDI (1932) S. 269/272 [12].
[2] Z. VDI (1933) S. 425 und Berichtigung S. 892 [13].

Man erkennt deutlich aus dem Aufbau der Gleichung, daß kleine Zylinderfedern für hohe Drehzahlen wesentlich besser geeignet sind als große Ringfedern mit großem Windungsdurchmesser.

Der beim Strömen des Fördermittels durch das Ventil auftretende Druckverlust $\Delta p = \zeta\, \varrho\, c_s^2/2$ kann nur auf Grund von Erfahrungswerten vorausberechnet werden. Einen kleinen Anhalt über die Größe der Widerstandszahl ζ geben Versuche an vier Ringplattenventilen, deren Ergebnisse in Abb. 30 wiedergegeben sind.[1]

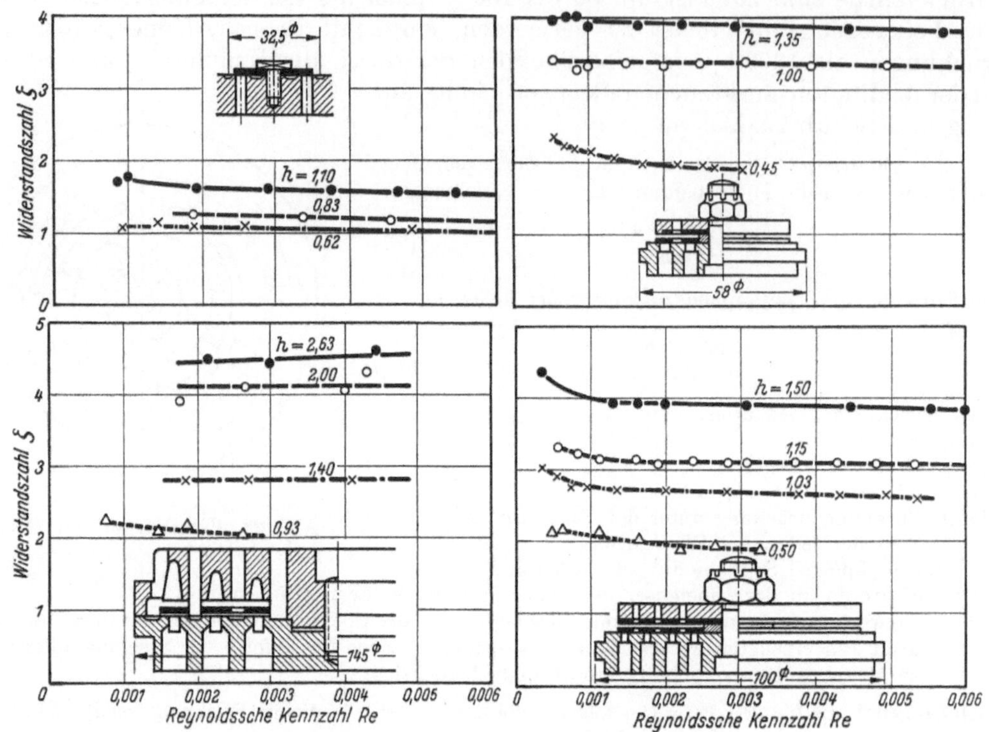

Abb. 30. Widerstandszahl ζ von Plattenventilen

Bei diesen Versuchen wurden die Ventile als Strömungswiderstand in eine Versuchsstrecke eingebaut, in der als strömendes Mittel Wasser umlief. Die leicht meßbaren umlaufenden Wassermengen wurden so eingeregelt, daß die REYNOLDSsche Kennzahl $Re = \dfrac{c_s\, r'}{\nu}$ im gleichen Bereich lag wie bei den Betriebsverhältnissen im Verdichter. Dabei sind $c_s = Q : f_s$ die mittlere Strömungsgeschwindigkeit im engsten Ventilquerschnitt f_s, $r' = f_s : U$ der hydraulische Radius, U der Umfang und ν die kinematische Zähigkeit des strömenden Mittels.

Aus den Versuchsergebnissen ist zu erkennen, daß die Widerstandszahl ζ wenigstens im Bereich größerer REYNOLDSscher Kennzahlen, der auch bei den normalen Betriebsverhältnissen stets vorliegt, von Re fast unabhängig ist. Der Druckverlust Δp ist daher dem Quadrat der Geschwindigkeit praktisch verhältnisgleich. Weiter ist aus Abb. 30, in welcher die verschiedenen Ventilhübe als Parameter eingetragen wurden, zu erkennen, daß die Widerstandszahl ζ mit wachsendem Ventilhub zunimmt. Danach ist es vorteilhafter, einen erforderlichen Ventilquerschnitt bei möglichst geringem Hub durch ein entsprechend großes Ventil oder

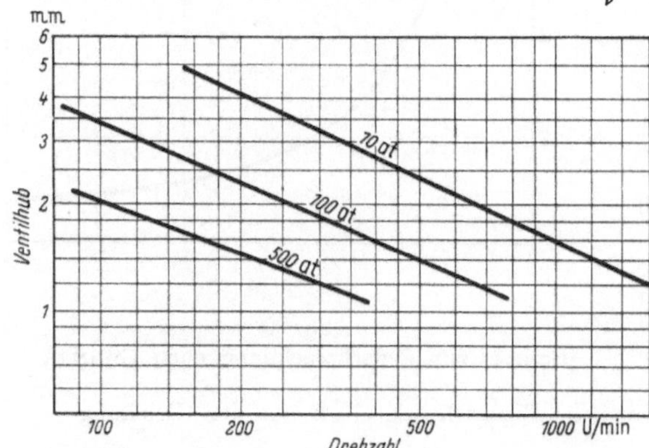

Abb. 31. Zulässige Höhe von Plattenventilen

mehrere kleine Ventile zu erreichen. Auch bestätigen die Versuche, daß die Widerstandszahl ζ beim Einringventil, also bei der einfachsten Form des Ventils, am geringsten ist. Bei Mehrspaltventilen erhöhen die ver-

---

[1] FUCHS, R., E. HOFFMAMN u. F. SCHILLER: Z. ges. Kälteind. 48 (1941) S. 5—8 [*14*].

schiedenen gegenseitigen Strömungswege den Strömungswiderstand, wobei allerdings die Zahl der Spalte keinen wesentlichen Einfluß zu haben scheint.

Wenn die im Beharrungszustand durchgeführten Versuche von den tatsächlichen Verhältnissen im Verdichterzylinder auch wesentlich abweichen, so geben sie aber doch einen Anhalt, um die im Betrieb zu erwartenden Strömungsverluste einigermaßen richtig einzuschätzen.

Der Hub der Ventilplatte ist vor allem von der Drehzahl des Verdichters, aber auch vom Druck, unter dem die Ventile arbeiten, abhängig. Größere Hübe als 4 mm werden kaum ausgeführt. Abb. 31, die auf den Erfahrungswerten einiger bewährter Ventilkonstruktionen aufgebaut ist, läßt diese Abhängigkeit für minutliche Drehzahlen zwischen 100 und 1500 Umdrehungen und Drücke bis 500 at erkennen.

5.3 Konstruktives

Die Ventilsitze für Druckdifferenzen bis 15 at werden zumeist aus einem Grauguß von besonders dichtem Gefüge hergestellt. Für größere Druckdifferenzen sind die Ventilsitze auch aus sphärolitischem Gußeisen, in der Hauptsache jedoch aus unlegiertem Kohlenstoffstahl geschmiedet, wobei die erforderlichen Durchtrittsquerschnitte gefräst oder gebohrt werden müssen. Von manchen Herstellern werden die Ventilsitze (auch schon für niedere Drücke) aus geschmiedeten Platten oder aus entsprechendem Stahlblech herausgebrannt.

Die Hubfänger sind bei niederen Drücken aus Gußeisen, bei höheren Drücken aus Stahl. Bei Verdichtern, die stark verunreinigte Gase fördern, bevorzugt man Ventile mit großen Ringfedern. Dabei ist man oft aus Festigkeitsgründen gezwungen, auch bei niederen Drücken die Hubfänger aus Stahl herzustellen.

Für die Ventilplatten, deren Massen vor allem bei hohen Drehzahlen gering sein sollen, haben sich besonders zähe und gegen Schlagwirkung widerstandsfähige Kohlenstoffvergütungsstähle mit rd. 0,75 % Kohlenstoff bewährt, welche mit Chrom, Nickel oder Vanadium schwach legiert sind. Höher legierte Stähle mit relativ geringem Kohlenstoffgehalt haben sich für hoch beanspruchte Ventilplatten nicht bewährt. Besonders wichtig ist ein schlackenfreies absolut gleichmäßiges Gefüge. Die gegossenen Blöcke müssen daher vor der Verschmiedung sauber geschält werden. Die fertigen Ventilplatten müssen eine zentrisch fein geschliffene Oberfläche aufweisen. Wegen der Kerbwirkung ist ein Schliff quer zur Ventilplatte unbedingt zu vermeiden.

Ein Ventilring von etwa 200 mm mittlerem Durchmesser wird beispielsweise durch einen Flüssigkeitstropfen, der eine örtliche Durchbiegung von nur 0,1 mm verursacht, mit rd. 2000 kp/cm² auf Biegung beansprucht.

Die Belastungsfedern der Ventilplatten werden aus bestem Federstahl hergestellt. Zumeist werden sie in mehrere kleine zylindrische Schraubenfedern aufgelöst; vielfach ist das Federorgan ein mehrmals eingeschnittener Ring mit aus diesem herausgebogenen federnden Zungen. Bei hohen Drücken und stark verunreinigten Gasen werden sie als große Ringfedern mit rechteckigem oder Kreisquerschnitt ausgeführt.[1] Diese haben jedoch den Nachteil, daß die einzelne Ventilplatte am Umfang je nach der Zahl der federnden Windungen bis zu 30 % unterschiedlich belastet wird und dadurch dazu neigt, nicht parallel zur Sitzfläche zu öffnen und zu schließen.

Mit Rücksicht auf nicht zu große schädliche Räume können die Hubfänger nicht sehr hoch gemacht werden. Dadurch sind Belastungsfedern mit mehr als zwei bis drei federnden Windungen nicht möglich. Je geringer die Windungszahl, um so größer ist aber die ungleiche Belastung am Umfang. Weniger als zwei federnde Windungen sind zu vermeiden, weil sonst der Belastungsunterschied zu groß wird.

Die von Spezialfirmen (Anm. 2 auf S. 52) für die unterschiedlichsten Betriebsbedingungen (Drücke, Drehzahlen usw.) entwickelten Ventile sind nach Bauarten und Baugrößen genormt. Aus den auf Wunsch übersandten Katalogen können für die verschiedensten Betriebsverhältnisse passende Ventile ausgesucht werden.

---

[1] Kleine zylindrische Schraubenfedern mit Drahtstärken von zumeist nur 0,9 bis 1,3 mm Durchmesser sind durch abgeschiedene Rückstände aus dem Gas in ihrer Federwirkung beeinträchtigt und durch Korrosion sehr gefährdet.

6 Regelung der Liefermenge

Viele Verdichteranlagen arbeiten mit unregelmäßiger Entnahme; ihre Lieferungen müssen daher der jeweiligen Entnahme angepaßt werden. Die hauptsächlichsten hierfür in Frage kommenden Regelungsarten sind:

> Verstellen der Drehzahl,
> Stillsetzen,
> bei gleichbleibender Drehzahl,
> > 1. Leerlauf- oder Aussetzregelung,
> > 2. Regelung in Stufen,
> > 3. Stufenlose Regelung.

6.1 Regelung durch Verstellen der Drehzahl

Am einfachsten wird die Fördermenge des Verdichters an den Verbrauch dadurch angepaßt, daß die Drehzahl verstellt wird, wie es vorwiegend bei Antrieb durch Brennkraft- und Dampfmaschinen geschieht. Bei Kolbendampfmaschinen wird die Drehzahl bis auf etwa 30% der Nenndrehzahl, in besonderen Fällen auch noch weiter vermindert. Wenn durch Gasmaschinen angetrieben wird, ist es wegen schlechter Gemischbildung nicht üblich, unter 50% der Nenndrehzahl herunterzuregeln. Je mehr die Drehzahl herabgesetzt wird, desto schwerer muß das Schwungrad sein. Auch muß dem Regler und dessen Ungleichförmigkeitsgrad besondere Beachtung geschenkt werden, wenn sehr weit herabgeregelt wird.

Die Umlaufzahl der Antriebsmaschine kann von Hand oder automatisch verstellt werden. Die Einstellung von Hand ist deshalb möglich, weil der Verdichter zusammen mit der Antriebsmaschine sich in gewissen Grenzen selbst regelt.

Mit der von Hand eingestellten Füllung der Dampfmaschine oder der Brennstoffmenge der Brennkraftmaschine erzeugt der Verdichter bei irgendeiner Drehzahl einen bestimmten Enddruck. Wird nun mehr Luft gebraucht, wobei der Enddruck etwas sinkt, läuft die Maschine wegen des etwas größeren Arbeitsvermögens im Zylinder der Antriebsmaschine schneller. Die Maschine läuft dagegen langsamer, wenn weniger Luft gebraucht wird, wodurch der Luftdruck etwas steigt.

6.2 Regelung durch Stillsetzen

Bei elektrisch angetriebenen Verdichtern ist die Drehzahländerung durch Regelmotoren zumeist zu teuer. Daher werden kleinere elektrisch angetriebene Verdichter für Preßluftanlagen hier und da dadurch geregelt, daß sie stillgesetzt werden. Um zu häufiges Stillsetzen (höchstens acht- bis zehnmal stündlich) zu vermeiden, sind große Windkessel anzuordnen. Die bekanntesten Regeleinrichtungen[1], bei denen gleichzeitig auch das Kühlwasser an- und abgestellt wird und der Verdichter unbelastet anfährt, arbeiten elektropneumatisch.

6.3 Regelung bei gleichbleibender Drehzahl

6.3.1 Leerlauf- oder Aussetzregelung

Bei dieser an kleinen und mittleren Verdichteranlagen am häufigsten anzutreffenden Regelungsart werden, sobald der Druck den eingestellten höchsten Wert überschreitet, die Verdichter auf Leerlauf geschaltet, indem die Saugventilplatten mittels Greifer angehoben werden. Die Greifersteuerung wird dabei durch einen Druckregler betätigt, welcher bei einem bestimmten Höchstdruck im Windkessel Druckluft hinter die Greiferkolben leitet und die Saugventile am Schließen hindert. Sinkt der Windkesseldruck auf einen um etwa 10% niedrigeren Druck, wird die Druckluft hinter dem Greiferkolben ins Freie abgeleitet und arbeiten die Saugventile wieder normal.

---

[1] Hundt & Weber GmbH, Geisweid, Kr. Siegen.

Der Druckregler ist feder- oder gewichtsbelastet und muß zuverlässig unter Vermeidung von Zwischenstellungen schalten. Gegenüber der Federbelastung des Reglerkolbens hat die Gewichtsbelastung den Vorteil, daß der Hub des Reglerkolbens groß gemacht werden kann, ohne daß sich seine Belastung ändert. Abb. 32 zeigt eine Regelung mit gewichtsbelasteten Druckreglern mit Stufenkolben (Borsig).

Der Druckregler besteht aus dem Kolben b mit einer Differenzfläche von rd. 10%, dem Reglergehäuse m und den Reglergewichten r, mit denen jeder gewünschte Druck zwischen 2 und 10 at, je nach der Zahl der aufgelegten Gewichtsplatten, eingestellt werden kann. Der untere Teil des Reglers ist durch ein entsprechend großes Rohr a ($\frac{1}{2}''$ bis $1''$ l. Durchmesser je nach der Länge der Leitung) mit dem Windkessel verbunden. Wird der eingestellte Druck überschritten, so hebt die Druckluft den Reglerkolben b in die Höhe; durch den Kanal c

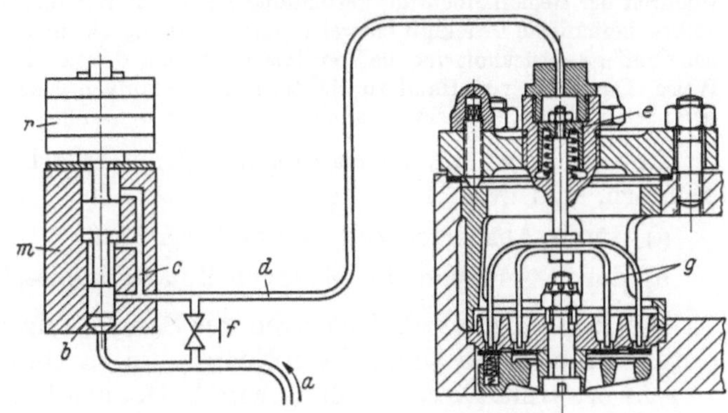

Abb. 32. Leerlaufregelung mit Gewichtsdruckregler (Borsig).

a Luftleitung vom Windkanal
b Reglerkolben
c Luftkanal
d Luftleitung zum Greiferkolben
e Greiferkolben
f Umlaufventil
g Greifer
m Reglergehäuse
r Reglergewichte

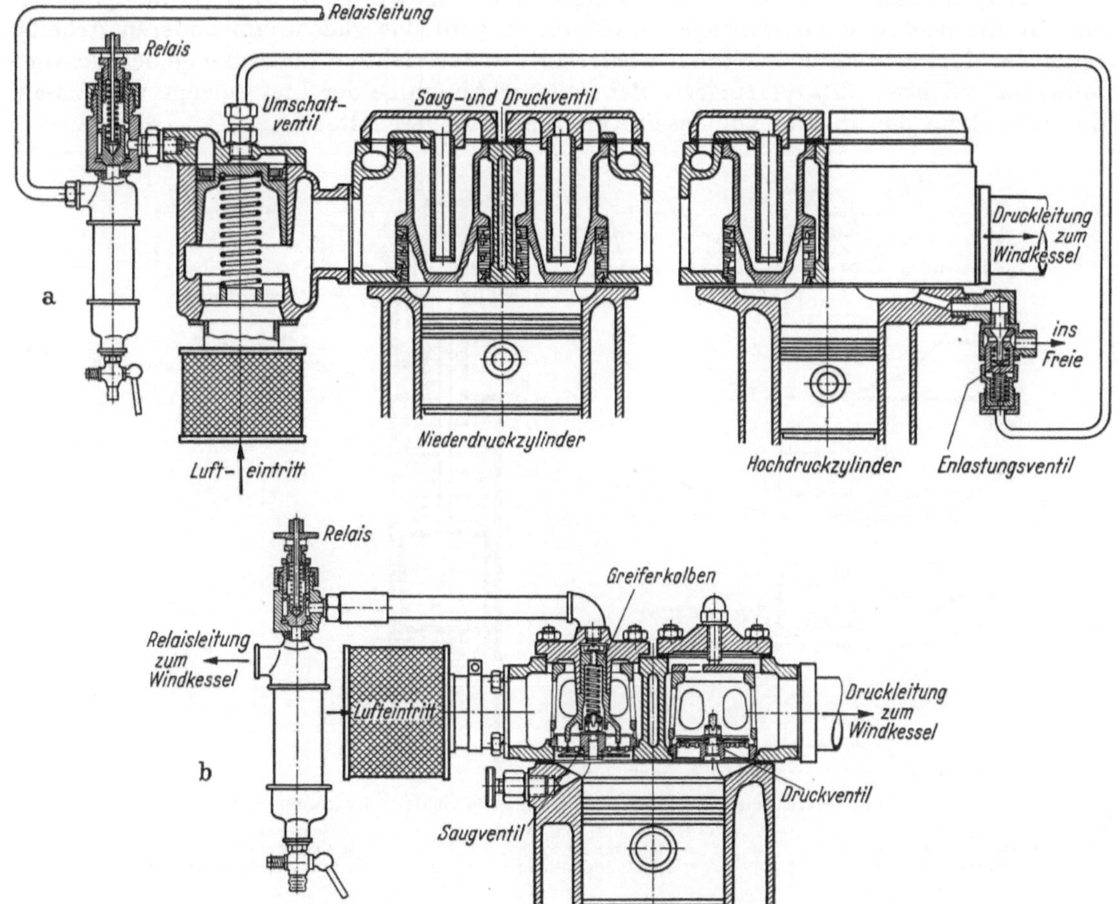

Abb. 33. Leerlaufregelung mit Federdruckregler (FMA)

a) Absperren der Saugleitung   b) Anheben der Saugventilplatten

strömt die Druckluft unter die Differenzfläche und durch die Leitung d nach den Greiferkolben e und hält mittels der Greifer g die Saugventile offen. Die angesaugte Luft kann nun beim Druckhub des Kolbens durch die Saugventile wieder ausgeschoben werden; der Verdichter läuft also leer. Sinkt der Windkesseldruck durch Luftentnahme, so drücken die Reglergewichte r den Reglerkolben b in die Anfangsstellung wodurch der Reglerkolben die Verbindung nach dem Windkessel wieder abschließt. Die hinter dem Greiferkolben befindliche Druckluft entweicht gleichzeitig durch einen besonderen Kanal ins Freie, so daß die Feder den Greifer g zurückholt und die Ventilplatte freigibt; der Verdichter fördert jetzt wieder Druckluft in üblicher Weise. Durch ein von Hand zu betätigendes Umlaufventil kann Druckluft unmittelbar hinter die Greifer gelangen und der Verdichter dadurch unbelastet anfahren.

Abb. 33 zeigt die Leerlaufregelung mit federbelastetem Druckregler an FMA-Verdichtern, und zwar

    a) durch Absperren der Saugleitung und

    b) durch Anheben der Saugventilplatten mittels Greifer.

Bei Regelung durch Absperren der Saugleitung wird die Druckseite des Verdichters durch Öffnen eines Umlaufes entlastet, um zu verhindern, daß sich die Maschine nicht zu sehr erwärmt. Diese Regelung wird z. B. auch bei Verdichtern mit im Kolben angeordneten Saugventilen ausgeführt.

6.3.2 Regelung in Stufen

An größeren Luftverdichtern für die normale Preßluftversorgung wird vielfach in der Weise geregelt, daß zunächst zu einem Arbeitsraum ein größerer Raum zugeschaltet, der Liefergrad dadurch verkleinert und die Liefermenge auf etwa 75 % vermindert wird. Nimmt die benötigte Liefermenge weiter ab, so wird das gleiche am anderen Arbeitsraum der doppeltwirkenden Stufen wiederholt, so daß sich die Liefermenge der Gesamtmaschine auf etwa 50 % verringert. Bei weiterer Abnahme der Liefermenge wird zuerst die eine, dann die andere Kolbenseite auf Leerlauf geschaltet.

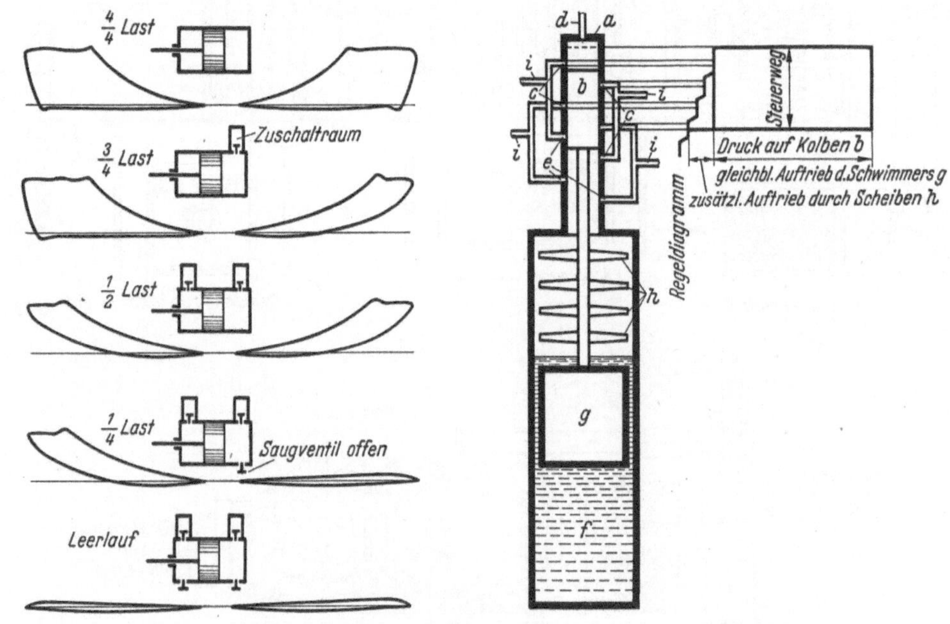

Abb. 34. Stufenweise Mengenregelung mit Stufenschwimmerregler

a Steuerzylinder	d Anschluß vom Windkessel	g Schwimmer
b Steuerkolben	e Abluftkanäle	h Stufenauftriebsscheiben
c Zuluftkanäle	f Quecksilberfüllung	i zur Regelung des Verdichters

Abb. 34 links zeigt die Niederdruckdiagramme einer solchen Regelung an einem zweikurbligen, zweistufigen Luftverdichter. Um die fünf Regelstellungen (Vollast, $\tfrac{3}{4}$-, $\tfrac{1}{2}$-, $\tfrac{1}{4}$-Last und Leerlauf) herbeizuführen, wurde ein Stufenschwimmerregler mit Quecksilberfüllung (Borsig), Abb. 34 rechts, verwendet, der trotz des Hochhubes nur eine geringe Gesamtdruckdifferenz benötigte, die einzelnen Regelstufen aber dennoch sprunghaft abgrenzte.

Der Auftrieb eines Hohlschwimmers g in der Quecksilberfüllung f bildet die Grundbelastung für den durch den Windkesseldruck über die Leitung d belasteten Steuerkolben h. Wird die Grundbelastung überschritten, so wird der Steuerkolben mit Schwimmer niedergedrückt und werden die einzelnen Auftriebsscheiben h nacheinander eingetaucht. Dabei werden die zu den einzelnen Regelstellen des Verdichters führenden Zuluftkanäle im Steuerzylinder a vom Steuerkolben freigegeben. Dadurch entsteht ein scharf abgegrenztes treppenförmiges Regeldiagramm.

6.3.3 Stufenlose Regelung

Die vorbeschriebene stufenweise Regelung ist durch die stufenlose Mengenregelung, welche die Liefermenge genau einzustellen ermöglicht, vielfach verdrängt worden. Die stufenlosen Regelungen arbeiten fast alle in der Weise, daß die Saugventile über einen größeren oder kleineren Teil des Druckhubes durch Greiferkolben periodisch offengehalten werden. Von einem zwangläufig angetriebenen Steuerapparat werden Impulse durch Drucköl (Dr. Proell), oder durch das von der Maschine selbst verdichtete Gas (Borsig) auf die Greiferkolben übertragen.

Abb. 35a zeigt schematisch die stufenlose Mengenregelung, bei welcher ein vom Kreuzkopf angetriebener Drehpendelschieber den Zufluß des Druckgases zu den Greiferkolben der Saugventile steuert. Die Zeitdauer für das Offenhalten der Saugventile während des Druckhubes und damit die Teillast des Verdichters wird dadurch geregelt, daß ein konzentrisch um den Drehschieber angeordneter Regulierschieber verdreht wird. Das Steuergas wird nach jedem Hub über ein Drosselventil in die Saugleitung abgeleitet.

Oft wird auf einen zwangläufig angetriebenen Steuerapparat verzichtet und das Gas über Rückschlagventile dem Arbeitsraum der Zylinder direkt entnommen. Eine derartige Mengenregelung zeigt Abb. 35b im Schema. Bei jedem Druckhub strömt über ein Rückschlagventil das Druckgas teilweise zu den Greiferkolben

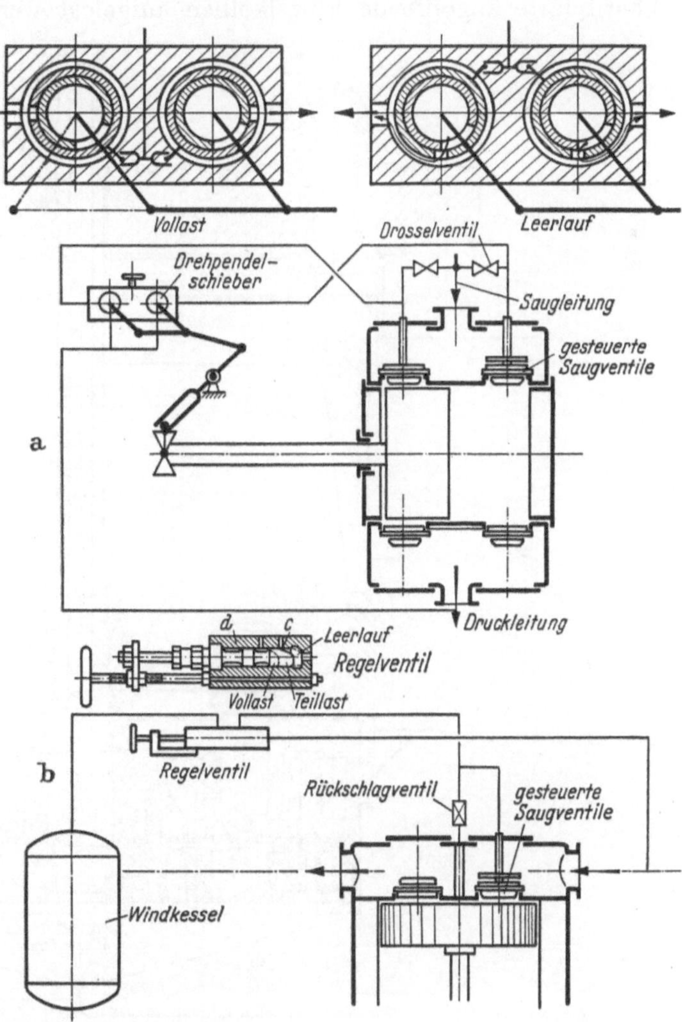

Abb. 35. Stufenlose pneumatische Mengenregelung (Borsig)
a) mit Steuerung durch Drehpendelschieber
b) mit Rückschlagventil

der Saugventile, teilweise über das Regelventil ins Freie bzw. in die Saugleitung. Je nach der Einstellung des Regelventils kann das Gas schneller oder langsamer entweichen. Der auf die Greiferkolben wirkende Druck ist auch zu Beginn des folgenden Druckhubes noch so hoch, daß die Saugventile eine kürzere oder längere Zeit offengehalten werden und damit die Fördermenge des Verdichters geregelt wird.

Der Reglerkolben wird von Hand oder auch selbsttätig vom Enddruck des Gases verstellt. Muß verhindert werden, daß der Ansaugedruck unter den Atmosphärendruck oder unter eine bestimmte Höhe sinkt, so kann das Regelventil auch selbsttätig in Abhängigkeit vom Ansaugedruck eingestellt werden.

Gegenüber der stufenlosen pneumatischen Mengenregelung mit Steuerung durch Drehpendelschieber ist die zuletzt beschriebene Mengenregelung mit Steuerung durch Rückschlagventil dadurch benachteiligt, daß bei Vollast ständig Druckgas (rd. 1%) über das Regelventil in die Saugleitung entweicht. Bei dieser Regelung ist dagegen vorteilhafter, daß ein mechanischer Antrieb für die Steuerung fehlt.

Die bei anderen Regelsystemen meist vorhandenen großen Greifer können bei der vorerwähnten pneumatischen Regelung sehr vorteilhaft in kleine unmittelbar an der Ventilplatte angreifende Einzelkolben aufgelöst werden (s. Abb. 36).

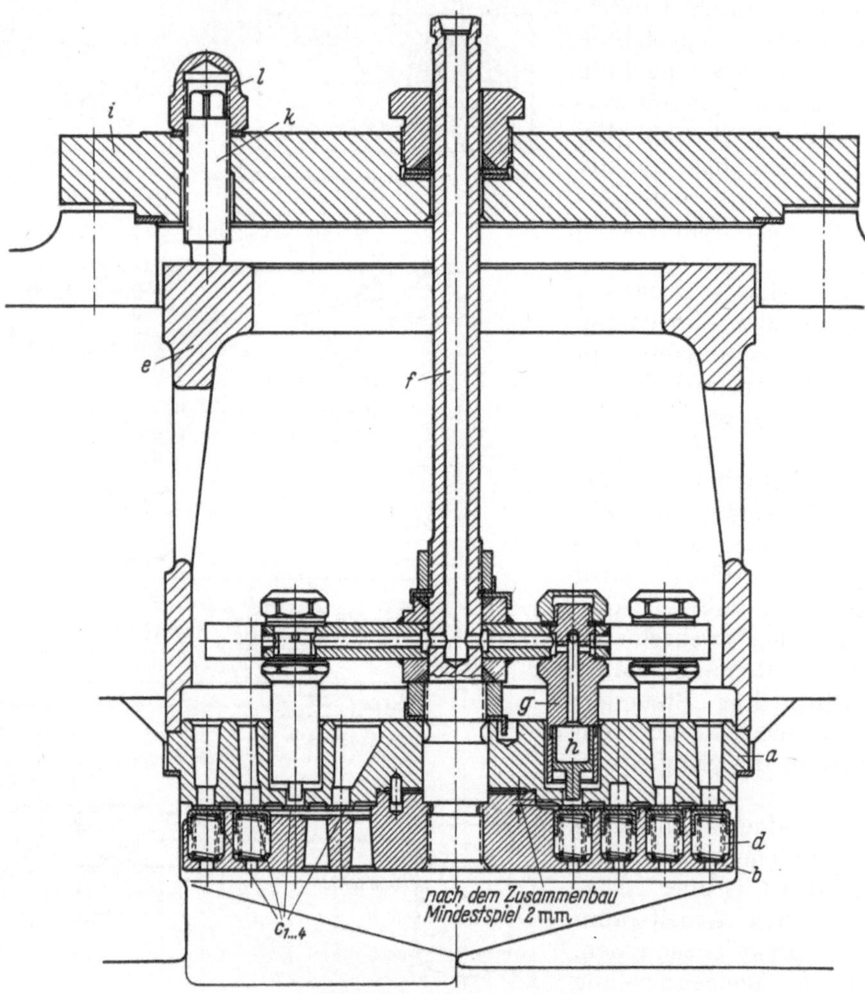

Abb. 36. Saugventil für stufenlose Mengenregelung

a Ventilsitz	*e* Druckstück	*i* Ventildeckel
b Hubfänger	*f* Ventilspindel	*k* Druckschrauben
c1 bis *c4* Ventilplattenringe	*g* Reglerzylinder	*l* Hutmuttern
d Ventilfedern	*h* Reglerkölbchen	

Eine weitere stufenlose Mengenregelung durch Zuschalträume, die über besondere Regelventile während des Druckhubes verschieden lang zugeschaltet werden, zeigt schematisch Abb. 37 (Hoerbiger). Der Augenblick des Öffnens bzw. Schließens der Ventilplatte des Regelventils wird durch die verstellbare Vorspannung einer Feder erreicht. Diese Regelung hat den Vorteil, daß die normalen Saugventile unberührt bleiben, aber den Nachteil, daß sich die Fördermenge nur mehr oder weniger begrenzt vermindern läßt. Auch läßt sie sich nicht so genau einstellen wie bei den vorher beschriebenen Regelsystemen. Abb. 37a zeigt schematisch ihre Anordnung, Abb. 37b ein theoretisches Regeldiagramm, Abb. 37c ein vom Indikator aufgenommenes Regeldiagramm an einem NH_3-Verdichter. Abb. 38 zeigt im Schema, wie auch mit Hilfe eines Zuschaltraumes in der Saugleitung stufenlos geregelt werden kann.

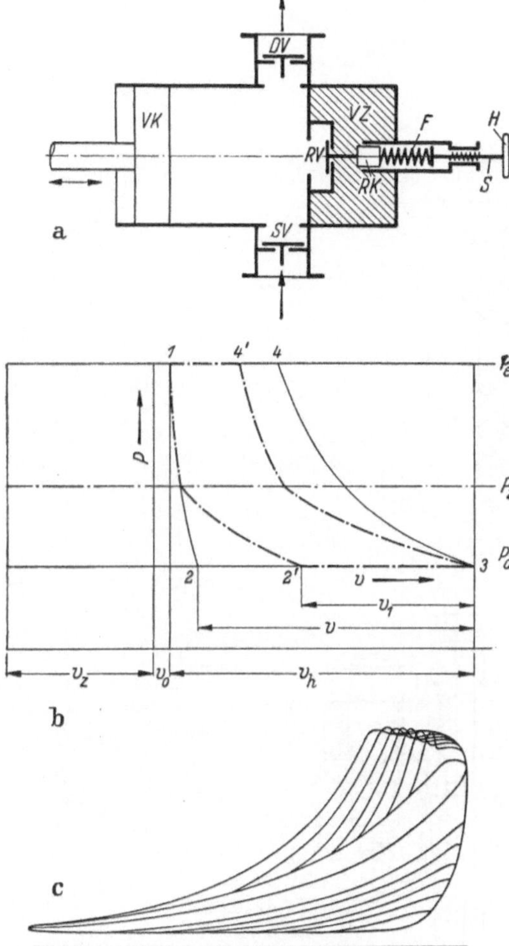

Abb. 37. Stufenlose Mengenregelung durch Zuschaltraum (Hoerbiger)

a) Schematische Anordnung

SV Saugventil	*VZ* Zuschaltraum
DV Druckventil	*F* Feder
RV Reglerventil	*S* Schraubenspindel
VK Verdichterkolben	*H* Handrad
RK Regelkolben	

b) Theoretisches Regeldiagramm

c) Regeldiagramm eines Ammoniakverdichters

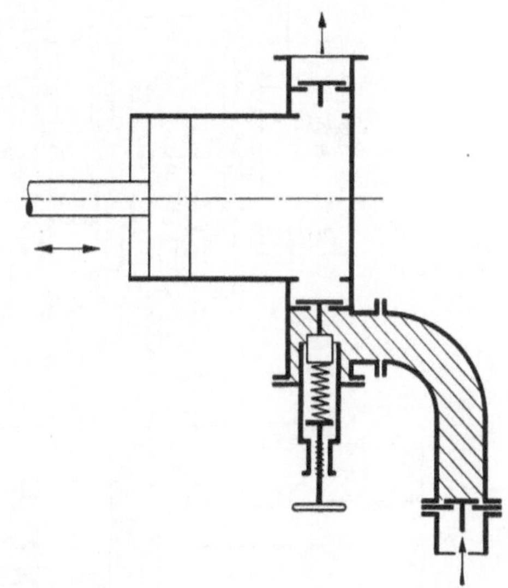

Abb. 38. Stufenlose Mengenregelung mit Zuschaltraum in der Saugleitung (Hoerbiger)

Auch durch Verstellen der Vorspannung einer Feder, die unmittelbar auf den die Ventilplatten offenhaltenden Greiferkolben wirkt und dadurch den Ventilschluß früher oder später herbeiführt, läßt sich die Fördermenge etwa zwischen Voll- und Halblast stufenlos regeln. Von dieser, auch Strömungsdruckregelung genannten, stufenlosen Mengenregelung zeigen die Abb. 39 und 40 bewährte Ausführungen von Borsig und Sulzer, bei denen es durch besondere Maßnahmen, unterschiedliche Belastungsfedern für die einzelnen Ventilringe bzw. Diffusorplatten, möglich ist, die Fördermenge des Verdichters auch auf unter Halblast zu verringern. Die Regelungen werden so eingerichtet, daß sie die Fördermenge von Hand oder selbsttätig in Abhängigkeit vom Ansauge- oder vom Enddruck oder von irgendeinem Stufendruck des Verdichters regeln.

Bei beiden Regelungen wird der Regelstern durch Drucköl von einem Servokolben verstellt. Dies hat gegenüber pneumatisch betätigten Reglern den Vorteil, daß das gesamte Regelsystem trotz der pulsierenden Kräfte auf den Regelstern in Ruhe bleibt.

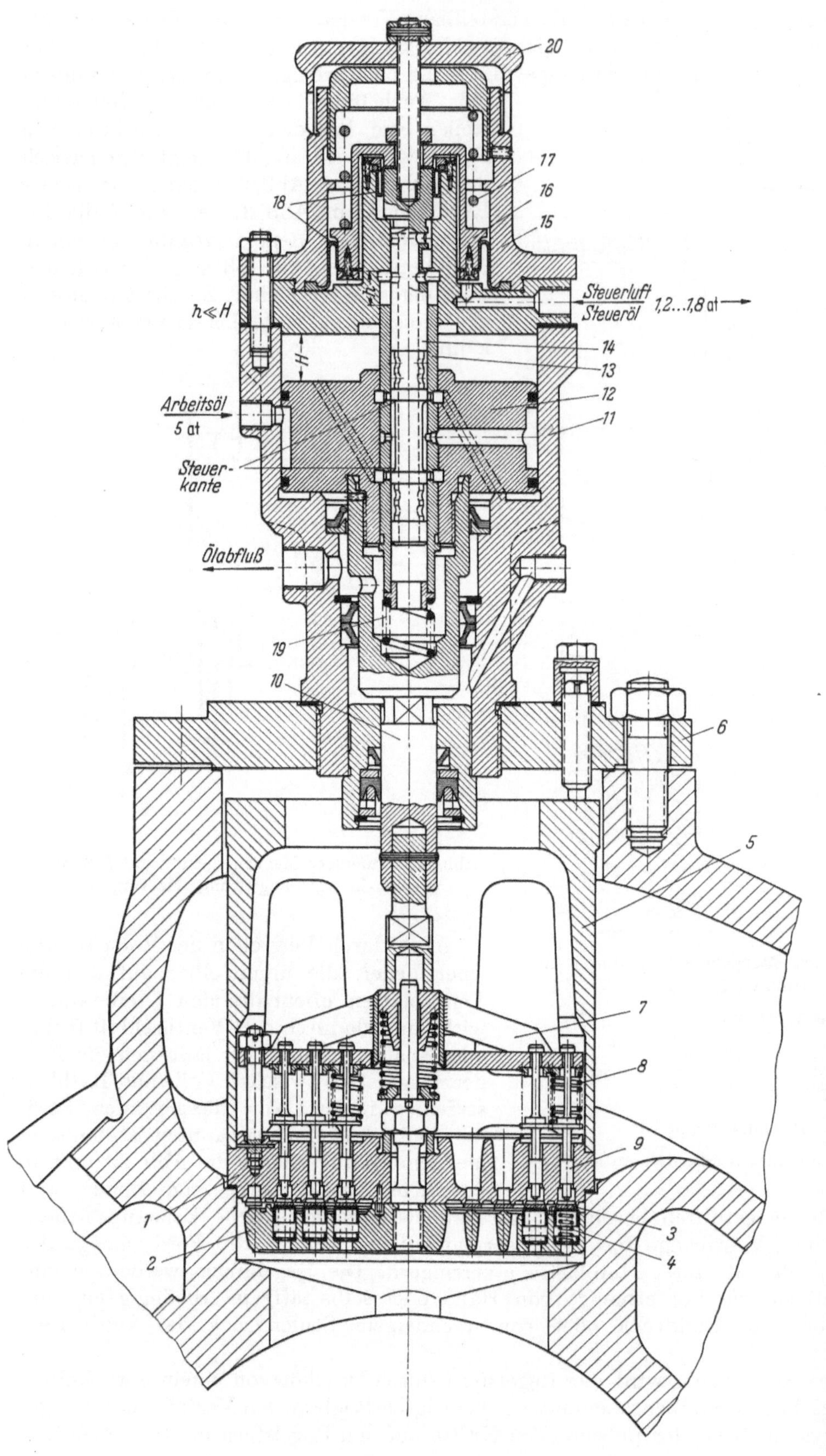

Abb. 39
Saugventil für Strömungsdruckregelung und hydraulischen Regler (Borsig)

1 Ventilsitz
2 Hubfänger
3 Ventilplattenring
4 Ventilfeder
5 Druckstück
6 Ventildeckel
7 Greiferplatte
8 Belastungsfedern
9 Stößel
10 Druckspindel
11 Servozylinder
12 Servokolben
13 Steuerbüchse
14 Steuerschieber
15 Steuerzylinder
16 Steuerkolben
17 Druckfeder
18 Rollmembranen
19 Druckfeder
20 Regelkopf

Darüber hinaus wird bei der Ausführung nach Abb. 39 der Servokolben (*12*) durch einen Steuerschieber (*14*) und eine Steuerbüchse (*13*) gesteuert, welche in einer axialen Bohrung des Servokolbens verschiebbar sind. Durch eine Hubbegrenzung kann die Steuerbüchse dem Steuerschieber nur in einem gewünschten Proportionalitätsbereich h als Rückführung dienen. Im weiteren Verlauf des Hubes $H—h$ kann die Steuerbüchse den eingeleiteten Vorgang nicht mehr abschließen, und der Servokolben gleitet ohne Verzögerung in seine Endlage. Dadurch ergibt sich ein Regeldiagramm nach Abb. 39a, welches folgenden bei Staudruckregelungen mitunter beobachteten Nachteil vermeidet:

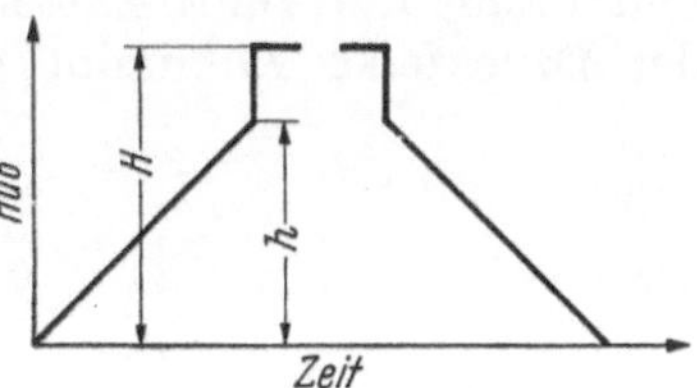

Abb. 39a. Regeldiagramm

Steht der Regelstern in einer Stellung, welche nur wenig unter der vollen Förderleistung liegt, so können die federbelasteten Stößel, welche die Ventilplatten offenhalten, um eine Strecke aus den Ventilsitz hervorstehen, die kürzer als der Ventilhub ist. Bei jedem Verdichtungshub schlagen dann die Ventilplatten auf die Stößel, die bei Beginn

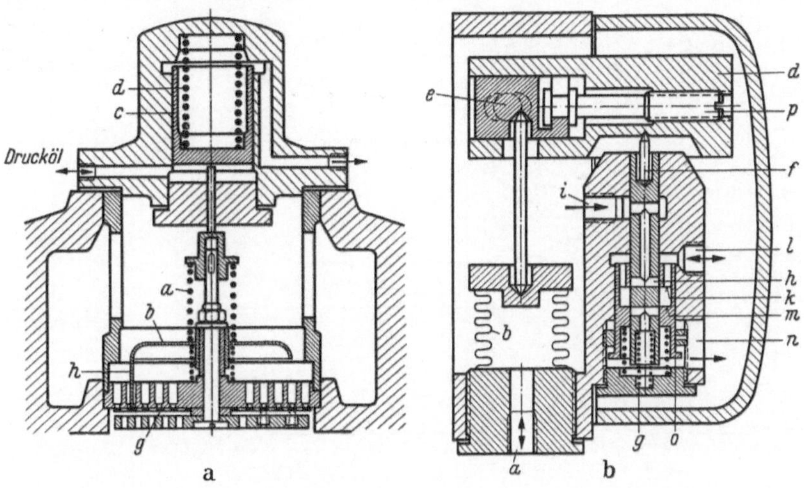

Abb. 40. Ölhydraulisch gesteuerte Staudüsenregelung (Sulzer)

a) Hydraulisch gesteuertes Saugventil

a Druckfeder	*f* dem Regelöldruck ausgesetzter Raum
b Stauglocke	*g* Ventilplatte
c Servomotorkolben	*h* Greifer
d Druckfeder des Servomotorkolbens	

b) Druckregler

a Impulsleitung des Gasdruckes	*i* Druckölzufuhr
b Membran	*k* obere Steuerkante
d als Hebel ausgebildeter Gewichtsstein	*l* Verbindungsleitung zu den Saugventilen
e verschiebbarer Drehpunkt des Gewichtshebels *d*	*m* untere Steuerkante
f Steuerschieberspindel	*n* Ablaufleitung
g Stützfeder des Steuerschiebers *h*	*o* Rückführschieber
h Steuerschieber	*p* Einstellschraube

des Saughubes von den Belastungsfedern vorgeschnellt werden und mit ihren Köpfen gegen den Regelstern stoßen. Allmählich werden dadurch die Ventilplatten und die Stößelköpfe zerstört. Dies kann auch beim Durchfahren dieses Regelbereiches eintreten.

Durch die Kombination von Proportional- und Endlagenregler nach Abb. 39 werden diese Zerstörungen vermieden, weil dieser gefährliche Bereich schnell durchfahren wird und der Servokolben auch bei Handeinstellung dort nicht verharren kann.

Die Arbeitsweise der auf Abb. 39 in Leerlaufstellung dargestellten Regelvorrichtung ist folgende: Bei zunehmendem Druck des über einen Meßwertwandler eintretenden Steuermittels wird der im Steuerzylinder *15* verschiebbare, mit dem Steuerschieber *14* fest verbundene Steuerkolben *16* nach oben verschoben, so daß die obere Steuerkante dem Drucköl den Weg auf die Unterseite des Servokolbens freigibt und der Servokolben *12* nach oben zu gleiten beginnt. Dadurch werden die Belastungsfedern der Stößel und damit die Ventilplatten entlastet und beginnt der Verdichter zu fördern. Mittels der Druckfeder *19* nimmt der Servokolben bei seiner Aufwärtsbewegung die Steuer-

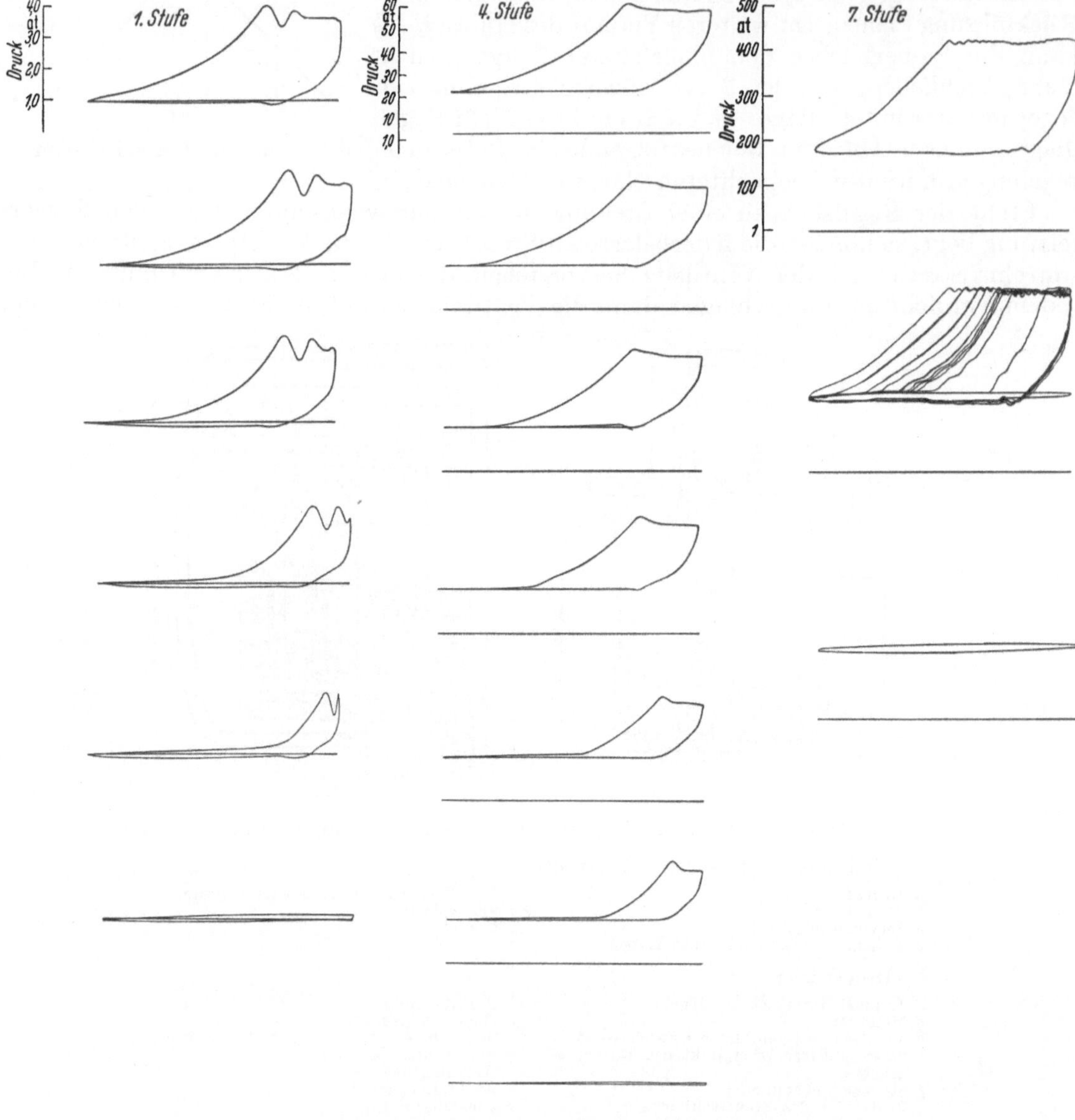

Abb. 41. Regeldiagramme für stufenlose Mengenregelung

büchse *13* mit. Sobald die Bohrung für das Drucköl, welches durch die Steuerbüchse fließt, von der oberen Steuerkante wieder überschliffen wird und der Servokolben zum Stillstand kommt, ist der Regelvorgang beendet. Bei seiner Aufwärtsbewegung kann der Servokolben die Steuerbüchse nur so lange mitnehmen, bis diese gegen den Zwischendeckel stößt. Bleibt dadurch der Weg für das Drucköl an der Steuerkante vorbei noch offen, so gleitet der Servokolben unverzüglich bis an das Ende seines Hubes, die Saugventile werden völlig entlastet und arbeitet der Verdichter bei Vollast.

Wird bei dieser Stellung des Servokolbens der Druck des Steuermittels verringert, bewegt sich der Steuerschieber unter dem Druck der Feder *17* abwärts; diese Steuerbewegung hat so lange keinen Einfluß, wie nicht die untere Steuerkante den Weg für das Drucköl freigibt. Der Servokolben durchläuft dadurch schnell den Bereich, in dem die Stößel noch nicht ständig an den Ventilplatten anliegen.

Der Regelkopf, der auch von Hand eingestellt werden kann und bei dem die Handverstellung gleichzeitig als Stellungsanzeige des Servokolbens dient, ist durch Rollmembranen für hydraulische und pneumatische Steuerimpulse über den Transmitter eingerichtet.

Das Drucköl zum Verstellen des Servokolbens kann von der Triebwerksschmierung des Verdichters abgezweigt werden, wobei es in den meisten Fällen vorteilhaft sein dürfte, mit einer zweiten kleineren Zahnradpumpe das Öl aus der Druckleitung der Triebwerksschmierung zu entnehmen, auf das höhere Druckniveau zu fördern und über ein Überdruckventil wieder in die Triebwerksschmierung zurückzuführen.

Die Einzelteile zur Betätigung der stufenlosen Regelungen stellen infolge der hohen Dauerbeanspruchungen große Anforderungen an Material und Herstellung. Im Laufe der Jahre wurden die Ventile sowie die für die Regelung benötigten Teile derartig vervollkommnet, daß trotz des unvermeidlichen Verschleißes die Wirtschaftlichkeit der stufenlosen Regelungen außer Frage gestellt ist.

Von dem siebenstufigen Verdichter nach Abb. 135, der in der 1., 4. und 7. Stufe mit von Hand zu verstellenden Strömungsdruckregelungen ausgerüstet war, zeigen Abb. 41 vom Indikator aufgezeichnete Regeldiagramme. Wie ersichtlich, hat sich eine derartige Regelung auch bei der von 190 auf rd. 450 at arbeitenden 7. Stufe bewährt.

7 Sonderteile bzw. zusätzliche Einrichtungen

7.1 Zylinder

7.1.1 Zylinder aus Grauguß

Bis zu Drücken von 30 at, bei kleinen Abmessungen auch für noch höhere Drücke, wird für die Zylinder allgemein ein zähes Gußeisen mit guten Laufeigenschaften vorgesehen. Der Gefügebestandteil „Perlit" (s. Abb. 50 c und e) mit seinen hohen Festigkeitswerten soll möglichst 100%ig das Gefüge des hochwertigen Zylindergusses bilden. Wegen zu großer Härte ist der Gefügebestandteil Zementit zu vermeiden; er würde Fressen der Kolben bzw. Kolbenringe verursachen. Der Zementit macht außerdem das Eisen spröde, nimmt ihm die Dämpfungsfähigkeit und hat ein größeres Schwindungsmaß. Das Ferrit der weicheren Gußeisensorte soll möglichst nur in geringen Mengen auftreten, da es wegen seiner Weichheit die Verschleißfestigkeit herabsetzt und in größerem Anteil auch die Festigkeit erheblich mindert.

7.1.1.1 Allgemeine konstruktive Hinweise

Um für die Verdichtung thermisch günstige Bedingungen zu erzielen, sind die Zylinder im allgemeinen zu kühlen.[1] Vor allem ist darauf zu achten, daß die Bohrung für den Kolbenlauf gut gekühlt ist, damit sie im Betrieb rund bleibt, und daß die heiße Druckseite von der Ansaugseite durch gekühlte Räume getrennt ist, damit nicht durch Wärmeleitung die sonst kalte Saugseite aufgeheizt wird.

Durch die vom Kühlwasser durchflossenen Räume, welche natürlich gegen die übrigen Räume vollkommen gasdicht abgeschlossen sein müssen, werden die Verdichterzylinder zu schwierigen Gußstücken. Sie bestehen vielfach aus zwei bis drei konzen-

---

[1] Bei Verdichtern für Gase mit kleinen Adiabatenexponenten (z. B. für Kältegewinnung usw.) wird mitunter auf die Kühlung mit Wasser verzichtet. Kann sich ein derartiges Gas während des Ansaugens an den Zylinderwänden abkühlen und dabei verflüssigen, so empfiehlt es sich, die Zylinder mit warmem Wasser zu kühlen.

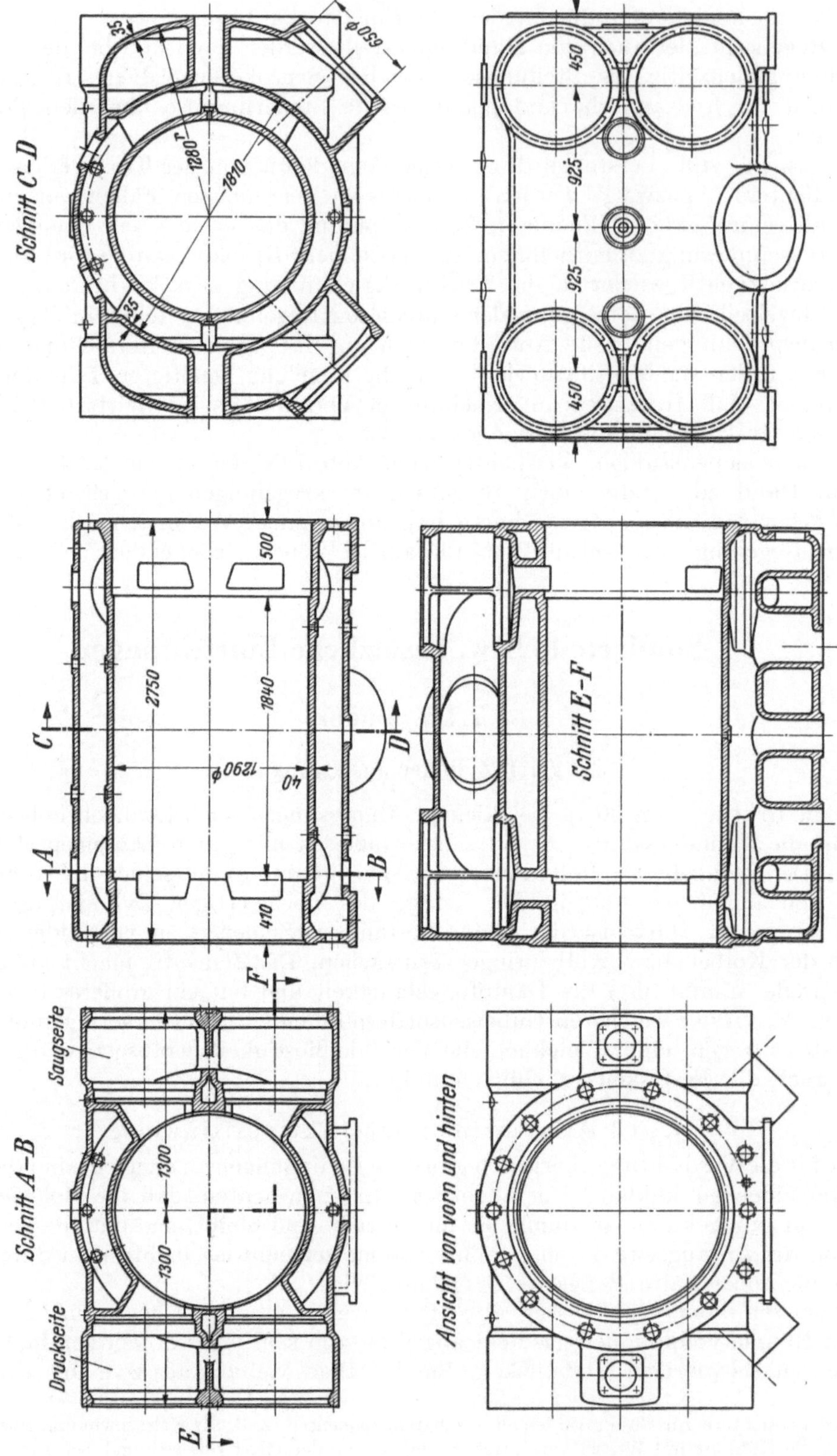

Abb. 42. Gußzylinder 1220 mm Durchmesser, 1200 mm Hub

trischen Mänteln, wie Zylinderlauf, Kühlwasser- und äußerer Zylindermantel, die untereinander durch die gemeinsamen Stirnwände und verschiedene Stutzen und Kanäle verbunden sind.

Die konstruktive Durchbildung eines Zylinders der 1. Stufe eines sechsstufigen Hochdruckverdichters mit je zwei übereinander angeordneten Gruppenventilen, einer

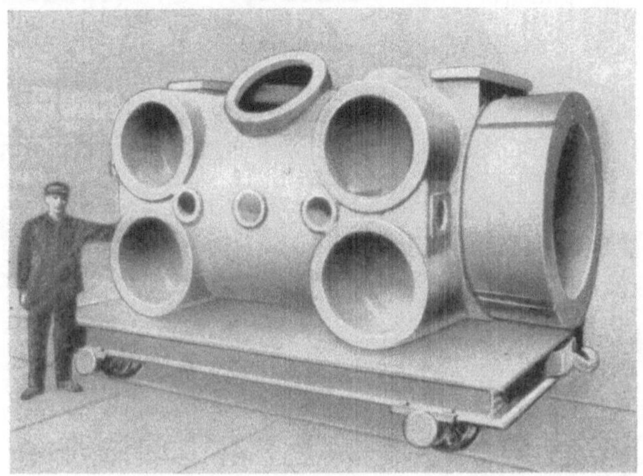

Abb. 43. Rohguß des Zylinders nach Abb. 42

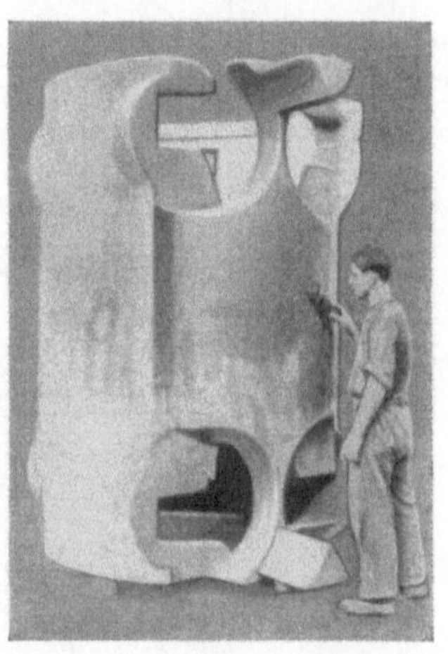

Abb. 44. Kühlmantelkern des Zylinders nach Abb. 42

Bohrung von 1220[1] und einem Hub von 1200 mm zeigt Abb. 42. Der gleiche vom Formsand befreite unbearbeitete Zylinder mit dem noch nicht abgetrennten verlorenen Kopf ist auf Abb. 43 dargestellt. Den Kühlmantelkern dieses Zylinders zeigt Abb. 44. Wie die Gußform des vollkommen mit der Schablone in Lehm geformten Zylinders zusammengesetzt wird, ist auf Abb. 45 ersichtlich. Die Lage des Kühlmantelkerns innerhalb der Gußform sowie die Durchbildung des die beiden Gruppenventile aufnehmenden Druckraumes für die beiden Saug- und Druckseiten sind deutlich zu erkennen.

Den Gußzylinder einer stehenden Maschine, bei dem der Kühlmantel für die

Abb. 45. Aufbau der Gußform des Zylinders nach Abb. 42

Zylinderbohrung zum Teil offen gegossen wurde, um die Mittenentfernung der nebeneinander angeordneten Zylinder so klein als nur möglich zu halten, zeigt Abb. 46. Aus ihr ist auch zu erkennen, wie je zwei parallel angeordnete Ventile am Umfang untergebracht wurden; eine äußerst raumsparende Anordnung, welche mitunter bei rasch laufenden kurzhübigen Maschinen vorteilhaft ist.

---

[1] Im Zylinder ist eine Laufbüchse mit der Bohrung 1220 mm eingeschrumpft. Siehe Abb. 55 auf S. 80.

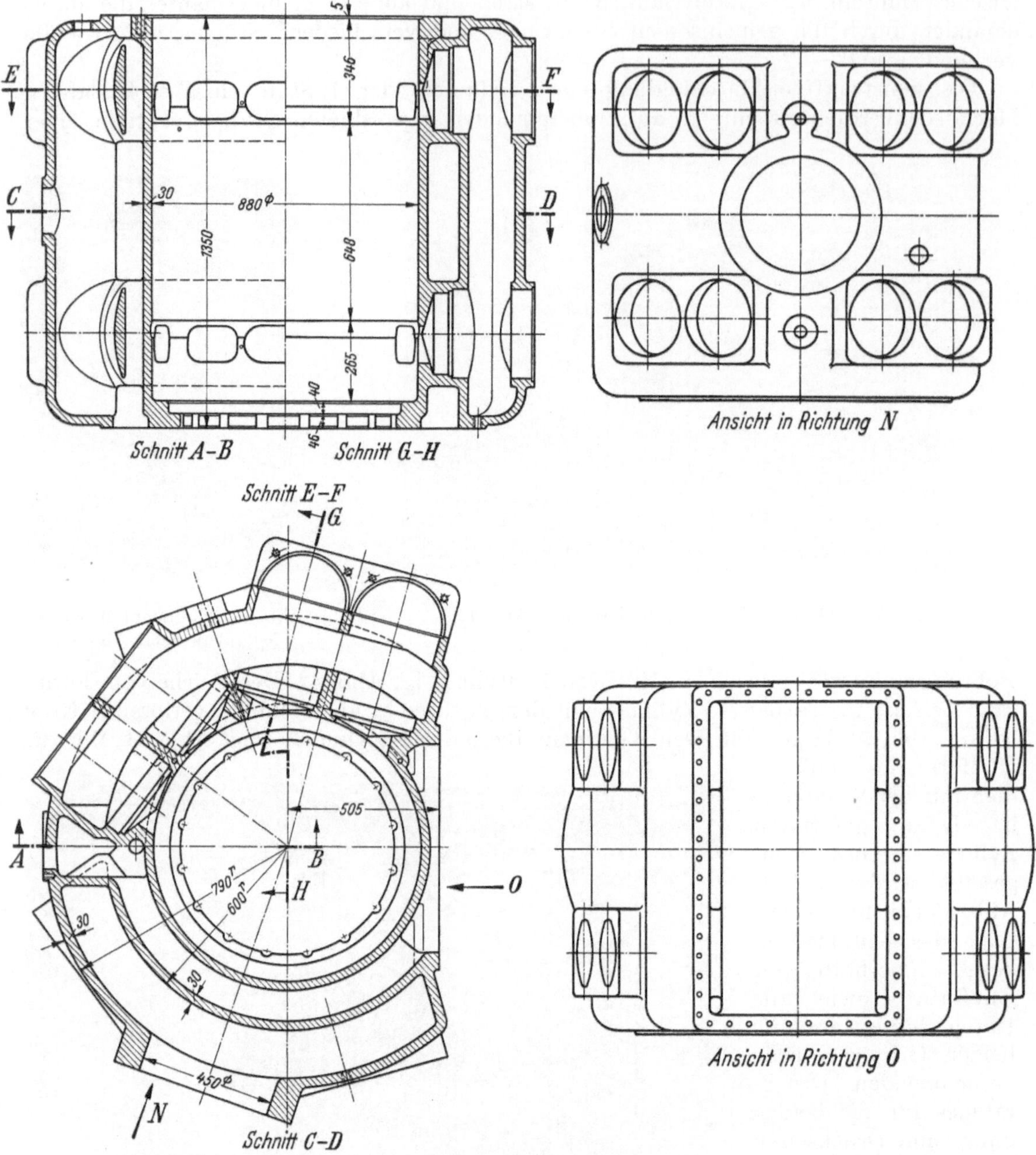

Abb. 46. Zylinder mit offenem Kühlmantel

7.1.1.2 Beanspruchungen

Die gußeisernen Wände der Zylinder werden durch Kräfte beansprucht, die in der Hauptsache auf folgende Ursachen zurückgeführt werden können:

1. Auf den Überdruck im Arbeitsmedium (Gas) und im Kühlwasser,

2. auf Übertragung von äußeren Kräften,

3. auf durch Wärme hervorgerufene einseitige Längenänderungen (Wärmespannungen),

4. auf ungleiches Schwinden beim Erkalten des Gußstückes in der Gießform (Eigenspannungen).

In den Zylindern aus Gußeisen treten während des Erstarrens und Erkaltens Längen- und Volumenverringerungen auf, die mit Schwinden oder Schrumpfen zum Gegensatz der Ausdehnung beim Erhitzen von Metallen bezeichnet werden[1]. Dadurch können sehr große Beanspruchungen auftreten, die zu Rissen und Brüchen Anlaß geben, wenn die Schwindungs- bzw. Ausdehnungsvorgänge unzulässig behindert werden.

Gußstücke schwinden ohne Spannungszunahme, solange das Material plastisch (teigig) ist[2]. Bei der Abkühlung der Gußzylinder kann es zu unzulässig hohen Schwindungsspannungen, die auch Eigenspannungen genannt werden, kommen, wenn zu harte Kerne das freie Schwinden hindern, wenn die Wandungen durch Stege, Rippen, angegossene Kästen oder sonstwie in ihrer Formgebung sehr steif, d. h. unnachgiebig, sind, oder wenn durch zu ungleiche Wandstärken oder infolge anderer ungleicher Abkühlungsbedingungen die einzelnen Wandungen zu unterschiedlich erkalten, wenn also ein Teil der Wandung bereits erstarrt, während der andere Teil noch flüssig oder teigig ist. Bei einem Verdichterzylinder kühlt z. B. der äußere Zylindermantel rascher ab als der mit ihm etwa durch Kanonen oder Stege verbundene Innenzylinder, wodurch letzterer die Kanonen und Stege auf Zug beanspruchen wird.

In allen solchen Fällen kann der Gußkörper Eigenspannungen bekommen, die so groß sein können, daß geringe zusätzliche Beanspruchungen schon genügen, um das Gußstück zum Reißen zu bringen.

Ein weiterer zu beachtender Faktor ist die Wandstärkenempfindlichkeit des Gußeisens. Seine Gattierung (Zusammensetzung) richtet sich nach der geringsten Wandstärke, damit das Gußeisen noch grau und nicht als weißes oder meliertes Eisen erstarrt. Die Festigkeit von Gußeisen derselben Zusammensetzung ist von der Wandstärke abhängig, wie aus der Tab. 6 für hochwertiges Gußeisen zu erkennen ist:

Tabelle 6. *Festigkeit von hochwertigem Grauguß*[3]

Werkstoff	Durchmesser des Probestabes in mm	Mindestbeanspruchungen		
		Zugfestigkeit in kp mm²	Biegefestigkeit in kp/mm²	Durchbiegung in mm
GG 22	20	24	42	5
	30	22	40	8
	45	19	36	11
GG 26	20	28	48	5
	30	26	46	8
	45	23	42	11

Je größer die Härte und die Festigkeit des Gußeisens ist, um so größer sind erfahrungsgemäß die Eigenspannungen, welche bei den unvermeidbar vorhandenen verschiedenen Abkühlungsbedingungen in den Gußstücken auftreten. Es ist daher abwegig, bei großen Zylindern die an und für sich schon bestehenden Schwierigkeiten noch dadurch zu vergrößern, daß man bei großen Wandstärken noch eine hohe Festigkeit vorschreibt.

Für die Zylinderwand werden im allgemeinen je nach den Belastungsfällen keine größeren Beanspruchungen als 150, 100 und 50 kp/cm² zugelassen. Hierbei glaubt man, jene zusätzlichen Beanspruchungen hinreichend zu berücksichtigen, welche durch die

---

[1] Das Längenschwindmaß, Verkleinerung der Längenabmessungen, beträgt für die wichtigsten Metalle

Gußeisen 1 : 96
Flußstahl 1 : 64
Bronze 1 : 63
Stahlguß 1 : 50

[2] Gußeisen hat noch bei 650 °C keine nennenswerte Zugfestigkeit, ist also über dieser Temperatur praktisch plastisch.

[3] Entnommen DIN 1691 [*14*].

unter 3. und 4. erwähnten Ursachen herbeigeführt werden und die rechnerisch nicht erfaßt werden können. Die Wandstärken größerer Zylinder, wie beispielsweise des Zylinders nach Abb. 42, welche einen nur relativ geringen Betriebsdruck auszuhalten haben, werden keineswegs nach der Festigkeit, sondern zumeist nur nach gußtechnischen Erwägungen bemessen.

Die in dem Zylinder auftretenden zusätzlichen Beanspruchungen sind selbstredend sehr stark von der Konstruktion abhängig. Gießt man den Zylinder in zwei nahezu gleichen in der Mitte zusammengeschraubten Hälften wie bei der auf Abb. 47 dargestellten 1. Stufe eines mehrstufigen Koksgasverdichters (Sulzer, ältere Bauart),

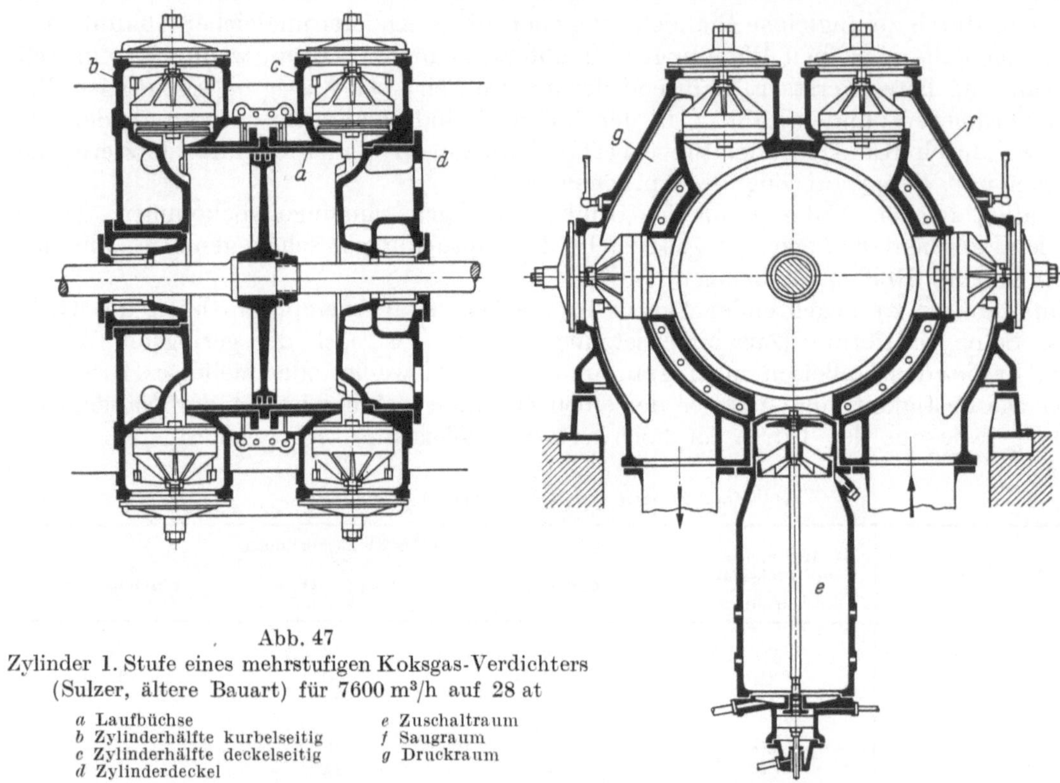

Abb. 47

Zylinder 1. Stufe eines mehrstufigen Koksgas-Verdichters
(Sulzer, ältere Bauart) für 7600 m³/h auf 28 at

a Laufbüchse	*e* Zuschaltraum
b Zylinderhälfte kurbelseitig	*f* Saugraum
c Zylinderhälfte deckelseitig	*g* Druckraum
d Zylinderdeckel	

können wesentliche zusätzliche Beanspruchungen weder im Betrieb durch einseitige Wärmedehnungen noch Eigenspannungen beim Erkalten der Gußstücke in der Form entstehen. Gießt man den Zylinder in einem Stück mit voneinander getrennten Saug- und Druckräumen für die beiden Zylinderseiten, wie dies an den ersten beiden Stufen des siebenstufigen Verdichters auf Abb. 132 zu erkennen ist, so werden im Betrieb auch keine besonderen zusätzlichen Wärmespannungen auftreten können, weil beide Zylinderseiten vorn und hinten sich nahezu völlig frei ausdehnen können. Bei günstiger Formgebung und sachgemäßem Einformen werden auch keine größeren Eigenspannungen beim Erkalten in dem Gußstück entstehen können.

Wesentlich anders sind jedoch die Verhältnisse, wenn für beide Zylinderseiten gemeinsame Aufnehmerräume angeordnet werden, wie dies bei den Gußzylindern nach Abb. 42 und 46 der Fall ist.

Wie unter 2.2 auf S. 30 erwähnt worden war, sind mit Rücksicht auf niedrige Strömungsverluste möglichst große Beruhigungsräume am wirksamsten in den Zylindern selbst unterzubringen; diese verhindern, daß während des Ansaugens und Ausschiebens der Druck wesentlich sinkt bzw. ansteigt und dadurch das Gas in den Anschlußleitungen zu den Zwischenkühlern in Schwingungen geraten kann. Die Beruhigungsräume sollen mindestens das 1,5fache des Hubvolumens, bei höheren Drehzahlen noch wesentlich größer sein.

Bei der Bauart mit gemeinsamen Aufnehmerräumen können große Beruhigungsräume einfacher untergebracht werden und die Zylinder leichter sein als Zylinder mit für jeder Seite getrennten gleich großen Beruhigungsräumen. Von Vorteil ist es hierbei auch, daß nicht an jede Zylinderseite eine eigene Druck- und Saugleitung, sondern an die beiden Zylinderseiten nur eine gemeinsame gleich große Druck- und Saugleitung anzuschließen ist. Bei diesen Zylindern können sich die einzelnen Wandungen nicht mehr nahezu ungehindert voneinander ausdehnen, und es ist daher unvermeidbar, daß wesentliche Biegebeanspruchungen durch die unter 3. und 4. genannten Ursachen auftreten. Diese dürfen jedoch das Gußstück nicht gefährden, was richtige Formgebung und selbstredend sachgemäße Formerarbeit voraussetzt.

Um die Größenordnung dieser im Betrieb auftretenden Wärmespannungen zu ermitteln, wurden an einem großen Zylinder die durch die Wärme verursachten Dehnungen gemessen und die daraus sich ergebenden Beanspruchungen angenähert errechnet. Aus Abb. 48 ist die Konstruktion des Zylinders und die Lage der Meßstrecken *1* bis *8* ersichtlich. Mit *I* bis *VIII* sind die durch Biegung am meisten gefährdeten Stellen des Zylinders, der zur Zeit schon über 25 Jahre im Betrieb ist, bezeichnet.

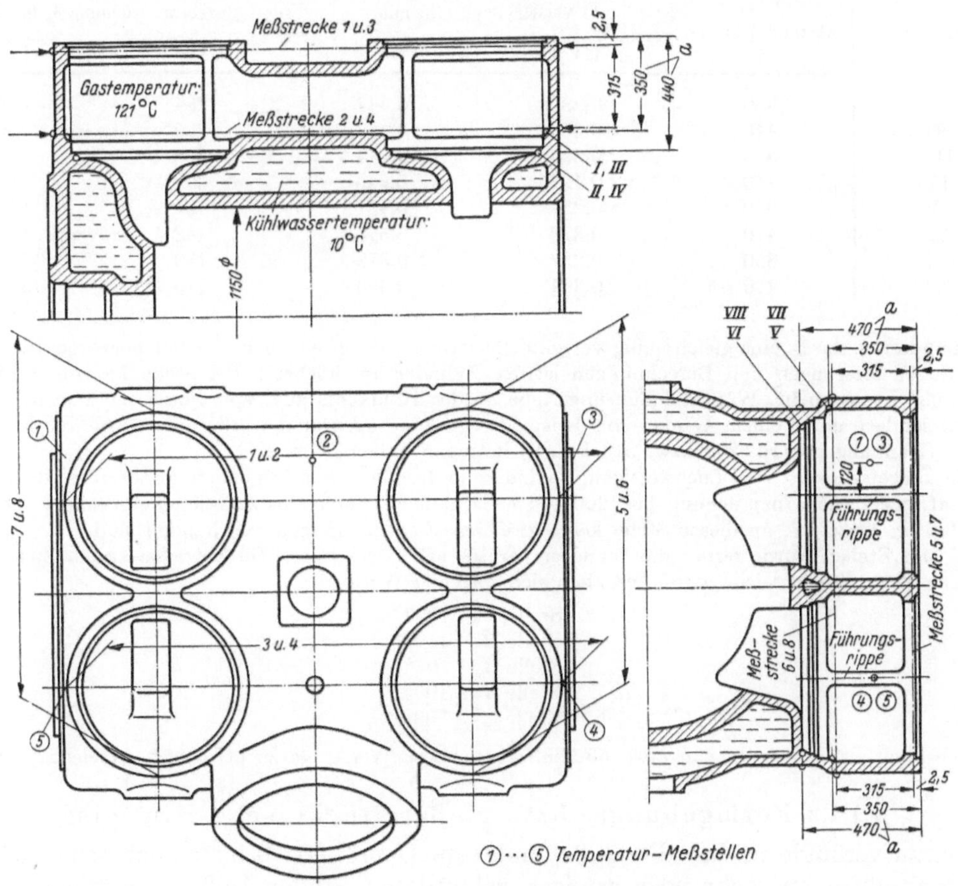

Abb. 48. Gußzylinder mit Dehnungsmessung

Die im kalten und im betriebswarmen Zustand bei einer Temperaturdifferenz von 111 °C zwischen Druckgas und wasserberührter Wand gemessenen Längen, Längenänderungen und die daraus berechneten Verschiebungen δ und Beanspruchungen σ sind in den Tab. 7 und 8 angegeben. Außerdem sind auch jene Werte eingetragen, die sich kurzzeitig bei extremen Verhältnissen ergeben könnten, wie sie beispielsweise bei undichten Ventilen auftreten können (Gastemperatur 170° und Kühlwassertemperatur 0 °C im Winter).

Für die Berechnung der Spannungen aus den gemessenen Wärmedehnungen wurde ein schmaler Streifen aus der Wand herausgeschnitten für sich betrachtet. Ferner wurde angenommen, daß die mit Δl bezeichnete

Tabelle 7. *Längen und Längenänderungen*

Meßstrecken Nr.	Abstand zwischen den Meßstrecken	Länge in mm bei		$\varDelta l$ in mm bei	
		kalter Maschine ($t_{Wd} = 10\,°C$)	betriebswarmer Maschine ($t_{Gas} = 121\,°C$)	$\varDelta t : 111\,°C$	$170\,°C$
1	315	1955,01	1956,95	1,94	2,98
2		1954,93	1956,353	1,423	2,98
3	315	1954,95	1956,985	1,9035	3,12
4		1954,86	1956,29	1,43	2,19
5	315	1464,95	1466,37	1,42	2,18
6		1465,045	1465,96	0,915	1,40
7	315	1465,035	1466,765	1,73	2,65
8		1465,035	1466,36	1,325	2,03

Tabelle 8. *Verschiebungen und Biegebeanspruchungen*

Stelle	Abstand a in mm	Verschiebung δ in mm		Biegebeanspruchung σ_b in kp cm²	
		$111\,°C$	$170\,°C$	$111\,°C$	$170\,°C$
I	350	0,289	0,442	284	435
II	440	0,363	0,557	293	450
III	350	0,335	0,514	328	505
IV	440	0,422	0,646	342	520
V	350	0,281	0,431	164	255
VI	470	0,378	0,578	142	220
VII	350	0,227	0,348	133	205
VIII	470	0,304	0,466	115	180

Längenänderung durch eine gleichmäßig verteilte Belastung wie bei einem Freiträger hervorgerufen wurde. Nach diesen Messungen und Berechnungen ist der Zylinder am höchsten bei Stelle *IV* mit ∼340 bzw. 520 kp/cm² beansprucht. Wäre die Führungsrippe an der Hohlkehle ausgespart oder nicht in der Waagerechten, sondern unter einem Winkel von beispielsweise 45° angeordnet worden, so würde die berechnete höchste Spannung nur rd. 200 bzw. 310 kp/cm² betragen haben.

Die Biegefestigkeit von hochwertigem Zylinderguß beträgt im allgemeinen mindestens 4200 kp/cm². Eine statische Biegebeanspruchung bis 1200 kp/cm² ist daher bedenkenlos zulässig, wenn man voraussetzen darf, daß im Gußstück an dieser Stelle keine größeren Eigenspannungen vorhanden sind.

An fünf Stellen wurde ferner die Wandtemperatur selbst gemessen. Im betriebswarmen Zustand, der erst nach rd. 18 Std. erreicht wurde, ergaben sich folgende Werte:

$$
\begin{array}{ll}
\text{Stelle 1} & 100° \\
\text{Stelle 2} & 110° \\
\text{Stelle 3} & 97° \\
\text{Stelle 4} & 100° \\
\text{Stelle 5} & 88° \\
\end{array}
$$

Nach einer Betriebsdauer von etwa 50 Min. waren diese Werte bis zu etwa 90% erreicht.

7.1.1.3 Formgebungs- bzw. gießereitechnische Hinweise

Um zu verhindern, daß die Gußzylinder im Dauerbetrieb oder auch schon während der Herstellung an mehr oder weniger gefährdeten Stellen reißen, empfiehlt es sich, die nachstehenden formgebungs- bzw. gießereitechnischen Hinweise zu beachten.

7.1.1.3.1 *Hinweise für die Formgebung*

Um Formänderungen, die während des Betriebes auftreten, leichter aufnehmen zu können, ist für die Zylinder eine weiche Formgebung anzustreben. Während die Zylinder im Betrieb auf der Saugseite im allgemeinen kalt bleiben, werden sie auf der Druckseite heiß und verformen sich je nach der Höhe der Temperatur. Die dabei auftretenden Längenänderungen müssen von den Wänden aufgenommen werden, ohne daß sie dadurch überbeansprucht werden. Versteifungen, wie eingegossene Kästen und Rippen, die an einzelnen Stellen die Seitenwände unnachgiebig machen, sind daher zu vermeiden.

Aus den Abb. 42 bis 45 sieht man, daß die äußere Zylinderwand mit drei rohrartigen Stutzen und zwei an den Stirnwänden hochgezogenen Kammern (s. Stelle „a") mit dem Kühlwassermantel zusammenhängt. Wenn auch Überbeanspruchungen in den Hohlkehlen an diesen Kammern durch die danebenliegenden Rohrstutzen vermieden werden, so empfiehlt es sich im allgemeinen, derart steife Formgebungen zu vermeiden, also auf die Kühlräume an den Stellen „a" zu verzichten und möglichst nur einen großen Rohrstutzen in der Mitte des Zylinders anzuordnen.

Verbindungen der zylindrischen Wände untereinander durch Rippen oder Kanonen, wie sie für die Schmierung und Indizierung der Zylinder benötigt werden, sind ebenfalls zu vermeiden und durch in den Zylinder eingeschraubte und im äußeren Zylindermantel stopfbuchsartig abgedichtete schmiedeeiserne Stutzen zu ersetzen[1]. Selbstverständlich dürfen keine Materialanhäufungen und im Rohguß Wandstärkenunterschiede von mehr als 30% vorhanden sein. Zusammenstoßende Wände sollen möglichst gleich stark ausgebildet werden, und wenn dies nicht durchführbar ist, soll zumindest ein allmählicher Übergang vorgesehen werden.

Wenn bei hohem Innendruck die Festigkeit eine größere Wandstärke erfordert, muß dies bei der Formgebung des Zylinders berücksichtigt werden. Diese muß dann gießtechnisch so einfach sein, daß nennenswerte Gußspannungen, wie sie beispielsweise bei eingegossenen Kühlwasserräumen nie zu vermeiden sind, nicht auftreten können.

7.1.1.3.2 *Gießereitechnische Hinweise*

Der zu erwartenden Schrumpfung entsprechend müssen die Kerne durch elastische Einlagen nachgiebig ausgebildet sein. Die Former sind dauernd daraufhin zu belehren, daß an den Zylindern keine scharfen Ecken oder plötzliche Übergänge vorhanden sein dürfen. Im Zweifelsfall und besonders bei ungenauer zeichnerischer Darstellung ist stets der Konstrukteur zu befragen. Die Kerneisen sollen möglichst große Abstände (etwa 100 mm) von der Gußwand haben. Um Undichtheiten durch schlecht verschmolzene Kernstützen zu vermeiden, empfiehlt es sich, diese zwischen Gas- und Wasserraum bzw. zwischen Gas- und Außenraum ganz wegzulassen. Die Kernabstützung und Gasabführung ist dann durch möglichst große und zweckmäßig angeordnete Kernlöcher sicherzustellen.

Die Gußform und die Kerne sind äußerst sorgfältig zu trocknen. Es ist sehr vorteilhaft, die zusammengebaute gußfertige Form mittels Heißluft auf 180 bis 200° vorzuwärmen. Besonders wichtig ist, daß die Zylinder in der Gußform langsam und möglichst gleichmäßig abkühlen. Um eine mit der äußeren Wand schritthaltende Abkühlung des Zylinders auch von innen heraus zu erreichen, ist es zweckmäßig, den inneren Teil des Bohrungskernes wenige Stunden nach dem Guß auszustoßen. Der Formsand darf erst entfernt werden, wenn das Gußstück keine höhere Temperatur als höchstens 80° hat.

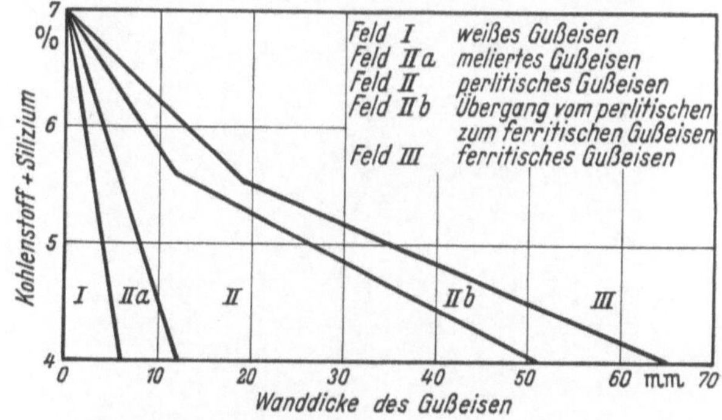

Abb. 49. Strukturdiagramm nach F. GREINER und TH. KLINGENSTEIN

Bei großen Zylindern, ähnlich Abb. 42 und 48, dürfte beispielsweise erst nach etwa 10 Tagen mit dem Gußputzen begonnen werden.

---

[1] Siehe Abb. 132

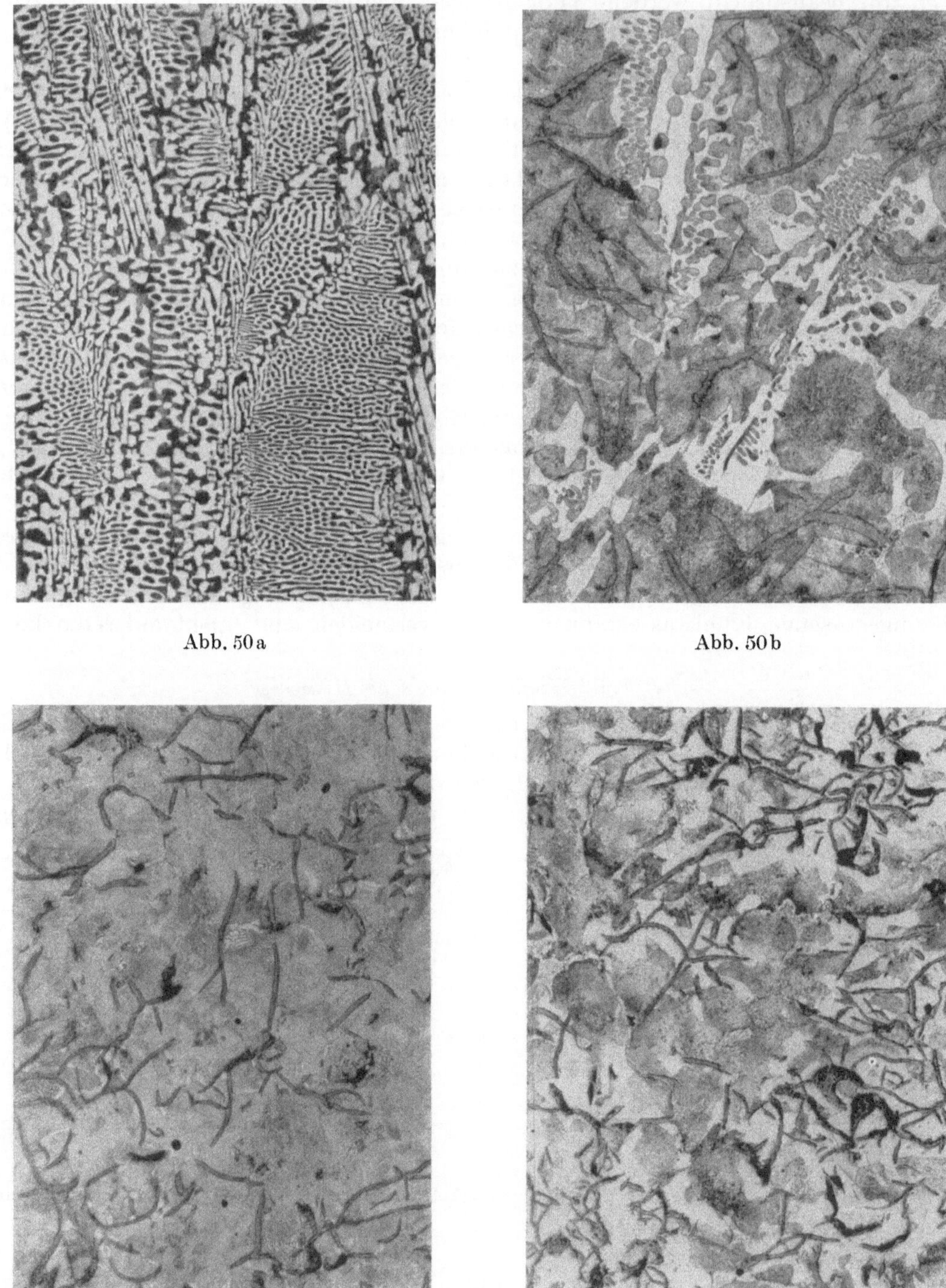

Abb. 50a Abb. 50b

Abb. 50c Abb. 50d

Abb. 50a—e. Schliffbilder verschiedener Gußeisensorten

a) weißes Gußeisen 1 (100 : 1)
b) meliertes Gußeisen IIa (100 : 1)
c) perlitisches Gußeisen II (100 : 1)
d) Übergang vom perlitischen zum ferritischen Gußeisen IIb (100 : 1)
   (Der Ferrit befindet sich an den Graphitadern)
e) perlitisches Gußeisen II (500 : 1)

Selbstverständlich muß das zum Vergießen kommende Eisen besonders sorgfältig gattiert werden, um die richtige Analyse und einen zähen Guß von perlitischem Gefüge zu erhalten. Nach dem Strukturdiagramm von F. GREINER und TH. KLINGENSTEIN Abb. 49 ist der Bereich des perlitischen Gefüges desto größer, je niedriger die Summe von C + Si ist, in welchem Fall auch die Gefügeausbildung von der Wandstärke und Abkühlungsgeschwindigkeit unabhängiger wird. Aus den Mikroschliffbildern (Abb. 50a bis e),

ist der Unterschied der Gefügeausbildung in den einzelnen Bereichen für weißes (*I*) meliertes (*IIa*), perlitisches (*II*) und perlitisch-ferritisches Gußeisen (*IIb*) gut zu erkennen.

Der nach diesem Strukturdiagramm ersichtliche Einfluß der Summe von *C* und Si auf das Gefüge unterliegt natürlich, je nach dem Ofensystem, der Sonderheit der verwendeten Rohstoffe, Gießtemperaturen, Naß- und Trockenguß usw. Abweichungen. So ist bekannt, daß der Kupolofen gegenüber dem Elektro-, Flamm- und Tiegelofen am weichsten geht.

Im allgemeinen liegt die Summe von C und Si, die neben dem Mn-Gehalt für die Festigkeit bestimmend ist, möglichst nicht unter

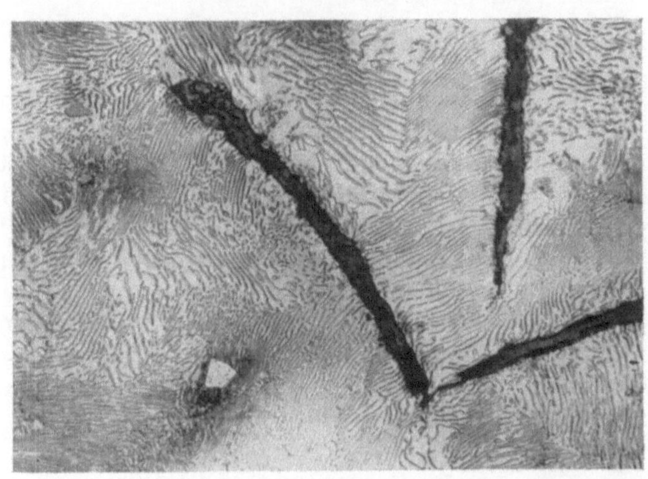

Abb. 50e

4,6%. Der Si-Gehalt soll dabei 1,6% nicht übersteigen und der Mn-Gehalt bei rd. 0,8% liegen. Die Beimengungen von Schwefel und Phosphor dürfen nur ganz gering sein.

Die Analyse allein ist jedoch kein zuverlässiger Maßstab für die Beurteilung eines Zylindereisens. Die Herkunft und Gewinnung der einzelnen Roheisensorten ist für die Qualität des Gußstückes von nicht zu unterschätzender Bedeutung. Bleihaltige Roheisensorten dürfen unter keinen Umständen verwendet werden, da schon Spuren von letzterem das Eisen spröde machen. Schwedisches Holzkohleneisen wirkt wegen seiner besonders reinen und gleichmäßigen Beschaffenheit neutralisierend und ist daher mit einem Zusatz bis zu 25% für die Gattierung vorteilhaft.

7.1.1.4 Entfernen von Eigenspannungen; Glühen

Auch wenn alle Formgebungs- bzw. gießereitechnischen Hinweise beachtet werden, sind die Gußzylinder doch nicht frei von Eigenspannungen. Es besteht theoretisch zwar die Möglichkeit, diese Eigenspannungen bis zu 90% abzubauen, indem man die Zylinder 2 bis 3 Std. bei etwa 550 bis 600 °C glüht. Dies setzt jedoch voraus, daß dabei keine größeren Temperaturdifferenzen im Gußstück auftreten, die wiederum zusätzliche Spannungen ergeben können. Bei großen schwierigen Verdichterzylindern wird dies jedoch kaum zu erreichen sein, da es an den dafür erforderlichen Einrichtungen zumeist fehlt. Ferner ist es sehr schwierig, die Brenner richtig anzuordnen und den Glühvorgang und das langsame Erkalten des geglühten Zylinders einwandfrei zu überwachen.

Mit Rücksicht auf diese Unvollkommenheiten erscheint es daher abwegig, die Herstellungskosten großer Zylinder durch das Glühen nicht unerheblich zu erhöhen. Bei richtiger Formgebung, Formerarbeit und richtiger Gattierung mit einwandfreien Roheisensorten erübrigt sich das Glühen der großen Gußzylinder.

Im allgemeinen bemüht man sich, die Eigenspannungen dadurch abzubauen, indem das Gußstück (möglichst im vorgeschruppten Zustand) längere Zeit im Freien gelagert wird. Je länger dies geschieht, um so wirksamer wird die Eigenspannung beseitigt. Nur wenn hierfür kaum Zeit vorhanden ist und bei hohen Drücken oder mit Rücksicht auf die Ausrichtung langer Maschinen, wenn also aus festigkeits- oder fertigungstechnischen Gründen verlangt wird, die Eigenspannungen zu beseitigen, kann empfohlen werden, die Zylinder zu glühen.

In jüngster Zeit wurde öfter darauf hingewiesen, Gußstücke durch Rütteln von Eigenspannungen frei zu machen. Auch Rüttelmaschinen für veränderliche Intensität und Frequenz wurden hierfür entwickelt. Der dadurch erreichte Effekt wird jedoch sehr unterschiedlich beurteilt. Auf Grund derzeitiger Erkenntnisse erscheint es aussichtslos, Gußspannungen in Zylindern anstatt durch Glühen oder längeres Lagern im Freien durch Rütteln entfernen zu wollen.

7.1.2 Zylinder aus Stahl

Für Drücke über 50 at werden die Zylinder fast durchweg aus geschmiedetem Stahl und aus Stahlguß hergestellt. Für Zylinder mit hohem Innendruck wird letzterer vielfach ausgeschaltet, weil fehlerhafter Stahlguß oft erst beim Abdrücken des fertig bearbeiteten Zylinders erkannt werden konnte, wodurch die Fertigung zu unsicher wurde. Spezialfirmen[1] für Qualitätsstahlguß haben jedoch ihre Kenntnisse und Verfahren derart vervollkommnet, daß sie Verdichterzylinder für Betriebsdrücke von mehreren 100 at, natürlich bei entsprechender Formgebung, einwandfrei herstellen können. Dies ist bedeutungsvoll, weil sich Zylinder für hohen Innendruck aus Stahlguß strömungs- und festigkeitstechnisch zweckmäßiger ausbilden lassen als aus vollgeschmiedetem Stahl. Letzterer benötigt außerdem mindestens doppelt soviel an Werkstoff und mechanischer Bearbeitung wie Stahlguß.

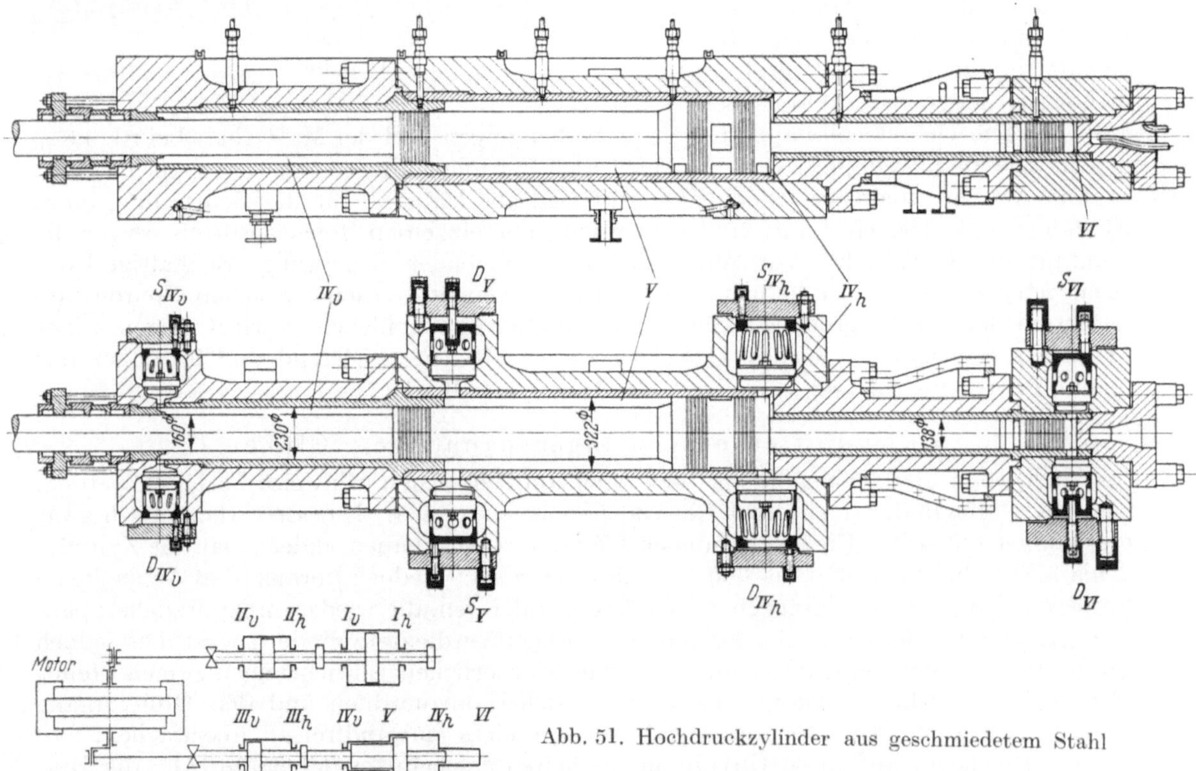

Abb. 51. Hochdruckzylinder aus geschmiedetem Stahl

Abb. 51 zeigt aus dem Vollen geschmiedete Zylinder der Hochdruckstufen eines sechsstufigen Verdichters. Die Hauptbohrung in Richtung der Maschinenachse wird durch verschiedene Querbohrungen (für die Ventile) angeschnitten. An den Innenkanten dieser Durchdringungen treten die höchsten, schwellenden Betriebsbeanspruchungen auf. Diese Innenkanten müssen daher sorgfältig abgerundet werden, um dadurch die dort

---

[1] Borsig, Berlin-Tegel; Fischer, Schaffhausen.

auftretenden Spannungsspitzen möglichst abzubauen; dadurch wird die Gefahr von Anrissen und Dauerbrüchen unter dem pulsierenden Innendruck vermindert.

Die höchstbeanspruchten Stellen der Zylinder liegen oft schon im Bereiche des stark geseigerten Kernmaterials der Stahlblöcke. Damit das Material an diesen Stellen noch ausreichende Festigkeitseigenschaften aufweist, muß darauf geachtet werden, daß der zur Verschmiedung ausgesuchte Block aus möglichst reinem, im sorgfältig überwachten Schmelzverfahren gewonnenem Werkstoff besteht. SM-Stahl Ck 35, zumeist sogar unvergütet, hat sich besser bewährt als schwach legierte Vergütungsstähle. Letztere sind kerbempfindlicher und durch Wasserstoffflocken[1] mehr gefährdet als normale Ck-Stähle.

Die Blockgröße ist so zu wählen, daß mit den vorhandenen Schmiedeeinrichtungen eine allseitige gute, am besten drei- bis vierfache Durchschmiedung erreicht wird. Um eine gute Wärmebehandlung durchführen zu können, müssen vorher alle größeren Bohrungen möglichst weit vorgearbeitet sein. Selbstverständlich dürfen am fertigen Zylinder keine größeren Eigenspannungen vorhanden sein. Die Wärmebehandlung muß daher damit enden, daß man die Schmiedestücke spannungsfrei glüht und ganz langsam abkühlen läßt. Zur Weiterverarbeitung dürfen nur vorgearbeitete Schmiedestücke freigegeben werden, welche bei der Prüfung mittels Ultraschall frei von Lunkern und Rissen sind.

Während der mechanischen Bearbeitung ist besonders an den höchstbeanspruchten Stellen der Drehspan zu beobachten, da daraus auf etwa vorhandene Risse geschlossen werden kann. Auch sind die fertigbearbeiteten Bohrungen auf das Vorhandensein von Haarrissen sorgfältig abzusuchen. Wenn Seigerungen auch nicht zu vermeiden sind, darf innerhalb dieser doch keine Werkstofftrennung vorhanden sein.

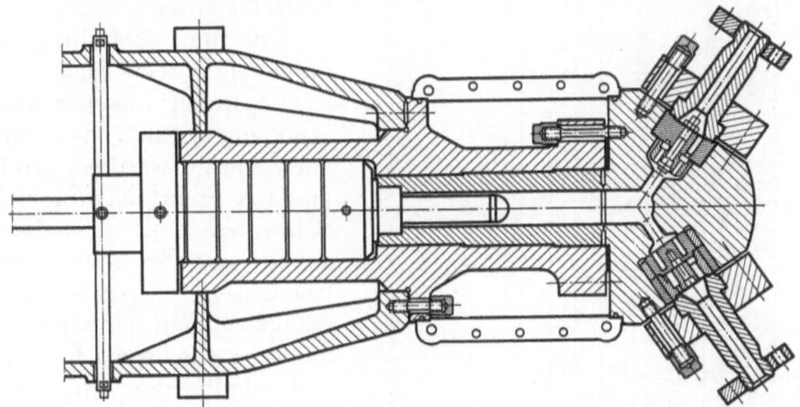

Abb. 52. Zylinder eines Hochdruckverdichters (Halberg)

In dem auf Abb. 52 dargestellten Zylinder der 7. Stufe sind große Querbohrungen dadurch vermieden worden, daß die Hauptbohrung für den Kolben nicht durch den Zylinderkopf durchgeführt wurde und die Kanäle zu dem Saug- und Druckventil entsprechend eingezogen an den als Halbkugel ausgebildeten Hubraum herangeführt wurden; der Übergang wurde natürlich sorgfältig mit einer Schleifhexe abgerundet. Sind die Kolbenringe an dieser Stufe zerstört, muß bei dieser Konstruktion der gesamte Kopf des Zylinders mit anschließenden Rohrleitungen abgebaut werden, um die Kolbenringe zu erneuern. Bei einem Zylinder nach Abb. 51 kann dagegen der Kolben der letzten

---

[1] Bei der Stahlherstellung kann bei der hohen Temperatur der Schmelze etwa aus der Feuchtigkeit der Zuschlagstoffe herrührender Wasserdampf in H_2 und O_2 dissoziieren. Mit sinkender Temperatur nimmt die Löslichkeit des atomaren Wasserstoffes ab und kann dieser in dem erstarrenden Stahl in molekularem Zustand ausgeschieden werden. Hierbei kommt es in Verbindung mit den aus dem Temperaturgefälle und aus der Volumenänderung beim Übergang von Gamma- in den Alphazustand sich bildenden Spannungen zu Unterbrechungen im Werkstoff in Form von Poren, Flocken und Rissen. Diese können zurückbleiben und Werkstoffschäden verursachen, auch wenn kein Wasserstoff mehr vorhanden ist. Siehe auch „Die Versprödung von Stahl durch Aufnahme von atomarem Wasserstoff". Z. VDI (1959) S. 1303/4 [16].

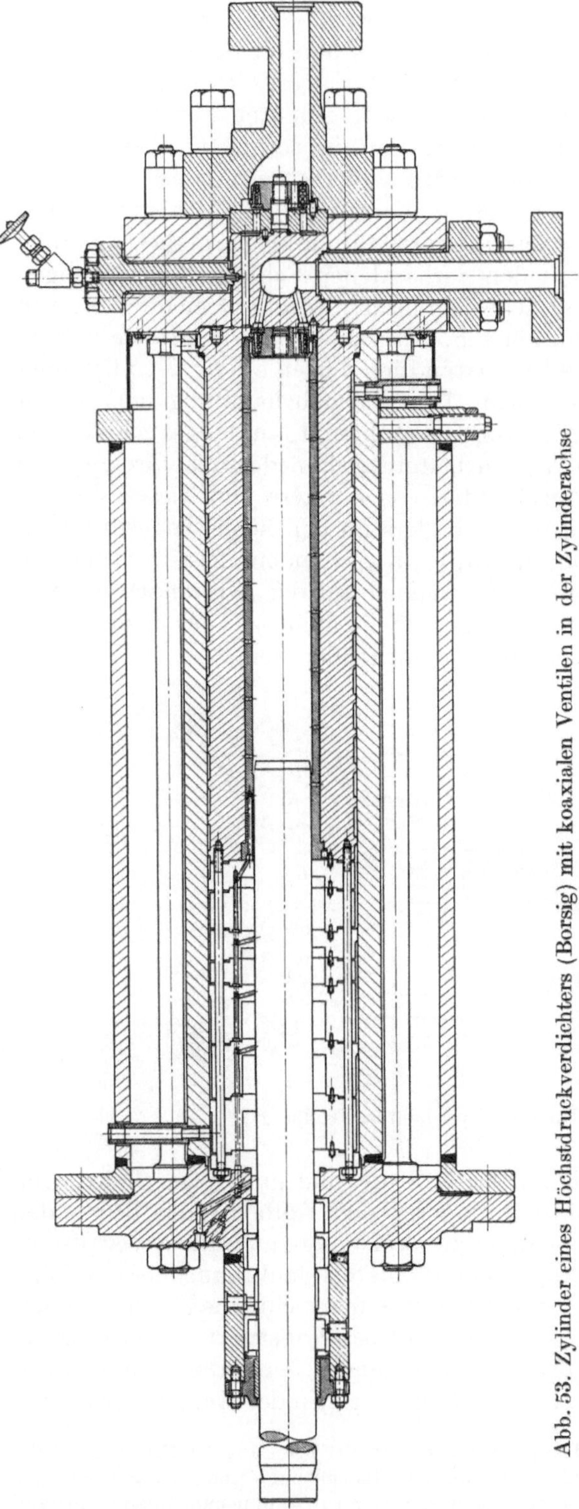

Abb. 53. Zylinder eines Höchstdruckverdichters (Borsig) mit koaxialen Ventilen in der Zylinderachse

Stufe nach Abbau des kleinen Zylinderdeckels ohne weiteres ausgewechselt werden.

Bei Höchstdruckverdichtern, die auf Drücke bis 1000 at und höher verdichten, ist die Gefahr von Anrissen und Dauerbrüchen an den hochbeanspruchten Innenkanten der Durchdringungen von Zylinderbohrungen und Ventilbohrungen besonders groß. Bei diesen Drücken zieht man oft eine Konstruktion vor, bei der die Ventile koaxial in der Zylinderachse liegen und daher große Querbohrungen vermieden sind (Abb. 53). Bei diesen Höchstdrücken ist mit Rücksicht auf die hohe Kerbempfindlichkeit der zumeist aus legierten Qualitätsstählen hergestellten Zylinder besonders sorgfältig darauf zu achten, daß auch die kleinsten Querbohrungen an den Durchdringungsstellen zu der Hauptbohrung sorgfältig ausgerundet und poliert werden.

Um die Herstellung der durch den pulsierenden Gasdruck hochbeanspruchten Zylinder aus geschmiedetem oder gegossenem Stahl zu erleichtern und zu verbessern, werden größere Zylinder vielfach mehrfach unterteilt und durch Schrauben oder Schweißen zusammengebaut. Letzteres wird nach dem Vorbearbeiten vorgenommen, wobei mit Rücksicht auf eine gute Schweißnaht darauf zu achten ist, daß der Kohlenstoffgehalt der zu verschweißenden Teile möglichst unter 0,34 liegt und der gesamte Zylinder nach dem Schweißen spannungsfrei geglüht wird. Selbstredend werden derartige Schweißnähte nur von besten Fachleuten hergestellt und mit Ultraschall bzw. Röntgen sorgfältig auf Fehler untersucht. Vor allem dürfen in der Bohrung selbst keinerlei Poren zu finden sein. Diese nur durch die Fortschritte in der Schweißtechnik durchführbare Aufteilung größerer Schmiedestücke soll die Gefahr möglicher Dauerbrüche an den höchstbeanspruchten Stellen der Zylinder wirksam ausschalten. Das Material der kleineren Schmiedestücke wird leichter und besser durchschmiedet. Damit werden die für die Dauerwechselbeanspruchung so wichtigen Festigkeitswerte für die Kerbzähigkeit, Dehnung und Streckgrenze an den besonders hoch beanspruchten Stellen im Innern der Schmiedestücke leichter und sicherer erreicht.

Während die Hochdruckzylinder nach Abb. 51, 132 und 140 durch Verschrauben zusammengebaut sind, zeigen die Abb. 133 und 135 Ausführungen von Zylindern, die aus mehreren Teilen, zum Teil aus Stahlguß, zum Teil aus Stahl zusammengeschweißt und nur so weit miteinander verschraubt sind, wie es mit Rücksicht auf den Zusammenbau erforderlich ist.

7.2 Laufbüchsen

Zylinder aus geschmiedetem Stahl oder Stahlguß haben schlechte Laufeigenschaften. Sie werden daher mit Laufbüchsen aus einem besonders dichten Sonderguß mit hoher Verschleißfestigkeit ausgerüstet, wobei durch feinste Bearbeitung, Schleifen am Umfang und Läppen bzw. Honen in der Bohrung auf eine glatte und wirklich runde Bohrung zu achten ist.

Mitunter werden auch Verdichterzylinder aus Grauguß mit Laufbüchsen ausgerüstet. Aus wirtschaftlichen Erwägungen sollte dies nur auf solche Fälle beschränkt werden, wo starke Abnutzung durch die im Gas mitgeführten chemischen oder mechanischen Verunreinigungen unvermeidbar sind. Je nach der Art, wie die Laufbüchsen im Zylinder befestigt werden, wird ihre Kühlung mehr oder wenig behindert, wodurch sich ihre Temperatur und die Aufheizung des angesaugten Gases und damit auch der Arbeitsaufwand des Verdichters erhöht. Es ist unter allen Umständen besser, den Verschleiß in den Zylindern durch vorteilhafte Stufenteilung und freischwebend anzuordnende Kolben soweit als nur möglich zu verringern und Laufbüchsen nur dort zu verwenden, wo sie, wie bei den Hochdruckzylindern aus Stahl, unbedingt notwendig sind.

Bei kleineren Maschinen können auch in den höheren Druckstufen günstige thermische Bedingungen durch sogenannte nasse Laufbüchsen geschaffen werden. Abb. 125 zeigt im Schnitt einen sechsstufigen Verdichter, bei dem an der 5. und 6. Stufe der Zylinderlauf eine gut gekühlte gußeiserne Laufbüchse ist, die durch eine Schleiffläche im stählernen Zylinderkopf gegenüber der hoch verdichteten Luft und durch Rundgummischnüre gegenüber dem Kühlwasser im Zylinderdeckel der 1. bzw. 2. Stufe abgedichtet ist.

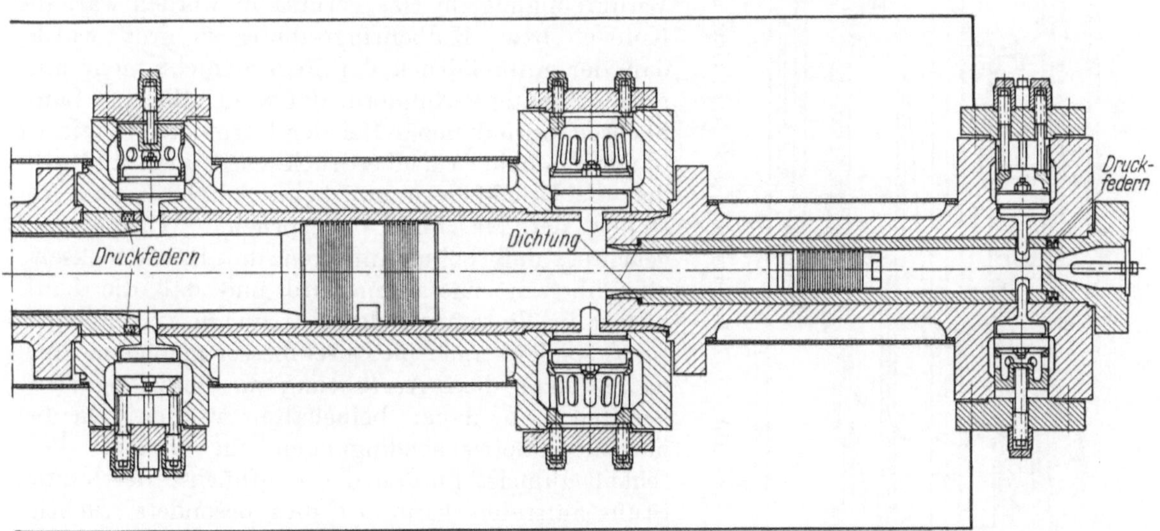

Abb. 54. Hochdruckzylinder mit leicht auswechselbaren Laufbüchsen

Die Laufbüchsen werden zumeist dadurch befestigt, daß man sie in den Stahlzylindern warm einschrumpft (s. Abb. 51), wobei durch entsprechend gewählte Toleranzen ein richtiger Sitz der Laufbüchsen gewährleistet sein muß. Mit Rücksicht auf die periodischen Instandsetzungsarbeiten wäre es zweifelsohne wünschenswert, wenn die Laufbüchsen in den Stahlzylindern leicht ausgewechselt werden könnten. Abb. 54 zeigt eine frühere Ausführung, bei der die Laufbüchsen durch Federn auf ihre Dichtflächen

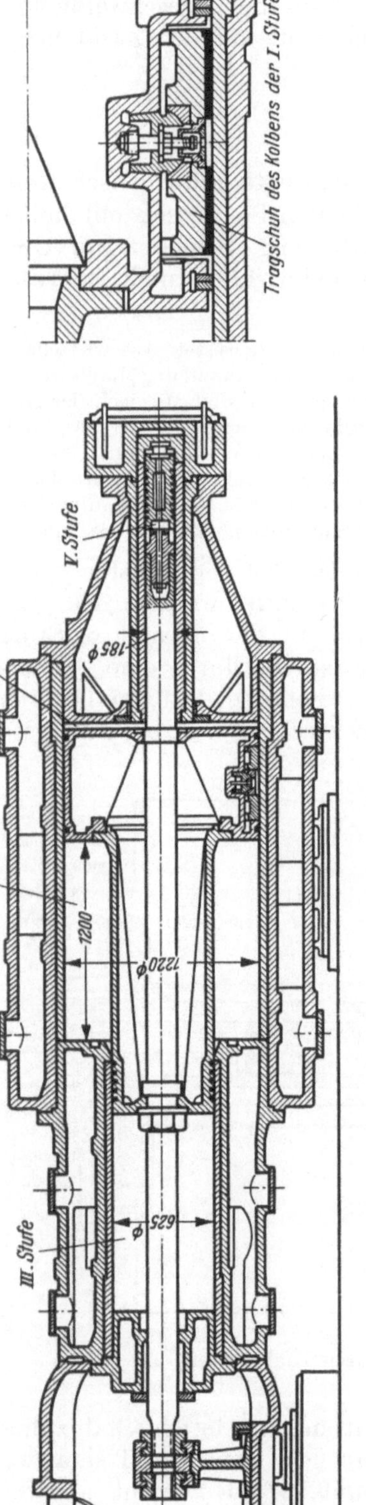

Abb. 55. Zylindergruppe (III/I/IV) eines sechsstufigen Verdichters mit Schleppkolben

(Schleifflächen oder auch Weicheisenringe) gepreßt wurden. Alle Laufbüchsen waren hierbei so angeordnet, daß der höhere Gasdruck zwischen Stahlzylinder und Laufbüchsen gelangen konnte und letztere daher vom inneren Überdruck entlastete. Wird dies nicht beachtet und die Laufbüchse durch den inneren Überdruck beansprucht, so kann es leicht vorkommen, daß während des Anfahrens die Laufbüchsen überbeansprucht werden und ausgehend von den Bohrungen für die Schmierung der Länge nach aufreißen.

Solange sich die Laufbüchsen durch die Erwärmung noch nicht genügend gedehnt und sich an die Bohrung der Stahlzylinder angelehnt haben, können sie ja von den Stahlzylindern, die sich infolge der guten Kühlung kaum ausdehnen, nicht entlastet werden.

Die Befestigung der Laufbüchsen durch Federn hat sich nur in der letzten (6.) Stufe bewährt. In allen übrigen Stufen traten zeitweise Schwierigkeiten (Klopfgeräusche, Längs- und Querrisse an der Laufbüchse) auf, die aller Voraussicht nach auf unzulängliche Anpressung durch die kleinen zylindrischen Schraubenfedern und ungenauen Herstellungstoleranzen zurückzuführen waren; z. B. war es durchaus möglich, daß bei mangelhafter Schmierung, die durch eine vorübergehende chemische Verunreinigung im Gas verursacht worden war, die Kolben- bzw. Kolbenringreibung so groß wurde, daß der Anpreßdruck der Federn nicht mehr ausreichte, um zu verhindern, daß die Kolben die Laufbüchsen mitnahmen[1]. Bei der letzten (6.) Stufe ist immer ein hoher Gasüberdruck vorhanden und werden die Druckfedern nur beim Anfahren und Abstellen der Maschine beansprucht. Wird darauf geachtet, daß beim Anfahren die Hochdruckseite allmählich hochgefahren wird und daß die Laufbüchse im hinteren Ende nicht nur in axialer Richtung, sondern auch im Durchmesser genügend Spiel hat, so kann diese Ausführung nie Schwierigkeiten bereiten und daher beibehalten werden. Da bei normalen Betriebsbedingungen ein größerer Verschleiß zumeist nur an der Laufbüchse der letzten Stufe auftreten kann, ist dies besonders wichtig, wenn es an Ort und Stelle Schwierigkeiten bereitet, die vorhandenen Zylinder auszubohren und neue Laufbüchsen einzuschrumpfen.

[1] Es ist denkbar, daß durch Verwendung der in der Zwischenzeit erhältlichen Tellerfedern, welche auf gleichem Raum wesentlich höhere Anpreßdrücke erreichen lassen, eine befriedigende Befestigung leicht auswechselbarer Laufbüchsen erzielt werden kann. Ein Versuch wäre auf alle Fälle lohnenswert.

7.3 Kolben, Kolbenringe und Kolbenringverschleiß

Wie aus den vielen Abbildungen ausgeführter Maschinen zu ersehen ist, sind je nach Zweckmäßigkeit die Kolben aus Gußeisen, geschmiedetem Stahl oder Stahlguß oder von geschweißter Ausführung, wenn es auf geringes Gewicht besonders ankommt. Bei größeren Maschinen werden Bauarten mit Schwebekolben, wie sie Abb. 132, 133 zeigen, den Ausführungen mit Schleppkolben, wie Abb. 55, 125, 129 oft vorgezogen. Die freischwebenden Kolben, welche von den Kolbenstangen getragen werden, haben in den Zylindern reichlich Spiel. In der Zylinderbohrung gleiten nur die zur Abdichtung dienenden Kolbenringe, die Bohrung des Zylinders wird sich daher nur wenig und gleichmäßig abnutzen. Bei betriebswarmer Maschine können geringe Verlagerungen der Mittelachsen der hintereinanderliegenden Zylinder bei freischwebenden Kolben den Lauf der Maschine nicht stören, da sich die Kolbenringe, welche längs der Bohrung gleiten, in den Nuten des Kolbens frei bewegen können.

Bei größeren Verdichtern, die beispielsweise durch Dampfmaschinen angetrieben werden, lassen sich Ausführungen mit Schleppkolben, bei denen der Verdichterteil nicht so lang wird, oft nicht vermeiden. Abb. 55 zeigt im Schnitt eine derartige Ausführung an einem Sechsstufenverdichter, welche jedoch die Nachteile üblicher Schleppkolben vermeidet. Die andere Zylindergruppe ($IV/II/II/VI$) ist analog aufgebaut und mit einem ähnlichen Schleppkolben ausgerüstet. Die schweren als Differentialkolben ausgeführten Schleppkolben gleiten nicht unmittelbar in den Zylinderbohrungen, ihr Gewicht wird über kuglige Pfannen von einem mit Weißmetall ausgegossenen Tragschuh aufgenommen. Der Kolben kann sich daher in gewissen Grenzen in der Zylinderbohrung frei einstellen. Diese Ausführung mit einem in kugligen Pfannen gelagerten besonderen Gleitschuh hat sich auch bei sehr langen, in einer Achse angeordneten Hochdruckverdichtern zur Unterstützung des aus Schmiedestahl hergestellten Differentialkolbens bewährt.

Bei den Hochdruckstufen sind die Kolben vielfach mit der Kolbenstange aus einem Stück, nur der Kolben der letzten Stufe wird zumeist frei beweglich an die Kolben-

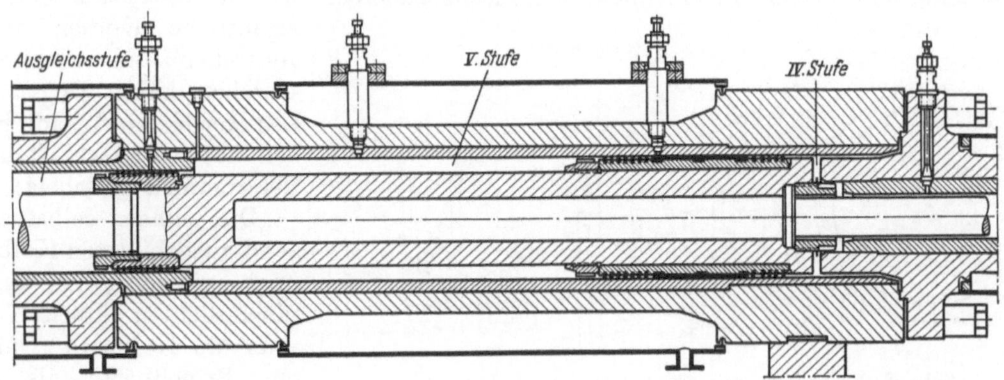

Abb. 56. Kolben der 4./5. Stufe eines Sechsstufen-Verdichters mit besonderen Kolbenringträgern

stange angelenkt. Gußeiserne Ringträger nach Abb. 56, welche aus Gründen leichter Auswechselbarkeit ausgeführt wurden, werden kaum noch verwendet. Während der Anfahrperiode und bei Störungen, die einen größeren Verschleiß und dadurch eine größere Erwärmung verursachen, können zwischen den Kolbenringträger und dem eigentlichen Kolbenkörper Temperaturunterschiede auftreten, welche das Gewinde zur Befestigung der Büchse verquetschen und die Büchse dadurch lockern können. Es liegen heute mit in Stahlkolben unmittelbar eingearbeiteten Nuten so gute Betriebserfahrungen vor, daß sich im allgemeinen Konstruktionen mit Hilfskolben, die im Betrieb leicht zu erheblichen Störungen Anlaß geben können, erübrigen.

Die Kolben der Endstufen müssen sich nach ihrer Zylinderbohrung frei einstellen können. Bei der Montage sind in der Lage der Zylinderachse der Endstufe gegenüber jener der vorgebauten Zylinder vielfach kleine Abweichungen unvermeidbar. Diese können sich im betriebswarmen Zustand noch vergrößern. Wird der Kolben durch seit-

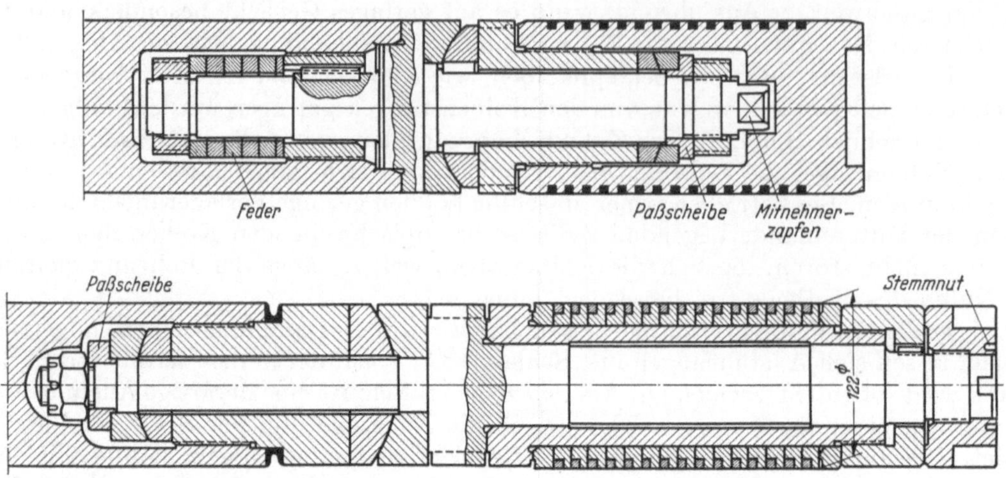

Abb. 57. Kolben der Endstufen von Hochdruckverdichtern

liche Kräfte beansprucht, werden bei den hohen Arbeitsdrücken der Kolben, die Laufbüchse und vor allem die Kolbenringe in kurzer Zeit zerstört. Auf Abb. 57 sind zwei verschiedene Ausführungen von Kolben gegenübergestellt, wie sie sich für Drücke bis zu 450 at bewährt haben. Das obere Bild zeigt einen Kolben mit selbstspannenden Ringen, die auf den gußeisernen Kolben übergestreift werden, das untere Bild einen Kolben mit Kammerringen, wie er insbesondere für kleinere Durchmesser (< 100 mm) ausgeführt wird. Beide Konstruktionen lassen erkennen, wie durch ein Kugelgelenk in Verbindung mit besonders eingepaßten Zwischenscheiben erreicht wird, daß sich der eigentliche Kolben etwas verdrehen und radial verschieben kann. Gegen ein Losewerden sind beide Kolben durch Federkraft bzw. Verstemmen gesichert.

Die zumeist selbstspannend ausgebildeten Kolbenringe werden aus einem zähen dichten Gußeisen mit einer um 10 bis 15% höheren Brinellhärte als das Zylindereisen hergestellt.

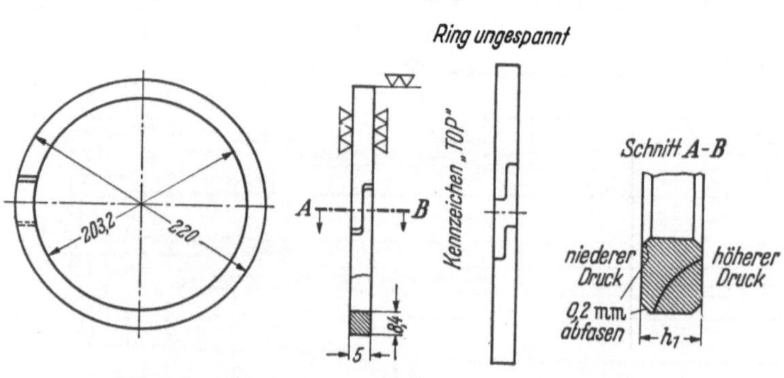

Abb. 58. Kolbenring mit überlapptem gasdichten Stoß

Schmale Ringe mit leicht abgerundeten Kanten haben sich besser bewährt als breite. Für Maschinen mit Drehzahlen unter 300 U/min verringern Kolbenringe mit gasdichtem Stoß (s. Abb. 58), wie sie Spezialfirmen herstellen, die inneren Undichtigkeiten und dadurch den Leistungsbedarf. Für Maschinen mit höherer Drehzahl genügen im allgemeinen schräg geschlitzte Ringe. Auf genügendes Spiel im Stoß ist beim Einbau der Ringe sorgfältig zu achten. Kolbenringe und Ringnuten im Kolben müssen glatte Flächen aufweisen, da sonst ihr Gleiten behindert wird. Bei hohen Drücken ist darauf besonders sorgfältig zu achten, weil sonst die Ringe rasch zerstört werden.

Für die Zahl z der Kolbenringe, welche in den einzelnen Stufen anzuordnen sind, ist die Formel $z \doteq \sqrt{\Delta p}$ mit Δp als größte Druckdifferenz in at, die an der betreffenden Stufe abzudichten ist, gut brauchbar.

Vielfach wird die Abnützung der Kolbenringe und der Zylinder bzw. Laufbüchsen nach der Härte der aufeinandergleitenden Flächen beurteilt. Entsprechend der allgemein bekannten Tatsache, daß sich das harte Material stärker abnutzt als das weiche, ist man bestrebt, die Kolbenringe etwas härter zu halten als den Zylinderlauf, um letzteren so wenig wie möglich zu verschleißen. Es hat sich jedoch gezeigt, daß der Härteunterschied der aufeinandergleitenden Flächen von geringerer Bedeutung ist. Bei

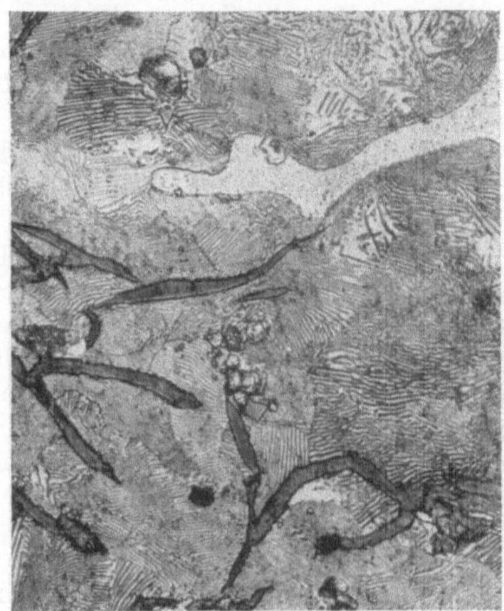 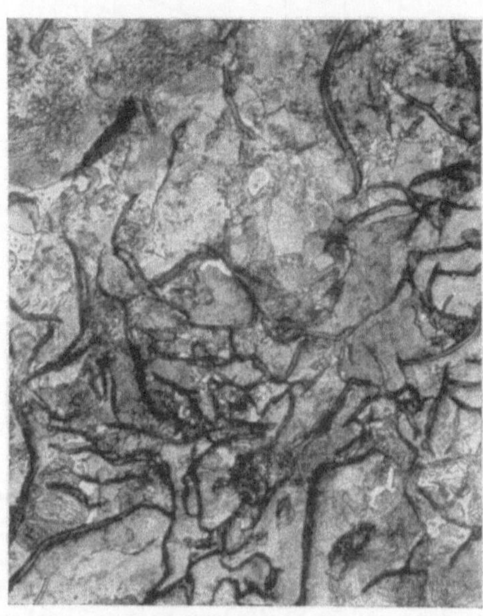

Abb. 59. Mikroschliffe (500 : 1) von Kolbenringen; links: gutes Gefüge, rechts: schlechtes Gefüge

höheren Beanspruchungen und besonders bei mangelhafter Schmierung[1] ist erwiesen, daß das Gefüge des Gußeisens von größerer Bedeutung ist. Dieses soll aus einer rein perlitischen Grundmasse ohne freien Ferrit bestehen, in der mittelgroße Graphit- und Phosphidkristalle eingebettet liegen. Das linke Mikroschliffbild von Abb. 59 zeigt ein solch erwünschtes Gefüge.

Die Graphit- und Phosphidausbildung begünstigt anscheinend die Ölhaltefähigkeit der an der Kolbenringlauffläche sich nach dem Einlaufen bildenden Tragflächen, so daß auch in den am schlechtesten geschmierten Flächen des Zylinders noch genügend Öl an die Lauffläche kommt, um Trockenreibung zu verhindern. Für die höheren Druckstufen bei Hochdruckverdichtern hat es sich daher als notwendig herausgestellt, die Kolbenringe aus einer gegossenen Büchse herzustellen, da auf diese Art ein Gefüge nach Abb. 59 links leichter verwirklicht werden kann.

Das rechte Schliffbild von Abb. 59 zeigt ein Gefüge, daß kennzeichnend ist für schroffe Abkühlung, wie es bei dem heute hauptsächlich angewandten Verfahren, die Kolbenringe im Einzelringguß mit geringsten Bearbeitungszugaben herzustellen, erhalten wird. Der Perlit ist so fein verteilt, daß er vom Mikroskop nur an wenigen Stellen aufgelöst wird und ziemlich dunkel erscheint; das Phosphidnetz ist viel feinmaschiger; ferner ist freier Zementit vorhanden.

7.4 Schmierung

7.4.1 Zylinderschmierung

Die unter den wechselnden Gasdrücken und -temperaturen aufeinandergleitenden Flächen im Zylinder, an der Kolbenstange usw. werden mit hochwertigen Spezialölen (Zylinderöle) geschmiert, welche von der Beschaffenheit des Gases und den auftretenden

---

[1] Bei Verdichtern für die chemische Industrie kann mit Sicherheit nie vermieden werden, daß von Zeit zu Zeit Verunreinigungen, auch chemischer Natur, mit dem Gas mitverdichtet werden, welche die Schmierfähigkeit der verwendeten Schmiermittel herabsetzen und durch Verschleiß vor allem die Kolbenringe rasch zerstören.

Drücken und Temperaturen abhängig sind. Diese Öle sollen einen tragfähigen Schmierfilm bilden und nicht nur die Reibung und Abnutzung verringern, sondern auch die feinen Spalten zwischen den gleitenden Flächen abdichten. Durch zwangläufig angetriebene Mehrfachstempelpressen wird jeder zu schmierenden Fläche (Zylinderlauf, Stopfbüchse) das Zylinderöl unmittelbar zugeführt, und zwar derart, daß jede Stelle ihr Schmieröl zwangläufig erhält. In jede Schmierleitung ist außerdem möglichst nahe der Schmierstelle ein Rückschlagventil einzubauen.

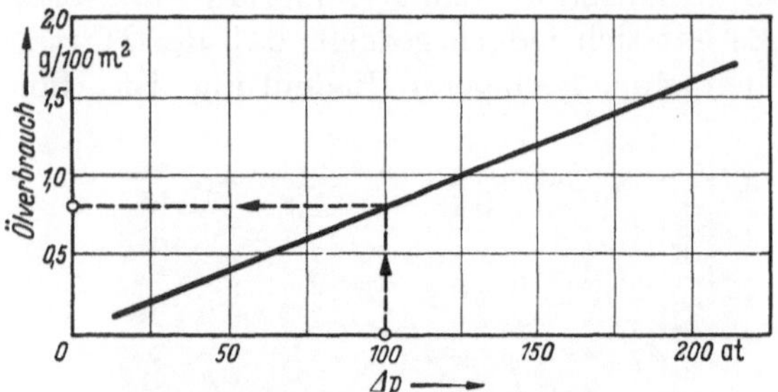

Abb. 60. Ölverbrauch für Zylinderschmierung

Der Ölverbrauch eines Verdichters richtet sich, wie bei jeder Kolbenmaschine, nach den in den Zylindern und an den Stopfbüchsen von den Kolben, Kolbenringen und Kolbenstangen überstrichenen Gleitflächen und wächst mit zunehmender Druckdifferenz. Abb. 60 gibt einen Anhalt für den auf 100 m² überstrichene Fläche bezogenen Ölverbrauch. Für jede Schmierstelle kann er nach dem jeweilig vorhandenen Druckunterschied der Abb. 60 entnommen und für eine beliebige Zeitspanne berechnet werden. Unter Δp ist der größte Druckunterschied zwischen den durch den Kolben getrennten Zylinderräumen bzw. zwischen dem Raum vor und hinter der Stopfbüchse zu verstehen. Für letztere sind die Werte nach Abb. 60 mindestens zu verdoppeln.

Beispiel: Für den sechsstufigen Luftverdichter nach Abb. 125 ist der stündliche Ölverbrauch für die Zylinderschmierung zu ermitteln. In der nachstehenden Tabelle sind die den Ölverbrauch an den einzelnen Schmierstellen bestimmenden Werte aufgeführt. Δp_{max} ist der größte Druckunterschied, den die Ringe zwischen den einzelnen Stufen bzw. nach außen abzudichten haben. Die zu schmierende Fläche F in 100 m²/h wurde nach der Gleichung $D\pi(s + l)\,2\,n\,60/100$ mit s für den Hub und l für die mit Dichtungsringen ausgerüstete Kolben- bzw. Stopfbuchslänge errechnet.

	Druck im Zylinder p_a/p_e at	Druckunterschied Δp_{max} at	Fläche F in 100 m²/h	Ölmenge g/100 m²	g/h
Stopfbüchse 3. Stufe	8/20	20	56	0,35	20
Zylinder 3. Stufe	8/20	16,8	149	0,15	23
Zylinder 1. Stufe	1/3,2	2,2	374	0,15	56
Zylinder 5. Stufe	50/115	111,8	58	0,9	52
Stopfbüchse 4. Stufe	20/50	50	55	1,0	55
Zylinder 4. Stufe	20/50	42	98	0,40	40
Zylinder 2. Stufe	3,2/8,0	4,8	187	0,15	28
Zylinder 6. Stufe	115/200	192	41	1,6	66
			Σ 1018	$\sim$ 0,34	340

Für die Maschine mit einer Fördermenge von 3000 m³/h und einem Leistungsbedarf von 650 kW bei 200 at Gegendruck ergibt sich ein spezifischer Ölverbrauch von 340/650 = 0,52 g/kWh.

Enthält das Gas öllösende Bestandteile, dann müssen die Werte entsprechend erhöht werden. Während des Einlaufens der Maschine muß selbstredend reichlicher geschmiert werden.

Die Gleitflächen eines Kolbenverdichters, die während eines Arbeitsspiels den stark schwankenden Temperaturen ausgesetzt sind, sollen, wie bei allen übrigen Kolbenmaschinen, nur so wenig wie gerade erforderlich geschmiert werden. Durch zu reichliche Schmierung verölen die Ventile stark, wodurch sie in ihrer Arbeitsweise ungünstig beeinflußt werden. An den Druckventilen zersetzt sich das Öl, wodurch sich diese durch den sich bildenden Ölkoks nicht nur allmählich zusetzen, sondern auch verschleißen.

Auch bestes Öl verliert unter längerer Einwirkung hoher Temperaturen an Schmierfähigkeit und bildet Ölkoks.

An den Saugventilen, vor allem denen der Hochdruckstufen, führt das bei niedrigen Temperaturen zähe Öl zum Kleben der Ventilplatten. Die Ventile öffnen dadurch zu spät und zu hart, wodurch leicht Federn und Ventilplatten zu Bruch gehen. Durch fehlerhafte Ausbildung der Ventilnester in den Zylindern kann die ungünstige Beeinflussung der Ventilbewegungen durch das Öl noch vervielfacht werden.

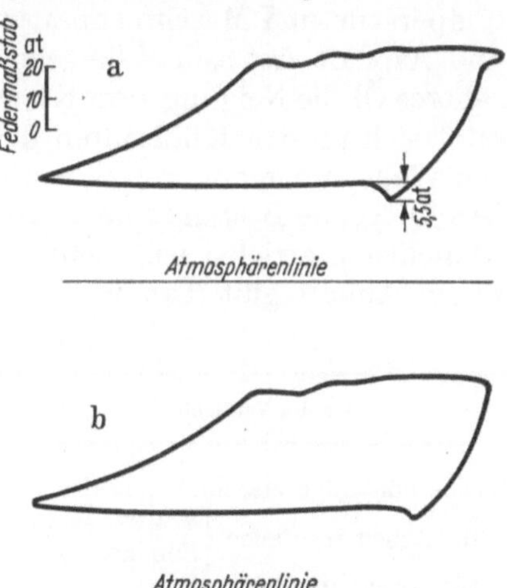

Abb. 61. Indikatordiagramme der 2. Stufe eines vierstufigen Hochdruckverdichters

Abb. 61a zeigt ein fehlerhaftes Indikatordiagramm der 2. Stufe eines vierstufigen Verdichters, der Synthesegas bei 10 at ansaugt und auf 325 at verdichtet. An den Druckstücken, mit welchen die Druckventile auf ihre geschliffenen Sitzflächen im Zylinder gedrückt werden (s. Abb. 62), fehlten die Schlitze bei i. Dadurch konnte sich dort ein kleiner Ölsumpf bilden, der verhinderte, daß sich die Ventilplatte im Totpunkt rechtzeitig schloß. Nachdem die Schlitze eingefräst waren, arbeitete die Ventilplatte einwandfrei. Ähnlich war es auch beim Saugventil. In der Aussparung für den Hubfänger b entsteht in dem aus Stahl gegossenen Zylinder eine Tasche, in der das Schmieröl einen Sumpf bilden konnte, welcher das rechtzeitige Öffnen des Ventils verhinderte. Nachdem ein schräges Loch k zu dem Hubraum des Zylinders gebohrt worden war, öffnete auch das Saugventil nahezu rechtzeitig. Ein nach der Änderung aufgenommenes Indikatordiagramm zeigte Abb. 61b. Unterstützt wurde dieses fehlerhafte Arbeiten noch dadurch, daß mit einem sehr zähen Öl[1] geschmiert worden war.

Es ist sorgfältig darauf zu achten, daß in den Zylindern und anschließenden Rohrleitungen keine Räume vorhanden sind, in welchen sich das Öl oder sonstige Flüssigkeiten sammeln können. Wird das Öl von Zeit zu Zeit in größeren Mengen aus diesen Nestern durch den Luft- oder Gasstrom mitgerissen, so sind saugseitig Feder- und Platten-

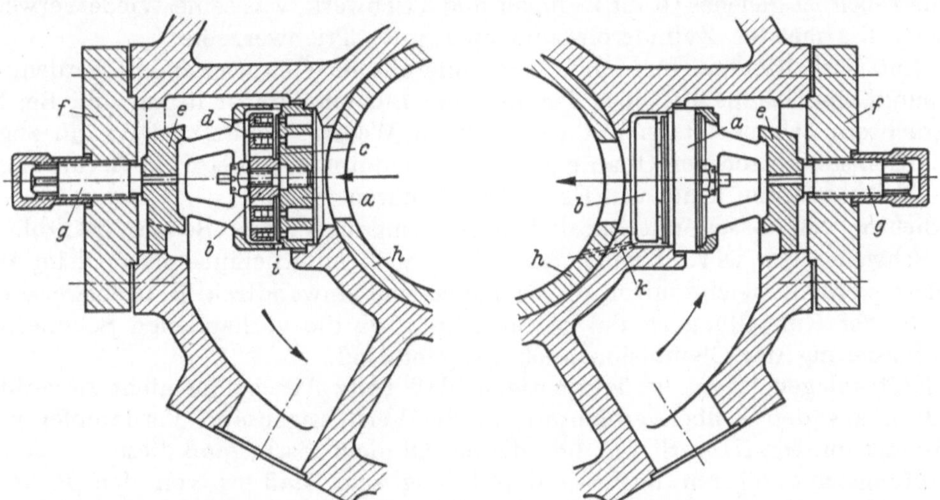

Abb. 62. Anordnung der Ventile der 2. und 3. Stufe eines vierstufigen Hochdruckverdichters

a Ventilsitz	d Ventilfedern	g Druckschraube	k Bohrung zum Beseitigen
b Hubfänger	e Ventilkorb	h Laufbüchse	des Ölsumpfes
c Ventilplatte	f Ventildeckel	i Aussparungen am Ventilkorb	

brüche der selbsttätigen Ventile unvermeidlich. An den heißen Druckseiten der Verdichter sind die Leitungen bis zu den Kühlern oder Windkesseln möglichst kurz und auch so auszubilden, daß sich nirgends Öl ansammeln kann. Je länger das Schmieröl mit der heißen Luft in Berührung ist, um so mehr neigt es zur Zersetzung und bildet Rückstände,

---

[1] Viscosität bei 50 °C 32 °E, bei 100 °C 3,8 °E. Flammpunkt 283°, Brennpunkt 320°, Stockpunkt bei —2°. Ausführliches darüber s. F. Fröhlich, Neue Bauelemente im Hochdruckverdichterbau. Maschinenelemente-Tagung Düsseldorf 1938. VDI-Verlag 1940, S. 13/19 [17].

welche bei auftretenden Übertemperaturen Explosionsherde für den von der Luft mitgeführten Ölnebel bilden können.

Hinweise für die Auswahl der Zylinderöle. Die mit Rücksicht auf Gasart, Höchsttemperatur und Maschinenbauart auszuwählenden Zylinderöle müssen von Säure, Harz und Asphalt frei sein. Wie schon erwähnt, sollen die Zylinderöle nicht zu zäh sein, da zäheres Öl die Neigung zum Kleben und Brechen der Ventilplatten vergrößert. Außerdem setzt sich an den Kühlrohren der Zwischenkühler gasseitig eine dickere Ölhaut ab, was den Wärmeübergang verschlechtert und den Kraftbedarf unnötig erhöht. Nur wenn das Gas öllösende Bestandteile enthält oder wenn man bei sehr hohen Drücken eine bessere Abdichtung erzielen will, sind mitunter zähere Öle trotz niedriger Gastemperatur nötig. Einen Anhalt gibt Tab. 9:

Tabelle 9. *Zylinderöle für Kolbenverdichter*

Art des Verdichters	Flammpunkt °C	Zähigkeit in °E bei 50 °C	Stockpunkt °C	Dichte in kg/l
Kleine einstufige Maschine (bis 6 atü)				
für Arbeit im Freien { Winter	200 bis 235	6 bis 7	—30 bis —20	
Sommer	215 bis 245	11 bis 16	—20 bis —10	
für Arbeit im Raum (Winter und Sommer)	215 bis 245	11 bis 16	—20 bis —10	
Normale Maschine (<30 at) { unter 140°	210 bis 235	7 bis 10		0,88 bis 0,93
über 140°	230 bis 260	13 bis 20	—20 bis + 5	
Hochdruckverdichter je nach Bauart und Endtemperatur	220 bis 310	9 bis 40		
Normale NH_3-Kältemaschine bis —20° Verdampfungstemperatur	170 bis 195	3 bis 4	—30	

Anzustreben ist gleiches Öl für Zylinder und Triebwerk, was seine Wiederverwendung erleichtert. Die meisten Zylinderöle sind auch gute Triebwerksöle.

Für Luftverdichter dürfen nur reine mineralische Öle verwendet werden, deren Flammpunkt mindestens 40° über der höchsten Lufttemperatur liegen soll. Bei Sauerstoffverdichtern schmiert man mit destilliertem Wasser, dem 2% Glyzerin zugesetzt werden. Kleinste Spuren von Öl an den mit verdichtetem Sauerstoff in Berührung kommenden Teilen würden schon zu Explosionen führen.

Verdichter von Gasen mit öllöslichen Beimengungen, wie Benzin, Benzol, Naphthalin, Schwefelsäure usw., können vorteilhaft auch mit Ölemulsionen (Öl im Wasser) geschmiert werden, welche mitunter sogar erst eine einwandfreie Betriebsweise ermöglichen. Bei der Umstellung ist darauf zu achten, ob die vorhandenen Schmierpressen für die Förderung der Ölemulsion auch geeignet sind.

Bei Kälteanlagen ist zu berücksichtigen, daß trotz Abscheider nicht zu verhindern ist, daß Öl aus den Kolbenverdichtern in die Verflüssiger und Verdampfer gelangt. Bei Kältemitteln, wie NH_3, SO_2 u. dgl., die das Öl nicht lösen, muß dieses bei den tiefen Verdampfungstemperaturen noch so dünnflüssig sein, daß es von den Rohren der Wärmetauscher ablaufen kann, ohne deren Wärmedurchgang allzusehr zu verschlechtern. Bei Kältemitteln, wie Frigen[1], Methylchlorid u. dgl., welche das Öl auflösen können, müssen Zylinderöle entsprechend hoher Viskosität gewählt werden, damit die Schmierung der Maschine trotz der geringeren Zähigkeit des Gemisches noch ausreichend ist.

7.4.2 Triebwerksschmierung

Das Triebwerk neuzeitlicher Kolbenverdichter wird fast ausschließlich durch umlaufendes Drucköl geschmiert und muß, um Ölverluste zu vermeiden, vollständig eingekapselt sein. Bei kleineren Maschinen wird durch von der Kurbelwelle zumeist direkt

---

[1] Frigen (Freon) ist eine synthetische Flüssigkeit, welche bei mäßigen Temperaturen und Drücken leicht verdampft und sich wieder verflüssigt. Freon ist nicht giftig und nicht brennbar.

angetriebene Pumpen das Öl unmittelbar aus der Grundplatte des Verdichters angesaugt und über Filter und evtl. Kühler den Schmierstellen des Triebwerkes unter einem Druck von 1 bis 3 at zugeführt. Bei größeren Maschinen wird das umlaufende Öl aus einem besonderen Sammelbehälter von einer zumeist durch Elektromotor angetriebenen Pumpe angesaugt, wobei durch entsprechende Schaltung dafür zu sorgen ist, daß der Hauptantriebsmotor nicht anspringt bzw. stillgesetzt wird, wenn die Schmierölpumpe nicht arbeitet oder der Öldruck unter einen bestimmten Wert absinkt. Der Behälter, in dem das ablaufende Öl sich sammeln und etwaige Schwebestoffe und Schwitzwasser absetzen soll, muß so groß sein, daß das Öl nicht öfter als acht- bis zehnmal in der Stunde umgewälzt wird. Das Triebwerksöl muß emulsionsfest und trotz lang andauernder Beanspruchung von weitgehend gleichbleibender Beschaffenheit (alterungsbeständig) sein.

7.5 Kühler

Hinter den einzelnen Arbeitsstufen mehrstufiger Verdichter werden Wärmetauscher angeordnet, in denen die verdichteten heißen Gase zumeist durch Wasser abgekühlt werden. In diesen Kühlern wird nahezu alle in Wärme umgesetzte mechanische Arbeit in das Kühlwasser abgeleitet.

7.5.1 Bauarten

Am meisten sind folgende grundsätzliche Bauarten anzutreffen:

Für niedere Drücke bis 30 at:

1. Röhrenbündelkühler im Kreuzstrom nach Abb. 63.

Um die für guten Wärmeübergang erforderliche Gasgeschwindigkeit zu erzielen, werden durch sogenannte Schikanbleche die im Inneren eines zylindrischen Behälters strömenden Gase mehrmals senkrecht um die in versetzten Reihen angeordneten Rohre umgelenkt, in denen das Kühlwasser fließt.

2. Lamellenkühler, Abb. 64.

Vorteilhafte Bauart für reine Gase, welche, wie bei den Kreuzstromkühlern, senkrecht um die Rohre herum strömen. Zur Vergrößerung der wärmeaufnehmenden Flächen sind auf die vom Kühlwasser durchströmten Rohre dünne Lamellen aus Stahl- bzw.

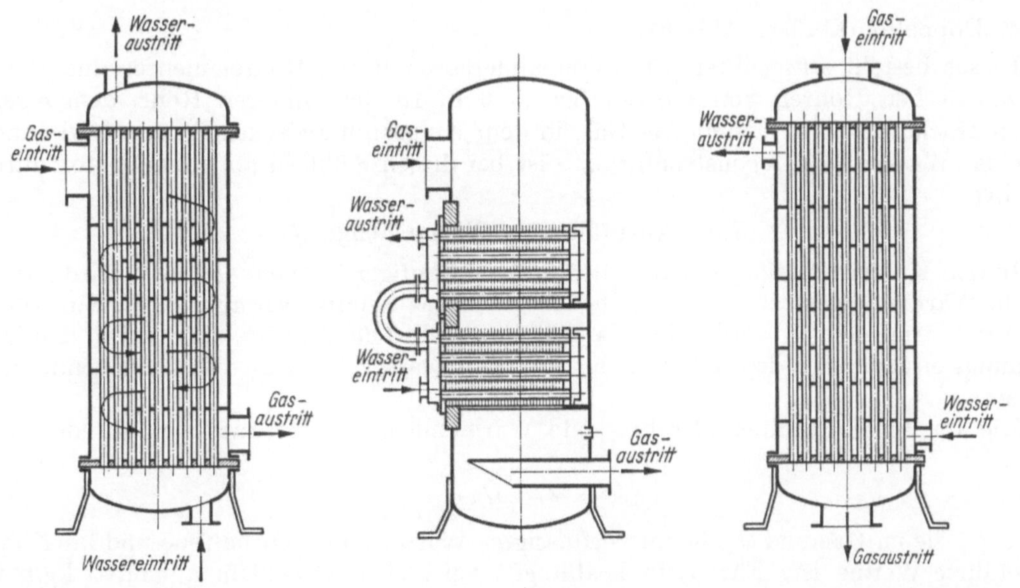

Abb. 63. Röhrenbündelkühler im Kreuzstrom   Abb. 64. Lamellenkühler   Abb. 65. Röhrenbündelkühler im Gegenstrom

Messingblech aufgeschoben. Bei größeren Kühlern werden die Kühlrohre in einzelne Gruppen, auch Kühlelemente genannt, zusammengefaßt, die hintereinander angeordnet werden. Die durch Rippenrohre erzielte Raumersparnis ermöglicht, größere Puffer- und Abscheideräume im Kühlerbehälter unterzubringen, wodurch die Strömungsverluste geringer werden und das Schmieröl sowie das niedergeschlagene Wasser sich wirksamer abscheiden lassen.

3. Röhrenbündelkühler im Gegenstrom, Abb. 65.

Diese Bauart, bei der die Gase im Innern der Rohre, das Kühlwasser außen längs der Rohre fließt, wird für stark verunreinigte Gase gewählt, bei denen sich die Kreuzstromkühler und Lamellenkühler zu schnell zusetzen würden. Nach Abbau der Behälterböden können die Rohre von innen leicht gereinigt werden. Diese Bauart ist sehr empfindlich gegen wasserseitige Korrosionen am Gaseintritt.

Für höhere Drücke:

4. Rohrschlangenkühler, Abb. 66.

Die Gase strömen im Innern der schlangenförmig gewundenen Rohre, die in einem Behälter mit Kühlwasser angeordnet sind.

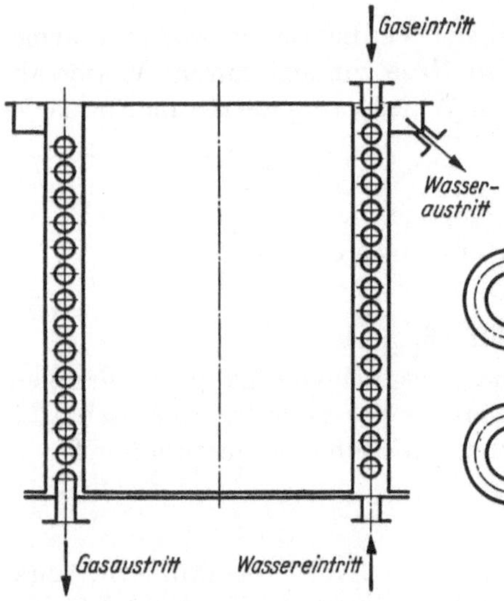

Abb. 66. Rohrschlangenkühler

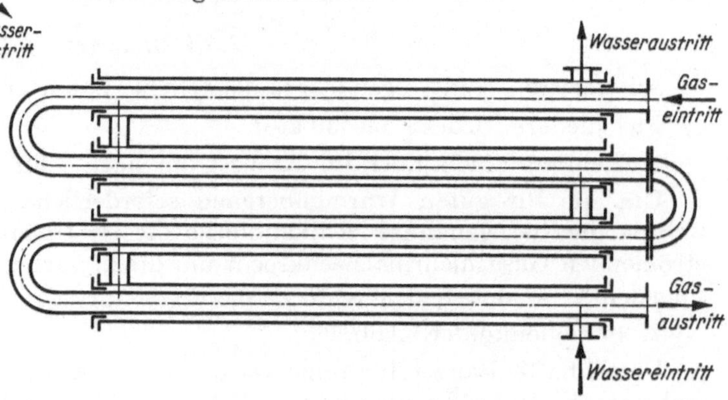

Abb. 67. Doppelrohrkühler

5. Doppelrohrkühler, Abb. 67.

Dieser besteht aus mehreren hintereinandergeschalteten Rohrelementen aus je zwei konzentrischen Rohren von Längen bis zu 6 m. In dem inneren Rohr, dem eigentlichen Hochdruckrohr, strömt das Gas, in dem Ringraum zwischen Außen- und Innenrohr das Wasser. Das Gegenstromprinzip ist bei diesen Kühlern am wirksamsten durchgeführt.

7.5.2 Abzuführende Wärmemenge Q

In den Kühlern hinter jeder Arbeitsstufe mehrstufiger Kolbenverdichter wird nahezu alle in Wärme umgesetzte mechanische Arbeit in das Kühlwasser abgeleitet. Nur relativ geringe Wärmemengen werden in den Zylindern selbst (s. Abschn. 2.3) und in den Verbindungsleitungen zu den Kühlern an das Kühlwasser bzw. an die umgebende Luft abgeführt.

Die im Zwischenkühler abzuführende Wärmemenge Q errechnet sich aus der Gleichung

$$Q = Q_g + Q_w, \tag{81}$$

wobei Q_g die im Gas und Q_w die im verflüssigten Wasserdampf enthaltene und im Kühler abgeführte Wärme ist. Für Q_g in kcal/h gilt bei gleichbleibendem c_p und G kg/h für die Fördermenge

$$Q_g = G\,c_p\,(tg_1 - tg_2). \tag{82}$$

Die Fördermenge G kg/h und die spezifische Wärme c_p müssen bekannt sein. Die Temperatur tg_2 des Gases beim Austritt aus dem Kühler wird gewöhnlich mit 5 bis 10 °C über der Kühlwassereintrittstemperatur angenommen. Ferner kann im allgemeinen angenommen werden, daß die Temperatur tg_1, mit der das Gas in den Kühler eintritt, mit der Endtemperatur bei adiabater Verdichtung übereinstimmt. Die Temperaturzunahme während des Ansaugens wird hierbei durch die Abkühlung während des Ausschiebens ausgeglichen, was im allgemeinen auch zutrifft. tg_1 kann danach leicht aus Taf. XXIII ermittelt werden.

Am einfachsten rechnet man Q_g auf Grund der Annahme, daß die gesamte indizierte Leistung N_i' der betreffenden Stufe im Zwischenkühler als Wärme abzuführen ist, d. h. Q_g in kcal/h $= 860\,N_i'$ mit N_i' in kW.

Im Hochdruckgebiet wird dann entsprechend der auf die Zustandsänderung im Zylinder und Kühler angewendeten Gleichung

$$Q_g = 860\,N_i' + G(i_1 - i_2), \tag{82a}$$

wenn i_1 die Enthalpie bei Beginn der Verdichtung und i_2 die beim Austritt aus dem Kühler ist. Der Anteil von $i_1 - i_2$ ist besonders groß bei Gasen, deren kritische Temperatur verhältnismäßig hoch liegt. $i_1 - i_2$ läßt sich nur aus der Entropietafel entnehmen.

Die im geförderten Gasvolumen mitangesaugte Wasserdampfmenge wird zumeist so errechnet, das angenommen wird, daß das Gas mit Wasserdampf völlig gesättigt angesaugt wird. Aus den Dampftabellen bzw. aus Taf. X kann dann für die jeweilige Ansaugetemperatur die im Gas enthaltene Wasserdampfmenge ϱ_D in kg/m³ unmittelbar entnommen werden. Ist eine bestimmte relative Feuchte $\varphi = P_D/P'$ gegeben, so erhält man das in 1 m³ Gas enthaltene Dampfgewicht zu ungefähr $\varphi\,\varrho_D$. Das im Zwischenkühler verflüssigte Dampfgewicht G_w kann leicht errechnet werden, da das Gas von der folgenden Arbeitsstufe im gesättigten Zustand weiter verdichtet wird.

Dies setzt natürlich voraus, daß von dem Kühler der verflüssigte Wasserdampf auch wirklich vollkommen abgeschieden und nicht als kleine Tröpfchen zum Teil wieder von der nächsten Arbeitsstufe mitangesaugt wird.

Als Wärmeabgabe sind die Überhitzungs-, Verflüssigungs- und Unterkühlungswärmen einzusetzen, die bei Wasser rd. 600 kcal/kg betragen. Die im Zwischenkühler für den verflüssigten Wasserdampf abzuführende stündliche Wärmemenge errechnet sich daher zu $Q_w = 600\,G_w$.

Der Anteil der Verflüssigungswärme für Wasserdampf an der gesamten Leistung des Kühlers ist um so größer, je höher die Ansaugetemperatur und je tiefer die Rückkühltemperatur ist. Er nimmt mit steigendem Druckverhältnis ab. Der größte Teil des Wasserdampfes wird in dem Kühler nach der ersten Druckstufe niedergeschlagen, wie auch aus dem Rechnungsbeispiel auf S. 9 erkenntlich ist.

7.5.3 Grundgesetze der Wärmeleitung und -übertragung

7.5.3.1 Wärmedurchgang durch eine ebene Platte

Theoretische und experimentelle Arbeiten haben ergeben, daß die Stärke des Wärmestromes Q durch eine ebene Platte (Abb. 68) verhältnisgleich der Fläche F und dem Temperaturunterschied $(t_1' - t_2')$, umgekehrt verhältnisgleich der Stärke δ der ebenen Platte ist und schließlich auch noch von den wärmeleitenden Eigenschaften der Platte selbst abhängt. Die Gleichung für die Wärmeleitung durch eine ebene Platte lautet somit:

$$Q = \lambda\,F\,(t_1' - t_2')\,\frac{1}{\delta}. \tag{83}$$

In der Verhältniszahl λ sind die wärmeleitenden Eigenschaften des Plattenstoffes berücksichtigt. Man nennt λ deshalb auch seine Wärmeleitzahl. Normalerweise bezieht man in obiger Gleichung die Wärmemenge auf die Zeiteinheit Stunde, auf die Flächen- bzw. Längeneinheit m² und m und auf die Temperatureinheit °C. Die Wärmeleitzahl λ gibt demnach an, wieviel kcal in der Stunde

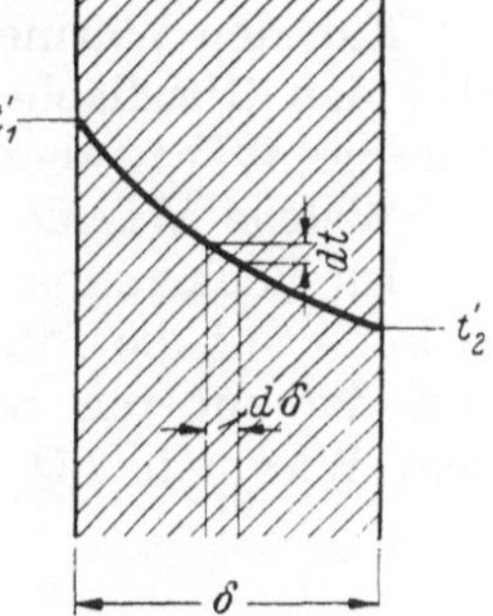

Abb. 68. Wärmeleitung durch eine Wand

durch eine Platte von der Größe 1 m² und der Dicke 1 m bei einem Temperaturunterschied von 1 °C hindurchgehen. Ihre Dimension ist daher kcal/m h grd. Der Zahlenwert von λ ist z. B.

$$
\begin{aligned}
&\text{für Isolierstoffe} \ldots\ldots\ldots\ldots\ldots && 0{,}02 \text{ bis } \quad 0{,}1 \\
&\text{für Baustoffe und Gesteine} \ldots\ldots && 0{,}5 \text{ bis } \quad 4{,}0 \\
&\text{für Metalle} \ldots\ldots\ldots\ldots\ldots\ldots && 10 \quad \text{ bis } 360
\end{aligned}
$$

Die physikalischen Untersuchungen haben gezeigt, daß sich der Wert λ mit der Temperatur ändert, und zwar im allgemeinen steigt. Strenggenommen müßte daher die Wärmeleitzahl innerhalb desselben Körpers als von Ort zu Ort veränderlich angenommen werden. Wie aus den späteren Ausführungen noch zu erkennen sein wird, kann die Wärmeübertragung nur mehr oder weniger angenähert ($\pm 15\%$) berechnet werden, so daß es sinnlos wäre, sich die Rechnung mit einer Veränderlichkeit von λ zu erschweren. Man nimmt deshalb für λ einen Mittelwert an und betrachtet diesen als unveränderlich innerhalb des ganzen Körpers.

Für eine Platte mit der unendlich kleinen Stärke gilt die Grundgleichung der Wärmeleitung

$$
dQ = (-\lambda)\, F\, \frac{dt}{d\delta}\,. \tag{84}
$$

($-$), weil mit wachsendem δ das Differentiale der Temperaturdifferenz negativ wird, das Gesamtprodukt aber positiv sein muß. Für eine ebene Platte mit gleichbleibendem λ und F muß die Temperaturkurve eine Gerade sein.

Bei der technisch wichtigsten Art von Wärmeübertragung ist nicht die Temperatur der Körperoberfläche gegeben, sondern die Temperatur der Umgebung, mit der diese Oberfläche im Wärmeaustausch steht. Dieser ist natürlich äußerst verwickelten Gesetzen unterworfen. Um die Rechnung zu vereinfachen, bedient man sich des Abkühlungsgesetzes von NEWTON.

$$
dQ = \alpha\,(t - t')\, dF\,. \tag{85}
$$

Dieses besagt, daß die Wärmemenge dQ, die ein Oberflächenelement von der Größe dF und der Temperatur t' in der Zeiteinheit von der Umgebung mit der Temperatur t aufnimmt, dem Temperaturunterschied $(t - t')$ und der Größe dF direkt proportional ist. Nimmt man an, daß längs der ganzen Körperoberfläche t und t' konstant sind, daß Beharrungszustand besteht, und bezieht man die Wärmemenge auf die Zeiteinheit Stunde, so geht die Differentialgleichung über in die Gleichung

$$
Q = \alpha\,(t - t')\, F\,. \tag{85a}
$$

In dieser ungemein einfachen Gleichung nennt man den Proportionalitätsfaktor α die Wärmeübergangszahl mit der Dimension kcal/m² h grd.

Leider lassen sich die Wärmeübergangszahlen nicht in Tabellen zusammenstellen, wie z. B. die Stoffwerte von Gasen. Die für die Werte α experimentell ermittelten Gleichungen sind zum Teil sehr kompliziert. Die Schwierigkeiten des Wärmeübergangsproblems sind daher durch die Wahl des Abkühlungsgesetzes von NEWTON nicht beseitigt, sondern nur auf die Wärmeübergangszahl zusammengedrängt worden.

Einen ungefähr größenordnungsmäßigen Anhalt geben einige wie folgt angegebene Zahlenwerte von α

$$
\begin{aligned}
&\text{bei ruhender Luft} \ldots\ldots\ldots\ldots\ldots && 3 \text{ bis } && 30 \\
&\text{bei bewegter Luft} \ldots\ldots\ldots\ldots\ldots && 10 \text{ bis } && 500 \\
&\text{bei bewegter, nicht siedender Flüssigkeit} \ldots && 200 \text{ bis } && 5000 \\
&\text{bei siedender Flüssigkeit} \ldots\ldots\ldots\ldots && 4000 \text{ bis } && 6000 \\
&\text{bei kondensierenden Dämpfen} \ldots\ldots\ldots && 7000 \text{ bis } && 12000
\end{aligned}
$$

Für den Wärmedurchgang durch eine ebene Platte ist nach Abb. 69 zu beachten, daß den Oberflächen die Umgebungstemperaturen t_1 und t_2 gegenüberstehen und hierfür die Wärmeübergangszahlen α_1 und α_2 gelten.

Welche Wärme durchsetzt nun in der Stunde die Platte?

Im Beharrungszustand muß dieselbe Wärmemenge auf der einen Seite von der Umgebung auf die Plattenoberfläche übergehen, dann die Platte durchsetzen und endlich auf der anderen Seite wieder von der Oberfläche in die Umgebung übertreten. Für den Wärmefluß Q lassen sich also drei Gleichungen aufstellen:

$$
\begin{aligned}
Q &= \alpha_1 F\,(t_1 - t_1')\,, \\
Q &= \lambda F\, \frac{t_1' - t_2'}{\delta}\,, \\
Q &= \alpha_2 F\,(t_2' - t_2)\,.
\end{aligned}
$$

Für die Temperaturdifferenzen erhält man daher

$$t_1 - t_1' = \frac{Q}{F}\,\frac{1}{\alpha_1}\,,$$

$$t_1' - t_2' = \frac{Q}{F}\,\frac{\delta}{\lambda}\,,$$

$$t_2' - t_2 = \frac{Q}{F}\,\frac{1}{\alpha_2}\,.$$

Addiert man diese drei Gleichungen, so fallen die Oberflächentemperaturen fort und man erhält

$$t_1 - t_2 = \frac{Q}{F}\left(\frac{1}{\alpha_1} + \frac{\delta}{\lambda} + \frac{1}{\alpha_2}\right) = \frac{Q}{F}\,\frac{1}{k}\,.$$

Man nennt

$\dfrac{1}{k}$ den Wärmedurchgangswiderstand,

$\dfrac{1}{\alpha_1}$ und $\dfrac{1}{\alpha_2}$ die Wärmeübergangswiderstände,

$\dfrac{\delta}{\lambda}$ den Wärmeleitungswiderstand.

Der gesamte Wärmedurchgangswiderstand ist gleich der Summe der einzelnen Teilwiderstände.

Die in der Stunde die Platte durchsetzende Wärmemenge ergibt sich daher aus der Gleichung

$$Q = k\,F\,(t_1 - t_2) \tag{86}$$

mit der Wärmedurchgangszahl k nach der Gleichung

$$k = \frac{1}{\dfrac{1}{\alpha_1} + \dfrac{\delta}{\lambda} + \dfrac{1}{\alpha_2}}\,. \tag{87}$$

Die Wärmedurchgangszahl k gibt an, wieviel Wärme durch eine Platte von 1 m² hindurchgeht, wenn der Unterschied der beiden Umgebungstemperaturen 1 °C beträgt. Ihre Dimension ist kcal/m² h grd. Besteht die ebene Platte aus einer Wand aus mehreren Schichten, so gilt die Gleichung

$$k = \frac{1}{\dfrac{1}{\alpha_1} + \sum \dfrac{\delta}{\lambda} + \dfrac{1}{\alpha_2}}\,. \tag{88}$$

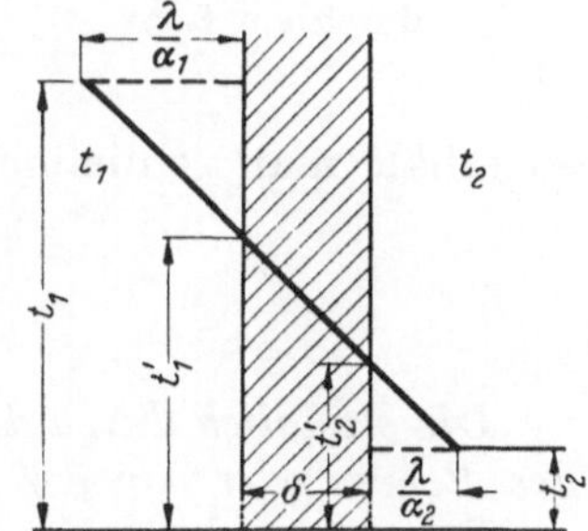

Abb. 69. Ermittlung der Oberflächentemperaturen beim Wärmedurchgang

Welche Temperaturen t_1' und t_2' sind an den beiden Oberflächen?

Die Temperaturen an den Oberflächen der ebenen Platte lassen sich aus den für den Wärmefluß durch die Platte aufgestellten drei Gleichungen leicht bestimmen. Entfernt man den Faktor Q/F, so erhält man die Beziehung

$$\alpha_1\,(t_1 - t_1') = \left(\frac{\lambda}{\delta}\right)(t_1' - t_2') = \alpha_2\,(t_2' - t_2)\,,$$

welche man auch als Proportion wie folgt schreiben kann:

$$(t_1 - t_1') : (t_1' - t_2') : (t_2' - t_2) = \frac{\lambda}{\alpha_1} : \delta : \frac{\lambda}{\alpha_2}\,.$$

Dieser Ausdruck läßt sich nun sehr anschaulich graphisch darstellen. Man trägt (s. Abb. 69) senkrecht zu beiden Seiten der Platte mit einer Stärke δ in Höhe der jeweiligen Umgebungstemperatur die Werte λ/α_1 und λ/α_2 auf. Verbindet man die beiden Endpunkte durch eine Gerade, so schneidet diese auf den beiden Begrenzungswänden der Platte Strecken ab, deren Längen sich genauso zueinander verhalten wie die Temperaturdifferenzen nach der obigen Gleichung. In den Schnittpunkten der Geraden mit den beiden Begrenzungsebenen erhält man daher die gesuchten Temperaturen der Oberfläche der Platte.

Bei Kühlern für niedere und mittlere Drücke macht sich der Wärmeleitungswiderstand der Wand und damit die Rohrform nicht bemerkbar. Diese Kühler können daher, sofern irgendwelche Verschmutzungen nicht berücksichtigt werden, nach den einfacheren Gleichungen über den Wärmedurchgang durch eine ebene Wand berechnet werden. Für Überschlagsrechnungen erhält man für die Wärmedurchgangszahl die vereinfachte Gleichung

$$k = \frac{\alpha_1\,\alpha_2}{\alpha_1 + \alpha_2}\,, \tag{88a}$$

aus der man erkennen kann, daß bei gleichen Wärmeübergangszahlen für Luft und Wasser die Wärmeübergangszahl k nur halb so groß, bei stark unterschiedlichen Werten von α_1 und α_2 immer kleiner als die kleinste Wärmeübergangszahl ist.

7.5.3.2 Wärmedurchgang durch ein Rohr

Bei Kühlern von hohen Druckstufen macht sich der Wärmeleitungswiderstand bemerkbar, so daß die Rohrform nicht mehr vernachlässigt werden darf.

Für die Wärmemenge Q, welche durch die Rohrwand und damit durch jede Teilschicht durchgeleitet wird, gilt, wie für den Wärmedurchgang durch eine ebene Platte die Gleichung

$$Q = -\,\lambda\,D\,\pi\,L\,\frac{dt}{d\delta}\,.$$

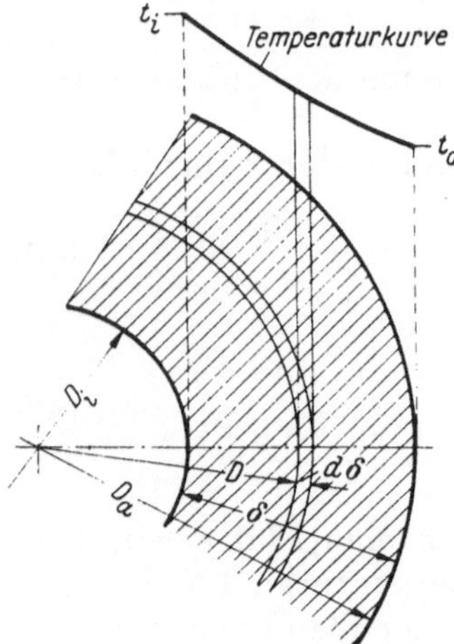

Abb. 70. Wärmedurchgang
durch ein Rohr

Dabei ist angenommen, daß das Rohr über die Strecke L noch so weit hinausreicht, daß sich kein störender Einfluß bemerkbar macht.

Da für alle Schichten Q und L gleich sind, so muß das Temperaturgefälle $dt/d\delta$ (Abb. 70) um so steiler sein, je kleiner D ist. Die Temperaturkurve kann daher keine Gerade mehr sein wie bei der ebenen Platte.

Setzt man für $d\delta = \tfrac{1}{2}dD$ ein, so erhält man

$$\frac{dD}{D} = -\,\lambda\,2\,\pi\,\frac{L}{Q}\,dt\,.$$

Integriert man zwischen den Grenzen innere und äußere Rohrwand

$$\int\limits_{D_i}^{D_a}\frac{dD}{D} = \ln D_a - \ln D_i = \lambda\,2\,\pi\,\frac{L}{Q}\,(t_i - t_a)\,,$$

so erhält man schließlich für die Wärmeleitung durch ein Rohr

$$Q = \lambda\,2\,\pi\,L\,\frac{t_i - t_a}{\ln\dfrac{D_a}{D_i}}\,. \tag{89}$$

Die stündlich durch die Rohrwand tretende Wärmemenge hängt also nicht von der Weite des Rohres oder von der Wandstärke ab, sondern nur von dem Verhältnis D_a/D_i.

Bei der technisch wichtigsten Art von Wärmeübertragung muß dieselbe Wärmemenge der Reihe nach die Innenoberfläche, die Wandung und die Außenoberfläche des Rohres oder umgekehrt durchdringen.

Ähnlich wie für den Wärmedurchgang durch eine ebene Platte lassen sich auch für das Rohr drei Gleichungen aufstellen:

$$Q = \alpha_i\,D\,i\,\pi\,L\,(t_1 - t_i)\,,$$

$$Q = \lambda\,2\,\pi\,L\,\frac{t_i - t_a}{\ln\dfrac{D_a}{D_i}}\,,$$

$$Q = \alpha_a\,D_a\,\pi\,L\,(t_a - t_2)\,.$$

Löst man diese Gleichungen nach den Temperaturdifferenzen auf, so erhält man:

$$t_1 - t_i = \frac{Q}{\pi L} \; \frac{1}{\alpha_i D_i},$$

$$t_i - t_a = \frac{Q}{\pi L} \; \frac{\ln \dfrac{D_a}{D_i}}{2\lambda},$$

$$t_a - t_2 = \frac{Q}{\pi L} \; \frac{1}{\alpha_a D_a}.$$

Addiert man diese drei Gleichungen, so fallen wieder die Oberflächentemperaturen fort und man erhält

$$t_1 - t_2 = \frac{Q}{\pi L} \left(\frac{1}{\alpha_i D_i} + \frac{\ln \dfrac{D_a}{D_i}}{2} + \frac{1}{\alpha_a D_a} \right) = \frac{Q}{\pi L} \; \frac{1}{k_R}.$$

Für den Wärmedurchgang durch ein Rohr erhält man die Gleichung

$$Q = k_R \, \pi L (t_1 - t_2) \tag{90}$$

mit

$$k_R = \cfrac{1}{\dfrac{1}{\alpha_i D_i} + \dfrac{1}{2\lambda} \ln \dfrac{D_a}{D_i} + \dfrac{1}{\alpha_a D_a}}. \tag{91}$$

Für ein Rohr mit geschichteter Wandung gilt Gl. (81) entsprechend

$$k_R = \cfrac{1}{\dfrac{1}{\alpha_i D_i} + \sum \dfrac{1}{2\lambda_n} \ln \dfrac{d_n}{d_{n-1}} + \dfrac{1}{\alpha_a D_a}} \tag{92}$$

Die Wärmedurchgangszahl k_R für das Rohr bezieht sich in den vorstehenden Gleichungen nicht auf eine Fläche, sondern auf die Längeneinheit des Rohrdurchmessers. Ihre Dimension ist daher kcal/m h grd.

7.5.3.3 Wärmeaustausch in einem Kühler

Bei den Wärmeaustauschapparaten hat jedes der beiden Medien zu beiden Seiten der Trennungswand nirgends dieselbe Temperatur. Diese ändert sich auf beiden Seiten dauernd im Sinne der Strömungsrichtung. Je nach der gegenseitigen Richtung beider Strömungen unterscheidet man einen Wärmedurchgang im Gleichstrom, Gegenstrom oder Kreuzstrom. Da bei den Zwischenkühlern hauptsächlich der Gegenstrom angestrebt wird, so wird im folgenden nur auf diesen näher eingegangen.

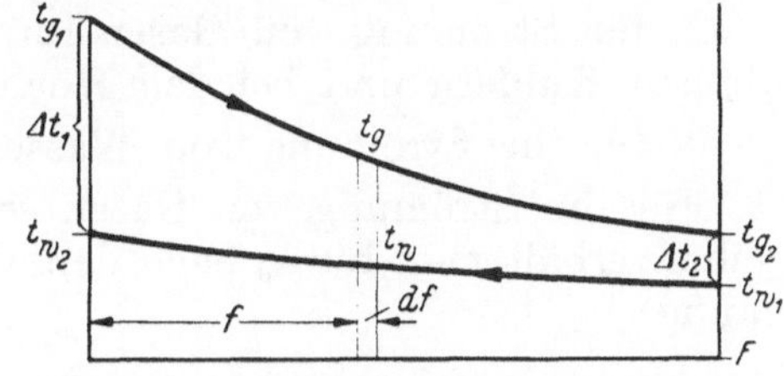

Abb. 71. Temperaturverlauf bei Gegenstrom

Für das Differential der im Kühler zu übertragenden Wärmemenge bei Gegenstrom nach Abb. 71 lassen sich folgende drei Gleichungen aufstellen:
Für den Wärmeübergang auf der Gasseite:

$$dQ = G \, c_p (-d tg) = \frac{Q}{tg_1 - tg_2} (-d tg).$$

Für den Wärmeübergang auf der Wasserseite:

$$dQ = \frac{Q}{tw_2 - tw_1} (-d t_w).$$

Für den Wärmedurchgang

$$dQ = k \, df (tg - tw).$$

Zieht man die zweite Gleichung von der ersten ab,

$$d(tg - tw) = -\frac{dQ}{Q} [(tg_1 - tg_2) - (tw_2 - tw_1)],$$

und setzt dies ins Verhältnis zur dritten Gleichung

$$-\frac{d(tg - tw)}{tg - tw} = \frac{k \, df}{Q} [(tg_1 - tw_2) - (tg_2 - tw_1)],$$

so erhält man durch Integrieren zwischen den Grenzen Temperaturdifferenz am Kühlereintritt und -austritt

$$\ln \frac{tg_1 - tw_2}{tg_2 - tw_1} = \frac{k\,F}{Q}\left[\underbrace{(tg_1 - tw_2)}_{\varDelta\,t_1} - \underbrace{(tg_2 - tw_1)}_{\varDelta\,t_2}\right].$$

Für den Wärmedurchgang in einem Gegenstromkühler gilt daher die Gleichung

$$Q\,^1 = k\,F\,\varDelta t_m \tag{93}$$

mit

$$\varDelta t_m = \frac{\varDelta t_1 - \varDelta t_2}{\ln \dfrac{\varDelta t_1}{\varDelta t_2}} \tag{94}$$

für das mittlere oder wirksame Temperaturgefälle $\varDelta t_m$. Aus Taf. XXVII kann $\varDelta t_m$ für alle praktisch vorkommenden Verhältnisse unmittelbar entnommen werden.

Für andere Strömungsverhältnisse können Gleichungen sinngemäß abgeleitet werden.

7.5.4 Wärmeübergangszahlen

Für die Wärmeübergangszahl ist maßgebend, ob das Gas in den Rohren oder um die Rohre herumströmt und mit welcher Geschwindigkeit sich Gas und Wasser bewegen. Je nach der Bauart des Kühlers wird man daher mit anderen Gleichungen für den Wärmeübergang zu rechnen haben. In der Praxis kommt es zumeist darauf hinaus, den Wärmeübergang für drei grundsätzliche Fälle zu kennen, und zwar

1. für Strömung von Gasen senkrecht um die Rohre herum, die zumeist in versetzten Rohrreihen angeordnet werden, also wie für Röhrenbündelkühler im Kreuzstrom (Abb. 63) und für die Lamellenkühler (Abb. 64).

2. für Strömung von Gasen im Innern der Rohre wie nach Abb. 65 und bei sehr kleinen Kühlern und bei den Hochdruckkühlern nach Abb. 66 und 67.

3. für die Strömung von Wasser.

Für die Strömung von Gasen senkrecht zu mehreren zueinander versetzten Rohrreihen erhält man für α_g nach den Versuchen und Berechnungen von REIHER die Gleichung

$$\alpha_g = 0{,}147\,\frac{\lambda}{d}\left(\frac{w\,d}{v}\right)^{0{,}69} \tag{95}$$

mit

w in m/s: Geschwindigkeit im engsten Querschnitt,

λ in kcal/m h grd: Wärmeleitfähigkeit des Gases,

$v = \dfrac{\eta}{\varrho}$ in m²/s: kinematische Zähigkeit,[2]

η in kps/m²: dynamische Zähigkeit,

d in m: Rohrdurchmesser.

Die Stoffwerte λ, μ usw. sind dabei bei jenen Temperaturen aus den Tabellen zu entnehmen, die dem arithmetischen Mittel aus Flüssigkeits- und Wandtemperatur entspricht.

Für Luft kann man die Wärmeübergangszahl α_L berechnen nach der von SCHACK vereinfachten Gleichung

$$\alpha_L \cong \left(7{,}1 + 4{,}1\,\frac{t}{1000}\right)\frac{W_N^{0{,}69}}{d^{0{,}31}}. \tag{96}$$

---

[1] Für die Berechnung der Kühlflächen genügt im allgemeinen für Q nach Gl. (81) nur die im Gas enthaltene Wärme Qg einzusetzen. Gegenüber dem Wärmeübergang von Gas ist der für den kondensierenden Wasserdampf so viel größer, daß der hierfür benötigte Anteil auf die Gesamtkühlfläche keinen nennenswerten Einfluß hat. Selbstredend muß die erforderliche Kühlwassermenge aus der gesamten im Kühler abzuführenden Wärme Q nach Gl. (81) errechnet werden.

[2] Für den Übergang vom MKS-A zum technischen Maßsystem beachte: $\dfrac{\eta}{\varrho} = \dfrac{\eta}{\varrho}\,\dfrac{g}{g} = \dfrac{\eta g}{\gamma}$

Für Rippenrohre ist die Wärmeübergangszahl[1]

$$\alpha_R = \alpha_g\,\zeta\left[\frac{\vartheta\,F_R}{F} + \frac{F - F_R}{F}\right] \text{kcal/m}^2\,\text{h grd.} \tag{97}$$

Hierin bedeuten

α_g in kcal/m² h grd: Wärmeübergangszahl, die sich aus den für die unberippte Fläche geltenden Gleichungen ergibt,

F in m²: die gesamte Oberfläche der berippten Fläche,

F_R in m²: die Rippenoberfläche,

$\zeta = 1-0,18\ (h/t)^{0,63}$: Beiwert,

h in m: Rippenhöhe,

t in m: lichte Weite zwischen den Rippen,

ϑ: Rippenwirkungsgrad nach Abb. 72.

Darin bedeuten:

$x = h\,\sqrt{2\,\zeta\,\alpha_g/(\lambda_R\,\delta_R)}$:   für Spiralrippenrohre,

$x = r\,\varphi\,\sqrt{2\,\zeta\,\alpha_g/(\lambda_R\,\delta_R)}$: für Kreis-, Rechteck-Rippen,

r in m: Halbmesser des Rohres,

φ: Beiwert nach Abb. 72,

λ_R in kcal/mh grd: Wärmeleitzahl des Rippenmaterials,

δ_R in m: mittlere Dicke einer Rippe.

Der auf die gesamte berippte Oberfläche F bezogene Wärmedurchgangswiderstand ergibt sich mit α_R aus der obenstehenden Gleichung zu

$$\frac{1}{k} = \frac{1}{\alpha_R} + \frac{F}{F_W}\left(\frac{\delta}{\lambda} + \frac{1}{\alpha_W}\right). \tag{98}$$

Hierin bedeuten:

F_w in m²: die Fläche auf der Wasserseite,

α_w in kcal/m² h grd: die Wärmeübergangszahl auf der Wasserseite,

δ in m: die Wandstärcke des Rohres,

λ in kcal/m h grd: Wärmeleitzahl des Rohres.

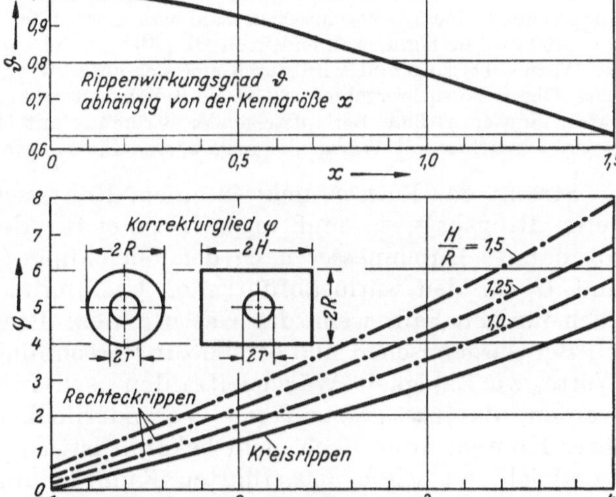

Abb. 72. Rippenwirkungsgrad ϑ und Korrekturglied φ für berippte Flächen

Für die Strömung von Gasen in einem Rohr errechnet sich α_g nach NUSSELT bzw. GRÖBER aus dem Produkt zweier Potenzfunktionen zu

$$\alpha_g = 22,5\,\frac{\lambda}{d}\left(\frac{d}{L}\right)^{0,05}\left(\frac{w\,c_p\,\delta\,d}{\lambda}\right)^{0,79}. \tag{99}$$

Für Luft beliebigen Druckes gilt nach den Versuchen von SCHACK-SCHULZE die sehr einfache Formel

$$\alpha_L = \frac{3\,w_N^{0,8}}{\sqrt[4]{d}}. \tag{100}$$

In Gl. (96) und (100) ist für w_N die auf den Normzustand (0°, 760 Torr) bezogene Gasgeschwindigkeit in m/s einzusetzen.

Die Wärmeübergangszahl α_w von der Rohrwand an das Wasser ist in erster Linie abhängig von der Strömungsgeschwindigkeit des Wassers. Im geringen Maße besteht auch

---

[1] SCHMIDT, TH. E.: Wärmeleistung von berippten Flächen. Mitt. des Kältetechnischen Instituts der TH. Karlsruhe, H. 4 (1949). [18]

eine Abhängigkeit von dessen Temperatur, und zwar als Folge der damit veränderlichen Zähigkeit der Flüssigkeit.

Für die Strömung von Wasser in einem Rohr gilt bei turbulenter Strömung nach MERKEL

$$\alpha_w \doteq 1775(1 + 0,015t)\,\frac{w^{0,87}}{d^{0,31}} \tag{101}$$

für

$$t = 0,9\,t_{Fl} + 0,1\,t_{w\,d}$$

oder vereinfacht nach SCHACK

$$\alpha_w \doteq 2900(1 + 0,014\,t_{Fl})\,w^{0,85}. \tag{102}$$

Diese Gleichung gilt herab bis zur kritischen Geschwindigkeit, welche bei einer Wassertemperatur von 25 °C und einem Rohrdurchmesser von 20 mm ungefähr 0,1 m/s beträgt.

Bei sehr geringen Wassergeschwindigkeiten, wie sie z. B. bei den Rohrbündelkühlern sowie bei den Rohrschlangenkühlern auftreten, rechnet man im allgemeinen mit einem Wert von $\alpha_w = $ rd. 300 kcal/m² h grd.

Nach Versuchen im Institut für Apparatebau an der TH. Karlsruhe[1] ergab sich an einem senkrecht angeordneten Kupferrohr mit 30 mm Innendurchmesser bei einer Wassergeschwindigkeit von nur 0,03 m/s, entsprechend einer REYNOLDSschen Zahl von etwa 1700 (laminare Strömung), eine Wärmeübergangszahl von 1400 kcal/m² h grd, während nach Gl. (102) α_w sich zu nur 260 errechnet. Diese bedeutsame Erhöhung der Wärmeübergangszahl wird durch eine der aufgezwungenen Strömung überlagerte Eigenkonvektion erklärt. Dieses Versuchsergebnis erklärt die Beliebtheit senkrechter Wärmeaustauschrohre, durch welche Kühlwasser langsam strömt. Bei aufsteigender Strömung mit Geschwindigkeiten bis 10 cm/s könnte daher nach diesen Versuchen mit Wärmeübergangswerten für α_w von rd. 1000 kcal/m² h grd gerechnet werden.

Strömt das Wasser nicht in einem Rohr, sondern in einem durch zwei Rohre gebildeten Ringspalt, so muß in die Formel für den Wärmeübergang an Stelle von d der sogenannte Durchmesser nach der Gleichung $d_{aequ} = 4\,F/U$ mit F als Ringquerschnitt und U für den wärmeabführenden Umfang eingesetzt werden. Dasselbe gilt natürlich auch für den Fall, wenn das Gas in einem Ringspalt strömt.

Bei Gasgemischen sind oft die zur Berechnung der Wärmeübergangszahlen benötigten Werte, wie Zähigkeit, Wärmeleitzahlen usw., nicht bekannt oder können nicht berechnet werden, da ihre gesetzmäßige Veränderlichkeit in Abhängigkeit der Volumenanteile ihrer Komponenten noch nicht bekannt ist. In solchen Fällen wird man also nur auf den Vergleich mit schon ausgeführten Kühlern angewiesen sein.

Solange die Molekulargewichte der einzelnen Bestandteile nicht zu sehr voneinander verschieden sind, läßt sich die Wärmeleitfähigkeit eines Gemisches einigermaßen genau entsprechend dem Volumenanteil in linearer Abhängigkeit aus den Wärmeleitfähigkeiten ihrer Bestandteile berechnen. Dies wurde auch an Gemischen von Luft mit CO bzw. CO_2 und CH_4 festgestellt. Ein ähnliches Ergebnis wurde bei Gemischen von Luft mit Wasserdampf bzw. NH_3 und C_2H_2 (Azethylen) erzielt. Bei diesen konnte man sogar in gewissen Temperaturbereichen eine Erhöhung der resultierenden Leitfähigkeit gegenüber der linearen Abhängigkeit nachweisen. Bei Gasgemischen, deren Bestandteile jedoch große Massenunterschiede aufweisen (O_2—H_2, CO_2—H_2, N_2—H_2), also insbesondere bei Vorhandensein von H_2, lag die resultierende Wärmeleitfähigkeit weit unterhalb, und zwar bis zu 50% jenes Wertes, der sich aus der linearen Abhängigkeit berechnete.

Die Unsicherheit bei der Bestimmung der Stoffwerte von Gasmischungen kann man dadurch umgehen und die Rechnung wesentlich vereinfachen, daß man sich der Untersuchungen von MERKEL bedient. *Nach Merkel ist nämlich das gegenseitige Verhältnis der Wärmeübergangszahlen der Gase immer konstant.* Von verschiedenen reinen Gasen gegenüber Luft gibt MERKEL diese Verhältniswerte wie folgt an:

CO	0,99	H_2O	1,2
O_2, SO_2, N_2	1,0	NH_3	1,25
Rauchgas	1,02	$N_2 + 3H_2$	1,33
CO_2	1,12	H_2	1,5

---

[1] Chem.-Ing. Techn. 24. Jg. (1952) Nr. 7, S. 398. [*19*]

Es ist daher zumeist zweckmäßiger, die Wärmeübergangszahlen mit Hilfe der für Luft aufgestellten Gleichungen zu ermitteln und diese dann unter Berücksichtigung des Vorhergesagten und der von MERKEL gegebenen Verhältniswerte der Wärmeübergangszahlen auf die in Frage kommenden Gase und Gasmischungen umzurechnen.

Auf Taf. XXVIII sind die Wärmeübergangszahlen nach den Gl. (96), (99), (100) und (102) für Luft und Wasser für die bei Kühlern von Verdichtern auftretenden Verhältnisse im doppelt-logarithmischen Maßstab dargestellt. Um Platz zu sparen, wurden die Abszissenmaßstäbe für Luft (wp) und Wasser (w) etwas ineinandergeschoben. Aus der Tafel kann man sehr gut erkennen, in welchen weiten Grenzen die Wärmeübergangszahlen für Luft schwanken und wie erheblich die Wassergeschwindigkeit die Wärmeübergangszahl beeinflußt.

7.5.5 Betriebliche Einflüsse auf den Wärmedurchgang

Gegenüber den Versuchsbedingungen, unter denen die Gleichungen für die Wärmeübergangszahlen ermittelt worden sind, weichen die Verhältnisse beim Betrieb von Kolbenverdichtern in zwei Punkten wesentlich ab:

1. periodische Strömung,
2. Verschmutzung der Kühlflächen.

7.5.5.1 periodische Strömung

JESCHKE[1] untersuchte die theoretische Verminderung des idealen Wärmeüberganges infolge der periodischen Förderung bei Zwischenkühlern von Kolbenverdichtern. Bei der ungünstigsten Annahme (Kühler schließt unmittebar an den Saug- und Druckräumen der Zylinder an, das Volumen des Kühlers selbst ist gleich Null, und die Luftgeschwindigkeit im Kühler ist proportional den Kolbengeschwindigkeiten, also eine Strömung ganz nach dem Kontinuitätsprinzip) leitet er ab:

Für beide Stufen einfachwirkend und zu gleicher Zeit saugend und drückend: Wärmeübergang vermindert sich um 19% gegenüber dem Wärmeübergang bei gleichbleibender Geschwindigkeit.

Vorhergehende Stufen doppeltwirkend, nachfolgende einfachwirkend: Wärmeübergang vermindert sich um $12^{1}/_{2}$%.

Dabei blieb völlig unberücksichtigt, daß sich der Wärmeübergang kaum proportional mit der Geschwindigkeit ändern wird, sondern voraussichtlich infolge der durch die Geschwindigkeitsänderung auftretenden Wirbelungen intensiver sein wird.

Die Verdichtermaschinen arbeiten unter viel günstigeren Bedingungen als nach den Annahmen von JESCHKE. Um die Strömungsverluste aus Gründen der Wirtschaftlichkeit so klein wie nur möglich zu halten, werden möglichst große Aufnehmerräume angeordnet. Diese verringern die Druckschwankungen und vergleichmäßigen die Strömung. Versuche an Kühlern haben ergeben, daß auch bei mäßigen Druck- und Geschwindigkeitsschwankungen die für gleichmäßige Strömung geltenden Wärmeübergangsgesetze noch zutreffen. Es ist daher überflüssig, die durch die periodische Strömung verursachte Geschwindigkeitsschwankung zu berücksichtigen.

7.5.5.2 Verschmutzung der Kühlflächen

Sowohl auf der Gasseite als auch auf der Wasserseite setzen sich auf die anfangs metallisch reinen Kühlflächen Stoffe ab, die den Wärmeübergang allmählich verschlechtern. Dies muß daher bei der Auslegung der Kühler auch berücksichtigt werden.

Die Verschmutzung auf der Gasseite ist im allgemeinen bei reinen Gasen und bei gut ausgelegten und im Betrieb gepflegten Verdichteranlagen von geringerem Einfluß. Innerhalb weniger Betriebsstunden verölen die Kühlflächen auf jenen Zustand, wie er auch nach mehreren Monaten sich nur unwesentlich verändert hat. Anders ist dies natürlich, wenn das Gas viele Unreinigkeiten mit sich führt oder die Maschinen mit zu

---

[1] JESCHKE, H.: Berechnung der Zwischenkühler von Kolbenkompressoren. Z. VDI (1926) S. 1100 bis 1102 [*20*].

großem Druckverhältnis oder mit ungeeignetem Schmieröl betrieben werden, wobei sich das Öl zersetzt und sich die Kühlflächen immer mehr zusetzen.

Die Verschmutzung auf der Wasserseite ist dagegen zumeist viel unangenehmer. Sofern das Kühlwasser nicht einer städtischen Leitung entnommen wird, setzt es Eisen- oder Kalkverbindungen in Krusten- oder Schlammform ab.

Rechnerisch wird diese Verschmutzung der Kühlflächen oft so berücksichtigt, daß man die Wärmedurchgangszahlen für reine Kühlflächen ermittelt und dann einen auf Erfahrung aufgebauten Zuschlag für Verschmutzung macht, der zwischen 30, 50, ja sogar um 100% liegen kann.

Richtiger ist es, den zusätzlichen Wärmedurchgangswiderstand durch die Ölschicht auf der Gasseite und eine Kalkschicht auf der Wasserseite gesondert in Rechnung zu stellen. Man bedient sich hierbei der Gl. (88) und (92) für die Wärmedurchgangszahlen bei aus mehreren Schichten bestehenden Trennwänden. Mit Wärmewiderstandszahlen zu rechnen, hat den Vorteil, daß man die unterschiedlichen Verschmutzungsverhältnisse der einzelnen Kühlerbauarten beurteilen und daher auch besser berücksichtigen kann.

Bei den Lamellen- und Doppelrohrkühlern bewährte es sich, die Stärke der Ölschicht mit rd. 0,05 mm und jene der Kalkschicht mit rd. 0,5 mm einzusetzen. Bei einer Wärme- leitzahl von 0,1 für mineralische Öle und 1,0 für Kalk ergeben sich damit zusätzliche Wärmeleitungswiderstände von je rd. 0,0005.

Bei den Bündelrohrkühlern liegen die Verhältnisse sowohl für die Gasseite als auch für die Kühlwasserseite wesentlich ungünstiger. Bei niedriger Wassergeschwindigkeit setzen sich schlammartige Rückstände viel leichter ab. Auf der Gasseite bilden sich infolge des wiederholten Richtungswechsels hinter den Umlenkblechen von Wirbeln erfüllte Räume, in welchen sich die Verunreinigungen besonders gut ablagern und die Wirksamkeit eines Teiles der Kühlflächen herabsetzen. Bei diesen Kühlern empfiehlt es sich daher, mindestens den doppelten Wert für die Schichtstärken von Öl und Kalk einzusetzen.

Auch vom Rohrmaterial und dessen Oberfläche wird die Verschmutzung stark be- einflußt. Kupfer- und Messingrohr neigt viel weniger zur Verschmutzung als Stahlrohr. Das gleiche gilt für Stahlrohre, die mit einem Einbrennlack gegen Korrosion geschützt werden. An den glatten Wänden derart behandelter Rohre setzen sich Verunreinigungen weniger leicht ab als an metallisch reinen Stahlrohren.

7.5.6 Der Schacksche Wirkungsgrad

Sehr anschaulich lassen sich die Kühlflächen für verschiedene betriebliche Bedin- gungen nach GRÖBER mittels der Wasserwerte und des von SCHACK[1] eingeführten Wir- kungsgrades ermitteln. Mit dieser Rechnungsmethode, welcher sich auch der Kessel- und Apparatebau für die Bestimmung der verschiedenen Heizflächen für Vorwärmer, Verdampfer, Überhitzer usw. bedient, lassen sich anders nur schwierig zu rechnende Aufgaben leicht lösen.

Der SCHACKsche Wirkungsgrad

$$\eta_s = \frac{\text{wirklich übertragene Wärmemenge}}{\text{höchstens übertragbare Wärmemenge}}$$

ist kein Wirkungsgrad im üblichen Sinne, sondern ein für die Auslegung des Kühlers maßgebender Wert. Beachtet man, daß die größte Wärmemenge in einem nach dem Gegen- stromprinzip arbeitenden Wärmetauscher mit unendlich großer Kühlfläche übertragen wird, bei dem also die Gasaustrittstemperatur der Kühlwassereintrittstemperatur gleich wird, so kann man für den SCHACKschen Wirkungsgrad setzen

$$\eta_s = \frac{t_{g_1} - t_{g_2}}{t_{g_1} - t_{w_1}}. \tag{103}$$

---

[1] SCHACK, A.: Der industrielle Wärmeübergang, 5. Aufl. Düsseldorf: Stahleisen 1957 [21].

Für das Differential der im Kühler zu übertragenden Wärmemenge ließen sich nach Abb. 71 folgende Gleichungen aufstellen:

$$dQ = G\,c_p(-\,dt_g) = \frac{Q}{t_{g_1} - t_{g_2}}\,(-\,dt_g) = W_g(-\,dt_g),$$

$$dQ = \frac{Q}{t_{w_2} - t_{w_1}}\,(-\,dt_w) = W_w(-\,dt_w),$$

$$dQ = k\,df\,(t_g - t_w).$$

Unter W_g und W_w versteht man die Wasserwerte für Gas und Kühlwasser in kcal/grd. Aus diesen Gleichungen erhält man:

$$d\,(t_g - t_w) = -\,dQ\left(\frac{1}{W_g} - \frac{1}{W_w}\right),$$

$$(t_g - t_w) = \frac{dQ}{k\,df}.$$

Durch Eliminieren von dQ erhält man:

$$\frac{d\,(t_g - t_w)}{t_g - t_w} = -\left(\frac{1}{W_g} - \frac{1}{W_w}\right)k\,df.$$

Die Integration zwischen den Grenzen Null und F ergibt:

$$\ln\frac{t_{g_2} - t_{w_1}}{t_{g_1} - t_{w_2}} = -\left(\frac{1}{W_g} - \frac{1}{W_w}\right)kF$$

bzw.

$$\frac{t_{g_2} - t_{w_1}}{t_{g_1} - t_{w_2}} = e^{-\frac{kF}{W_g}\left(1 - \frac{W_g}{W_w}\right)}.$$

Setzt man den Ausdruck auf der rechten Seite $= A$ und zieht beide Seiten von Eins ab, so folgt:

$$(t_{g_1} - t_{g_2}) - (t_{w_2} - t_{w_1}) = (t_{g_1} - t_{w_2})\,(1 - A).$$

Um auf den SCHACKschen Wirkungsgrad zu kommen, ist noch der Wert t_{w_2} aus der Gleichung

$$Q = W_g(t_{g_1} - t_{g_2}) = W_w(t_{w_2} - t_{w_1})$$

einzusetzen.

Man erhält auf diese Weise:

$$(t_{g_1} - t_{g_2}) - \frac{W_g}{W_w}\,(t_{g_1} - t_{g_2}) = \left[(t_{g_1} - t_{w_1}) - \frac{W_g}{W_w}\,(t_{g_1} - t_{g_2})\right](1 - A),$$

$$(t_{g_1} - t_{g_2})\left[1 - \frac{W_g}{W_w} + \frac{W_g}{W_w}\,(1 - A)\right] = (t_{g_1} - t_{w_1})\,(1 - A),$$

$$\frac{t_{g_1} - t_{g_2}}{t_{g_1} - t_{w_1}} = \frac{1 - A}{1 - A\,\dfrac{W_g}{W_w}}.$$

Setzt man für A wieder den richtigen Wert ein, so erhält man schließlich für den SCHACKschen Wirkungsgrad die Gleichung

$$\eta_s = \frac{t_{g_1} - t_{g_2}}{t_{g_1} - t_{w_1}} = \frac{1 - e^{-\frac{kF}{W_g}\left(1 - \frac{W_g}{W_w}\right)}}{1 - \dfrac{W_g}{W_w}\,e^{-\frac{kF}{W_g}\left(1 - \frac{W_g}{W_w}\right)}}. \tag{104}$$

Auf Taf. XXIX ist der SCHACKsche Wirkungsgrad η_s in Abhängigkeit des dimensionslosen Zahlenwertes $\frac{kF}{W_g}$ und für die verschiedenen bei Wärmetauscher für Verdichter möglichen Verhältniswerte $\frac{W_g}{W_w} = 0,05 - 0,5$ aufgetragen. Sehr übersichtlich sieht man, wie die Kühlfläche mit zunehmendem Wirkungsgrad stark zunimmt.

Beispiel. In einem Kühler wird die Luft von $150°$ auf $25°$ durch Wasser von $15°$, welches sich auf $30°$ erwärmt, gekühlt. Hierbei ist

$$\eta_s = \frac{150 - 25}{150 - 15} = \frac{125}{135} = 0,927, \qquad \frac{W_g}{W_w} = \frac{15}{125} = 0,12$$

Aus Taf. XXIX erhält man für diesen Kühler den Wert $\dfrac{kF}{W_g}$ mit 2,85.

Soll der Kühler bei gleicher Wassermenge die Luft auf 20°, also um 5° tiefer kühlen, dann ergeben sich folgende Verhältnisse:

$$\eta_s = \frac{150-20}{150-15} = \frac{130}{135} = 0{,}963, \qquad \frac{W_g}{W_w} = \frac{15}{130} = 0{,}116$$

und aus Taf. XXIX $\dfrac{kF}{W_g}$ zu 3,6.

Die Vergrößerung des Wirkungsgrades von 92,7 auf 96,3% verlangt also eine Vergrößerung der Kühlfläche um

$$\frac{3{,}6\cdot 130 - 2{,}85 \cdot 125}{2{,}85 \cdot 125} \cdot 100 = \frac{112}{356} \cdot 100 = 31{,}4\% \, .$$

Berechnung zweier HD-Kühler für NH_3-Synthesegas entsprechend nachstehender Tabelle

Bezeichnung	Dimension	Doppelrohrkühler (5. Stufe)	Rohrschlangenkühler (6. Stufe)
Zu kühlende Gasmenge V_0 von 1 at, 15 °C ..	m³/h	8030	8030
Dichte des Gases (1 at, 15 °C) ϱ	kg/m³	0,41	0,41
Spezifische Wärme des Gases c_p	kcal/kg grd	0,80	0,80
Zu kühlende Gasmenge G	kg/h	3300	3300
Gasdruck im Kühler p..................	at	170	326
Gastemperaturen tg	°C	120 → 28	90 → 33
Wassertemperaturen t_w	°C	35 ← 23	35 ← 23
Mittlere Temperaturdifferenz Δt_m	°C	28,25	26,43
Abzuführende Wärmemenge Q_g	kcal/h	243 000	151 000
Gasmenge vom Zustand im Kühler	m³/s	0,0175	0,0093
Wassermenge	l/s	5,34	3,31
Gewähltes Gasrohr da/di	mm	63,5/45,5	2×60/38
Freier Gasquerschnitt	cm²	16,3	22,7
Mittlere Gasgeschwindigkeit w_g	m/s	10,75	4,1
Wasserrohr	mm	102/94,5 Durchmesser	Behälter
Freier Wasserquerschnitt	dm²	0,384	—
Wassergeschwindigkeit w_w	m/s	1,4	0,1
Wärmeübergangszahlen			
Wasser (nach Schack)	kcal/m² h grd	5400	550
Luft (nach Nusselt)	kcal/m² h grd	1950	1420
Gas ($c = 1{,}33$).....................	kcal/m² h grd	2600	1900
Wärmeübergangs- und -durchgangswiderstände $1/(\alpha_g\, d_i)$	mh grd/kcal	0,0085 ⎫	0,0139 ⎫
$1/(\alpha_w\, d_a)$	mh grd/kcal	0,0029 ⎬ 0,0147	0,0302 ⎬ 0,0486
$(1/2\ \lambda)\ \ln (d_a/d_i)$	mh grd/kcal	0,0033 ⎭	0,0045 ⎭
Verschmutzung ⎰ 0,5 bzw. 1,0 mm Kalkschicht[1]	mh grd/kcal	0,0079 ⎱ 0,0189	0,0167 ⎱ 0,0299
⎱ 0,05 mm Ölschicht	mh grd/kcal	0,0110 ⎰	0,0132 ⎰
Wärmedurchgangswiderstand im Rohr $1/k_R$	mh grd/kcal	0,0336	0,0785
Wärmedurchgangszahl für das Rohr k_R ...	kcal/mh grd	29,8	12,7
Erf. gekühlte Rohrlänge $L = Q/k_R\, \pi\, \Delta t_m$	m	91,5	143

Das Rechnungsbeispiel läßt den wesentlich größeren Einfluß der Verschmutzung auf die Auslegung des Doppelrohrkühlers anschaulich erkennen.

7.6 Betriebssichere Verdichteranlagen; hierfür zu beachtende Gesichtspunkte und Einrichtungen

Eine Maschine ist betriebssicher, wenn sie stets zuverlässig für den Betrieb verfügbar ist und nicht infolge irgendwelcher Störungsursachen unerwartet still- und instand gesetzt werden muß.

Besonders bei Maschinen in Industriewerken, welche Tag und Nacht ununterbrochen arbeiten müssen und dadurch sehr hoch beansprucht sind, können die Anforderungen auf Betriebssicherheit nicht hoch genug gestellt werden. Es darf nicht vorkommen, daß solche Maschinen durch irgendwelche Schäden für längere

---

[1] Kalkschicht 0,5 m/m für den Doppelrohrkühler und 1,0 mm für den Rohrschlangenkühler.

Zeit ausfallen, da dies oft gleich einen empfindlichen Verlust in der Produktion verursacht. Die Maschinen müssen derart betriebssicher sein, daß sie monatelang durchlaufen können, ohne abgestellt zu werden.

Benutzungsfaktoren von 97 bis 98% bei Antriebsleistungen bis über 4000 kW sind durchaus normal. Für zwischenzeitliche Überholungen an den Arbeits- und Sicherheitsventilen, eventuell auch an Stopfbüchsen, Kolbenringen, Triebwerk usw. sowie am Antriebsmotor (Reinigung) reichen im allgemeinen 2 bis 3% der im Jahr möglichen (8760) Betriebsstunden. Störanfällige Maschinenteile müssen rechtzeitig, d. h. bevor sie gebrochen sind, ausgewechselt werden.

Von sehr rasch laufenden Verdichtern ($>$1000 U/min), wie sie z. B. für die Triebwagenbremsung verwendet werden, müssen z. B. die Ventile jede Woche ausgewechselt und überholt werden.

Alle 2 bis 3 Jahre muß regelmäßig nachgesehen werden, ob auch die Stopfbüchsen, das Triebwerk, die Kolben, Kolbenringe, die Schmierung, Laufbüchsen, Kühler usw. in Ordnung sind. Hierbei müssen alle Unregelmäßigkeiten und auch eventuelle Mängel bei der Ausrichtung der Maschine, die bei einem weiteren Betrieb zu einem schnelleren Verschleiß von Kolben und Kolbenringen oder sogar zu einem größeren Schaden führen könnten, beseitigt werden.

Wie die Erfahrung gezeigt hat, werden mitunter Verdichteranlagen erstellt, ohne die für ihre zweckmäßige Ausführung geltenden Grundsätze genügend zu beachten. Dadurch treten schon bald nach dem Anfahren der Maschinen unliebsame und mitunter ernste Störungen auf, für welche die Maschinen selbst gar nicht verantwortlich sind. Besonders oft kann dies bei Anlagen mit verhältnismäßig rasch laufenden Verdichtern festgestellt werden. Aus diesem Grunde nachfolgend noch einige zu beachtende wichtige Hinweise, wie Verdichteranlagen einschließlich ihrer Filter, Rohrleitungen usw. zweckmäßig anzuordnen sind.

Aufstellung: Verdichter dürfen nicht in engen und dunklen Räumen aufgestellt werden, sie beanspruchen wie jede andere Kraft- und Arbeitsmaschine einen hellen und sauberen Raum. Die Beobachtung und Wertung wird dem Bedienungspersonal wesentlich erleichtert, wenn rings um die Maschine genügend Platz vorhanden ist. Werden in Sonderfällen die Maschinen ohne Kran aufgestellt, so sollten doch für den bei Überholungsarbeiten notwendig werdenden Ausbau von Maschinenteilen, wie Zylinderdeckel, Kolben mit Stangen usw., kleine Hebezeuge im Maschinenraum nicht fehlen, weil damit solche Arbeiten rascher und müheloser ausgeführt werden können als mit irgendwelchen nur behelfsmäßigen Vorrichtungen. Auch wäre es durchaus verständlich, wenn auch nicht zulässig, wenn notwendige Überholungen sogar ganz unterbleiben, wenn Hebezeuge im Maschinenraum fehlen.

Sieht man von ausgesprochen konstruktiven Fehlern an der Maschine selbst ab, so können folgende Hauptursachen bei Kolbenverdichtern zu häufigen Betriebsstörungen Anlaß geben:

1. Staubförmige Verunreinigungen im angesaugten Medium (Luft oder Gas),
2. ungeeignete Schmieröle oder Überschmierung (s. 7.4.1),
3. ungenügende Abscheidung des in den Zwischenkühlern verflüssigten Wasserdampfes und der Schmieröle.

7.6.1 Ansaugfilter

Eine wirksame Staubabscheidung ist besonders bei Verdichteranlagen für Luft für einen einwandfreien Betrieb sehr wichtig. Die atmosphärische Luft enthält je nach den Verhältnissen am Aufstellungsort verschieden große Mengen an Staub unterschiedlicher Herkunft. Ihr Staubgehalt kann etwa zwischen 0,5 (sehr günstig) und 7 mg/Nm³ (ungünstig) liegen. Vor ihrem Eintritt in den Verdichter muß sie sorgfältig gereinigt werden, um einen über das normale Maß hinausgehenden Verschleiß der Ventile, Ventilplatten, Regelorgane, Zylinderlauffläche, Kolben, Kolbenringe, der Kolbenstangen und Stopfbüchsen zu vermeiden.

Ein in die Ansaugleitung irgendwie eingebautes Staubfilter bietet noch lange keine unbedingte Gewähr für die wünschenswerte Reinheit der angesaugten Luft. Ist die Filteranlage nicht mit der notwendigen Sachkenntnis ausgeführt worden oder wird sie nicht genügend sorgfältig gewartet, so ist ihre Wirksamkeit zumeist mehr oder weniger in Frage gestellt.

Bei den periodisch ansaugenden Kolbenverdichtern sind Druckschwankungen in der Saugleitung nie ganz zu vermeiden. Diese können vor allem bei rascher laufenden Maschinen zu verhältnismäßig starken Luftstößen Anlaß geben, weshalb nur Filter in stabiler Bauart verwendet werden dürfen. Filter, wie sie für Belüftungsanlagen benutzt werden, sind vollkommen verfehlt. Nach kurzer Betriebszeit würden durch die Stöße der schwingenden Luftsäule die Verbände gelockert und die Gehäusebleche eingerissen werden.

Der Staubgehalt der angesaugten Luft (bei Gasverdichtern des angesaugten Gases) soll möglichst gering sein und einen Wert von 0,03 mg/m³ nicht überschreiten. Dieser Forderung entsprechend ist das Filtersystem auszuwählen. Die hierfür einschlägige Industrie hat verschiedene Systeme herausgebracht, die als

> Labyrinthfilter bis zu 93%,
> als Absolutfilter bis zu 98%
> und als Tuchfilter bis zu nahezu 100%

Staub abscheiden.

Für kleinere und mittlere Leistungen hat es sich als am zweckmäßigsten erwiesen, die Filter als sogenannte Rundfilter am Anfang der Saugleitung senkrecht anzuordnen (s. Abb. 73a). Aus energiesparenden Gründen ist es nicht ratsam, die Luft aus dem warmen Maschinenraum selbst anzusaugen. Die Filter werden daher außerhalb der Gebäude, an deren kühlster Seite angeordnet und selbstredend mit Wetterschutzhauben ausgerüstet, um Regen oder Schnee von der angesaugten Luft fernzuhalten. Es ist darauf zu achten, daß das Filter nicht in der Nähe von stauberzeugenden Anlagen oder in einer Windrichtung angeordnet wird, welche erfahrungsgemäß viel Staub mit sich führt.

Für größere Leistungen werden zum Reinigen der angesaugten Luft ausschließlich Schrägstromfilter benutzt, die in Mauerwerk eingebaut und als sogenannte Mauerfilter bezeichnet werden (s. Abb. 73b). Der Eintritt der Luft zu dem Raum vor den Filtern, der Staubluftkammer, darf auch bei dieser Ausführung nicht unmittelbar über dem Erdboden und möglicherweise in einer bevorzugt staubigen Ecke liegen. Sehr vorteilhaft ist es, von der Staubluftkammer eine Leitung mit genügendem Querschnitt bis etwa 2 m über das Dach des Maschinenhauses zu führen und dadurch den Lufteintritt an eine Stelle zu verlegen, an der mit Sicherheit eine reinere Luft vorhanden ist. Zum Schutz gegen Schnee und Regen muß das Ende der Saugleitung selbstredend mit einer Kegelhaube abgeschirmt werden.

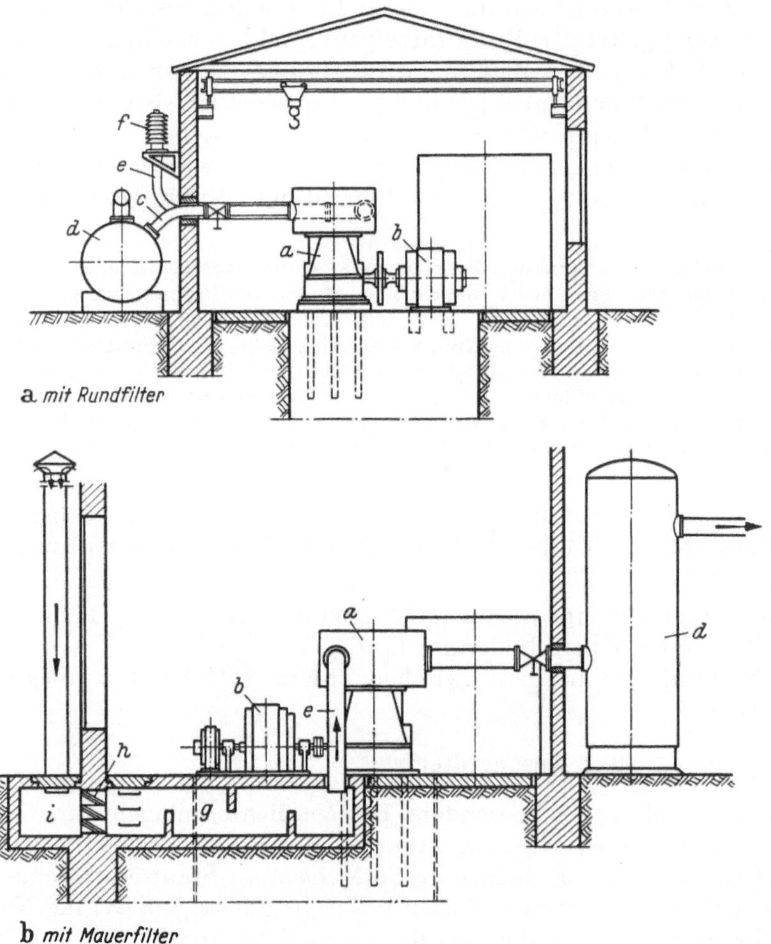

Abb. 73. Anordnung von Verdichteranlagen

a	Verdichter	f	Rundfilter
b	Motor	g	Saugkanal mit Reinluftkammer
c	Druckleitung	h	Mauerfilter
d	Druckwindkessel	i	Staubluftkammer
e	Saugleitung		

Der Raum hinter dem Filter, die sogenannte Reinluftkammer, ist möglichst groß auszuführen, um einen Ausgleichraum zu schaffen. Allerdings darf man hierbei nicht zu weit gehen, weil sonst die großen Wandflächen der Kammer leicht schwingen könnten. Am zweckmäßigsten ist es, die Reinluftkammer gleichzeitig als vergrößerten Saugkanal bis zur Maschine zu führen, in welche dann das kurze Saugrohr des Verdichters frei beweglich, aber gut abgedichtet, einmündet. Um Schwingungen in der Saugleitung und das damit verbundene Ansauggeräusch zu verhindern, empfiehlt es sich, in die Saugkanäle in verschiedenen Abständen Prallwände einzubauen. Verdichter mit derart ausgebildeten Ansaugverhältnissen arbeiten praktisch völlig geräuschlos, was für die Überwachung der laufenden Maschine von nicht zu unterschätzender Bedeutung ist.

Für Reinigungszwecke notwendige Zugangsöffnungen zu den beiden Kammern werden besser mit schweren, durch zahlreiche Schrauben befestigte Deckel als durch seitlich angebrachte Türen luftdicht abgeschlossen. Infolge der Schwingungen der Luftsäule geben letztere vielfach zu Störungen Anlaß.

Die Filter müssen selbstredend in gewissen Abständen sorgfältig gereinigt und in staubbindendes Öl getaucht werden. Je ungünstiger die Verhältnisse sind, um so sorgfältiger und in kürzeren Zeitabständen müssen die Filter gereinigt und gewartet werden.

7.6.2 Öl- und Wasserabscheider

Für die Schmierung der Zylinder wird dem Verdichter Öl zugeführt, welches in der Hauptströmungsrichtung vom Gas mitgenommen wird. Dieses Schmieröl wälzt sich hierbei in der Hauptsache längs der Wandungen durch die Druckventile in die Druckräume der Zylinder, über die Druckleitungen in die Zwischenkühler und über die Saugleitungen in die nachfolgenden Arbeitsstufen, wenn es nicht durch geeignete Abscheider zusammen mit dem im Zwischenkühler verflüssigten Wasserdampf aus dem Gas entfernt wird. Von größter Bedeutung für die Lebensdauer der selbsttätigen Ventile und damit für eine zufriedenstellende Betriebsweise der Verdichter überhaupt ist, daß durch geeignete Einrichtungen (Flüssigkeitsabscheider) dafür gesorgt wird, daß keine Flüssigkeit vom angesaugten Gas in die Zylinder mitgerissen wird. Im Abschn. 7.4.1 wurde bereits darauf hingewiesen, daß durch mitgerissenes Schmieröl die Ventilplatten der Saugventile auf ihren Sitzen klebenbleiben und verspätet öffnen können; dadurch werden Ventilplatten und -federn überbeansprucht und können vorzeitig brechen.

Für die Lebensdauer der Ventilplatten ist es aber noch schlechter, wenn über die Saugleitungen Wasser in kleinen Tröpfchen mitgerissen wird. Abgesehen von dem dadurch verursachten erhöhten Arbeitsbedarf werden die Ventilplatten in sehr kurzer Zeit brechen, wenn, was unvermeidbar ist, die Flüssigkeitstropfen gerade im Augenblick des Schließens zwischen Ventilplatte und Ventilsitz gelangen[1]. Außerdem werden bei Gasverdichtern die Ventile oft auch infolge der mitgerissenen Feuchtigkeit durch Korrosion zerstört.

Eine konstruktive Maßnahme, um wirksam Flüssigkeiten abzuscheiden, besteht darin, anschließend an die Zwischenkühler sehr große Beruhigungsräume anzuordnen, aus denen das Gas mit sehr kleiner Geschwindigkeit in die nächste Stufe abgesaugt wird. Es ist naheliegend, daß dies räumlich und kostenmäßig sehr aufwendig und oft auch schlecht zu verwirklichen ist. Abb. 64 zeigt einen als Lamellenkühler ausgeführten Zwischenkühler, bei dem die Rippenrohre in einzelnen Kühlelementen in einem kastenförmigen Blechkanal übereinander angeordnet sind. Bei dieser Ausführung gibt es fast zwangläufig einen großen Pufferraum vor und hinter der Kühlfläche und lassen sich Geschwindigkeiten verwirklichen, die zuverlässig vermeiden, daß Flüssigkeit in die nachfolgende Stufe mitgerissen wird. Diese Lamellenkühler sind aber nur bei relativ reinen Gasen empfehlenswert, bei denen nicht zu befürchten ist, daß sich die Kühlrohre zwischen den Lamellen in kurzer Zeit zusetzen.

Im allgemeinen und besonders bei den höheren Druckstufen bemüht man sich, die Zentrifugalwirkung für die Abscheidung der anfallenden Flüssigkeiten auszunutzen. Wegen der sich ständig ändernden Betriebs- und räumlichen Bedingungen gelingt dies

---

[1] Wird ein Ventilring von z. B. rd. 200 mm $\varnothing$ durch einen Tropfen am Schließen gehindert und biegt sich dadurch um nur 0,1 mm durch, so wird er mit rd. 2000 kp/cm² auf Biegung beansprucht. Es ist daher verständlich, daß eine Ventilplatte brechen muß, wenn sich dieser Vorgang öfter wiederholt. Nur bei sehr kleinen mehrstufigen Verdichtern mit an und für sich wenig beanspruchten Ventilplatten kann aus Gründen der Einfachheit auf eine Flüssigkeitsabscheidung zwischen den Stufen verzichtet werden.

jedoch nur sehr unvollkommen. Besonders ist dies der Fall, wenn die Gassäulen in den Verbindungsleitungen zwischen den Zylindern und Kühlern stark schwingen. Es ist daher darauf zu achten, daß an die Zylinder möglichst große Druckleitungen mit wenig Krümmern von weiten Bogen angeschlossen und reichliche Pufferbehälter vorgesehen werden, was ja auch schon mit Rücksicht auf geringe Strömungsverluste zu empfehlen ist. Bei langen Saugleitungen sind größere Puffer auch auf der Saugseite ratsam. Unter diesen Voraussetzungen ist es auch zulässig und bei Verdichtern mit höheren Drehzahlen oft auch gar nicht zu umgehen, in den Leitungen Drosselscheiben vorzusehen, die nur etwa 25% des Leitungsquerschnittes frei lassen und die, ohne einen nennenswerten Energieverlust zu verursachen, verhindern, daß die Gassäulen heftig zum Schwingen kommen.

7.6.3 Sicherheitsventile

Wird an einem mehrstufigen Verdichter eines der vielen selbsttätigen Ventile undicht oder fällt es durch Brechen einer Ventilplatte ganz aus, so steigen der Druck der vorhergehenden Stufe sowie Druckverhältnis und Temperaturen an dieser und der nachfolgenden Arbeitsstufe, was mit Rücksicht auf den Zylinder und mitunter auch auf den Gestängedruck in gewissen Grenzen bleiben muß. Es müssen daher sämtliche Verdichtungsstufen mit Sicherheitsventilen ausgerüstet werden, welche die Maschine vor unzulässig hohen Drücken sichert. Im allgemeinen werden die Sicherheitsventile so berechnet und eingestellt, daß sie bei einem Überdruck von 10 bis 15 % über dem Stufendruck abblasen.[1] Sie müssen so bemessen sein, daß jedes von ihnen mit Sicherheit die gesamte Fördermenge abblasen kann.

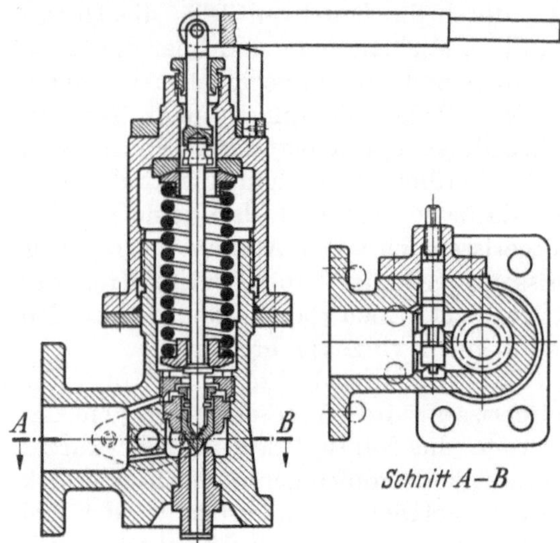

Abb. 74. Hochdrucksicherheitsventil

Lange Zeit waren die Sicherheitsventile ein Schmerzenskind des Hochdruckverdichters. Sobald ein Ventil abblies, war es so undicht, daß die Maschine abgestellt und Ventilsitz und -kegel des Sicherheitsventils neu eingeschliffen werden mußten. Um das unerwartete Abstellen der Maschinen zu vermeiden, wurden vielfach zwei Sicherheitsventile angeordnet, die über Absperrventile an die jeweilige Druckleitung angeschlossen waren. Besondere Verriegelungen mußten dabei gewährleisten, daß immer ein Sicherheitsventil einsatzbereit war.

Abb. 74 zeigt die Ausführung eines Sicherheitsventils (Borsig) für Drücke bis 900 at, welches auch nach öfterem Abblasen nicht undicht wird. Mit einer Drosselschraube können beliebige Zwischendrücke im Augenblick des Abblasens eingestellt werden, die gemeinsam mit der vergrößerten Anhubfläche des Ventilkegels das Ventil so lange offen halten, bis der Druck in der betreffenden Stufe auf einen beliebig einstellbaren Wert gesunken ist. Das Ventil schließt dann schlagartig; das unangenehme Flattern der Sicherheitsventile wird bei dieser Konstruktion vermieden.

Der mitunter mitgelieferte, auf der Abbildung sichtbare Hebel ermöglicht, den Ventilkegel auch während des Betriebes zur Prüfung anzuheben. Im allgemeinen ist es nicht zu vermeiden, daß die Sicherheitsventile im Betrieb verschmutzen und nach einer vom geförderten Gas abhängigen Betriebszeit überholt und neu eingestellt werden müssen. Bei Maschinen, welche relativ reine Gase verdichten, wurde vielfach beobachtet, daß die Sicherheitsventile zuverlässig bei dem eingestellten Druck abblasen, wenn sie alle drei bis vier Monate überholt werden.

---

[1] Für alle druckabnahmepflichtigen Behälter (Wärmetauscher, Puffer, Öl- und Wasserabscheider) muß der Probedruck für diesen im Betrieb zulässigen höchsten Stufendruck festgesetzt werden.

Im allgemeinen werden in den Druckleitungen, die von den Maschinen ins Preß-
luftnetz, in eine Druckwasserwäsche, Drucksynthese od. dgl. abgehen, Rückschlagventile angeordnet. Arbeiten mehrere Maschineneinheiten auf das gleiche Netz, so
sind in den Druckleitungen zu den einzelnen Maschinen außerdem noch Absperrventile
vorzusehen, da sich mit Rückschlagventilen die Maschinen nicht mit absoluter Sicherheit gasdicht vom Drucknetz abschließen lassen, was bei Überholungen aber notwendig
ist. Nach den Vorschriften der einschlägigen Berufsgenossenschaften müssen in solchen
Fällen in den Druckleitungen vor den Absperrventilen Sicherheitsventile vorhanden
sein, um unzulässige Drucksteigerungen bei Bedienungsfehlern zu verhindern.

8 Untersuchung von Kolbenverdichtern

Für die weitere Entwicklung beim Hersteller, aber auch für den Betreiber von Verdichteranlagen ist
die genaue Kenntnis der Wirtschaftlichkeit seiner Druckluft- bzw. Druckgaserzeugung sehr wichtig. Bei
Verdichteranlagen sind die Kosten für den Antrieb der Maschine, also die Energiekosten der größte Teil
der gesamten Betriebskosten. Die Ausgaben für die Wartung und Pflege sowie auch für die Tilgung und Verzinsung des aufgewendeten Kapitals haben dagegen je nach der Größe der Anlage eine mehr oder weniger
geringere Bedeutung. Bei großen Verdichteranlagen mit durchgehendem Betrieb betragen z. B. die Energiekosten etwa 75% der Gesamtkosten[1]. Es ist daher äußerst zweckmäßig, Verdichteranlagen nach ihrer ersten
Inbetriebnahme eingehend zu untersuchen, um irgendwelche bei Neuanlagen immer möglichen Fehler zu beseitigen. Weiterhin ist darauf zu achten, daß die zuerst ermittelten günstigen Betriebs- und spezifischen
Leistungsdaten auch noch nach längerer Betriebszeit vorhanden sind. Darüber hinaus ist es für die Fort-
entwicklung beim Hersteller empfehlenswert, alles zu untersuchen und festzustellen, was dem Konstrukteur
ermöglicht, die verschiedenen Einzelverluste nach Abschn. 2.6.2 genau zu kontrollieren.

Während bei kleineren Maschinen die erforderlichen Versuche zumeist auf dem Versuchsstand des Herstellers durchgeführt werden, können große Maschinen nur am Aufstellungsort untersucht werden.

Um die Arbeitsweise von Kolbenverdichtern auf ihre Wirtschaftlichkeit untersuchen
zu können, müssen folgende Betriebsgrößen ermittelt werden:

1. Die Fördermenge,
2. die Antriebsleistung,
3. Temperaturen und Drücke sowie Indikatordiagramme in allen Stufen.

Wenn leicht durchführbar, empfiehlt sich auch noch für die Aufstellung einer Wärmebilanz zu ermitteln

4. die Kühlwassermengen an den einzelnen Verbrauchsstellen.

8.1 Messen der Fördermenge

Unter der Fördermenge eines Verdichters versteht man grundsätzlich die von ihm
in die Druckleitung gelieferte Gasmenge, die also stets auf der Druckseite zu messen ist.
Es ist ja möglich, daß ein Teil des von der 1. Stufe angesaugten Gases durch Undichtheiten in den Stopfbüchsen, Sicherheitsventilen, Rohrleitungen u. dgl. nach außen
dringt und verlorengeht. Solche äußeren Mengenverluste gehen selbstverständlich zu
Lasten des Verdichters.

Bei dichten Rohrleitungen sowie Absperr- und Sicherheitsventilen, was normalerweise auch vorausgesetzt
werden kann, sind die unvermeidbaren Leckverluste an den Stopfbüchsen sehr viel kleiner als die Genauigkeit der Mengenmessung. An großen gut gewarteten Maschinenanlagen, wie sie beispielsweise in der chemischen Industrie vorkommen, werden diese Stopfbüchsenverluste oft sogar laufend überwacht (U-Rohre).

Im allgemeinen wird die auf der Druckseite gemessene Fördermenge auf den Ansaugezustand, d.h. auf den Zustand des Gases vor der Maschine, umgerechnet. Hierbei
ist der bei atmosphärischer Luft sowie technischen Gasen stets vorhandene Wasserdampf zu berücksichtigen, der zum größten Teil in den Zwischenkühlern der Verdichter

---

[1] Ein mehrstufiger Verdichter, der z. B. in einem Stickstoffwerk Tag und Nacht im Betrieb ist, verursacht in 200 Arbeitstagen reine Energiekosten in Höhe des ungefähren Anschaffungswertes der Maschine
(bei 0,05 DM/kWh).

verflüssigt und aus dem Gas entfernt wird. Um den dadurch verursachten Volumenverlust ist nach Gl. (105) die gemessene und auf den Ansaugezustand umzurechnende
Fördermenge V_N zu erhöhen.

$$V_a = V_N \frac{T_a \cdot 1{,}033}{273\,(p_a - p_D)} \ \text{m}^3/\text{h} \tag{105}$$

mit V_N als gemessene Fördermenge vom Normzustand ($0°$, 760 Torr).

Hierbei ist zu beachten, daß der Einfluß der Feuchtigkeit um so größer ist, je höher die Temperatur
des Gases und je geringer sein Druck im Ansaugezustand ist.

Werden Gasgemische höherer Kohlenwasserstoffe verdichtet, so verflüssigt oft ein
beträchtlicher Teil in den Zwischenkühlern. In die Druckleitung gelangt nur der noch
nicht verflüssigte Gasrest. In diesem Fall ist die Fördermenge des Verdichters gegen die
Norm in der Saugleitung zu ermitteln.

Weil durch eine Kolbenmaschine nicht gleichmäßig, sondern periodisch gefördert wird, war es früher
als besonders schwierig angesehen worden, die von ihr verdichtete Gasmenge zu messen. Man hatte sich
daher zumeist mit dem aus dem Indikatordiagramm erhaltenen sog. indizierten Ansaugevolumen begnügt.
Fortschritte in der Meßtechnik zeigten jedoch, daß es relativ einfach ist, die verdichtete Gasmenge direkt
zu messen.

Bei der normalen Durchflußmessung durch eine Blende oder Düse, wie sie in den vom VDI herausgegebenen „Regeln für Durchflußmessungen" festgelegt ist, wird eine gleichmäßige, nicht durch große Wirbel
gestörte sowie kurzzeitig unveränderliche Strömung vorausgesetzt. Dies muß durch entsprechend lange Einlauf- und Auslaufstrecken vor und hinter der Meßstelle gewährleistet sein.[1]

Infolge der periodischen Förderung des Kolbenverdichters treten sowohl in der
Druck- als auch in der Ansaugleitung Geschwindigkeits- und Druckschwankungen auf,
die von verschiedenen Faktoren, wie Größe der Aufnehmerräume vor und hinter der
Maschine, im Nachkühler, Länge und Durchmesser der Rohrleitungen usw., abhängig
sind. Der wesentlichste Einfluß der Pulsation auf die Messung beruht jedoch weniger auf
der Änderung der Strömung und damit der Durchflußbeiwerte, sondern liegt mehr auf
der rein meßtechnischen Seite.

Wirkdruckmesser mit geringer Dämpfung und mittlerer Eigenschwingzahl, wie z. B. U-Rohre, werden
durch die Pulsation zu Schwingungen angeregt, die verhindern, den Wirkdruck zu messen. Werden die Schwingungen durch einen geeigneten Differenzdruckmesser mit großer Dämpfung vermieden, so zeigt das Instrument
im allgemeinen den zeitlichen Mittelwert der schwankenden Wirkdrücke an. Diese sind jedoch nicht proportional dem Durchfluß, sondern proportional dem Quadrat des Durchflusses. Der Mittelwert des Quadrates
einer Meßgröße ist aber stets größer als der Mittelwert der Meßgröße selbst, der ja gemessen werden soll.
Leider gibt es bis heute kein Meßgerät, das jeden Augenblickswert des Wirkdruckes radiziert und aus den
einzelnen Drosselwerten das Mittel bildet, welches allein der mittleren Geschwindigkeit und damit der wirklichen Durchflußmenge entspricht. Bei pulsierender Strömung wird also durch den Wirkdruckmesser infolge falscher Mittelwertbildung stets der Durchfluß zu groß gemessen.

Um den Einfluß der pulsierenden Strömung auf die Messung auszuschalten, ist es
notwendig, eigene Meßleitungen zu verlegen und einige Bedingungen, auf die nachstehend noch näher eingegangen wird, einzuhalten.

Die Fördermenge eines Kolbenverdichters kann auf verschiedene Weise gemessen
werden:

8.1.1 Durchflußmessung nach überkritischer Drosselung

Die Pulsation kann für die Durchflußmessung verhältnismäßig einfach dadurch
ausgeschaltet werden, daß das Gas vor der Meßstrecke überkritisch entspannt wird.
Abb. 75 und 76 zeigen die Schaltungen der Mengenmessung hinter einem Luft- bzw.
Gasverdichter. Bei letzteren, bei denen das Gas nicht abgeblasen werden kann, muß es
auch hinter der Mengenmeßstrecke überkritisch entspannt werden, da sonst der nachgeschaltete Verdichter, welcher das bereits gemessene Gas wieder wegsaugt, durch seine
Saugpulsation die Messung beeinflussen würde[2]. V ist der Verdichter, welcher das Gas

---

[1] DIN 1952, VDI-Durchflußmeßregeln [22].

[2] Dr. PIRZER: Verfahren zur Messung des spezifischen Kraftbedarfes von Hochdruckverdichtern. Z. VDI
(1939) S. 661—663 [23].

von p_a auf p_e verdichtet und dessen Fördermenge gemessen werden soll. Durch das Ventil V_1 wird der Gegendruck p_e, durch das Ventil V_2 der Druck p_1 in der Meßstrecke eingestellt. Hinter dem Ventil V_2 wird das Gas entweder auf die Atmosphäre oder auf

den Ansaugedruck des nachgeschalteten Betriebsverdichters entspannt. Durch Unterbrechen der Hauptsaugleitung ist dafür zu sorgen, daß der zu untersuchende Verdichter stets frisches Gas ansaugt.

In den Zwischenkühlern wird der größte Teil der vom Gas mitgeführten Feuchtigkeit ausgeschieden, so daß das entspannte Gas nahezu trocken ist. Es hat auch eine andere Temperatur als das normal angesaugte. Läßt man daher das entspannte Gas vom Versuchsverdichter erneut ansaugen, würde man einen im Betrieb gar nicht vorkommenden Zustand messen. Die Hauptsaugleitung ist daher zu unterbrechen, damit der Versuchsverdichter stets frisches Gas ansaugt.

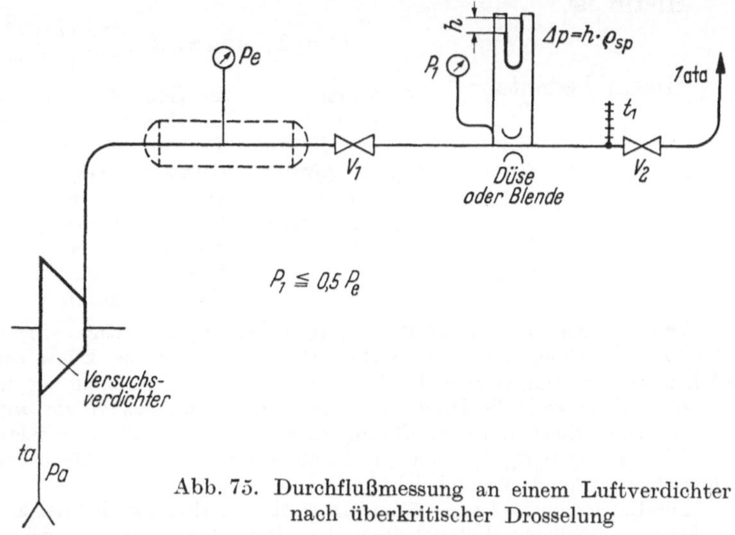

Abb. 75. Durchflußmessung an einem Luftverdichter nach überkritischer Drosselung

Um bei der Drosselung Schallgeschwindigkeit zu erreichen, muß das Gas auf mindestens die Hälfte des Vordruckes entspannt werden. Die Meßstrecke zwischen dem Ventil V_1 und V_2 sowie die Größe der Düse oder Blende ist nach den Angaben der vorerwähnten VDI-Durchflußmeßregeln zu bemessen. Dort finden sich auch die weiteren Grundlagen für die Berechnung mit Angabe der Beiwerte sowie der zu erwartenden Meßfehler.

Es ist sehr zu empfehlen, die Einlaufstrecke von Ventil V_1 bis zur Düse oder Blende über die Forderungen der Regeln hinausgehend möglichst lang zu wählen, damit die Energie des Entspannungsstrahles hinter dem Ventil V_1 bereits sicher vernichtet ist und nicht die Strömung durch das Drosselgerät beeinflußt wird.

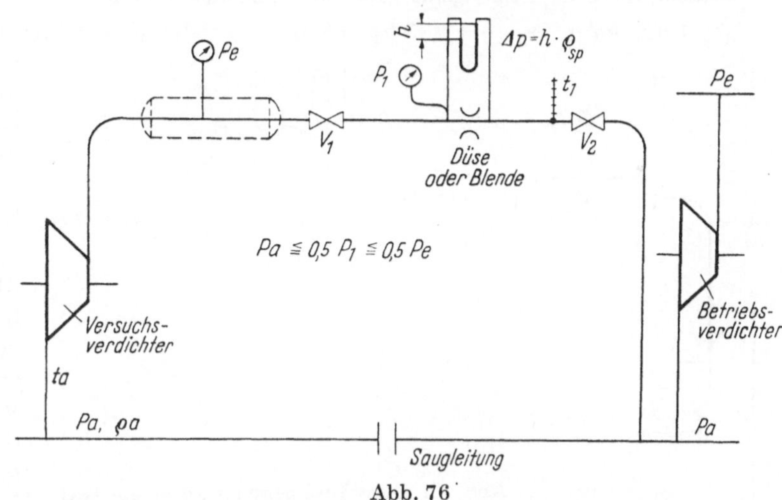

Abb. 76
Durchflußmessung an einem Gasverdichter nach überkritischer Drosselung

Im allgemeinen wird die leichter herstellbare Blende verwendet. Als Wirkdruckmesser kann ein U-Rohr genügender Weite (mind. 8 mm für Quecksilber und 15 mm für Wasser) verwendet werden. Auch für den Druck p_1 in der Meßstrecke ist bis zu 3 at wegen ihrer guten Meßgenauigkeit zweckmäßig eine Quecksilbersäule zu verwenden. Darüber hinaus muß ein geeichtes Manometer verwendet werden. Bei Gas und Gasgemischen ist auch noch die Dichte des Gases durch einen Dichtemesser zu ermitteln. Die gemessene Gasmenge ist zweckmäßigerweise auf den Normzustand (0°, 760 Torr) zu beziehen und dann auf den Ansaugezustand vor der Maschine unter Berücksichtigung der Feuchtigkeit nach Gl. (105) umzurechnen.

Für die Gebrauchsformel werden alle Festwerte und Beiwerte zusammengefaßt, und man erhält dann

$$V_N = C \sqrt{h} \sqrt{\frac{p_1}{T_1\, \varrho_N\, \zeta}} \ \text{Nm}^3/\text{h}. \tag{106}$$

Hierin ist

$$C = 1{,}2524\, \alpha\, \varepsilon\, d^2 \sqrt{\varrho_{sp}} \sqrt{\frac{273}{1{,}033}}\,.$$

Hierin bedeuten:

h in mm	die Höhe der Sperrflüssigkeit am Wirkdruckmesser,
p_1 in at	Druck vor dem Staurand,
T_1 in °Kelvin	Temperatur des Gases vor dem Staurand,
ϱ_N in kg/m³	Dichte des Gases, bezogen auf 0 °C, 760 Torr,
d in mm	Durchmesser des Staurandes,
ϱ_{sp} in kg/dm³	Dichte der Sperrflüssigkeit,
$\zeta = V/V_{id}$	Pv-Abweichung,
α	Durchflußzahl,
ε	Expansionszahl.

Die Durchflußzahl α erfaßt den vom Öffnungsverhältnis $m = (d/D)^2$ stark abhängigen Einfluß der Geschwindigkeit im Rohr vor der Meßstelle. α kann z. B. bei Düsen sogar größer als 1,0 werden. Weiter berücksichtigt die Durchflußzahl α die Einflüsse der Wandreibung vor und an der Meßstelle, die Geschwindigkeitsverteilung sowie die Druckentnahme in den Randwinkeln vor und hinter der Meßstelle. Die Abhängigkeit der Durchflußzahl α vom Öffnungsverhältnis und der dimensionslosen REYNOLDS-Zahl ($Re = w\,d/v$) sowie der Einfluß der übrigen Größen, z. B. auch der Kantenunschärfe bei der Blende, sind für die genormten Drosselgeräte durch Versuch bestimmt.[1]

Die Expansionszahl ε. Gase und Dämpfe verhalten sich bei der Strömung anders als die praktisch nicht zusammendrückbaren Flüssigkeiten. Im Drosselgerät ändert sich die Dichte der Gase und Dämpfe nach bestimmten thermodynamischen Beziehungen. In der Durchflußgleichung wird dies durch die Expansionszahl ε, die außerdem auch vom Adiabatenexponenten $\varkappa$ abhängig ist, berücksichtigt. ε weicht um so mehr von 1 ab, je größer der Wirkdruck vor dem Drosselgerät im Verhältnis zum Druck der Atmosphäre ist.

ε ist für Normdüsen und Normblenden durch Versuch bestimmt[1]. Aus der Übereinstimmung von Rechnung und Versuch kann geschlossen werden, daß sich bei Normdüsen mit einem Öffnungsverhältnis $m \leq 0{,}4$ die Zustandsgrößen im Drosselgerät nach der Adiabaten ändern.

Bei Luft kann $\varrho_N = 1{,}293$ kg/m³ noch in die Konstante C einbezogen werden. Die Genauigkeit der Mengenmessung beträgt rd. $\pm 1\%$, wenn alle Faktoren, welche die Richtigkeit der Messung beeinflussen, entsprechend berücksichtigt werden.

Das Meßverfahren mit überkritischer Entspannung hat den Nachteil, daß das verdichtete Gas verlorengeht bzw. in einem zweiten Verdichter nochmals auf den hohen Verfahrensdruck gebracht werden muß. Oft ist auch hierfür eine zweite Maschine gleicher Leistung nicht vorhanden.

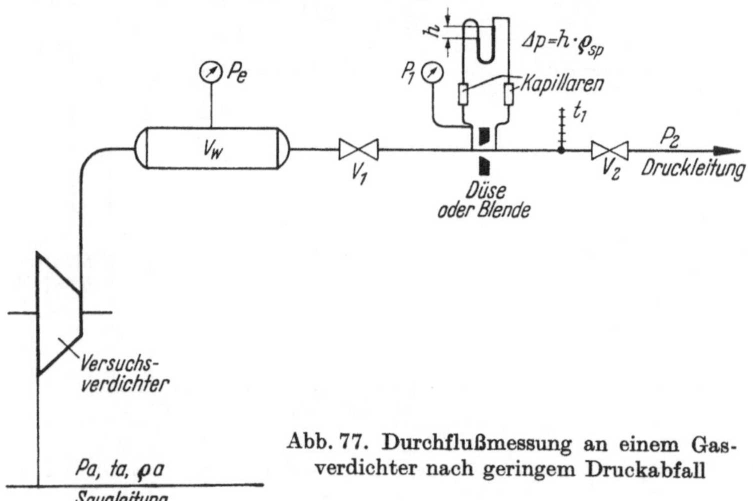

Abb. 77. Durchflußmessung an einem Gasverdichter nach geringem Druckabfall

Für solche Fälle und dort, wo eine laufende Mengenmessung verlangt wird, wie etwa bei Ferngasverdichtern, kann die Liefermenge ermittelt werden mittels der

8.1.2 Durchflußmessung nach Herning und Schmidt[2],

nach der bei einer gegebenen periodischen Strömung die Pulsationen an dem Mengenmeßgerät so klein gehalten werden können, daß der durch die falsche Mittelwertbildung

---

[1] DIN 1952, VDI-Durchflußmeßregeln.
[2] HERNING u. SCHMIDT: Durchflußmessung bei pulsierender Strömung. Z. VDI (1938) S. 1107 [24].

bedingte Meßfehler unter einer gewünschten Grenze bleibt.

Die Meßanordnung nach Abb. 77 unterscheidet sich nur wenig von der nach Abb. 76. Es ist nur ein möglichst großes Volumen V_w, z. B. ein Windkessel, zwischen dem Verdichter und der Meßstrecke notwendig. An Stelle der überkritischen Entspannung mit dem Ventil V_1 wird durch das Ventil V_2 ein bestimmter Druckabfall $(p_e - p_1)$ eingestellt. Um diesen beeinflussen zu können, muß der Druck p_2 in der Verbraucherleitung noch etwas unter p_1 liegen. Selbstverständlich ist während des Versuches der Druck p_2 durch konstanten Verbrauch auf gleicher Höhe zu halten.

Um noch Schwingungen der Flüssigkeitssäule des Wirkdruckmessers sowie zusätzliche Fehler zu vermeiden, müssen in die genau gleich langen Anschlußleitungen an das Drosselgerät Dämpfungen in Form von zwei gleichen Kapillarrohren eingeschaltet werden. Der dann noch auftretende Fehler ist bestimmt von der relativen Strömzeit und einer dimensionslosen Kennziffer Ho, der HODGSONSCHEN Kennzahl, für die auf Grund von Versuchen und Berechnungen von HERNING und SCHMIDT folgende Beziehung angegeben wird:

$$Ho = 1{,}73 f^{-0{,}54} \cdot 1{,}0162^{-s}.$$

Hierin ist:

f in % der Meßfehler,

s in % die relative Strömzeit hinter dem Verdichter,

$$Ho = \frac{60\,z\,V_w(p_e - p_1)}{V\,p_e} \quad \text{die HODGSONSCHE}$$
Zahl.

z ist die Zahl der minutlichen Impulse. Für einfachwirkende Maschinen ist daher für z die Drehzahl n, für doppeltwirkende Verdichter die doppelte Drehzahl $2\,n$ einzusetzen. $V\,p_e$ (m³/h) ist die Fördermenge, bezogen auf 1 at, und V_w (m³) das Volumen zwischen Verdichter und Ventil V_1 (genauer dem Drosselgerät). Bei einem festgelegten zulässigen Meßfehler muß bei gegebenem Volumen V_w der Druckabfall $(p_e - p_1)$ so groß gewählt werden, daß der erforderliche Wert Ho nach obiger Gleichung erreicht wird.

Die relative Strömzeit s gibt an, wieviel vom Hundert der Gesamtzeit einer Periode der Verdichter Gas in die Druckleitung ausschiebt. Auf Abb. 78 ist die Abhängigkeit der relativen

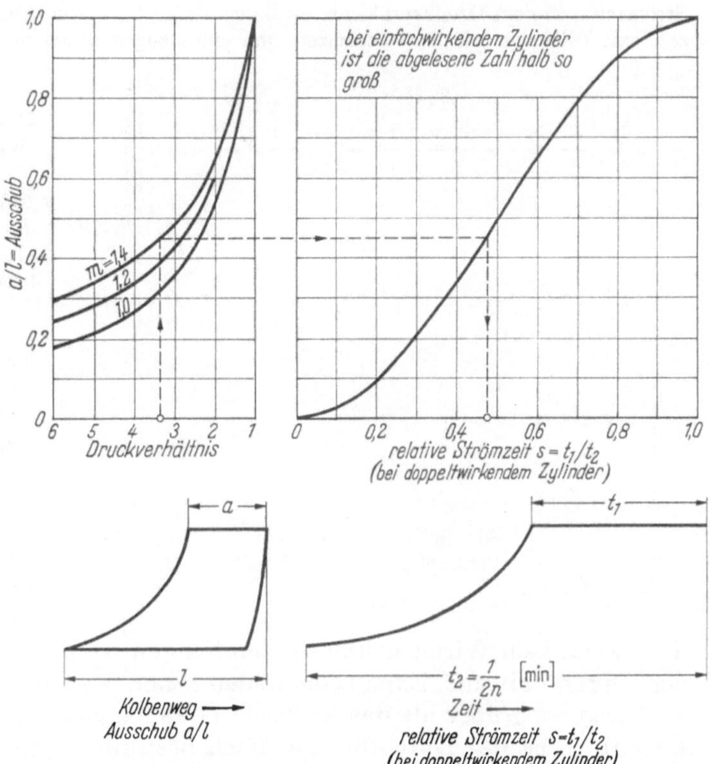

Abb. 78. Relative Strömzeit

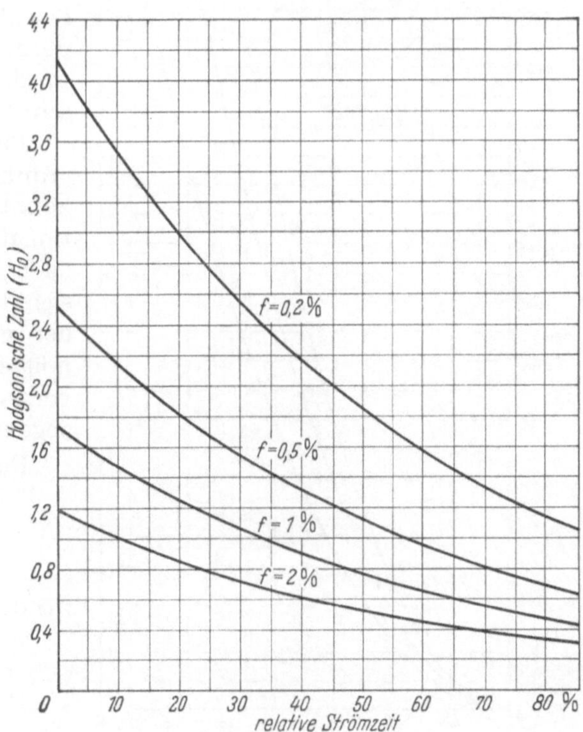

Abb. 79

Fehler bei Durchflußmessung nach HERNING u. SCHMIDT

Strömzeit von dem Druckverhältnis ψ bildlich dargestellt. Aus Abb. 79 kann auch die HODGSONsche Kennzahl mit Hilfe der relativen Strömzeit und eines angenommenen Meßfehlers unmittelbar ohne Rechnung entnommen werden.

Im allgemeinen wird man mit einem Druckverlust $p_e - p_2$ von 5 bis 10% des Gegendruckes auskommen.

Beispiel. Für eine Förderleistung von 10000 m³/h auf 8 at bei $n = 125$/min und doppeltwirkendem Zylinder muß die Druckabsenkung $p_e - p_1$ vor der Meßstelle 0,25 at betragen, wenn ein Windkesselvolumen von 5 m³ zur Verfügung steht und ein Meßfehler von 0,2% zugelassen wird. In der Druckleitung ist dann ein Druck von etwa 7,5 at zu halten.

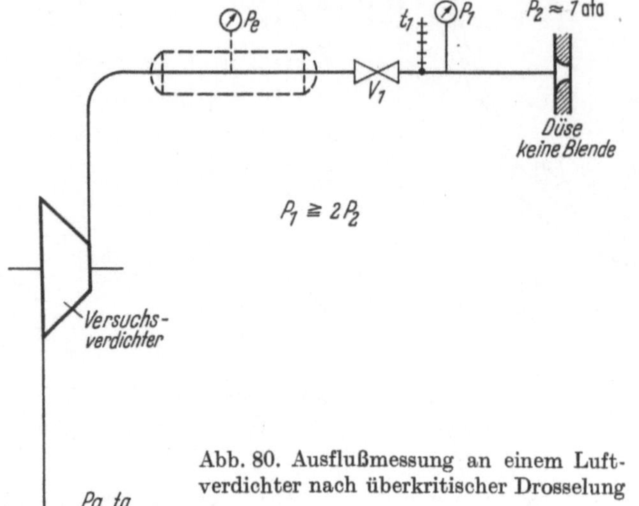

Abb. 80. Ausflußmessung an einem Luftverdichter nach überkritischer Drosselung

8.1.3 Ausflußmessung mit überkritischem Gefälle

Am verhältnismäßig einfachsten ist die Mengenmessung mit überkritischem Ausfluß nach Abb. 80. Sie kann dann vorgenommen werden, wenn kein Wirkdruckmesser vorhanden ist und man gerne vermeiden möchte, mit den Durchfluß- und Expansionszahlen α und ε zu rechnen. Ist das Druckverhältnis im Drosselgerät größer als das kritische (1,88 bei zweiatomigen und 1,82 bei mehratomigen Gasen), so ist der Durchfluß nur noch bestimmt vom Zustand vor der Düse. Man mißt bei diesem Verfahren nur Druck und Temperatur vor der Düse, wobei für p_1 ein gutes Kontrollmanometer oder ein Quecksilbermanometer genügt. Als Drosselgerät muß jedoch eine gut abgerundete Mündung oder besser eine Normdüse, auf keinen Fall aber eine Blende genommen werden. Der Düsendurchmesser, der im allgemeinen sehr klein wird, muß sehr genau gemessen werden.

Bei diesem Meßverfahren kann die Größenordnung der Änderung des Durchflusses sofort erkannt werden, da dieser dem Meßdruck p_1 proportional ist. Dies ist jedoch gleichzeitig ein Nachteil, da bei einer größeren Änderung des Durchflusses sich der Meßdruck zu stark ändert. Ist dies wegen der größeren Ungenauigkeit nicht zulässig, so müssen Düsen mit verschiedenen Durchmessern verwendet werden. Der stündliche Durchfluß, bezogen auf Normzustand, ist:

Für zweiatomige Gase

$$V_N = \frac{9{,}95\, d^2\, p_1}{\sqrt{\dfrac{T_1}{\varrho_N}}} \ \text{Nm}^3/\text{h}, \qquad (107)$$

für dreiatomige Gase

$$V_N = \frac{9{,}7\, d^2\, p_1}{\sqrt{\dfrac{T_1}{\varrho_N}}} \ \text{Nm}^3/\text{h}, \qquad (107\,\text{a})$$

für Luft

$$V_{N_L} = \frac{11{,}32\, d^2\, p_1}{\sqrt{T_1}} \ \text{Nm}^3/\text{h}, \qquad (107\,\text{b})$$

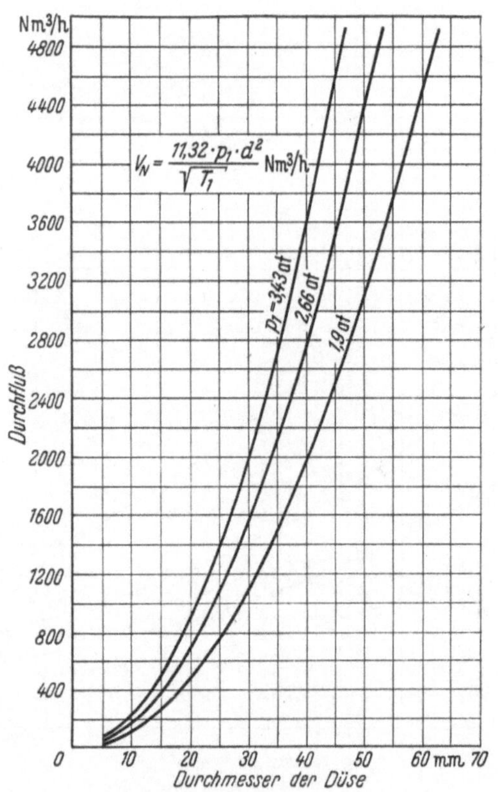

Abb. 81. Meßwerte bei überkritischer Ausflußmessung (für Luft)

mit d in mm und p_1 in at. Der Rohrdurchmesser soll hierbei mindestens das 1,7fache des Düsendurchmessers betragen.

Abb. 81 läßt die Abhängigkeit der Meßwerte vom Düsendurchmesser bei überkritischer Ausflußmessung für Luft gut erkennen und kann als Anhalt für Versuche dienen.

8.1.4 Behältermengenmessung

Die Förderleistung eines Verdichters wurde früher vielfach dadurch ermittelt, daß man die Zeit festgestellt hat, in der ein Behälter bekannten Inhaltes von einem Druck P_1 auf einen Druck P_2 aufgepumpt wurde. Da die Temperatur des Gases im Behälter nicht erfaßt werden kann, ist dieses Verfahren recht ungenau. Das Gas im Behälter wird ja während der Meßzeit dauernd verdichtet, wobei es seine Temperatur erhöht. Durch die nach außen einsetzende Wärmeabfuhr erniedrigt sich jedoch wieder seine Temperatur; um wieviel dies der Fall ist, läßt sich kaum ermitteln. Ein Fehler in der Temperaturmessung um 3 °C bewirkt aber bereits eine um rd. 1% fehlerhafte Mengenmessung. Man muß sich also auf nur kleine Drucksteigerungen von einigen Zehnteln Atmosphären beschränken, was nur bei kleinen Fördermengen und im Verhältnis dazu großem Speichervolumen V befriedigende Meßzeiten ergibt. Unter dieser Voraussetzung kann die in der Meßzeit in den Behälter eingepumpte Gasmenge in Nm³ errechnet werden nach der Gleichung

$$V_N = \frac{V\,(p_2 - p_1)\,273}{1,0333\,T_1}\ \text{Nm}^3, \tag{108}$$

mit T_1 in ° Kelvin für die Temperatur der Luft vor Eintritt in den Behälter.

Die gleiche Unsicherheit besteht bei der Mengenmessung durch Absaugen eines Gasbehälters. Selbst bei einem Glockengasometer mit Wasserabschluß, bei dem der Gasdruck gleichbleibt und das Volumen geändert wird, ist eine einigermaßen zuverlässige Messung nur zu erwarten, wenn trübes Wetter herrscht und eine nennenswerte Änderung der Lufttemperatur während der Versuchszeit nicht auftritt.

Behältermengenmessungen sind daher nur im Notfall anzuwenden.

8.2 Antriebsleistung

Werden Kolbenverdichter von einer Kolbendampfmaschine oder einem Verbrennungsmotor angetrieben, ist es recht schwierig, die von der Antriebsmaschine an den Verdichter abgegebene Leistung zu ermitteln. Die mechanischen Verluste zwischen den Zylindern der Antriebsmaschine und denen des Verdichters können nicht einzeln, sondern nur zusammen erfaßt werden. Da außerdem die Indizierung der Maschinen trotz ihrer jahrzehntelangen Entwicklung viele Fehlermöglichkeiten aufweist und daher viel zu wünschen übrigläßt, ist es verständlich, daß die effektive Antriebsleistung eines durch eine andere Kolbenmaschine oder Turbine angetriebenen Verdichters nur recht fehlerhaft ermittelt werden kann.

Dagegen sind die Verhältnisse ganz anders bei dem heute überwiegenden Antrieb durch Drehstrommotoren. Die Genauigkeit der Messung von der vom Elektromotor aufgenommenen Leistung ist in erster Linie von den elektrischen Meßinstrumenten abhängig. Die bei Abnahmeversuchen zu verwendenden Präzisionsinstrumente haben Anzeigefehler in der Größenordnung von nur 0,2 bis 0,5%. Im allgemeinen kann daher die Leistungsaufnahme des Motors mit einer Toleranz von unter 1% gemessen werden.[1]

Zumeist wird die vom Motor aufgenommene Leistung gemessen nach der Zweiwattmeter-Methode, bei der die zwei Stromspulen in zwei Zuleitungen, die beiden Spannungsspulen zwischen diese und die dritte Leitung vielfach unter Zwischenschaltung von Vorwiderständen geschaltet werden. Grundsätzlich soll die Leistungsmessung nach dieser oder einer anderen geeigneten Methode nur von Elektrotechnikern, am besten unter Hinzuziehung des Motorherstellers, vorgenommen werden.

Um die während eines Versuches auftretenden unvermeidlichen Schwankungen im Widerstandsmoment des Kolbenverdichters, die kleine Änderungen in der Leistung des Motors hervorrufen, auszugleichen, werden die Meßgeräte im allgemeinen in kurzen Zeitabständen abgelesen und daraus der Mittelwert gebildet. Durch das periodisch sich ändernde Widerstandsmoment des Verdichters kann aber auch die Antriebsleistung

---

[1] Bei besonderem Aufwand kann diese Toleranz sogar auf einen Bruchteil dieses Wertes verringert werden.

kurzzeitig periodisch schwanken, wodurch die Anzeigeinstrumente etwas pendeln können. Darunter kann natürlich die Genauigkeit der Ablesung leiden. Diese Meßfehler können vermieden werden, wenn man an Stelle oder neben den Leistungsmessern auch noch einen Leistungszähler verwendet, wobei bei hohen Stromstärken und -spannungen ein Meßwandler vorgeschaltet werden muß. Die Messung wird damit sehr einfach. Mit einer Stoppuhr werden die Umdrehungen der Ankerscheibe des Zählers während einer Minute gezählt. Die mittlere während der Meßzeit vom Motor aufgenommene Leistung beträgt dann

$$N = U \frac{z \cdot 3600}{A\,t} \text{ kW},$$

mit z Zahl der gemessenen Ankerumdrehungen, A Zahl der Ankerumdrehungen für 1 kW, t Meßzeit in Sekunden, U Umformungsfaktor der vorgeschalteten Wandler.

Die Messung der elektrischen Leistung mittels Zähler ist so bequem und dabei doch genau und vom cos φ (Belastung des Betriebsnetzes) unabhängig, daß es bei größeren Anlagen sehr zweckmäßig ist, damit laufend den Betrieb zu überwachen.

Um aus der Leistungsaufnahme des Motors die an den Verdichter abgegebene Leistung bestimmen zu können, müssen die Motorverluste bekannt sein, die recht genau ermittelt werden können.

Die Kupferverluste können aus dem Widerstand der Wicklung und der Stromstärke errechnet, die Eisenverluste aus einem Leerlaufversuch und die Wirbel- und Reibungsverluste aus einem Auslaufversuch auf dem Prüfstand des Herstellers ermittelt werden. Für diese Verlustbestimmungen sind die Meßmethoden und Schaltungen für die verschiedenen Motortypen in den vom VDE herausgegebenen Regeln für die Prüfung und Bewertung elektrischer Maschinen festgelegt. Für genaue Versuche ist es daher zweckmäßig, die von Strom und Spannung abhängigen verschiedenen Einzelverluste aus den Angaben des Herstellers selbst zu ermitteln und die Wirkungsgradkurve des Motors nur zur Kontrolle zu verwenden.

Zieht man von der aufgenommenen Leistung die Einzelverluste ab, so erhält man bei Motoren, die auf die Verdichterwelle aufgesattelt oder mit ihr unmittelbar gekuppelt sind, sofort die der Verdichterwelle zugeführte effektive Leistung. Bei Riemen- oder Getriebeantrieb sind noch deren Verluste zu berücksichtigen. Durch Messen der Drehzahlen ist bei Riemenantrieb zu prüfen, ob der Riemen nicht rutscht. Dabei ist auch noch zu beachten, daß für die Durchmesser die Summe von Riemenscheibendurchmesser und Riemenstärke anzusetzen ist.

8.3 Auswertung von Abnahmeversuchen

Bei der Auswertung von Abnahmeversuchen geht man zweckmäßig wie folgt vor:

Leistungen		Verluste	
Effektive Leistung	N_e	$N_e - N_i = V_R$	Reibungsverlust
Indizierte Leistung	N_i	$N_i - N_{ad'-ta} = V_{H+U}$	Aufheizungs- und Undichtigkeitsverlust
Adiabate Leistung, bezogen auf Zylinderdruckverhältnis und t_a	$N_{ad'-ta}$	$N_{ad'-ta} - N_{ad'-tw} = V_{Kühl}$	Thermischer Kühlerverlust
Adiabate Leistung, bezogen auf Zylinderdruckverhältnis und t_w	$N_{ad'-tw}$	$N_{ad'-tw} - N_{ad} = V_{Strom}$	Strömungsverlust
Adiabate Leistung, bezogen auf Leitungsdruckverhältnis und t_w	N_{ad}	$N_{ad} - N_{is} = V_{Verd}$	Verlust durch adiabate Verdichtung gegenüber der isothermen
Isotherme Leistung	N_{is}		

Aus den Indikatordiagrammen werden die mittleren Leitungs- und Zylinderdruckverhältnisse festgestellt und die indizierte Leistung der einzelnen Stufen und der

Gesamtmaschine berechnet. Hierauf werden die Leistungen und Verluste nach dem Schema auf S. 112 unten ermittelt und danach die Wärmebilanz ähnlich wie nach Abb. 82 aufgestellt.

Der Reibungsverlust V_R ergibt sich aus dem Unterschied der an der Welle aufgewendeten mechanischen Energie Ne und der aus den Indikatordiagrammen berechneten indizierten Leistung N_i.

Die Verluste für Aufheizung und Undichtigkeit werden zusammengefaßt, da sie einzeln aus den aufgenommenen Indikatordiagrammen nicht ermittelt werden können. V_{H+U} ergibt sich aus dem Unterschied der indizierten Leistung N_i und der auf das mittlere Zylinderdruckverhältnis und die Ansaugetemperatur bezogenen adiabaten Leistung $N_{ad'\ldots ta}$. Zur einfacheren Rechnung wurde die adiabate Verdichtung zugrunde gelegt und nicht die tatsächliche Verdichtung mit wechselnden Polytropenexponenten, was, wie bereits früher erwähnt wurde, ohne weiteres zulässig ist.

Der thermische Kühlerverlust $V_{Kühl}$, welcher die nicht vollständige Kühlung des Gases auf Kühlwassereintrittstemperatur erfaßt, wird ermittelt aus dem Unterschied der adiabaten Leistung (für das aus dem Indikatordiagramm entnommene mittlere Zylinderdruckverhältnis), einmal bezogen auf die tatsächliche Ansaugetemperatur ($N_{ad'\ldots ta}$), das andere Mal auf die Kühlwassereintrittstemperatur ($N_{ad'\ldots tw}$), also auf die theoretisch bestmögliche Zwischenkühlung.

Die Strömungsverluste V_{Strom} ergeben sich aus dem Unterschied der auf das mittlere Zylinderdruckverhältnis und auf das mittlere Leitungsdruckverhältnis bezogenen adiabaten Leistungen, wobei für beide natürlich die Kühlwassereintrittstemperatur zugrunde zu legen ist ($N_{ad'\ldots tw} - N_{ad}$).

Schließlich ergibt sich der Verlust durch nahezu adiabate Verdichtung gegenüber der angestrebten isothermen aus dem Unterschied der hierfür aufzuwendenden Leistungen, wobei natürlich beide Leistungen auf das mittlere Leitungsdruckverhältnis und auf die Kühlwassereintrittstemperatur zu beziehen sind ($N_{ad} - N_{is}$).

Beispiele: In Tab. 10 und auf Abb. 82 sind die Leistungen und Verluste eines sechsstufigen Verdichters nach der vorbeschriebenen Unterteilung zusammengestellt.

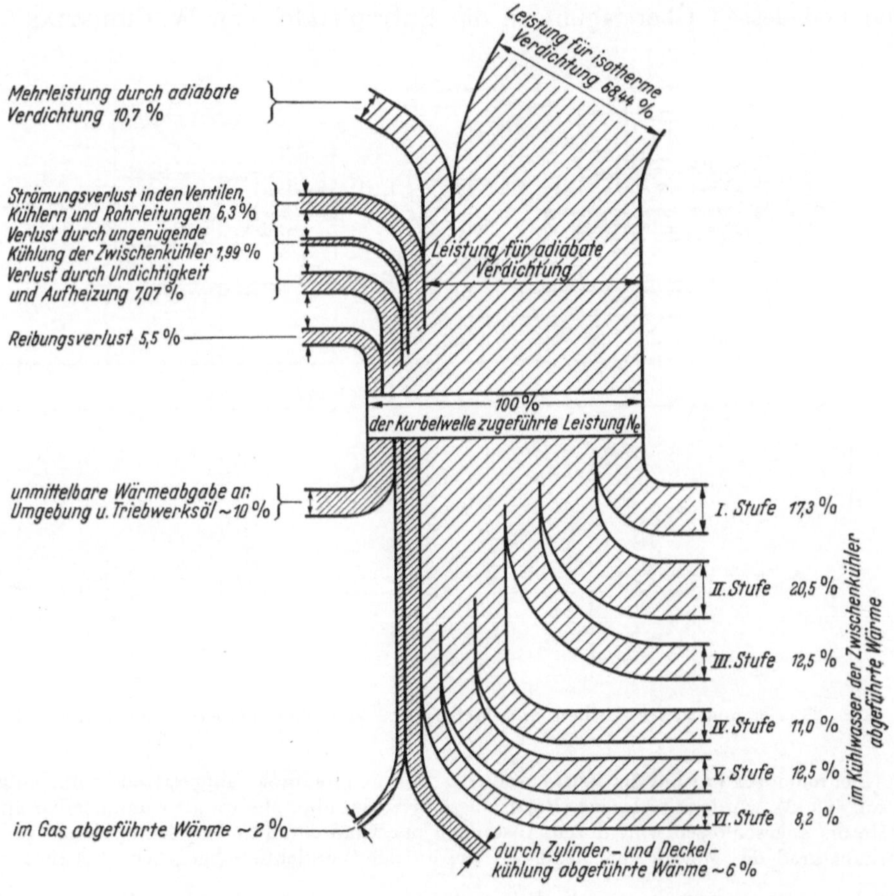

Abb. 82. Wärmebilanz eines Sechsstufenverdichters

Tabelle 10. *Leistungen und Verluste eines Sechsstufenverdichters*

	N_{is} kW	V_{Verd} kW	V_{Strom} kW	$V_{Kühl}$ kW	V_{H+U} kW	N_i kW
1. Stufe	512	88	66	—	50	716
2. Stufe	495	87	37	17	62	698
3. Stufe	410	46	38	22	17	62
N. D.-Teil	1417	221	141	39	129	1947
4. Stufe	282	42	23	—	29	376
5. Stufe	297	54	17	15	48	431
6. Stufe	200	27	22	10	21	280
H. D.-Teil	779	123	62	25	98	1087
Ges. Maschine	2196	344	203	64	227	3034
	%	%	%	%	%	%
N. D.-Teil	72,8	11,3	7,3	2,0	6,6	100
H. D.-Teil	71,8	11,3	5,7	2,3	9,0	100
Ges. Maschine	72,4	11,3	6,7	2,1	7,5	100

Der hohe isotherme Gesamtwirkungsgrad von 68,44 % wurde auch an ähnlichen Verdichtern mit einer Antriebsleistung von 4000 bis 5000 kW erzielt, wie sie von verschiedenen deutschen Herstellern für die großen Werke der chemischen und Mineralölindustrie geliefert wurden.

Von einem Nachschaltverdichter, der Wasserstoff von 331,4 at und 25,5 °C in einer Stufe auf 711 at weiter verdichtete, zeigt Abb. 83 den schematischen Aufbau und die Anordnung der Meßstrecke zur Ermittlung der Fördermenge, Abb. 84 ein Indikatordiagramm und dessen Übertragung in die Entropietafel von W. CHRISTIAN.[1]

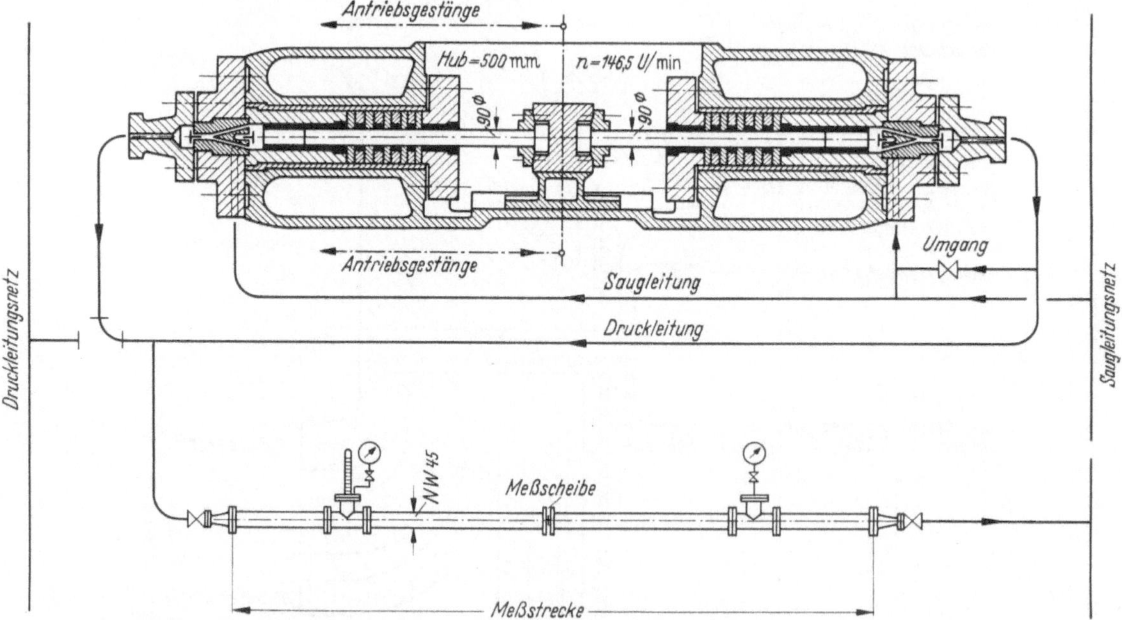

Abb. 83. Schematischer Aufbau und Meßstrecke von einem Höchstdruckverdichter

Der Asynchronmotor war auf der Kurbelwelle des Verdichters direkt aufgesattelt. Seine aufgenommene Leistung von 463 kW wurde mittels eines Präzisionszählers, der über Meßwandler unmittelbar an die Klemmen des Motors angeschlossen war, durch Abstoppen der Umdrehungen der Zählerscheibe gemessen. Bei einem Wirkungsgrad des Motors von 0,926 war die an den Verdichter abgegebene Leistung 429 kW.

---

[1] Entnommen W. CHRISTIAN: Das Verhalten der Gase bei hohen Drücken. Dissertation Technische Universität Berlin 1947 [5].

Der verdichtete Wasserstoff wurde über eine Meßleitung von 42,1 mm l. Durchmesser von 711 at auf den Ansaugedruck von 331,4 at entspannt. Der Druck in der Meßstrecke betrug rd. 450 at, der Durchmesser der Düse 19,9 mm. Der Wirkdruck wurde mit einer IG-Ringwaage gemessen. Die Fördermenge betrug 11 320 Nm³/h bzw. 11 320/22,41 = 505 Kmol/h.

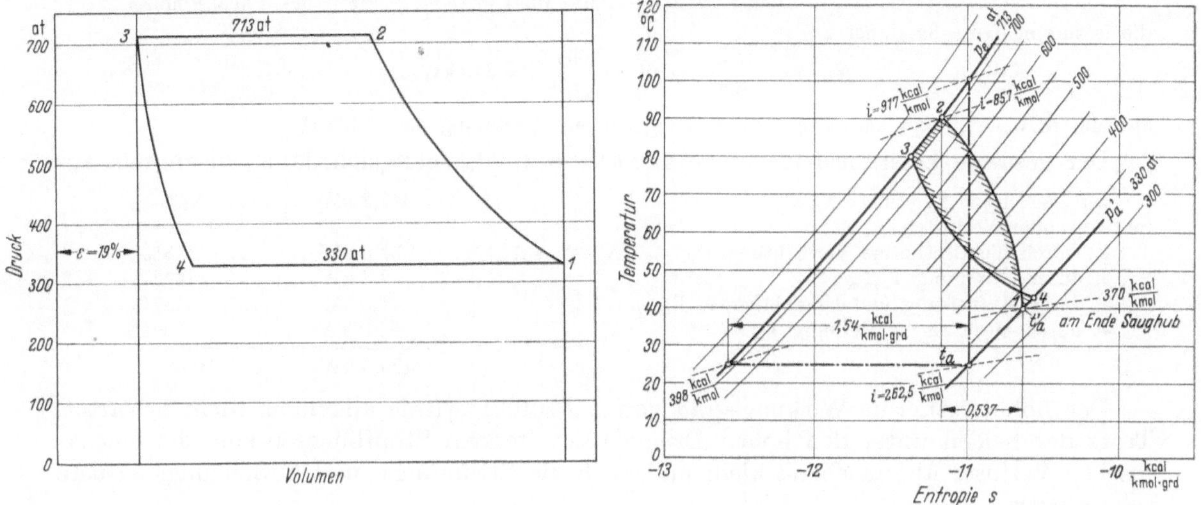

Abb. 84. Indikator- und Ts-Diagramm des Verdichters nach Abb. 83

Aus dem Indikatordiagramm erhält man den volumetrischen Wirkungsgrad zu $\eta_v = 0,87$. Unter Berücksichtigung einer pv-Abweichung von $\zeta = 1,267$ bei 331,4 at und 25,5 °C errechnet sich die auf den Ansaugezustand bezogene Fördermenge zu 46,3 m³/h. Bei dem vorhandenen Hubvolumen von 56,0 m³/h betrug der Liefergrad

$$\lambda = 0,83$$

und der Aufheizungsgrad

$$\frac{\lambda}{\eta_v} = \frac{0,83}{0,87} = 0,95.$$

Aus dem Indikatordiagramm ergibt sich ferner der mittlere indizierte Druck zu $p_{mi} = 258$ kp/cm², die indizierte Antriebsleistung zu

$$N_i = 393 \text{ kW}.$$

Der mechanische Wirkungsgrad betrug daher

$$\eta_m = \frac{393}{429} = 0,915.$$

Im Ts-Diagramm entspricht die für die Verdichtung von 1 Kmol erforderliche Arbeit im Wärmemaß der Fläche zwischen den Isobaren p_e', p_a' und der Verdichtungslinie 1—2. Sie errechnet sich daher zu

$$(AL)_f = (i_2 - i_1) + \int_1^2 T\,ds = (857 - 370) + 0,537 \cdot 340 = 487 + 183,$$

$$(AL)_f = 670 \text{ kcal/kmol}.$$

Die Arbeit für das im schädlichen Raum verbleibende Restgewicht kann, wie schon im Abschn. 2.6.1 erwähnt wurde, vernachlässigt werden. Sie beträgt hier nur rd. $\frac{1}{3}$% von $(AL)_f$.

Die indizierte Leistung beträgt daher

$$N_i = G_f \frac{AL_f}{860} = 505 \cdot \frac{670}{860} = 394 \text{ kW}$$

und stimmt mit der aus den Indikatordiagrammen ermittelten Leistung praktisch überein.

Nach Gl. (51) bzw. Tafel XII erhält man die isotherme Leistung zu $N_{is} = 347,3$ kW.

Nach Abschn. 1.7.3 errechnet sich aus der Entropietafel die isotherme Arbeit zu

$$A\,L_{is} = i_2 - i_1 + T\,(S_2 - S_1)\ \text{kcal/kmol}$$

$$= (398 - 262,5) + (298 \cdot 1,54) = 135,5 + 459 = 594,5\ \text{kcal/kmol},$$

die isotherme Leistung daher zu

$$N_{is} = G_f\,\frac{A\,L_{is}}{860} = 505 \cdot \frac{594,5}{860} = 349\ \text{kW},$$

also um rd. 0,5% größer als die einfachere und genauere Rechnung nach Gl. (51).

Der gesamte Leistungsbedarf von 429 kW $= 100\%$ setzt sich daher zusammen aus

der isothermen Leistung: $N_{is} =$ 347,3 kW 81%
und folgenden Verlusten:

1. Durch nichtisotherme Verdichtung $V_{Verd} = (N_{ad} - N_{is}) =$	31,5 kW	7,3%
2. durch Strömung $V_{Strom} =$	3,2 kW	0,73%
3. durch Aufheizung und Undichtigkeit $V_{H+U} =$	11,0 kW	2,57%
4. durch mechanische Reibung $V_R =$	36,0 kW	8,4%
	429,0 kW	100%

Der hohe isotherme Wirkungsgrad von $\eta_{is} = 0,81$ wurde allgemein nicht erwartet. Trotz der beiden unter den hohen Drücken arbeitenden Stopfbüchsen sind die mechanischen Verluste überraschend klein und auch die Strömungs- und Aufheizungsverluste sehr niedrig.

9 Maschinengründung

In diesem auf den einfachsten theoretischen Grundlagen aufgebauten Abschnitt[1] werden für einfache Verhältnisse einige wichtige Hinweise für die Errichtung von Fundamenten von Kolbenmaschinen gebracht. Für schwierige, auf die besprochenen einfachen Verhältnisse nicht zurückzuführende Aufgaben muß der mit dynamischen Gründungen vertraute Bauingenieur hinzugezogen werden.

Die Fundamente von Kolbenmaschinen unterscheiden sich von anderen Bauwerken hauptsächlich dadurch, daß auf sie außer den feststehenden (statischen Kräften), wie Maschinengewichte, Riemenzug usw., auch noch durch hin- und hergehende Massen des Triebwerkes verursachte sog. dynamische Kräfte einwirken. Diese während einer Umdrehung nach dem Sinusgesetz sich ändernden periodischen Kräfte erregen Schwingungen der Maschine und ihres Fundamentes, die durch eine zweckmäßige Maschinengründung möglichst klein gehalten werden müssen. Darüber hinaus muß sie verhindern, daß die Schwingungen des Fundamentes durch die Elastizität des Baugrundes in einem unerträglichen Ausmaße in die Umgebung übertragen werden.

Infolge der elastischen Nachgiebigkeit (Federung) des Baugrundes unter dem Fundament, der Pfähle oder sonstiger federnden Einlagen bildet die Maschinengründung ein schwingungsfähiges System und besitzt bestimmte von der Masse und der Federung des Baugrundes abhängige Eigenschwingzahlen (Anzahl der Schwingungen in der Zeiteinheit). Stimmt eine von diesen mit der Erregerschwingzahl (bei Massenkräften 1. Ordnung) oder mit einem Vielfachen davon (bei Massenkräften höherer Ordnung) überein, so besteht Resonanz. In diesem natürlich möglichst zu vermeidenden Fall schwingt die Maschine im Takt der Eigenschwingung der Gründung, wobei die Schwingungsausschläge mit jedem Impuls größer werden können. Dadurch kann der Boden unzulässig beansprucht werden, wodurch das Fundament absacken und die Maschine sogar gefährdet werden kann.

Der Einfluß der schwingenden Fundamentmasse auf den federnden Baugrund geht aus Abb. 85 hervor. Durch das Gewicht mg (von Maschine + Fundament) wird der Boden unter dem Fundament um δ_0 auf die Mittellage A—B zusammengedrückt, um welche es schwingt, wenn es durch irgendeine senkrechte Kraft dazu angeregt wird.

---

[1] Nach E. RAUSCH: Maschinenfundamente und andere dynamische Aufgaben. VDI-Verlag 1943 und 1953 [*25*].

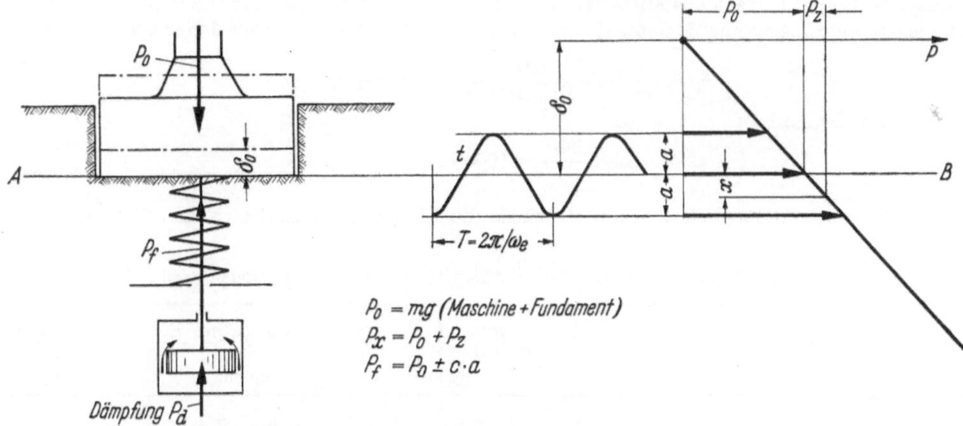

Abb. 85. Maschinenfundament als frei schwingende Masse

9.1 Freie Schwingung ohne Dämpfung

Ist keine Dämpfung vorhanden, so schwingt m mit unveränderter Amplitude a, wobei der Druck auf dem Boden P_f um $\pm c\,a$ schwankt. Die Differentialgleichung dieser Bewegung lautet $m\,(d^2x/dt^2) + c\,x = 0$. $m\,(d^2x/dt^2)$ ist die Trägheits- oder Massenkraft oder auch D'ALEMBERTsche Kraft genannt. $c\,x$ ist die aus der Störung der Ruhe hervorgerufene zusätzliche Federkraft P_z. Die Lösung dieser Differentialgleichung gibt mit den Anfangsbedingungen $t = 0$, $x = 0$ die Gleichung

$$x = a \sin\left(t\,\sqrt{\frac{c}{m}}\right) \tag{109}$$

mit dem größten Schwingungsausschlag der Schwingweite a bei $\sin(t\,\sqrt{c/m}) = \pm 1$. Die Schwingung kann als Projektion der mit der Winkelgeschwindigkeit $\sqrt{c/m}$ an einem Kreis mit dem Halbmesser a umlaufenden Masse m angesehen werden. Diese Winkelgeschwindigkeit ω_e ist die sog. Kreisfrequenz der Eigenschwingung. Mit der Eigenschwingzahl n_e (Anzahl der vollen Schwingungen in der Minute) kann gesetzt werden für $\omega_e = \sqrt{c/m} = 2\pi\,(n_e/60)$. Für die Eigenschwingzahl gilt daher die Gleichung $n_e = (60/2\pi)\cdot\sqrt{c/m}$ U/min.

δ_0 ist die durch das Gewicht mg von Maschine und Fundament hervorgerufene (statische) Zusammendrückung der Federung. Für die Federkonstante c kann daher $c = m\,g/\delta_0$ gesetzt werden. Mit δ_0 in cm erhält man für die Eigenschwingzahl die Gleichung

$$n_e \doteq \frac{300}{\sqrt{\delta_0}}\ \ \text{U/min} \tag{110}$$

und für die Schwingzeit (Periode einer vollen Schwingung) $T = 2\pi/\omega_e = 2\pi\,\sqrt{m/c} = 2\pi\,\sqrt{\delta_0/g}$

$$T \doteq 0{,}2\,\sqrt{\delta_0}. \tag{111}$$

Die Eigenschwingzahlen n_e der Gründung werden mit Hilfe der spezifischen Federungszahlen, der sog. Bettungsziffer C bzw. Schubziffer S, ermittelt, die durch dynamische Untersuchungen für die verschiedensten Baugründe zumeist bekannt sind oder leicht ermittelt werden können. Unter der Bettungsziffer C wird dabei diejenige Druckspannung in kp/cm³ verstanden, die eine lotrechte elastische Verschiebung des Untergrundes von 1 cm bewirkt. Sinngemäß bedeutet die Schubziffer S jene Schubspannung in kp/cm³, die eine waagerechte elastische Verschiebung des Untergrundes um 1 cm bewirkt. Wie aus der anschließend auszugsweise wiedergegebenen Tab. 11[1] hervorgeht, nimmt die Bettungsziffer C mit zunehmender ruhender Bodenpressung wesentlich zu.

Beispiel. Wie groß ist die Eigenschwingzahl für die lotrechte Schwingung eines Fundamentes, welches bei einer Masse von 566 t (einschließlich der Maschine) eine Grundfläche von 63,5 m² aufweist?[2] Die Bodenpressung unter der ständigen Last beträgt

$$\sigma_0 = \frac{566}{63{,}5} = 9\ \text{t/m}^2 = 0{,}9\ \text{kp/cm}^2$$

---

[1] Entnommen E. RAUSCH.

[2] Fundament für den Hochdruckverdichter nach Abb. 145.

Der tragende Boden besteht aus Mittelsand; die Bettungsziffer dürfte daher zwischen 10 und 15 kp/cm³ liegen. Die elastische Einsenkung δ_0 unter der ruhenden Last mg berechnet sich daher aus $\delta_0 : 1 = \sigma_0 : C$ zu

$$\delta_0 = \frac{\sigma_0}{C} = \frac{0{,}9}{10 \text{ bis } 15} = 0{,}09 \text{ bis } 0{,}06 \text{ cm}$$

und die Eigenschwingzahl zu

$$n_e \doteq \frac{300}{\sqrt{\delta_0}} \doteq 1000 \text{ bis } 1220/\text{min}.$$

Bei einer Bettungsziffer zwischen 5 und 10 würde die Eigenschwingzahl zwischen 700 und 1000 liegen.

Tabelle 11. *Bettungs- und Schubziffer verschiedener Bodenarten*

Bodenart	Ruhende Bodenpressung in kp/cm²	Bettungsziffer C in kp/cm³	Schubziffer S in kp/cm³
Feinsand — Mittelsand tonig	0,27 0,54 1,08	5,5 bis 7,5 7 bis 11,5 14,5 bis 20	4 bis 5
Mergel, mit der Hacke zu bearbeiten	0,3 0,6 1,1	6,5 14 26	7
Mittelsand	0,5 0,8 1,0	9 bis 10 10 bis 13 12 bis 15	3 bis 10
Mittel- bis Grobsand	0,27 0,8 1,2	8 bis 13 20 bis 23 28 bis 30	6
Trockener, lehmiger Kies, mit der Hacke zu bearbeiten	0,27 0,54 1,08	9 16 26	8
Trockener tertiärer Ton	0,27 0,54 1,08	10,5 15,0 23,0	4
Mergel	0,5 0,8 1,0	18 21 25	6

9.2 Freie Schwingung mit Dämpfung

Bei vollkommen elastischer Federung müßte die durch irgendeine Kraftwirkung erregte Eigenschwingung unbegrenzt lange andauern. Infolge der Bewegungswiderstände ist jedoch immer eine Dämpfung vorhanden, wodurch die Schwingung zumeist sehr rasch abklingt. Die dämpfende Kraft ist gegen die Bewegung gerichtet und kann proportional mit der Geschwindigkeit angenommen werden. Die Differentialgleichung mit k als Dämpfungskonstante lautet dann also $m(d^2x/dt^2) + k(dx/dt) + c\,x = 0$. Mit v_0 als Geschwindigkeit, zur Zeit $t = 0$, lautet die Lösung dieser Differentialgleichung

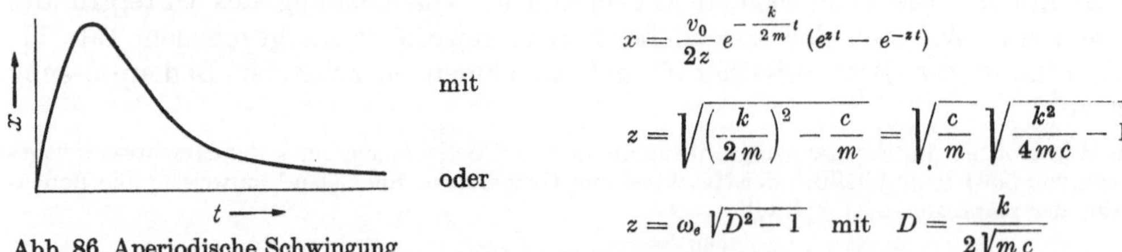

$$x = \frac{v_0}{2z}\, e^{-\frac{k}{2m}t}\, (e^{zt} - e^{-zt})$$

mit

$$z = \sqrt{\left(\frac{k}{2m}\right)^2 - \frac{c}{m}} = \sqrt{\frac{c}{m}}\,\sqrt{\frac{k^2}{4mc} - 1}$$

oder

$$z = \omega_e \sqrt{D^2 - 1} \quad \text{mit} \quad D = \frac{k}{2\sqrt{mc}}$$

Abb. 86. Aperiodische Schwingung

als Dämpfung (nach LEHR).

ω_e ist darin die Kreisfrequenz der Eigenschwingung. Ist $D^2 > 1$, dann ist z ein reeller Wert. Für den Schwingungsausschlag x tritt bei wachsendem t keine Vorzeichenänderung auf. Für $t = \infty$ wird $x = 0$. Es handelt sich um eine aperiodische Schwingung nach Abb. 86.

Im allgemeinen ist jedoch $D^2 < 1$ und z daher imaginär $z = i\,z'$, wobei $i = \sqrt{-1}$ ist und $z' = \omega_e \sqrt{1 - D^2}$ einen reellen Wert darstellt. Es ist dann

$$x = \frac{v_0}{z'}\, e^{-\frac{k}{2m}t}\, \frac{e^{iz't} - e^{-iz't}}{2\,i}.$$

Aus der Beziehung zwischen Kreis- und Hyperbelfunktion erhält man schließlich

$$x = \frac{v_0}{z'}\, e^{-\frac{k}{2m}t}\, \sin(z't) \tag{112}$$

mit

$$z' = \omega_e \sqrt{1 - \frac{k^2}{4\,m\,c}} = \frac{\omega_e}{2\sqrt{m\,c}} \sqrt{4\,m\,c - k^2}.$$

Diese Bewegungsgleichung unterscheidet sich von der ungedämpften Schwingung grundsätzlich nur durch die Exponentialfunktion $e^{-(k/2m)t}$ als neu hinzugekommener Faktor.

Wie aus Abb. 87 zu erkennen ist, werden die Schwingweiten mit zunehmender Zeit immer kleiner. Die aufeinanderfolgenden Schwingungen besitzen aber wegen $\sin(z't)$ die gleiche Periodendauer T_D, die etwas größer ist als bei der ungedämpften Schwingung, nämlich $T_D = T/\sqrt{1 - D^2}$.

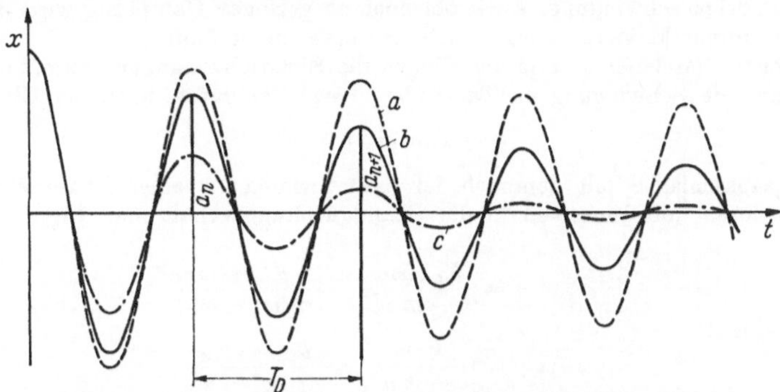

Abb. 87. Schwingung bei verschiedener Dämpfung[1]

	a_n/a_{n+1}	ϑ	D
a kleine Dämpfung, gestrichelt	1,10	0,1	0,016
b mittlere Dämpfung, ausgezogen	1,35	0,3	0,048
c große Dämpfung, strichpunktiert	2,70	1,0	0,16

Die Eigenschwingzahl wird jedoch auch bei erheblicher Dämpfung nur unwesentlich niedriger als bei der ungedämpften Schwingung, so daß der Unterschied vernachlässigt werden kann.

Außerdem ist bemerkenswert, daß das Verhältnis der im Periodenabstand aufeinanderfolgenden Schwingweiten der gedämpften Schwingung $a_{n+1} : a_n$ konstant ist, nämlich

$$\frac{a_{n+1}}{a_n} = e^{-\frac{k}{2m}T_D}. \tag{113}$$

Die Logarithmen dieser Schwingweiten unterscheiden sich demnach immer um den gleichen Betrag

$$\vartheta = \ln \frac{a_n}{a_{n+1}} = \ln a_n - \ln a_{n+1} = \frac{k}{2m}\, T_D.$$

Der Wert ϑ, den man durch unmittelbare Beobachtung der Abnahme der Schwingweiten ermitteln kann und den man als logarithmisches Dekrement bezeichnet, kennzeichnet am deutlichsten das Maß der Dämpfung.

Aus dem Dekrement ϑ ergibt sich die Dämpfungskonstante zu $k = 2m(\vartheta/T_D) \doteq 2m(\vartheta/T) = (\vartheta/\pi)\,\omega_e\,m$ und das logarithmische Dekrement zu

$$\vartheta = \pi \frac{k}{m\,\omega_e} = \pi \frac{k}{\sqrt{c\,m}} = 2\pi D \tag{114}$$

mit $D = k/(2\sqrt{m\,c})$ als Dämpfung.

Aus Abb. 87 ist zu erkennen, wie die Schwingung bei drei verschieden großen Dämpfungen abklingt.

Für die verhältnismäßig große Dämpfung $D = 0{,}16$ wird die Eigenschwingzeit

$$T_D = \frac{T}{\sqrt{1 - 0{,}16^2}} = 1{,}01\,T,$$

also nur um 1% gegenüber der ungedämpften Schwingung vergrößert.

---

[1] Entnommen E. Rausch.

9.3 Erzwungene Schwingung

Bei Kolbenmaschinen handelt es sich nicht um freie Schwingungen, sondern um Schwingungen, die durch eine periodische Kraft erzwungen werden. Die Differentialgleichung dieser erzwungenen Schwingung lautet:

$$m\,\frac{d^2x}{dt^2} + k\,\frac{dx}{dt} + c\,x = K_0 \sin(\omega_m t).$$

Zur Massenkraft $m\,(d^2x/dt^2)$, Dämpfungskraft $k\,(dx/dt)$, welche wieder proportional der Geschwindigkeit angenommen wurde, und zur zusätzlichen Federkraft $c\,x$ kommt also noch dazu die periodische Kraft $K_0 \sin(\omega_m t)$ mit K_0 als Amplitude und $\omega_m = 2\,\pi\,n_m/60$ als Kreisfrequenz der Kraftwirkung. Bei den Massenkräften erster Ordnung ist n_m die Maschinendrehzahl, bei Massenkräften höherer Ordnung das Mehrfache der Drehzahl. Die Lösung der Differentialgleichung ergibt

$$x = a \sin(\omega_m t - \varphi) + e^{-\frac{k}{2m}t}\,[A \sin(z' t) + B \cos(z' t)],$$

worin $z' = \omega_e \sqrt{1 - D^2}$ und a, A, B und φ Konstanten sind. Die Gleichung zeigt eine Überlagerung zweier Bewegungen, das erste Glied ist eine Bewegung im Takte der Krafteinwirkung, das zweite Glied eine Bewegung im Takte der Eigenschwingung. Auch bei noch so geringer Dämpfung wird das zweite Glied mit fortschreitender Zeit immer kleiner, wogegen sich das erste nicht ändert.

Wegen der immer vorhandenen Dämpfung klingen die Eigenschwingungen allmählich ab, und es bleibt im Dauerzustand nur eine Schwingung im Takte der erregenden Kraft nach der Gleichung

$$x = a \sin(\omega_m t - \varphi). \tag{115}$$

Der Schwingungsausschlag x eilt demnach der Kraftwirkung um einen Phasenwinkel φ nach. Durch zweimaliges Differenzieren und Einsetzen in die Grundgleichung erhält man für den größten Ausschlag (Schwingweite)

$$a = \frac{K_0 \cos\varphi}{c - m\,\omega_m^2} = \frac{K_0 \cos\varphi}{m\,(\omega_e^2 - \omega_m^2)}$$

und für den Phasenwinkel

$$\operatorname{tg}\varphi = \frac{k\,\omega_m}{c - m\,\omega_m^2} = \frac{\vartheta}{\pi}\,\frac{\omega_e\,\omega_m}{\omega_e^2 - \omega_m^2}.$$

Je nachdem, ob die Eigenfrequenz ω_e größer, kleiner oder gleich ist wie die Kraftfrequenz ω_m, ist der Phasenwinkel

$$0 < \varphi < \ 90° \quad \text{für} \quad \omega_e > \omega_m,$$
$$90° < \varphi < 180° \quad \text{für} \quad \omega_e < \omega_m,$$
$$\varphi = 90° \quad \text{für} \quad \omega_e = \omega_m \quad \text{(Resonanz)}.$$

Setzt man für $\cos\varphi = 1/\sqrt{1 + \operatorname{tg}^2}$, so erhält man für den Schwingungsausschlag a

$$a = \frac{K_0}{m}\,\frac{1}{\sqrt{\omega_e^2 - \omega_m^2 + \left(\dfrac{\vartheta}{\pi}\right)^2 \omega_e^2\,\omega_m^2}}$$

und für die durch die Schwingung verursachte zusätzliche Federkraft

$$P_z = a\,c = a\,m\,\omega_e^2,$$

$$P_z = \frac{\omega_e^2}{\sqrt{\omega_e^2 - \omega_m^2 + \left(\dfrac{\vartheta}{\pi}\right)^2 \omega_e^2\,\omega_m^2}}\,K_0 = f_1\,K_0 \tag{116}$$

mit

$$f_1 = \frac{\omega_e^2}{\sqrt{\omega_e^2 - \omega_m^2 + \left(\dfrac{\vartheta}{\pi}\right)^2 \omega_e^2\,\omega_m^2}}.$$

f_1 wird als der *dynamische* oder auch *Erschütterungsbeiwert* bezeichnet. Die durch die dynamische Kraftwirkung hervorgerufene zusätzliche Federkraft wird also dadurch erhalten, daß man die Amplitude K_0 der periodischen Kraft mit diesem dynamischen Beiwert multipliziert.

Für ungedämpfte Schwingung ($\vartheta = 0$) vereinfacht sich die Gleichung für den dynamischen Beiwert zu $f_1 = n_e^2/(n_e^2 - n_m^2)$.

Auf Abb. 88 wurde er in Abhängigkeit vom Schwingverhältnis n_e/n_m aufgetragen.

Bei weich abgefederter großer Fundamentmasse entsprechend einer niedrigen Eigenschwingzahl und bei hoher Erregerschwingzahl, also $n_e < n_m$, wird $f_1 < 1$, die Federkraft P_z also kleiner als die periodische Kraftamplitude K_0. Im Falle sehr weicher Federung und sehr rascher Kraftwirkung nähert sich der dynamische Beiwert dem Nullwert. In der Feder treten dann nahezu keine zusätzlichen Kräfte auf. Die Fundamentmasse schwebt nahezu frei über dem Baugrund.

Bei $n_e > n_m$ (steif gelagerte Fundamentmasse und langsame Kraftwirkung) ist $f_1 > 1$ und nähert sich mit wachsendem Schwingverhältnis dem Werte 1.

Für $n_e = n_m$ besteht Resonanz und wächst die Federkraft bei ungedämpfter Schwingung bis ins Unendliche. In Wirklichkeit tritt dieser Fall nie ein, da immer Dämpfung vorhanden ist.

Die tatsächliche Abhängigkeit des dynamischen Beiwertes vom Schwingverhältnis n_e/n_m verläuft beispielsweise für eine Dämpfung mit dem logarithmischen Dekrement $\vartheta = 1$ nach der gestrichelten Kurve. Für diesen Fall beträgt der Resonanzbeiwert $f_{1r} = \pi : \vartheta = \pi$.

Wie man sieht, weicht diese Linie von der für die ungedämpfte Schwingung außerhalb eines schmalen Resonanzbereiches nur unwesentlich ab. *Außerhalb des Resonanzbereiches kann daher mit der einfachen Formel der ungedämpften Schwingung gerechnet werden.* Im Resonanzbereich $n_e/n_m = 8/10$ bis $10/8$ wird man sicherheitshalber mit dem Spitzenwert π/ϑ rechnen.

Um möglichst geringe Federungskräfte zu erhalten, wird man natürlich immer bestrebt sein, durch entsprechende konstruktive Gestaltung Eigenschwingzahlen zu erzielen, die weit genug außerhalb des Resonanzbereiches liegen.

Am günstigsten, d. h. geringst beansprucht, wird die Maschinengründung, wenn die Eigenschwingzahl möglichst tief unter die Erregerschwingzahl gelegt wird, was durch große Masse und weiche Federung erreicht

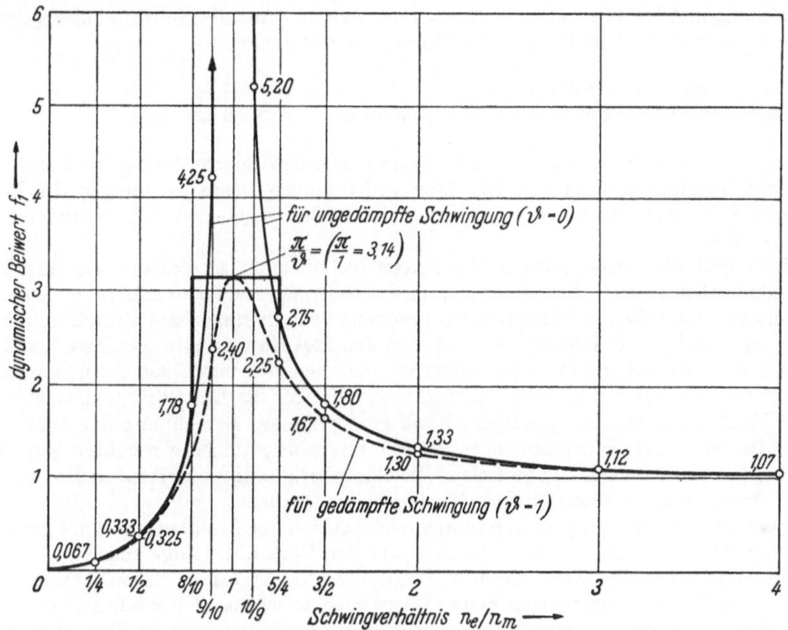

Abb. 88. Dynamischer Beiwert der Bodenschwingung[1]

wird. Bei rasch umlaufenden Maschinen mit $n_m \geqq 1500$ läßt sich dies dadurch erreichen, daß man das Fundament unmittelbar auf dem Baugrund auflagert oder bei Felsboden federnde Platten, z. B. Naturkork, zwischenschaltet. Die Auflagerfläche der Gründung braucht hierbei gar nicht groß zu sein, da eine Vergrößerung der Grundfläche eine härtere Abfederung bedeutet.

Bei mittleren Drehzahlen (zwischen 500 und 1500 U/min) kann eine tiefliegende Eigenschwingzahl der Gründung meistens nur durch federnde Einzelelemente, insbesondere Schraubenfedern, erreicht werden. Bei Inbetriebnahme sind in solchen Fällen die unter der Betriebsdrehzahl liegenden Resonanzbereiche der Gründung rasch zu durchfahren, um keine zu großen Schwingungsausschläge aufkommen zu lassen. Bei tief abgestimmten Fundamenten ist große Dämpfung unzweckmäßig, weil sie die in die Unterlage geleiteten Kräfte vergrößert.

Bei sehr niedrigen Erregerschwingzahlen (<300) ist es kaum mehr möglich, die Eigenschwingzahl durch konstruktive Maßnahmen tief genug unter die Maschinendrehzahl zu bringen. Hier empfiehlt es sich, die Eigenschwingzahl durch Verringerung der Fundamentmasse (Hohlfundamente) und durch harte Abfederung (große Auflagerfläche) möglichst hoch über die Maschinendrehzahl zu legen, um aus dem Resonanzbereich zu kommen. Das gleiche ist zu empfehlen, wenn eine Empfindlichkeit der Umgebung gegen Schwingungsübertragung nicht besteht, so daß die meist teure, weich federnde Anordnung entbehrlich ist oder die federnde Nachgiebigkeit des Fundamentes aus anderen Gründen unerwünscht ist, wie z. B., wenn Rohre an Kolbenmaschinen nicht genügend elastisch angeschlossen werden können.

---

[1] Entnommen E. RAUSCH.

Mitunter ist es nicht möglich, den Resonanzbereich zu vermeiden. In einem solchen Fall rechnet man mit dem Resonanzbeiwert und muß hierfür das logarithmische Dekrement der Dämpfung $\vartheta = k\,\pi/\omega_e\,m$ kennen. Als sichere Anhalte für die Resonanzbeiwerte können gelten:

$$\text{für Eisenbeton:} \qquad f_{1r} = 10,$$
$$\text{für normalen Baugrund:} \quad f_{1r} = 5.$$

Maschinengründungen berechnet man nun so, daß man die dynamische Kraftwirkung auf statische Ersatzkräfte zurückführt und die Maschinengründung mit letzteren nach den Regeln der Statik und Festigkeitslehre bemißt. Aus der in der Federungsrichtung mit der Amplitude $\pm K_0$ auftretenden periodischen Kraft berechnet man daher die statische Ersatzkraft P_{st} nach der Gleichung

$$P_{st} = f_1 f_2 K_0 \tag{117}$$

mit

f_1 dynamischer Beiwert nach Abb. 88,
f_2 Ermüdungsbeiwert,

welcher die geringere Widerstandsfähigkeit der Baustoffe gegenüber einer Wechselbeanspruchung berücksichtigt. Nach bisherigen Versuchen kann angenommen werden, daß die Schwingungsfestigkeit infolge Ermüdung nur etwa $\frac{1}{3}$ der statischen Festigkeit beträgt. Es gilt daher

$$\text{bei dauernder dynamischer Kraftwirkung:} \qquad f_2 = 3,$$
$$\text{bei ausnahmsweise auftretender Spitzenbeanspruchung:} \quad f_2 = 2 \text{ bis } 1.$$

Liegt die erregende periodische Kraft in der Achse durch den Schwerpunkt des Fundamentes, so wird nur eine Verschiebungsschwingung erregt. Die dabei auftretenden Beanspruchungen des Bodens unter der Gründung sind hierbei am geringsten und können nach den vorher gegebenen Erläuterungen und Gleichungen leicht ermittelt werden.

Im allgemeinen sind die Verhältnisse in der Praxis jedoch nicht so einfach, wie sie bisher besprochen wurden. Das Fundament schwingt oft nicht nur in einer Richtung, sondern nach verschiedenen Richtungen. Äußerstenfalls sind sechs auf die drei Hauptachsen bezogene Schwingungen der Gründung möglich, und zwar je drei Verschiebungs- und je drei Drehschwingungen in den drei Hauptrichtungen bzw. um die drei nach der betreffenden Richtung parallelen Schwerpunktachsen. Können die unter 9.4 empfohlenen konstruktiven Hinweise beachtet und eingehalten werden, so kann wegen der für die Unterbringung sowieso erforderlichen räumlich großen Fundamentabmessungen vielfach auf eine genauere Berechnung der durch etwa noch vorhandene frei Kräfte bzw. freie Momente verursachten Beanspruchungen verzichtet werden; anderenfalls muß die Gründung durch einen mit dynamischen Maschinengründungen vertrauten Bauingenieur nach den von RAUSCH gegebenen ausführlichen Richtlinien berechnet werden.

Für Fundamente, besonders von größeren Maschinen, hat sich der Eisenbeton als der geeignetste Baustoff erwiesen. Gegenüber Stampfbeton oder Mauerwerk hat er den Vorteil der Zug- und Biegefestigkeit. Zur Vermeidung von Rißbildung soll die Eisenbewehrung mind. 30 kg/m³ festen Beton betragen und sind alle Querschnittsseiten, auch wenn rechnerisch keine Eiseneinlagen erforderlich sind, zu bewehren. Bei diesen Rahmen oder kastenförmig ausgeführten Fundamenten aus Eisenbeton wird im Maschinenkeller viel Raum für die Unterbringung von Wärmetauschern, Rohrleitungen usw. gewonnen und die Zugänglichkeit der Maschinenanlage verbessert. Die aufwendigere Verschalung und die Eisenbewehrung verursachen wegen der viel geringeren Masse dieser Fundamente gegenüber jenen aus Stampfbeton im allgemeinen keine Mehrkosten.

9.4 Konstruktive Hinweise

Um günstige Verhältnisse für die Maschinengründung zu erreichen, sind folgende konstruktiven Gesichtspunkte zu beachten:

1. Der Schwerpunkt der Grundfläche soll möglichst in die lotrechte Schwerlinie von Fundament und Maschine fallen. Dies ist zumeist leicht zu erfüllen, indem man die Grundplatte des Fundamentes einseitig verbreitert. Dadurch wird auch eine gleichmäßige Bodenpressung erreicht und vermieden, daß sich der Baugrund ungleich setzt.

2. Die durch die hin- und hergehenden Massen des Triebwerkes verursachten Kräfte sind möglichst klein zu halten (z. B. durch geschweißte Kolben oder solche aus Leichtmetall) und durch geeignete Bauart der Maschine weitgehendst auszugleichen. Sogar bei der klassischen liegenden Zweikurbelbauart (Abb. 133, 143, 145) ist es möglich, die waagerechten Massenkräfte entweder ganz oder doch zum größeren Teil in die für die Gründung weniger unangenehme Senkrechte zu verlagern, indem man im Schwungrad oder im Rotor des Antriebsmotors eine exzentrische Schwungmasse anbringt. Hierbei soll natürlich die in die Senkrechte verlagerte Massenkraft möglichst mit der Schwerlinie der Grundfläche zusammenfallen. Die noch vorhandenen Massenmomente um die senkrechte oder waagerechte Schwerachse sind dann zumeist nur noch von untergeordneter Bedeutung.

3. Die Maschine ist mit dem Fundament in senkrechter und waagerechter Richtung kraftschlüssig zu verbinden (Abb. 89). Außer den Ankern läßt man zur Sicherung gegen Gleiten beispielsweise Schrägeisen von der Fundamentoberfläche in die auszugießenden Hohlräume der Maschinengrundrahmen hinaufragen. Zwischenraum rd. 25 mm zum Untergießen mit Beton (gröberem Sand und Zement im Verhältnis 1 : 2.)

4. Der Fundamentkörper ist sorgfältig gegen das Eindringen von Maschinenöl, welches den Beton zermürbt, durch einen Spezialanstrich oder eine Plattenauskleidung mit säurefester Verfugung zu schützen.

5. Um die tragenden Wände des Fundamentes nicht zu sehr zu schwächen, sind Einschnitte und Aussparungen für Rohrleitungen möglichst durch allseitig umschlossene Öffnungen zu ersetzen (Abb. 90). Aus dem Fundament weit ausragende Platten sind, um Schwingungen zu vermeiden, durch starre Konsole zu stützen.

6. Maschinen, die mit federnden Unterlagen als Schwingungsdämpfer aufgestellt werden, sind mit einem biegungssteifen Fundament fest zu verbinden und etwaige federnde Einlagen unter die Fundamentplatte zu legen. Das Gehäuse darf durch die Schwingungsbeanspruchungen keine nennenswerten Formänderungen erleiden. Nur bei sehr starrem Maschinengehäuse können Maschinen (nur bei kleinen möglich) ohne Fundamente unmittelbar auf die federnden Unterlagen gestellt werden. Als elastische Unterstützungen werden Stahlfedern und Gummizwischenlagen, welche mit den Eisenplatten durch Vulkanisieren fest verbunden sind, verwendet. Nahezu sämtliche elastischen Unterstützungen werden von den Herstellern[1] bereits genormt einbaufertig geliefert.

Eine allseitig elastische Lagerung eines Kurbelgehäuses mit Schwingmetallschienen zeigt Abb. 91. Die elastische Lagerung darf aber auch durch Rohrverbindungen von der Maschine zur Umgebung nicht beeinträchtigt werden; diese muß selbst elastisch sein. Hinsichtlich der Übertragung des Körperschalle bilden diese Rohrverbindungen auch unerwünschte Schallbrücken. Zur Dämpfung der Ausschläge beim Durchfahren der Resonanzgebiete sind Schwingungsdämpfer und den Ausschlag begrenzende Halteklammern anzubringen, die natürlich die freie Federung im Betrieb nicht behindern dürfen.

7. Auf Decken oder sonstigen tragenden Bauteilen von Gebäuden sollten nur Maschinen ohne nennenswerte Massenkräfte oder Massenmomente und dann möglichst mit federnden Unterlagen aufgestellt werden. Anderenfalls ist der mit der Maschine fest verbundene und biegungssteife Fundamentkörper auf der Decke derart weich aufzusetzen, daß die höchste Eigenschwingzahl der Gründung tief genug unter der Erregerschwingzahl der Maschine liegt.

8. Bei der Berechnung der Fundamente ist zu beachten, daß durch Erregerkräfte keine zu großen Schwingweiten auftreten, die vom Bedienungspersonal der Maschine unangenehm empfunden werden oder vielleicht sogar für die Maschine schädlich sind. Im allgemeinen ist dies nur bei weich abgefederten Maschinengründungen zu befürchten und kann vermieden werden, wenn die nachfolgend angegebenen, von der Erregerschwingzahl abhängigen Schwingweiten[2] nicht überschritten werden:

n in U/min:	300	600	900	1200	1500	3000
Schwingweite a in cm:	0,08	0,04	0,027	0,02	0,016	0,005

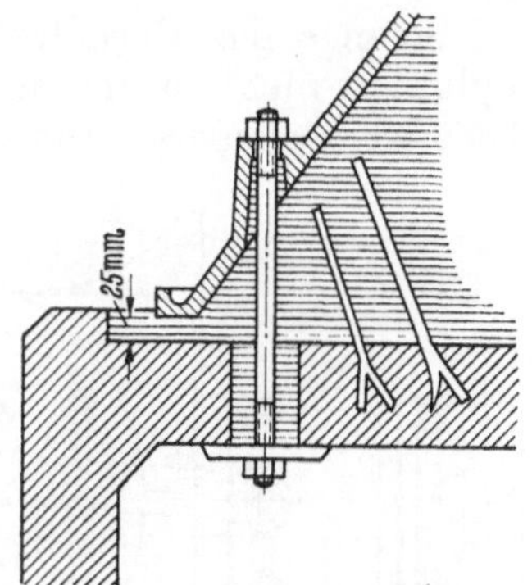

Abb. 89. Verbindung von Maschine mit Fundament

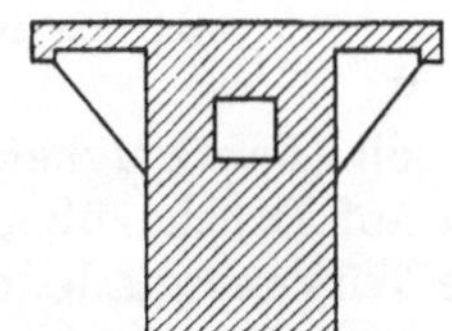

Abb. 90. Rohrkanal und Podeste am Fundament

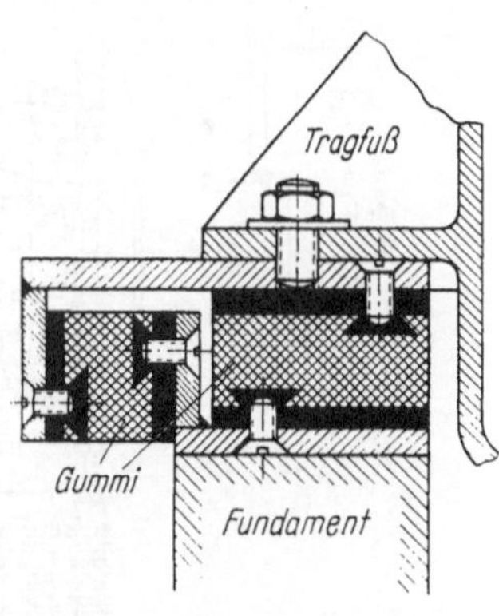

Abb. 91
Elastische Befestigung

Hierbei wird eine Beschleunigung $g/2$ zugelassen, die also nur halb so groß ist wie die auf Grund des Schwerefeldes der Erde. Außerdem ist vorausgesetzt, daß die Maschinenanlage nicht geringere Schwingweiten verlangt.

---

[1] Unter anderem Genest, Berlin, Continentale Gummiwerke, Hannover, Carl Freudenberg, Weinheim/Bergstraße.

[2] Entnommen: Erschütterungsschutz im Bauwesen DIN 4150.

10 Beispiele ausgeführter Maschinen

10.1 Verdichter mit Luftkühlung

Solange das Verhältnis der wärmeabführenden Oberflächen zum Hubvolumen des Zylinders nicht zu ungünstig wird, können kleinere Verdichter mit Luft gekühlt werden. Dies ist besonders dann wichtig, wenn Kühlwasser wegen Frostgefahr vermieden wer-

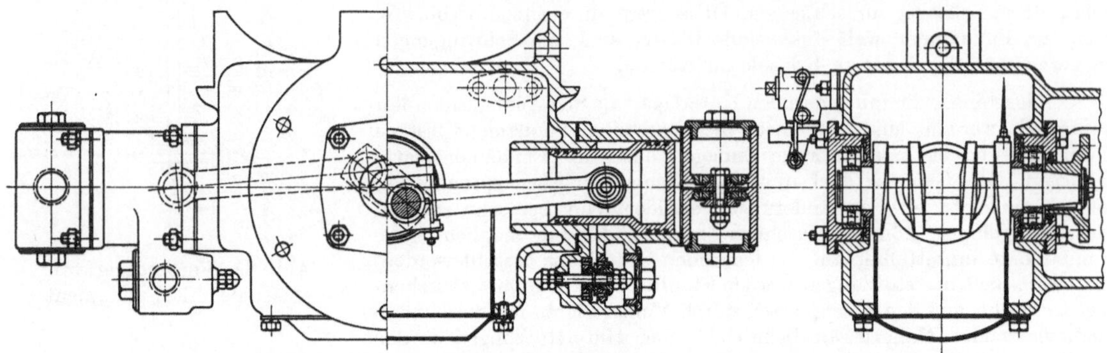

Abb. 92. Boxerverdichter für Triebwagenbremsung (Knorr-Bremse GmbH)

den soll (Fahrzeugbetrieb) oder wenn es schwierig herbeizuschaffen ist. In der Regel wird auf Drücke über 5 at zweistufig verdichtet, um niedrige Temperaturen und günstige Wirkungsgrade, d. h. einen niedrigen Leistungsbedarf, zu erhalten. Dadurch lassen sich auch Feinverrippung und Hochdruckgebläse für die Zylinderkühlung vermeiden.

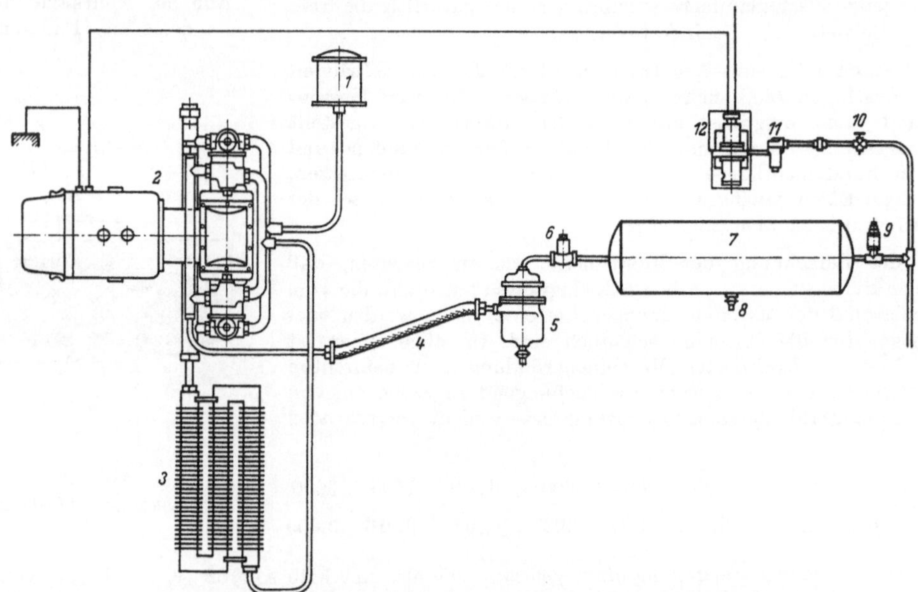

Abb. 92a. Schaltbild zum Boxerverdichter nach Abb. 92.

Einen älteren, für die Triebwagen der Berliner und Hamburger S-Bahn entwickelten, liegenden, zweistufigen und unter dem Wagenrahmen angeordneten Luftverdichter zeigt Abb. 92. Die von einem $5^1/_2$ kW-Drehstrommotor direkt angetriebene Maschine ist zum Ausgleich der freien Massenkräfte mit gegenläufigen Stufenkolben ausgerüstet (Boxerbauart). Bei 750 U/min und einem Überdruck von 9 at liefert sie 0,7 m³/min vom Ansaugezustand.

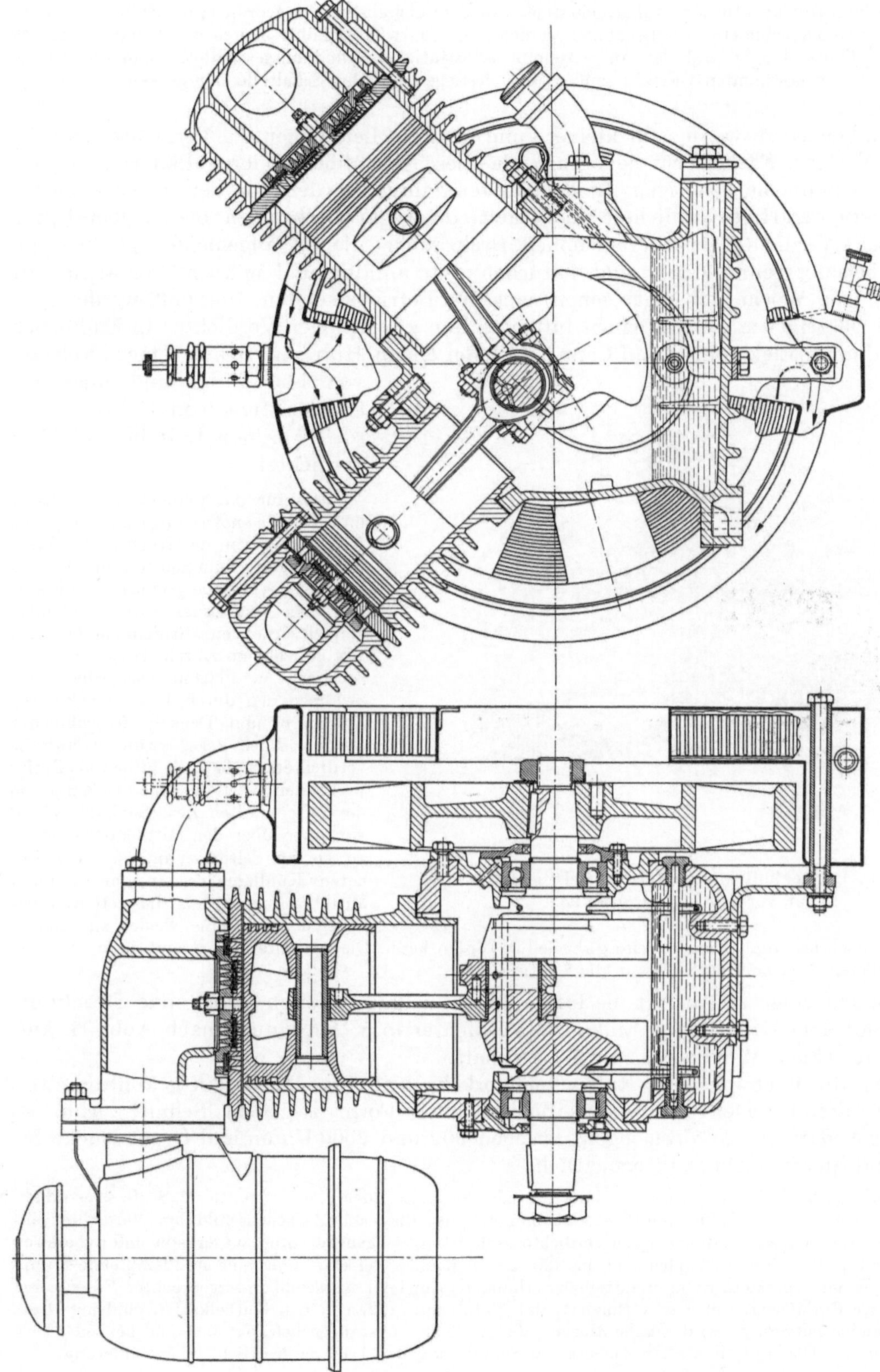

Abb. 93. Luftgekühlter zweistufiger Luftverdichter in Einkurbel-V-Anordnung (Elektron — Bad Cannstatt)

Die eine Schubstange ist gegabelt und wird von den äußeren Kurbelkröpfungen der Welle angetrieben. Die Saug- und Druckventile sind auf gemeinsamen Spindeln übereinander angeordnet; die Zylinder und der aus Rippenrohren gebildete Zwischenkühler werden vom Fahrwind gekühlt. Durch einen vom Luftdruck betätigten Druckschalter wird der Antriebsmotor selbsttätig ein- und ausgeschaltet, wenn die Bremsluft unter einen bestimmten Druck gesunken bzw. gestiegen ist. Das Schaltbild der ganzen Anlage zeigt Abb. 92a.

Im allgemeinen werden für kleinere und mittlere Leistungen die Verdichter stehend und in V- bzw. Fächerform bevorzugt, da diese gegenüber anderen Bauarten die geringste Grundfläche benötigen. In den letzten Jahren wurden von den verschiedensten Herstellern derartige Verdichter entwickelt, die sogar Drehzahlen bis zu 2000 U/min aufweisen. Verdichter mit derart hohen Drehzahlen, die im allgemeinen zeitlich nur gering belastet sein dürfen, sind natürlich sehr anfällig und müssen, vor allem ihre Ventile, jede Woche, oft sogar schon nach 100 Betriebsstunden, überholt werden.

Abb. 93 zeigt im Schnitt einen luftgekühlten zweistufigen Verdichter in Einkurbel-V-Anordnung (Elektron — Bad Cannstatt). Bei einem Hub von 76 mm, einer Drehzahl von 1440 U/min und einer Antriebsleistung von 17 PS werden rd. 1,7 m³/min Luft bis auf 11 at verdichtet.

Abb. 93a. Luftgekühlte vollautomatische Druckluftanlage mit Verdichter nach Abb. 93

Das für die Schmierung der Lager und Kolben notwendige Öl wird von Ringen, die von der Kurbelwelle durch Reibung mitgenommen werden, aus der Wanne des Kurbelgehäuses gefördert. Die Saug- und Druckventile der beiden einfachwirkenden Stufenzylinder mit 152 und 90 mm Durchmesser sind konzentrisch in Platten angeordnet, die zwischen den durch Rippen gekühlten Zylindern und Deckeln festgeklemmt werden. Nach der 1. Stufe strömt die verdichtete heiße Luft in den als Puffer wirkenden rechten äußeren Ringraum des luftgekühlten Zwischenkühlers und von oben über den Mittelkasten in die zu beiden Seiten zylindrisch angeordneten Kühllamellen. In dem unteren Mittelkasten werden die geteilten gekühlten Luftströme wieder zusammengeführt, wobei das anfallende Kondensat abgeleitet werden kann. Die gekühlte Luft strömt dann über den linken äußeren Ringraum nach oben in die 2. Stufe.

Abb. 93a zeigt in Ansicht die luftgekühlte vollautomatisch arbeitende Druckluftanlage mit dem zweistufigen Einkurbel-Verdichter in V-Anordnung nach Abb. 93, aufgebaut auf einem Windkessel mit 1 m³ Inhalt.

Einen für Triebwagen im Ruhrschnellverkehr neu entwickelten luftgekühlten zweistufigen, dreikurbligen Bremsluftverdichter in V-Form zeigt im Schnitt Abb. 94. Leistungsbedarf und Fördermengen zwischen 800 und 2000 U/min und Gegendrücke bis 11 at sind aus der Abb. 94a ersichtlich.

Von den sechs Zylindern in V-Form sind auf jeder Seite zwei der 1. und einer der 2. Stufe zugeordnet. Der Antriebsmotor, ein Einphasen-Wechselstrommotor, ist über ein Zwischenschild am Verdichter angeflanscht. Die in Wälzlagern getragene Verdichterwelle ist mit Gegengewichten ausgerüstet und dynamisch ausgewuchtet. Ihre drei Hubzapfen sind um 120° gegeneinander versetzt; über eine stoßdämpfende Kupplung ist sie mit der Motorwelle unmittelbar verbunden. Ein im Lagerschild untergebrachter Filter sorgt für ständige Entlüftung, wobei er verhindert, daß Staub von außen in den Kurbelkasten eindringt bzw. Öl nach außen mitgerissen wird. Ölschöpfbleche, die an den Schubstangen befestigt sind und bei jeder Umdrehung in den Ölsumpf eintauchen, sichern die Schmierung des Triebwerkes (Schleuderschmierung).

Abb. 95 zeigt einen stehenden, luftgekühlten, zweistufigen Verdichter für Dampflokomotiven. Die doppeltwirkenden Verdichterkolben werden unmittelbar von dem darüberbefindlichen Dampfkolben unter Volldruck angetrieben. An dem Dampfzylinder ist der Steuerungskopf angegossen; ein Kolbenschieber mit Hilfssteuerschieber steuert bis zu einem Druck von 30 at den Dampf beim Ein- und Austritt. Die Maschine arbeitet mit 80 bis 130 Doppelhüben in der Minute und liefert bis zu 2,5 m³/min Bremsluft auf einen Überdruck bis zu 10 at. Die Kolbenbewegung wird im Dampfzylinder wirksam gedämpft und dadurch vermieden, daß sich der Kolben auf seine Hubbegrenzung hart aufsetzt.

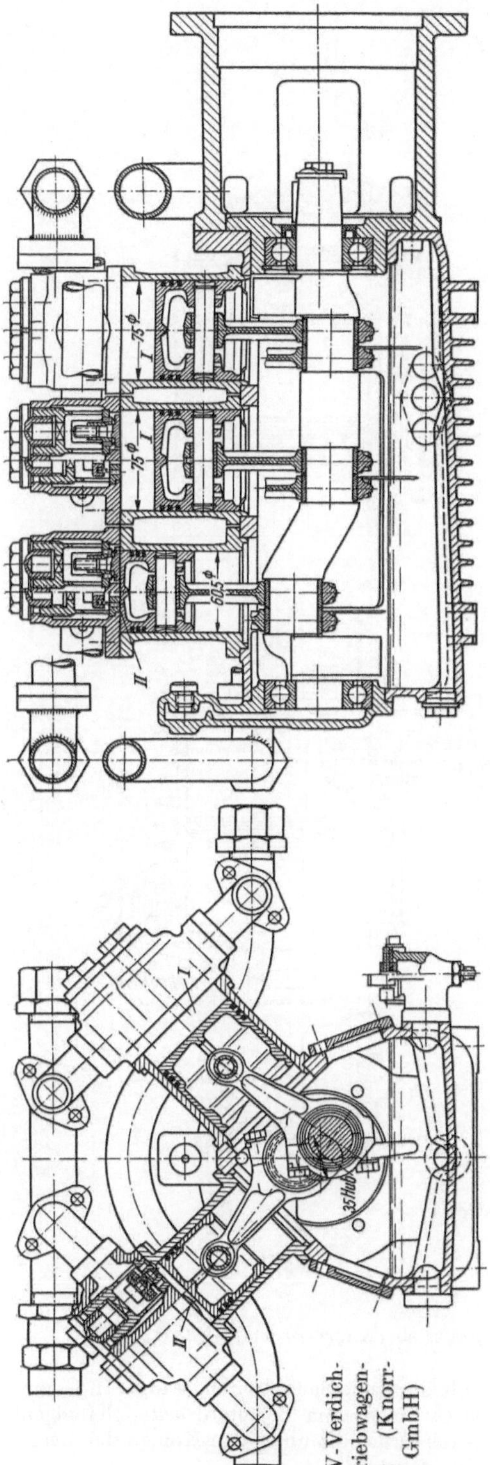

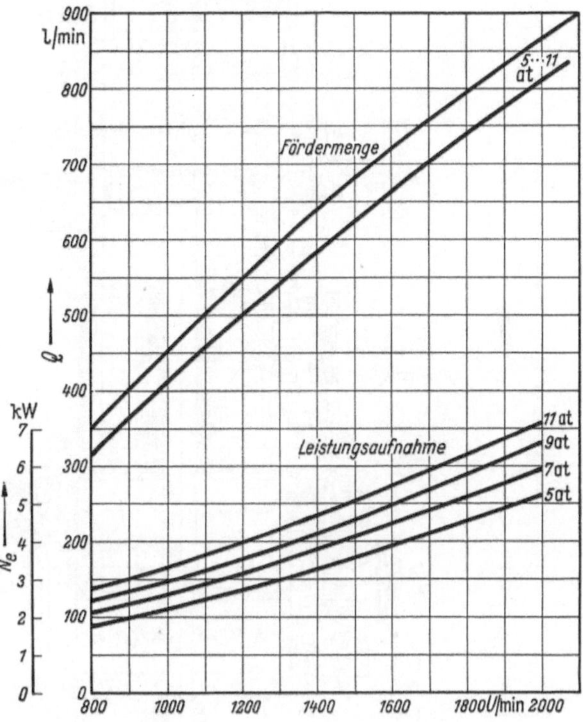

Abb. 94a. Fördermenge und Leistungsaufnahme zum V-Verdichter nach Abb. 94

Die Druckventile der 1. Stufe bilden gleichzeitig auch die Saugventile der 2. Stufe. Die Ventilsitze werden durch eingeschraubte Druckstücke auf ihren Sitz im Zylinder niedergedrückt, was nur bei kleinen Abmessungen und Drücken zulässig ist. Von der 2. Stufe wird die aus der 1. Stufe austretende Luft ohne besondere Zwischenkühlung angesaugt. In den Überströmkanälen wird die Luft also nur unvollkommen gekühlt.

Einen zweistufigen für schwere Diesellokomotiven entwickelten Luftverdichter zeigt Abb. 96. Der Antrieb erfolgt direkt oder über Keilriemen vom Dieselmotor. Leistungsbedarf und Fördermengen zwischen 700 bis 1500 U/min und Gegendrücke bis 11 at sind aus der Abb. 99 ersichtlich.

Von den vier in V-Form angeordneten gleichen Zylindern arbeiten drei Zylinder auf die 1., der vierte auf die

Abb. 94. V-Verdichter für Triebwagen-Bremsung (Knorr-Bremse GmbH)

2. Stufe. Die um 180° gekröpfte Kurbelwelle läuft in Gleitlagern. Je zwei Schubstangen werden von einem Kurbelzapfen angetrieben. Eine von der Kurbelwelle direkt angetriebene Zahnradpumpe liefert das Drucköl für die Triebwerksschmierung. Bei warmgelaufener Maschine soll der Öldruck rd. 2,3 kp/cm² betragen.

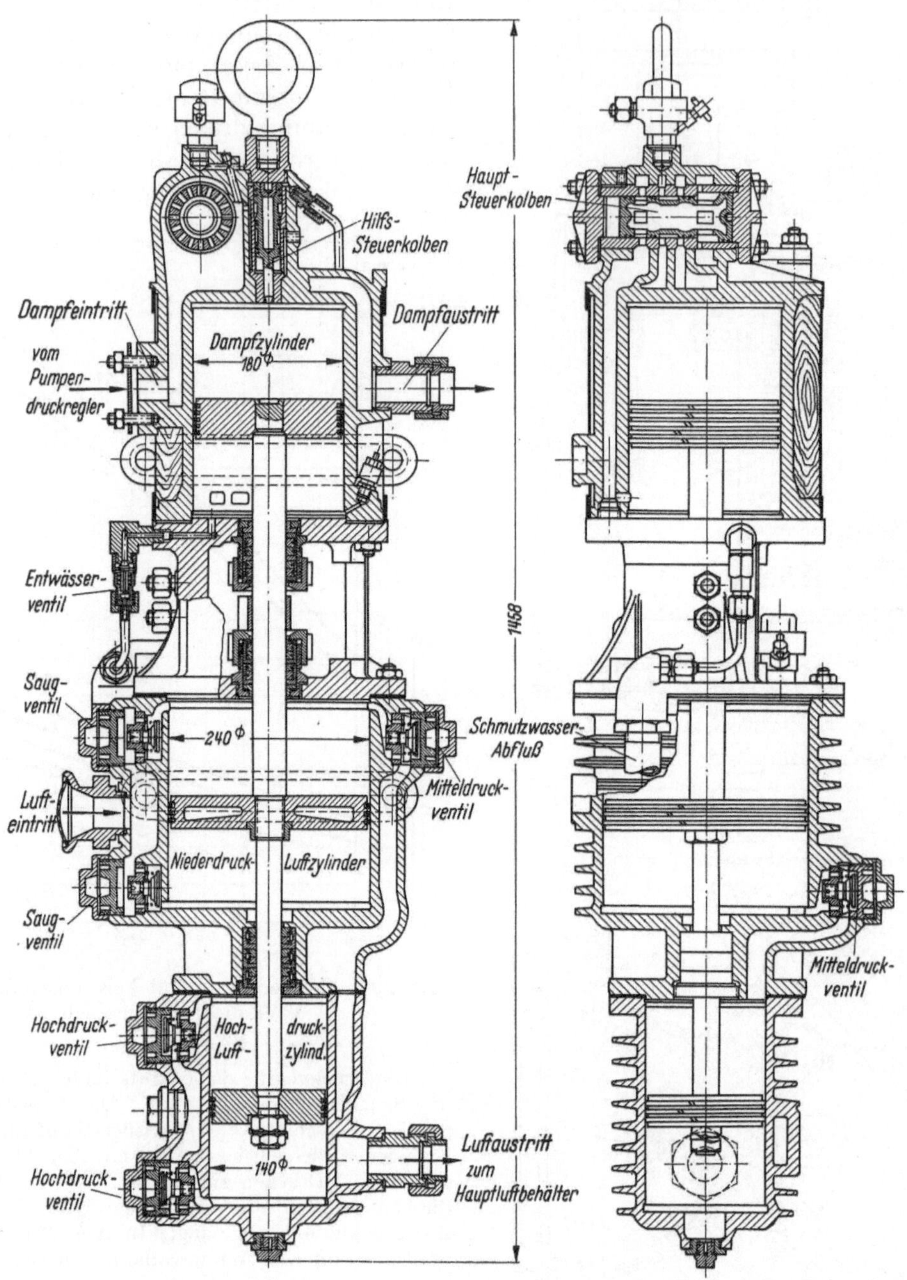

Abb. 95. Zweistufige Luftpumpe mit Dampfantrieb (Knorr-Bremse GmbH)

Die Luft wird von den Niederdruckzylindern durch zwei schalldämpfende Saugfilter angesaugt. In jedem Zylinderkopf befindet sich ein Saug- und ein Druckventil. Durch einen vom Behälterdruck abhängigen Druckregler wird der Verdichter auf Leerlauf geschaltet, indem die Druckluft unter den Kolben der Leerlaufvorrichtung gelangt und die Saugventilplatten beider Stufen anhebt.

Die Kurbelwelle trägt auf der dem Antrieb gegenüberliegenden Seite einen Lüfterflügel, der die zur Kühlung erforderliche Luft durch einen vorgeschalteten Kühler saugt. Dieser ist als Flachrohrkühler ausgebildet, in welchem die in den Niederdruckzylindern vorverdichtete Luft in Teilströme zerlegt und gekühlt wird.

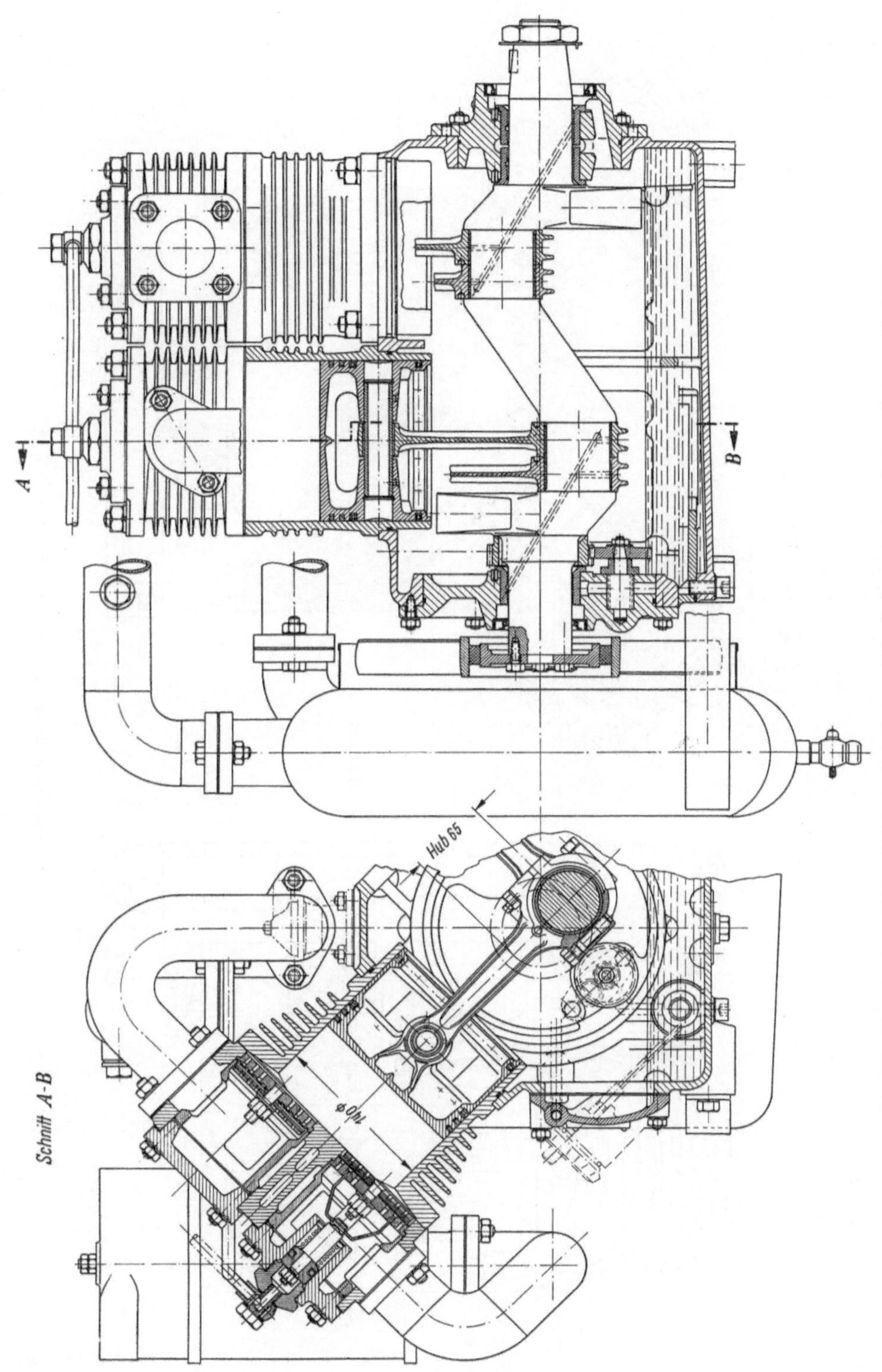

Abb. 96. Zweistufiger V-Verdichter für schwere Diesellokomotiven (Knorr-Bremse GmbH)

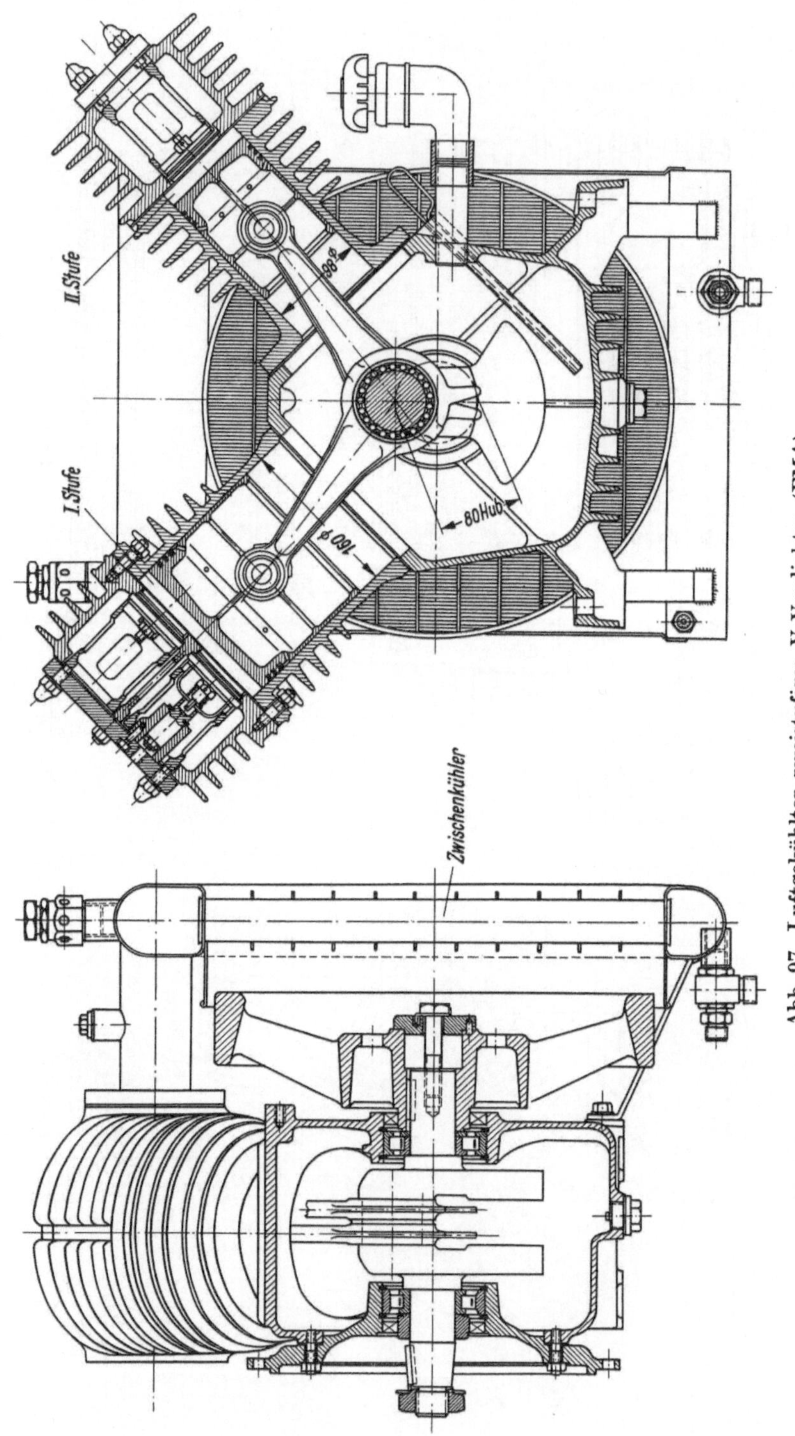

Abb. 97. Luftgekühlter zweistufiger V-Verdichter (FMA)

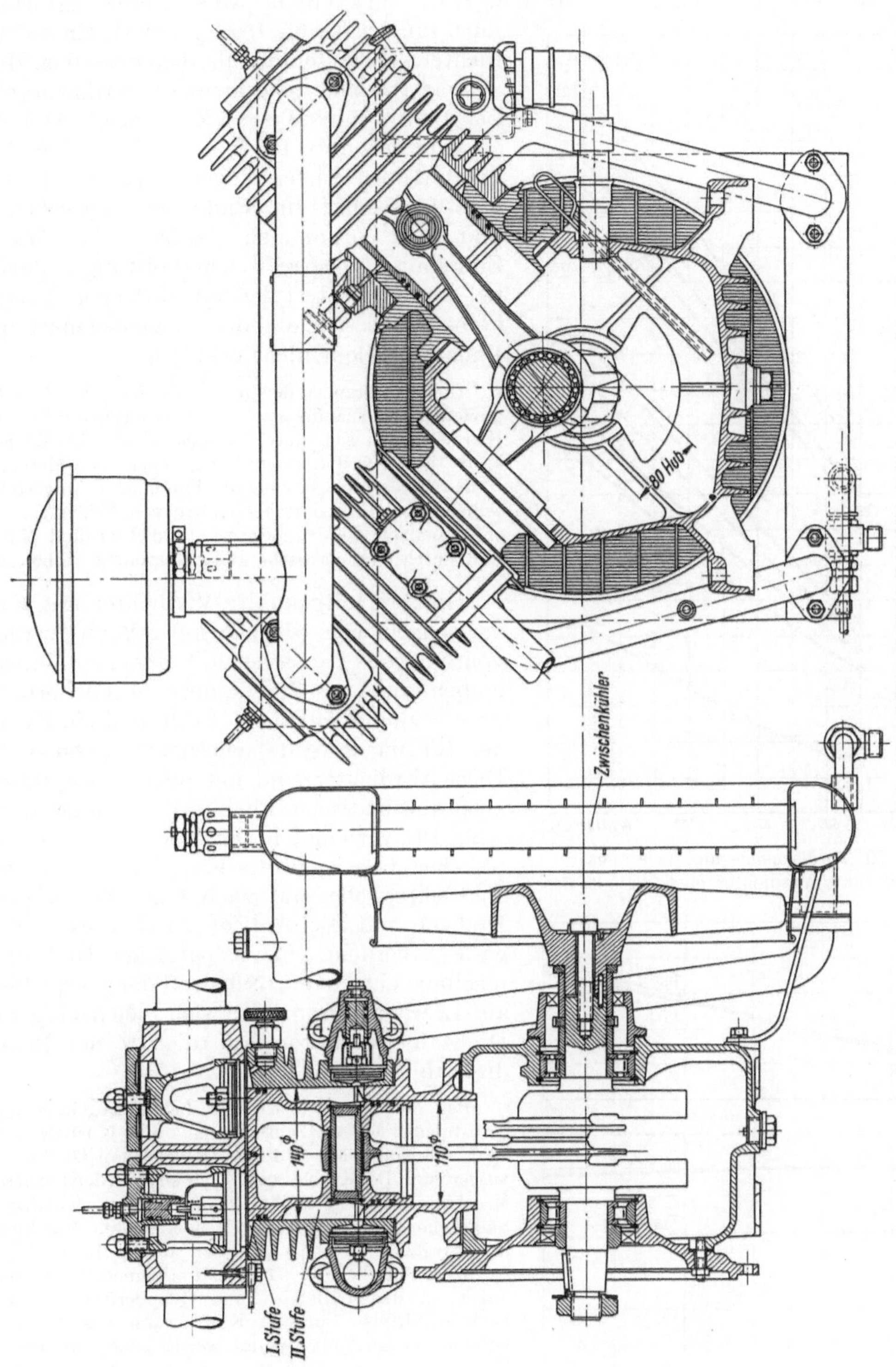

Abb. 98. Luftgekühlter zweistufiger V-Verdichter mit Stufen-Tauchkolben (FMA)

Eine luftgekühlte, ortsfeste, zweistufige Maschine in V-Form mit einfachen Tauchkolben (Type VZ 20), die bei 1500 U/min rd. 2 m³/min Luft bis auf 11 at verdichtet, zeigt Abb. 97. Mit 90 mm Durchmesser für den Hochdruckzylinder wird dieser Verdichter auch für Drücke bis 15 at geliefert. Einen Verdichter mit Stufentauchkolben desselben Herstellers für eine Liefermenge von rd. 3 m³/min bei 1500 U/min (Type VZ 30) zeigt Abb. 98.

Aus der Abb. 100 können für beide Verdichtertypen Liefermengen und spezifischer Leistungsbedarf für Enddrücke zwischen 5 und 11 at entnommen werden. Die stärkere Zunahme des spezifischen Leistungsbedarfes bei der Verdichtertype mit einfachen Tauchkolben läßt sich aus der Verschiedenart der Bauarten allein nicht erklären.

Die Schubstangen der unter 90° wirkenden Zylinder greifen nebeneinander am gleichen Kurbelzapfen an. Hierbei lassen sich durch Gegengewichte die Massenkräfte erster Ordnung gut ausgleichen. Die Maschine wird vielfach ohne besonderes Fundament aufgestellt, wobei die restlichen freien Kräfte von Schwingmetall aufgenommen werden können. Verdichter und Motor sind durch eine elastische Bolzenkupplung verbunden.

Größere luftgekühlte Verdichter mit Fördermengen von rd. 4 bis 6 m³/min werden vom gleichen Hersteller mit einfachen Tauchkolben und mit 3 Zylindern in Fächerform (zwei Zylinder für die 1. Stufe und ein Zylinder für die 2. Stufe) entwickelt (Abb. 101). Diese Verdichter sind mit dem Motor durch eine automatische Fliehkraftkupplung nach Abb. 102 verbunden. Der Motor läuft hierbei unbelastet an, und die Kupplung nimmt die Verdichterwelle erst nach einer bestimmten Drehzahl mit. Bei Antrieb durch Dieselmotor wird außerdem eine selbsttätige Drehzahlregelung eingebaut: Schaltet der Verdichter auf Leerlauf, vermindert sich gleichzeitig die Drehzahl des Motors auf rd. 60% der Nenndrehzahl.

Bei den mit selbsttätiger Leerlaufregelung ausgerüsteten FMA-Verdichtern sind alle Kurbelwellenlager mit Wälz-, alle Kolbenbolzenlager mit Gleitlagern ausgerüstet. Die Kurbelzapfenlager sind bei den kleineren Maschinen Wälzlager, bei den größeren Gleitlager. Sämtliche Lager werden bei den kleineren Maschinen mit Spritzöl, bei den größeren durch Drucköl geschmiert. Wie die Abb. 97 und 98 erkennen lassen, sind außer an den Zylindern und Zylinderdeckeln auch noch Kühlrippen an den Kurbelwannen angegossen, welche von der Luft gekühlt werden, die von dem als Ventilator ausgebildeten Schwungrad durch den Zwischenkühler angesaugt wird.

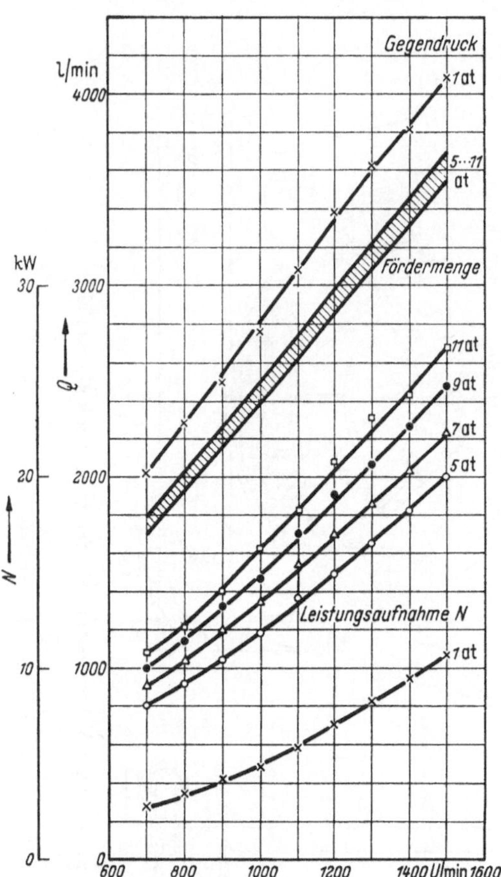

Abb. 99. Fördermenge und Leistungsbedarf für V-Verdichter nach Abb. 96

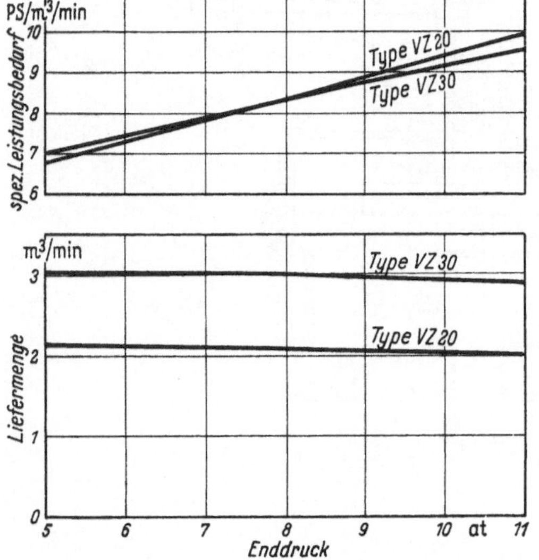

Abb. 100. Liefermenge und Leistungsbedarf zweistufiger luftgekühlter FMA-Verdichter

Abb. 103 zeigt einen luftgekühlten Ein- und Zweikurbelverdichter für das Kältemittel Frigen (Borsig). Wie aus Tab. 12 ersichtlich, werden die Maschinen in drei verschiedenen Größen für Zylinderdurchmesser und Kolbenhübe mit zwei bis sechs Zylindern

Abb. 101. Luftgekühlter zweistufiger Verdichter in Fächerbauart (FMA)

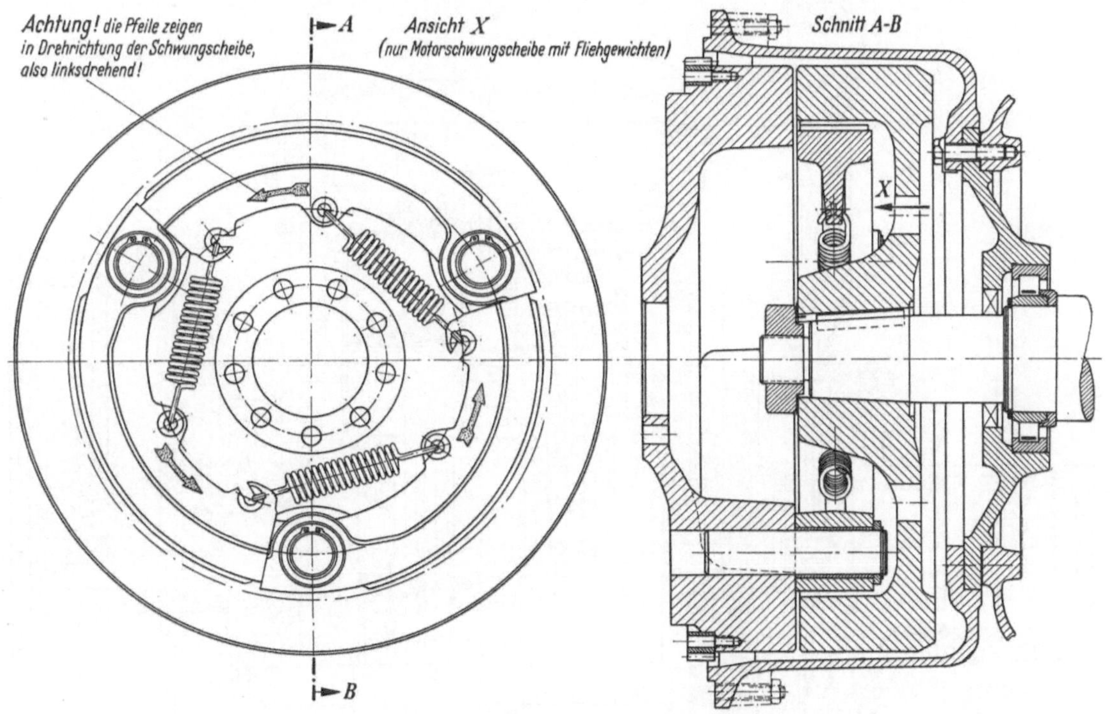

Abb. 102. Fliehkraftkupplung (FMA)

in V- und W-Bauart für Kälteleistungen zwischen rd. 10000 und 870000 kcal/h hergestellt. Die Kolben dieser mit Drehzahlen zwischen 720 und 1450 U/min laufenden Maschinen sind aus Leichtmetall, die Kurbelwellen aus Sonderguß. Von letzteren wird

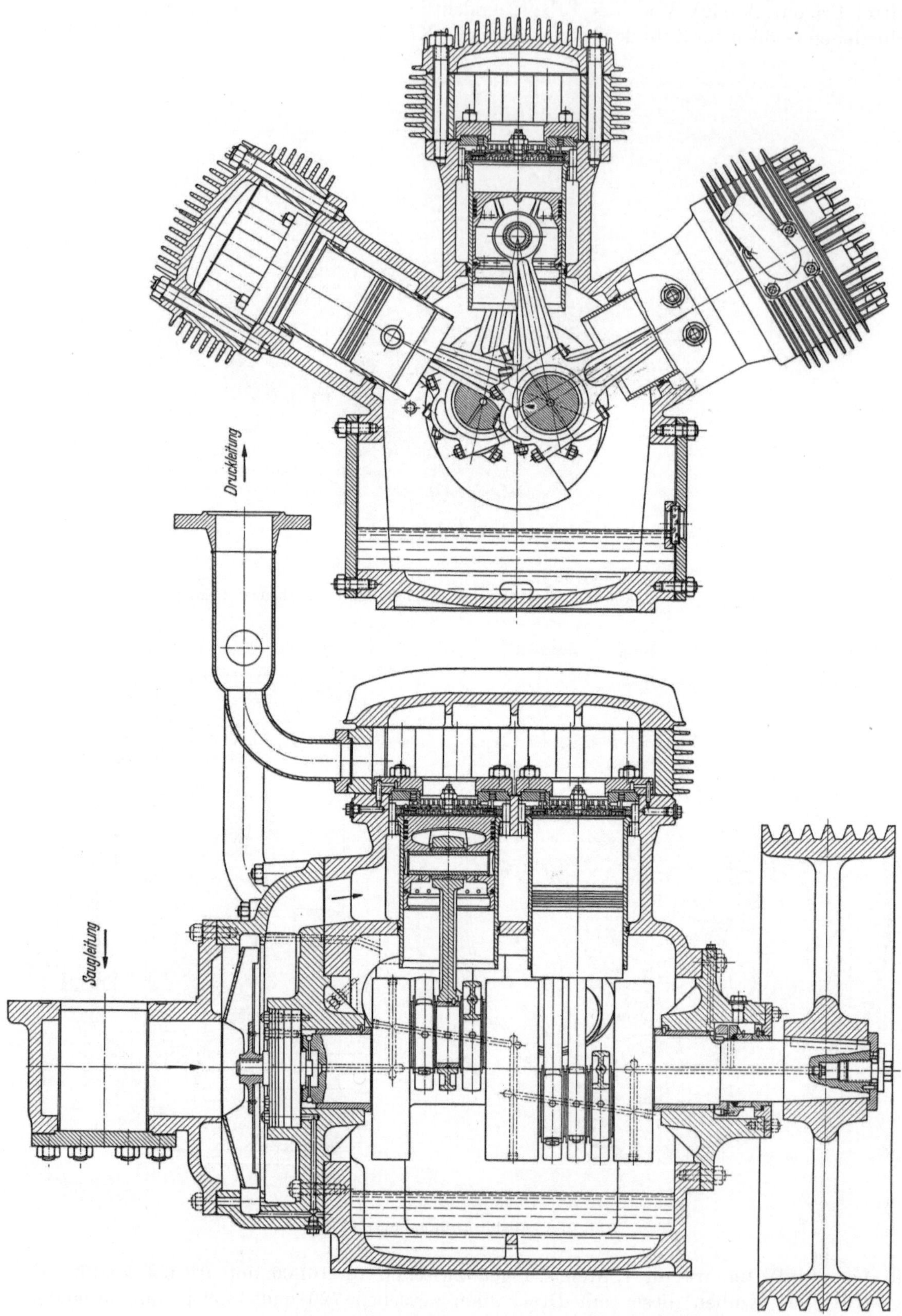

Abb. 103. Mehrkurbliger luftgekühlter Frigen-Verdichter (Borsig)

Tabelle 12. *Kälteleistung von Frigenverdichtern* (Borsig) nach Abb. 103

Type	Zylinder ⌀ mm	Hub mm	Drehzahl U/min bis	Zylinder- zahl	Kälteleistung (kcal/h)			
					Frigen 12		Frigen 22	
					−15/+30 °C	+5/+45 °C	−15/+30 °C	+5/+45 °C
TFZ 3106	80	60	1450	2	9990	21190	17040	34000
TFD 3106	80	60	1450	3	14985	31785	25560	51000
TFV 3106	80	60	1450	4	19980	42380	34080	68000
TFS 3106	80	60	1450	6	29970	63570	51120	102000
TFZ 3110	130	100	950	2	31560	64440	53800	103600
TFD 3110	130	100	950	3	47340	96660	80700	155400
TFV 3110	130	100	950	4	63120	128880	107600	207200
TFS 3110	130	100	950	6	94680	193320	161400	310800
TFZ 3115	200	150	720	2	89000	180000	151600	289600
TFD 3115	200	150	720	3	133500	270000	227400	434400
TFV 3115	200	150	720	4	178000	360000	303200	579200
TFS 3115	200	150	720	6	267000	540000	454800	868800

die Zahnradpumpe für die Triebwerksschmierung sowie ein Lüfterrad zum Ausschleudern des Öles aus dem angesaugten Frigen unmittelbar angetrieben. Die Druckventile und die regelbaren Saugventile sind konzentrisch im Zylinderdeckel untergebracht.

10.2 Verdichter mit Wasserkühlung. Ein- und mehrstufige Großverdichter

Abb. 104 zeigt eine stehende, mehrkurblige Maschine, welche mit ein bis vier Zylindern in einem Block Liefermengen bis 10 m³/min einstufig bis auf 7 at verdichtet und mit Antriebsmotoren von 1000 U/min direkt gekuppelt wird. Für Drücke bis 11 at und für größere Liefermengen bis 33 m³/min werden die Verdichter zweistufig und bei den größeren Liefermengen mit Drehzahlen von 750 U/min gebaut. Die verschiedenen Größen sind nach dem Baukastensystem aufgebaut, wobei zahlreiche Bauteile der einzelnen Größen in den verschiedenen Maschinentypen gleich und untereinander auswechselbar sind.

Die Lager der Triebwerke sind durchweg Gleitlager und werden bei den kleineren Verdichtern durch Spritzöl, bei den größeren durch Drucköl geschmiert. Die Kurbelwellen erhalten zum Ausgleich der rotierenden Massen Gegengewichte und werden ausgewuchtet, um eine gute Laufruhe zu erreichen. Bei drei und vier Zylindern sind die Kurbelwellen zwischen jedem Zylinder gelagert.

Sämtliche Verdichter schalten sich, sobald der eingestellte Enddruck überschritten wird, selbsttätig auf Leerlauf (s. Abb. 33). Bei den kleineren Verdichtern mit Plattenventilen werden die Saugventile durch Greifer offengehalten; bei den größeren Verdichtern mit gekühlten Turmventilen wird die Saugleitung abgesperrt, wobei die Maschine durch ein Überströmventil am Zylinder der 2. Stufe gleichzeitig entlastet wird.

Abb. 104 zeigt die im Ventilkopf angeordneten gekühlten Turmventile.

Einen stehenden Gleichstromverdichter für Drehzahlen bis 1000 U/min, der vorwiegend NH_3 verdichtet und mit zwei bis vier Zylindern für Kälteleistungen bis 300000 kcal/h geliefert wird, zeigt Abb. 105. Das mit Gleitlagern ausgerüstete Triebwerk wird mit Drucköl von einer im Ölsumpf untergebrachten und von der Kurbelwelle über Zahnräder angetriebenen Zahnradpumpe versorgt. Da im Gehäuse Betriebsdrücke bis 13 at auftreten können, muß die Welle besonders wirksam (unter Öl) abgedichtet sein. Um gute Liefergrade bei kleinstem schädlichem Raum und geringen Strömungsverlusten zu erhalten, wurden die Saugventile *b* im Kolben *c* angeordnet.

Eine stehende zweistufige, dreikurblige Maschine mit Stufentauchkolben, welche 2000 Nm³/h Luft in drei gleichen parallelgeschalteten Stufenzylindern auf 8 at verdichtet, zeigt Abb. 106. Mit 500 U/min und 160 mm Hub beträgt der Leistungsbedarf rd. 230 PS.

Die leicht gebauten geschweißten Stufenkolben werden in beiden Durchmessern durch metallische Gleitbacken geführt, welche auch den vom Kurbeltrieb verursachten zur Kolbenbewegung senkrechten Druck auf die Zylinderbohrungen übertragen. Große deckelartige Spritzbleche verhindern zusammen mit Ölabstreifringen, daß Triebwerksöl an die untenliegende 2. Stufe gelangt und von der verdichteten Luft in die Druckleitung mitgerissen wird.

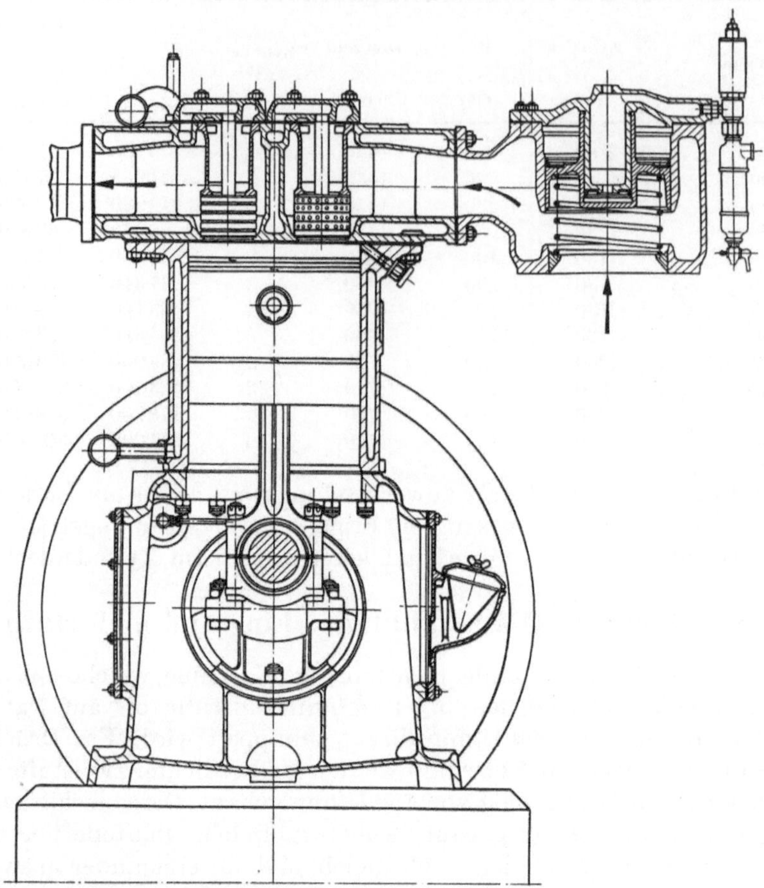

Abb. 104. Mehrkurbliger Luftverdichter mit gekühlten Ventilen (FMA)

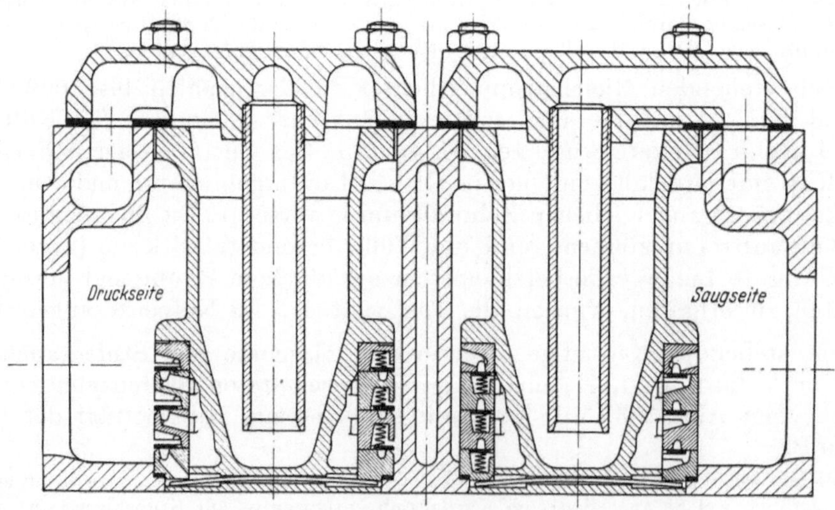

Abb. 104a. Ventilkopf mit Turmventilen (FMA)

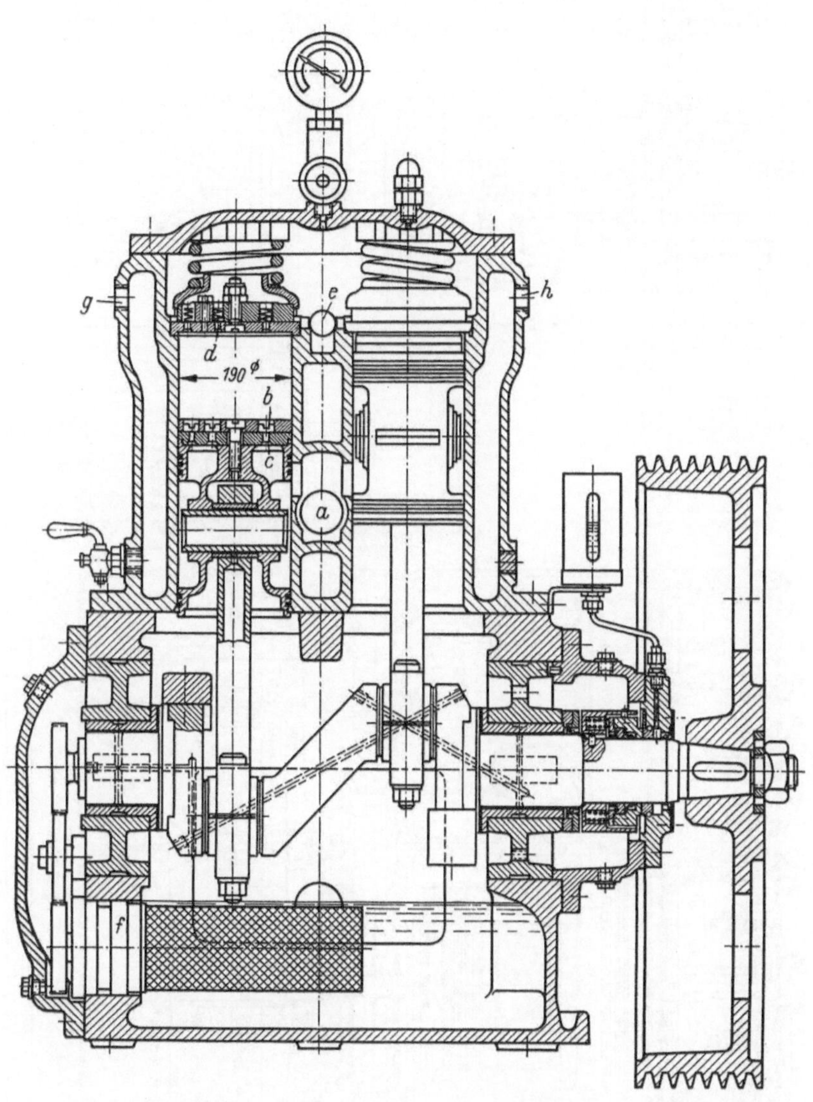

Abb. 105. Gleichstromverdichter (Borsig)

a Eintritt   c Kolben   e Austritt   g Kühlw.-Eintritt
b Saugventil   d Druckventil   f Drucköolpumpe   h Kühlw.-Austritt

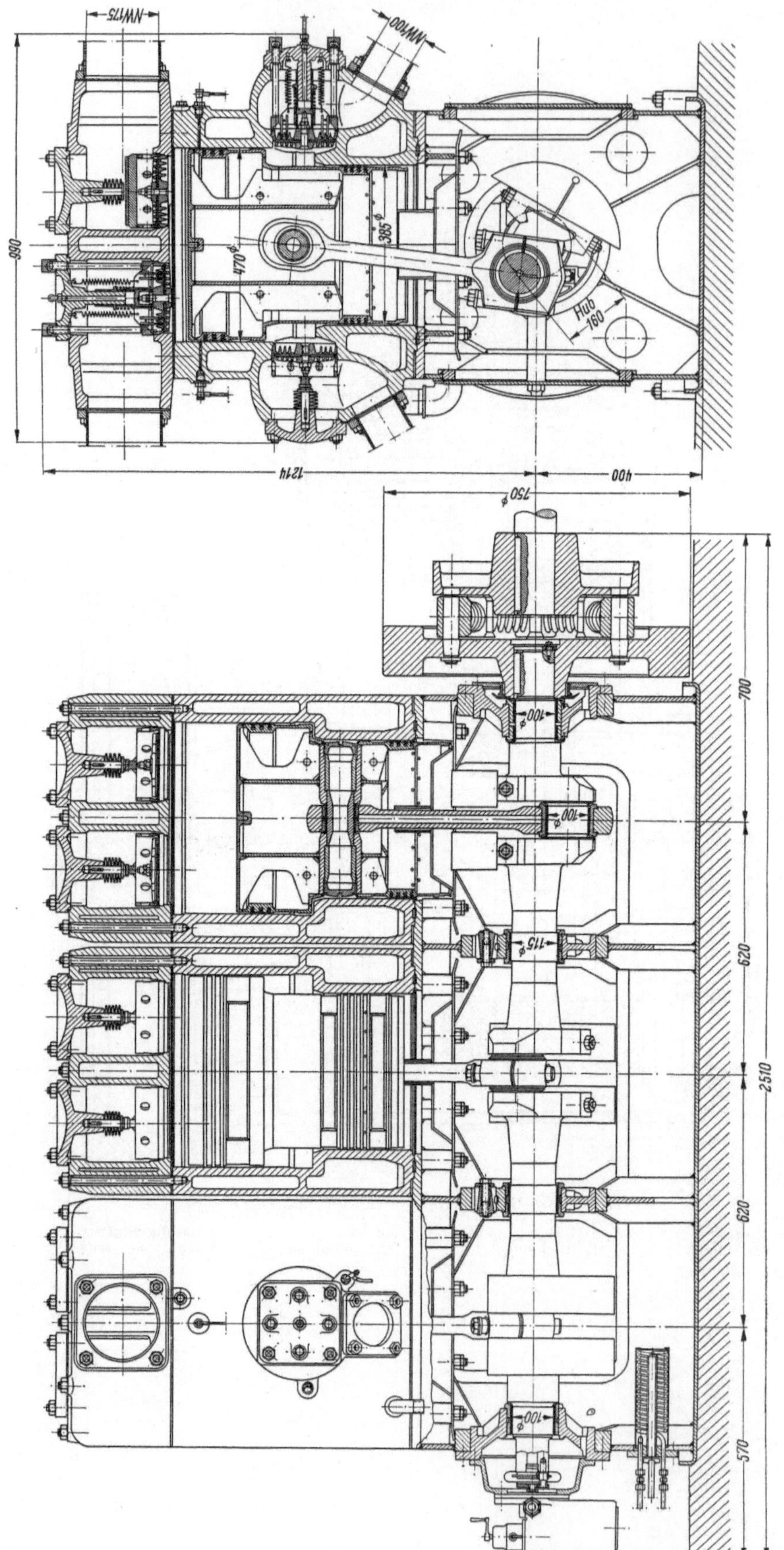

Abb. 106. Stehender zweistufiger, dreikurbliger Luftverdichter mit Stufentauchkolben (Halberg, Ludwigshafen)

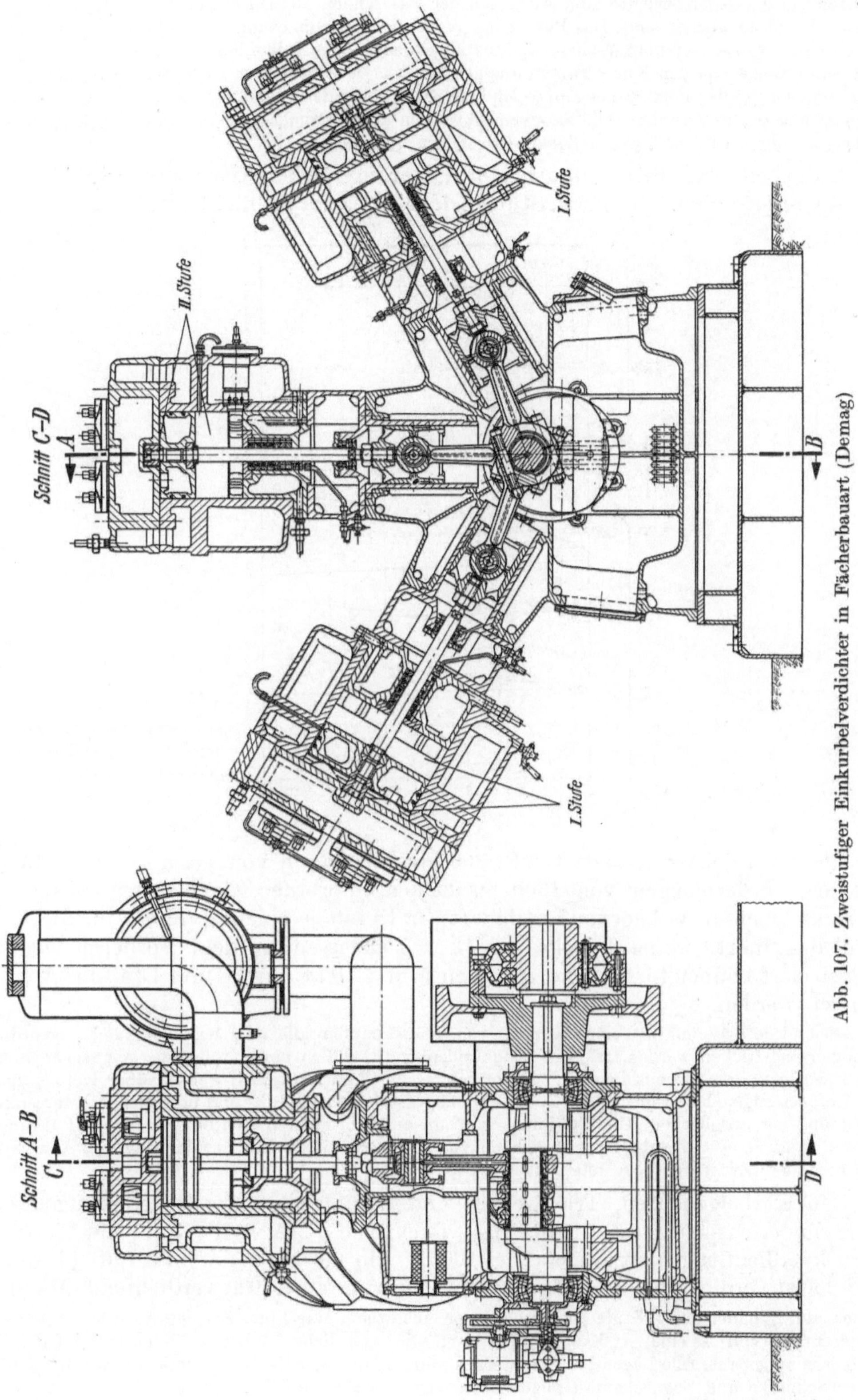

Abb. 107. Zweistufiger Einkurbelverdichter in Fächerbauart (Demag)

Die dreifach gekröpfte und im geschweißten Kurbelkasten vierfach gelagerte Kurbelwelle kann ausgebaut werden, nachdem die Gegengewichte zum Ausgleich der rotierenden Massen entfernt und die Lagerschilder gelöst bzw. abgezogen worden sind. Das Pumpenaggregat für die Schmierung von Zylindern und Triebwerk wird durch einen Mitnehmer vom Wellenende aus angetrieben. Die Kolbenbolzen werden durch die hohlgebohrte Schubstange von den Kurbelzapfen aus geschmiert. Der Verdichter wird stufenweise geregelt, indem die Zylinder durch Greifersteuerungen, welche die Saugventile der 1. und 2. Stufe am Schließen hindern, nacheinander abgeschaltet werden. Alle Saugventile werden durch Druckschrauben, alle Druckventile durch Tellerfedern auf ihren Sitz im Zylinderdeckel bzw. Zylinder gedrückt.

Einen doppeltwirkenden Einkurbelverdichter in Fächerbauart mit zwei Zylindern 1. Stufe außen und einem Zylinder 2. Stufe in der Mitte zeigt Abb. 107. Mit 500 bis 700 U/min

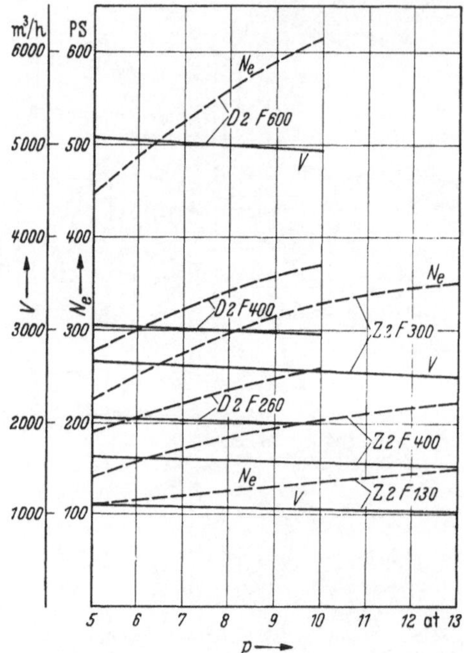

Abb. 108
Fördermenge und Leistung
der Demag-Verdichter
in Fächerbauart

können diese Verdichter (Bauart D 2 F) 2000 bis 5000 m³/h von 1 auf 10 at verdichten. Für kleinere Fördermengen von 1000 bis 2500 m³/h werden die Verdichter als Zweizylindermaschinen in V-Anordnung (Bauart Z 2 F) mit je einem Zylinder für die 1. und 2. Stufe ausgeführt, wobei Drücke bis 13 at zugelassen werden. Fördermengen und Leistungsbedarf können für Drücke zwischen 5 und 10 at bzw. 5 und 13 at aus Abb. 108 entnommen werden.

Die geschmiedete Welle mit einer Kurbel, von deren Zapfen alle drei nebeneinander angeordneten Pleuelstangen angetrieben werden, ist mit Pendelrollenlagern, die in einem robusten gegossenen Kurbelgehäuse liegen, gelagert. Die aus Leichtmetall gegossenen Niederdruckkolben werden über Kolbenbüchsen mit den Kolbenstangen befestigt. Durch Gegengewichte lassen sich die hin- und hergehenden Massenkräfte erster Ordnung gut ausgleichen. Die Maschinen sind mit auswechselbaren Gleitbahnen für die Führung der Kreuzköpfe ausgerüstet und erhalten abweichend von Luftverdichtern bei Verdichtung von Gasen nach Abb. 107 besondere Zwischenstücke mit Ölabstreifpackungen.

Mit den Kurbelgehäusen, Triebwerken und Zylindermänteln der einstufigen Zwei- bis Vierzylindermaschinen nach Abb. 104 werden von FMA zwei-, drei- und vierstufige Hochdruckverdichter gebaut, welche bei 1000 U/min 0,6 bis 2,4 m³/min Luft bis auf 30, 150 und 250 at verdichten. Abb. 109 zeigt eine derartige auf 150 at verdichtende Maschine.

Kolben und Zylinder der 1. Stufe entsprechen der einstufigen Maschine. Bei den höheren Stufen dient der Zylindermantel nur als eine Art Kreuzkopfführung. Die eigentlichen Arbeitszylinder sind auf den Führungszylindern aufgebaut. Alle Lager des Triebwerkes werden von einer Zahnradpumpe, die von der Kurbelwelle über Schnecke und Schneckenrad angetrieben wird, mit Drucköl versorgt.

Abb. 110 zeigt die Kühler des dreistufigen Verdichters nach Abb. 109, die in einem zylindrischen Behälter untergebracht sind, der seitlich am Zylinderblock angeordnet ist.

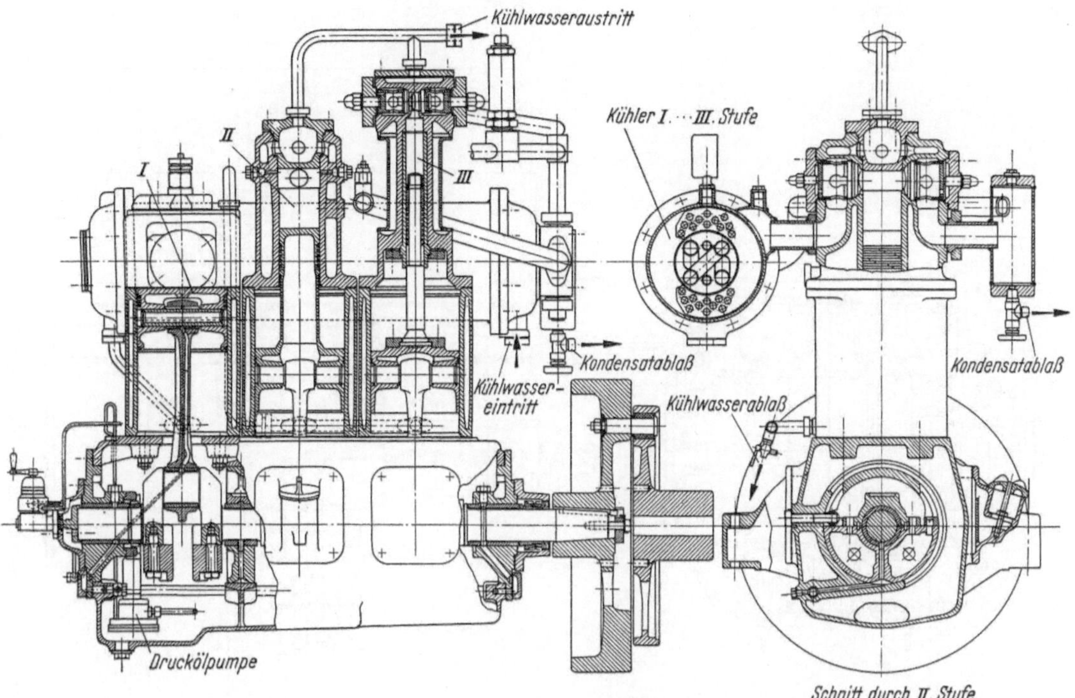

Abb. 109. Stehender dreistufiger, dreikurbliger Verdichter (FMA)

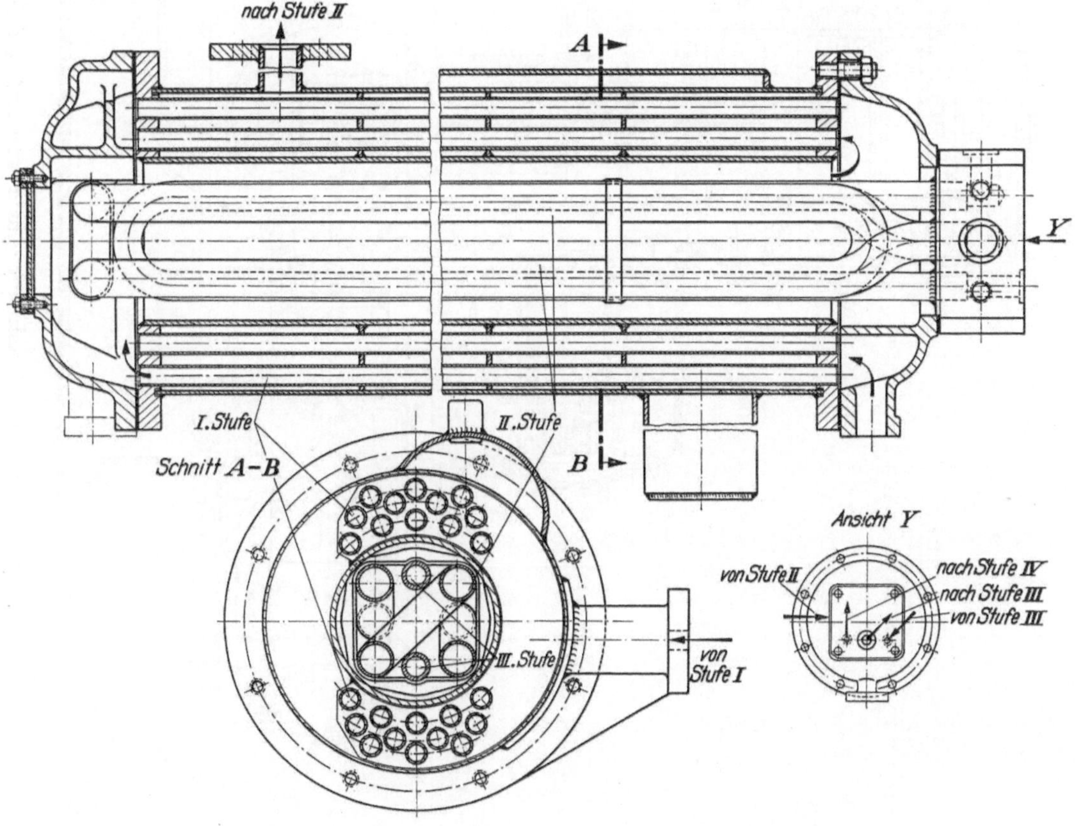

Abb. 110. Zwischenkühler zum Verdichter nach Abb. 109

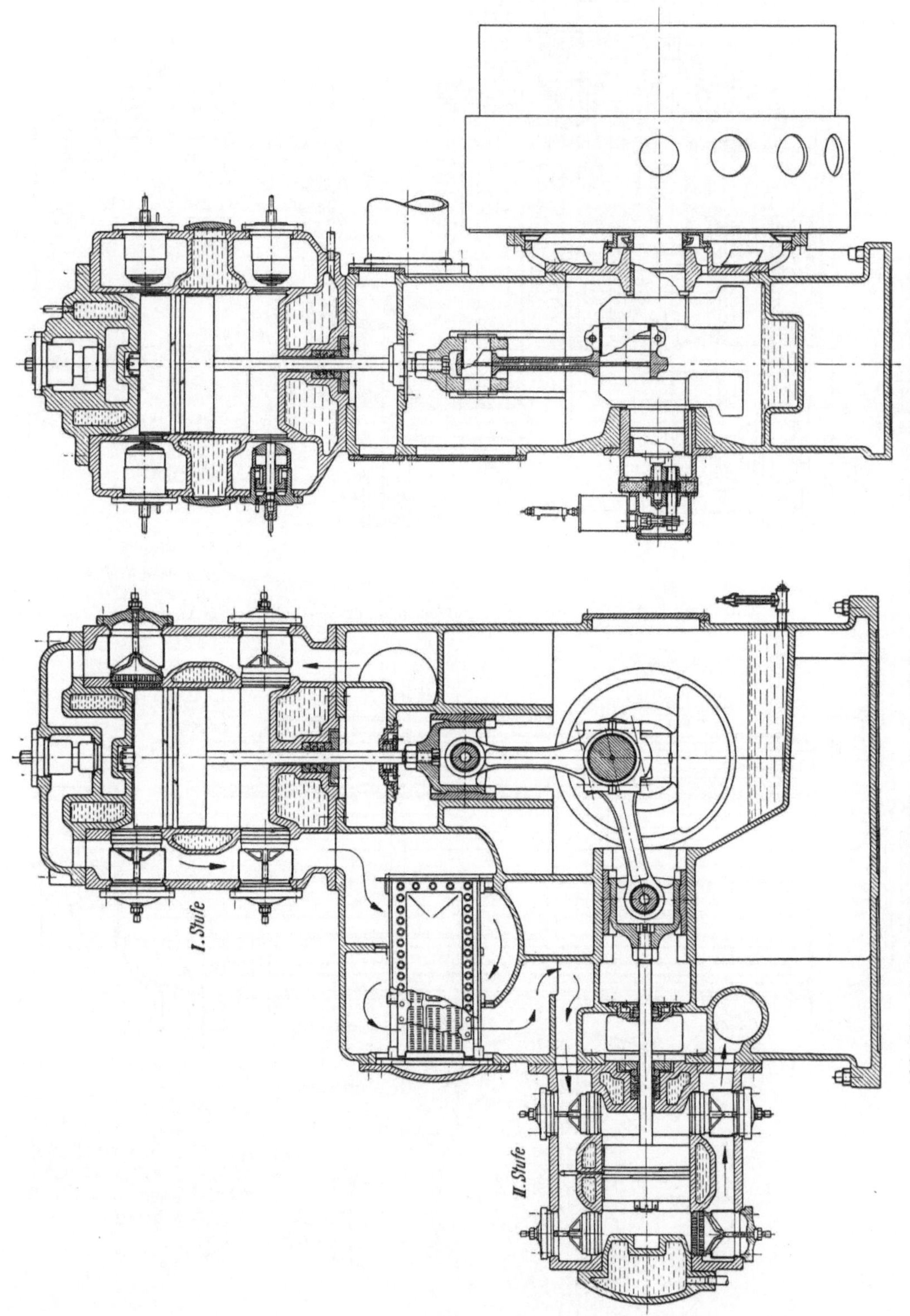

Abb. 111. Zweistufiger, einkurbliger Luftverdichter in L-Bauart (Ingersoll-Rand, Type XLE)

Abb. 111 zeigt eine zweistufige Maschine in gedrängter einkurbliger L-Bauart (Ingersoll-Rand Type XLE), die Luft von 1 auf rd. 10 at verdichtet. Die Hauptdaten der in sechs Größen gebauten Maschinen bringt Tab. 13.

Die in einem Block untergebrachte Kühlfläche für die Zwischenkühlung der Luft ist unmittelbar in dem mit dem Rahmen für das Triebwerk zusammengegossenen Gehäuse untergebracht. Die nach dem Kühler anfallende Flüssigkeit wird selbsttätig aus dem hierfür im Gehäuse vorgesehenen Abscheideraum entfernt. Rotor und Stator des Antriebsmotors sind freiliegend auf der Kurbelwelle bzw. mit dem Lagerschilddeckel des Verdichters befestigt. Zum besseren Ausgleich der hin- und hergehenden Massen ist der Niederdruckkolben aus einer Aluminiumlegierung. Die Verdichter sind mit vom Enddruck selbsttätig gesteuertem Stufenregler ausgerüstet, welcher die Fördermenge in drei bzw. bei den vier größeren Typen in fünf Stufen analog Abb. 34 von Vollast auf Leerlauf verringert. Die dafür benötigten Zuschalträume und -ventile sind an der 1. Stufe gut zu erkennen. Im Gegensatz zu den mit Bronzebüchsen ausgerüsteten Kreuzkopfzapfenlagern läuft die Welle in den Haupt- und Kurbelzapfenlagern in unter Drucköl schwimmenden Lagerbüchsen aus einer Sonderaluminiumlegierung.

Tabelle 13. *Hauptdaten der zweistufigen Luftverdichter (Ingersoll-Rand Type XLE)*

Motorleistung (Abgabe bei 60 Perioden)......	125	150	200	250	300	350
Hub in [1]..............	7	7	$8\,^1/_2$	$8\,^1/_2$	10	10
Durchmesser der Zylinderbohrung in [1] ..	$14\,^1/_2 \times 9$	16×10	$18\,^1/_2 \times 11\,^1/_2$	$20\,^1/_2 \times 12\,^1/_2$	$22 \times 13\,^1/_2$	$24\,^1/_4 \times 14\,^1/_2$
Drehzahl U/min bei 60 Perioden	600	600	514	514	450	450
bei 50 Perioden	600	600	500	500	428	428
Hubvolumen cfm [1] bei 60 Perioden	800	973	1352	1662	1972	2397
bei 50 Perioden	800	973	1315	1617	1880	2280
Maße (über alles) m Länge	2,2	2,3	2,7	2,8	3,0	3,1
Breite	1,6	1,7	1,7	1,8	2,0	2,2
Höhe	2,2	2,2	2,9	3,0	3,2	3,2
Gewicht kp (einschl. Motor) 60 Perioden ...	4200	4350	6750	7000	9600	10200

[1] 1 cfm = 0,02832 m³/min; 1 in = 25,4 mm.

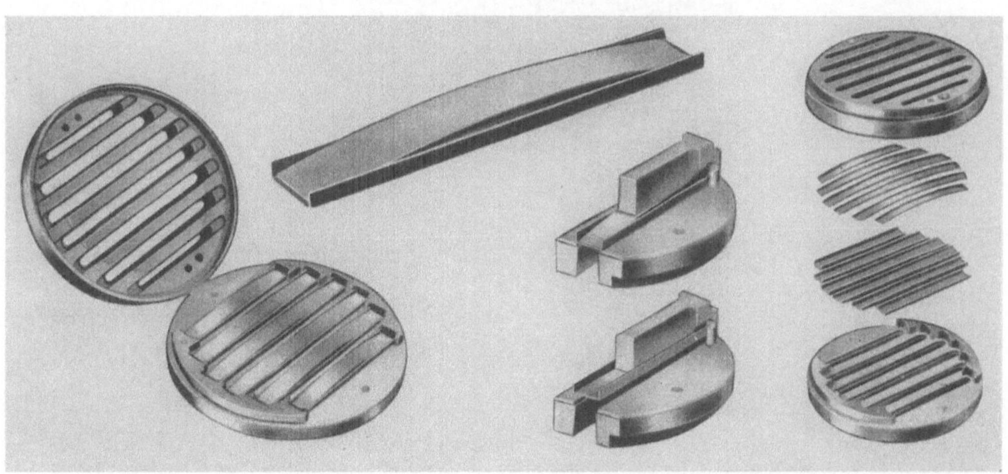

Abb. 112a. Streifenventil zum Ingersoll-Randverdichter

Abb. 112a läßt den Aufbau der Streifenventile, Abb. 112b die Wirkungsweise eines vom Luftdruck auf Leerlauf abschaltbaren Saugventils erkennen. Abb. 113 zeigt in Ansicht das Kühlelement des Zwischenkühlers, Abb. 114 die Ansicht der gedrängt gebauten Maschine mit Antriebsmotor und mit den beiden Anschlüssen für die Saug- und Druckleitung.

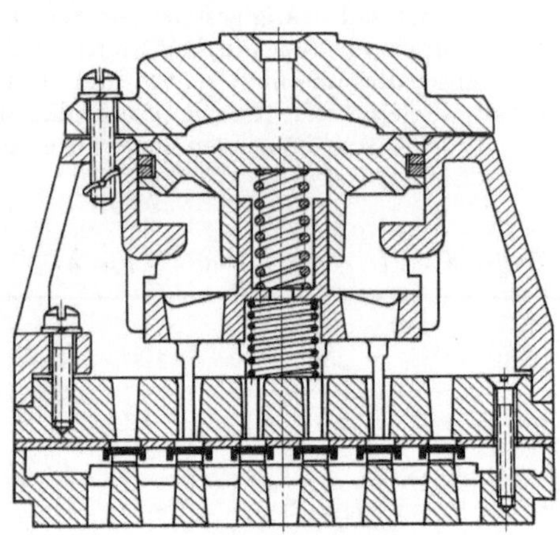

Abb. 112b. Streifenventil mit pneumatischem Anhub zum Leerlauf

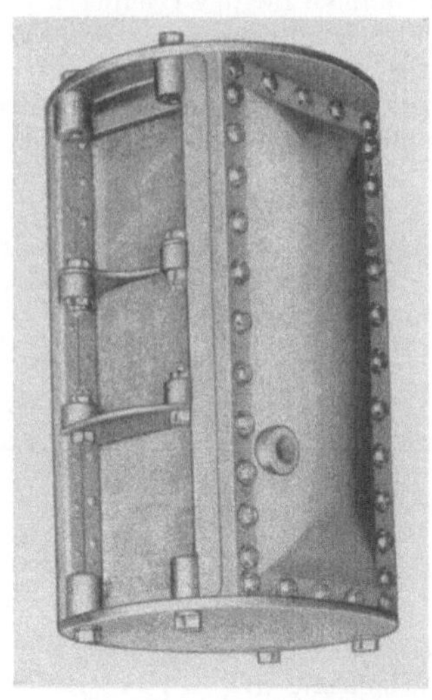

Abb. 113. Kühlelement zum Verdichter nach Abb. 111

Abb. 114. Ansicht des Ingersoll-Randverdichters Type XLE

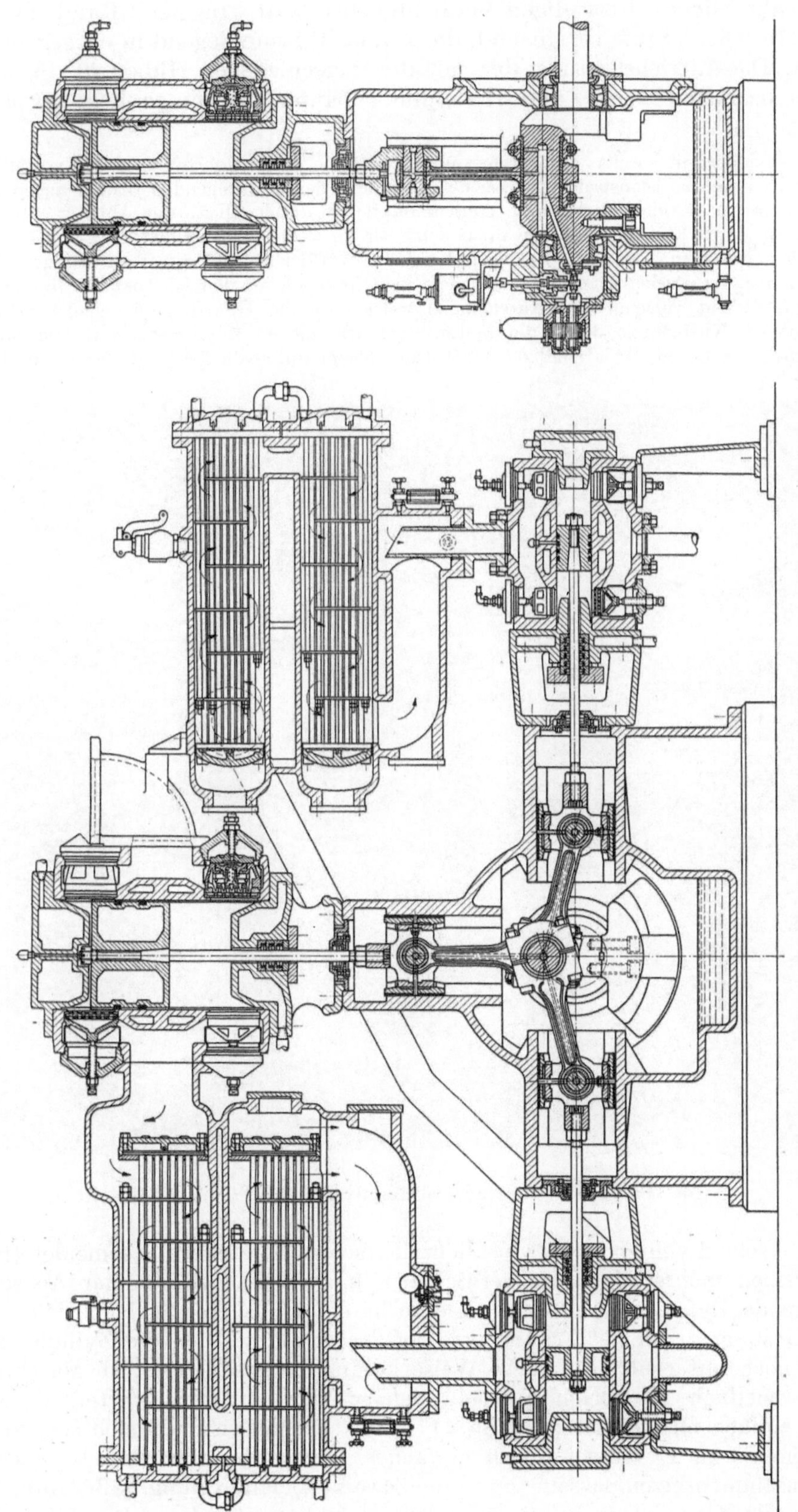

Abb. 115. Dreistufiger einkurbliger Verdichter in $\perp$-Bauart (Ingersoll-Rand, Type TVH)

Einen einkurbligen, dreistufigen Verdichter bis 35 at (Ingersoll-Rand Type TVH) zeigt Abb. 115. Die 1. Stufe ist stehend, die 2. und 3. Stufe liegend in entgegengesetzten Richtungen. Die Antriebsleistung der mit drei verschiedenen Hüben (8, 10 und 12 in) und mit Drehzahlen 500, 428 und 375 U/min gebauten Maschinen liegt zwischen 200 und 450 PS.

Die Zwischenkühler mit jeweils zwei gleichen übereinanderliegenden Rohrbündeln sind vorteilhaft, ohne einen besonderen Raum zu beanspruchen, über den Zylindern der nachfolgenden Stufen angeordnet.

Der in den Zwischenkühlern verflüssigte Wasserdampf wird durch selbsttätige Ableiter entfernt, deren richtiges Arbeiten durch Flüssigkeitsstände überwacht werden kann. Die Verdichter regeln sich selbsttätig vom Enddruck in drei Stufen (Vollast, Halblast, Leerlauf). Auf der Ansicht dieser dreistufigen Verdichter, Abb. 116, sind u. a. die Deckel zu erkennen, welche die Öffnungen an den Gleitbahnen für die Führung der Kreuzköpfe öldicht verschließen. Anscheinend werden die im Gesenk geschlagenen Schubstangen gemeinsam mit der Kurbelwelle durch die motorseitige Öffnung im Maschinengestell eingebaut. Etwas schwierig dürfte es sein, im Bedarfsfall die Kurbelzapfenlager durch die Gleitbahnfenster nachzustellen.

Abb. 116. Ansicht des Ingersoll-Randverdichters, Type TVH

Zum Unterschied von anderen, vor allem deutschen Herstellern, vermeidet Ingersoll-Rand bei seinen mehrstufigen Gasverdichtern in Boxerbauart in einer Achse hintereinanderliegende Zylinder in Differentialanordnung. Falls es mit Rücksicht auf den zulässigen Gestängedruck des Triebwerkes notwendig ist, werden die Zylinder für eine Stufe auch noch unterteilt. Auf diese Weise kommt Ingersoll-Rand zu Maschinen mit sehr langen vielfach gelagerten Kurbelwellen, welche sich aber vorteilhaft auslegen und relativ einfach fertigen lassen. Abb. 117 zeigt schematisch, wie sich Maschinen mit Kurbelwellen bis zu 10 Hüben durch einfaches Aneinanderreihen von Zylindern (bis zu 2×5) zusammensetzen lassen. Für eine Zweikurbelanordnung läßt Abb. 118 die Konstruktion des Grundrahmens mit gesondert angeschraubten Kreuzkopfführungen gut erkennen. In Tab. 14 sind einige interessante Angaben dieser durch Elektromotoren an-

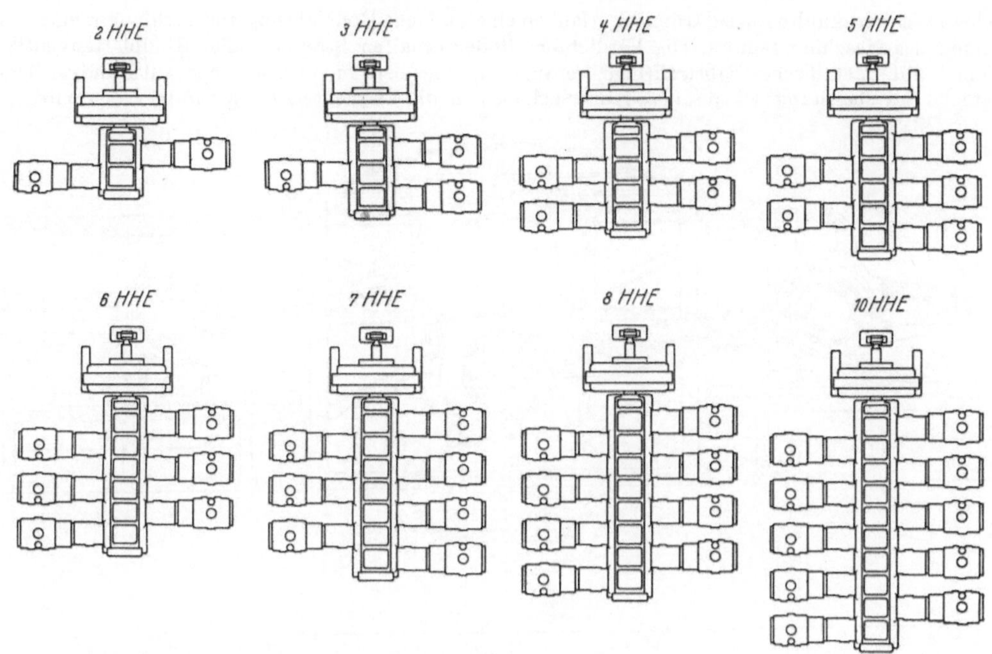

Abb. 117. Schematische Anordnung der Ingersoll-Randverdichter, Type HHE in Boxerbauart

Tabelle 14. *Hauptdaten mehrstufiger Ingersoll-Randverdichter Type HHE* (nach Abb. 117)

Type	2 HHE bis 6 HHE	2 HHE bis 6 HHE	2 HHE bis 8 HHE u. 10 HHE
Hub in [1]	9	12	14—15
Leistung PS	200 → 800	300 → 1250	1000 → 4000
Anzahl der Zylinder	2 bis 6	2 bis 6	2 bis 8 u. 10
Maße (über alles) m Länge (einschl. Motor) Breite	2,4 bis 4,5 4,4	3,5 bis 6 4,4	4,4 bis 10,4 4,4

[1] 1 in = 25,4 mm.

getriebenen Verdichter zusammengestellt, aus denen der Aufbau der nach drei verschiedenen Hüben (9, 12 und 14 bis 15 in) ausgerichteten Baureihe mit Antriebsleistungen von 200 bis 800, 300 bis 1250 und 1000 bis 4000 PS ersichtlich ist.

Einen mit seiner Antriebsmaschine, einem Viertaktgasmotor in V-Anordnung, unmittelbar zusammengebauten Gasverdichter zeigt Abb. 119. Die Schubstangen für die waagerecht angeordneten Verdichterzylinder werden von der Kurbel des Motors über dem gemeinsamen entsprechend abgesetzten Kurbelzapfen angetrieben. Der Hub des Verdichters ist dadurch kleiner als der des Gasmotors (s. auch Tab. 15). Die in Leistungsstufen von 660, 880, 1100 und 1320 PS entwickelten Motoren erhalten je nach der verfügbaren Antriebsleistung zwei, drei oder vier Verdichterzylinder. In Tab. 15 sind die wesentlichen konstruktiven Angaben, aus denen der Aufbau der Maschine erkenntlich wird, zusammengestellt.

Über eine Art gallische Kette treibt die Hauptwelle die Nockenwelle, den Regler und die Wasserpumpe an. Zur normalen Ausrüstung des Motors gehören zwei Induktionsmagneten, doch können nach Wunsch auch Hoch- oder Niederspannungs- oder Batteriezündungssysteme eingebaut werden.

Zuganker zu beiden Seiten jedes Hauptlagers erhöhen die Festigkeit des Kurbelkastens. Ein- und Auslaßventile des Motors haben chromplattierte Spindeln und auswechselbare Ventilsitze und Führungen. Außerdem sind Anlaßluftverteiler mit Anlaßventilen und selbsttätig regelbaren Mischventilen für jeden Zylinder

10*

vorgesehen. Wassergekühlte Auslaßkrümmer erlauben eine einfache Rohrführung und verhindern eine zu hohe
Erwärmung des Maschinenraumes. Die Verdichterzylinder erhalten Streifen- oder Ringplattenventile aus
rostfreiem Stahl. Metallische Ölabstreifringe verhindern, wie bei den übrigen Ingersoll-Randverdichtern,
daß durch die Kolbenstange Öl aus dem Kurbelgehäuse in die Verdichterzylinder mitgerissen wird.

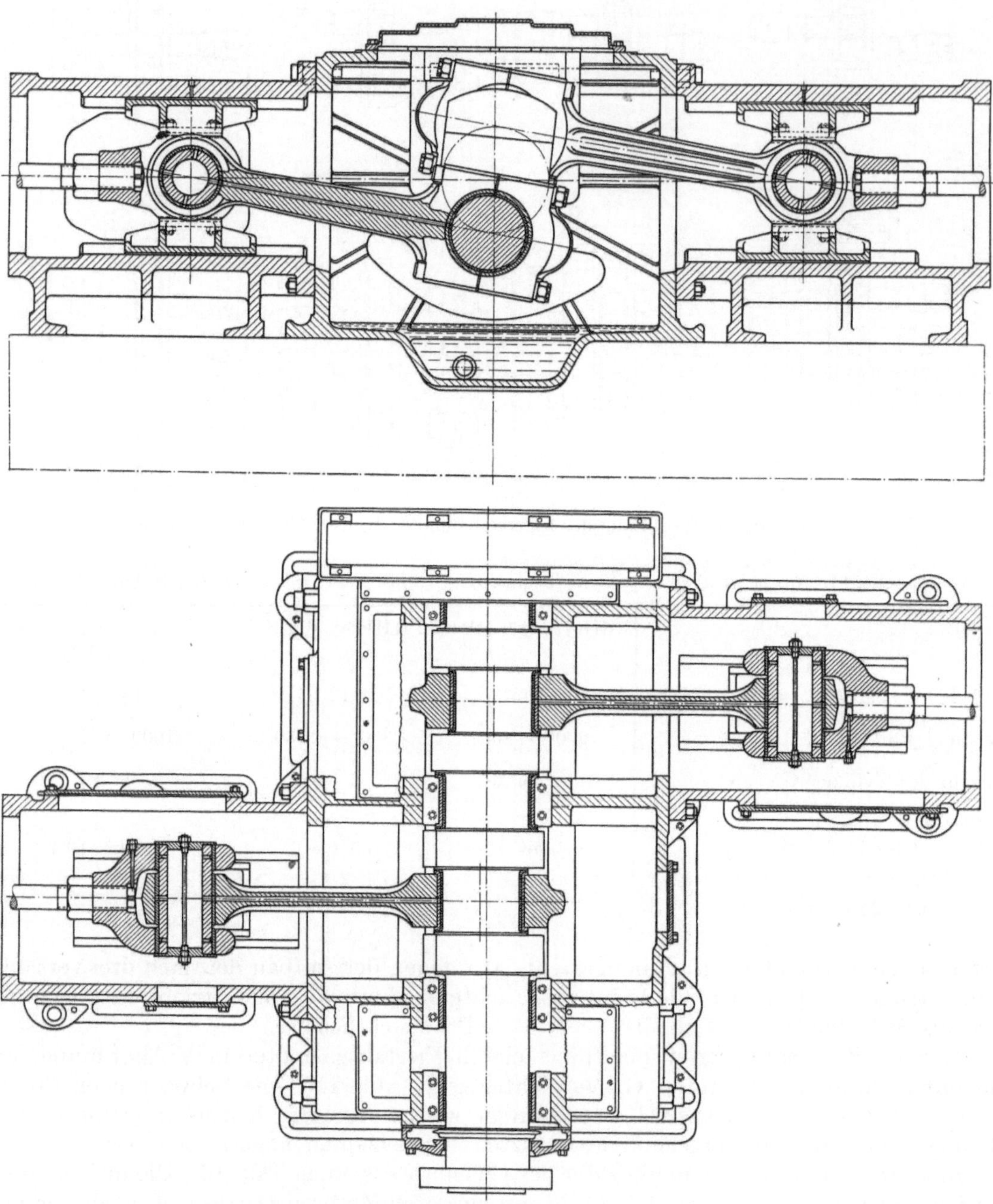

Abb. 118. Grundrahmen mit Kreuzkopfführung

Alle Triebwerkslager werden mit Drucköl versorgt. Durch Zahnradpumpen, die vom Kurbelwellenende
unmittelbar angetrieben werden, wird das Öl aus dem Kurbelgehäuse angesaugt und über einen Kühler,
einen Druckfilter den Hauptlagern zugedrückt. Durch Bohrungen in der Welle gelangt das Drucköl zu den
Kurbelzapfenlagern und durch die hohlgebohrte Schubstange zu den Kolbenbolzen bzw. Kreuzkopfzapfenlagern. Sämtliche Lagerschalen erhalten umlaufende Ringnuten, um das Öl gut zu verteilen und fortzuleiten.
Mit dem gleichen Drucköl werden auch die Motorkolben gekühlt. Kolbenbolzen sowie Kreuzkopfzapfen
sind, wie bei den übrigen Ingersoll-Randmaschinen, in schwimmenden Büchsen im Kolbenkörper bzw. Kreuzkopf gelagert.

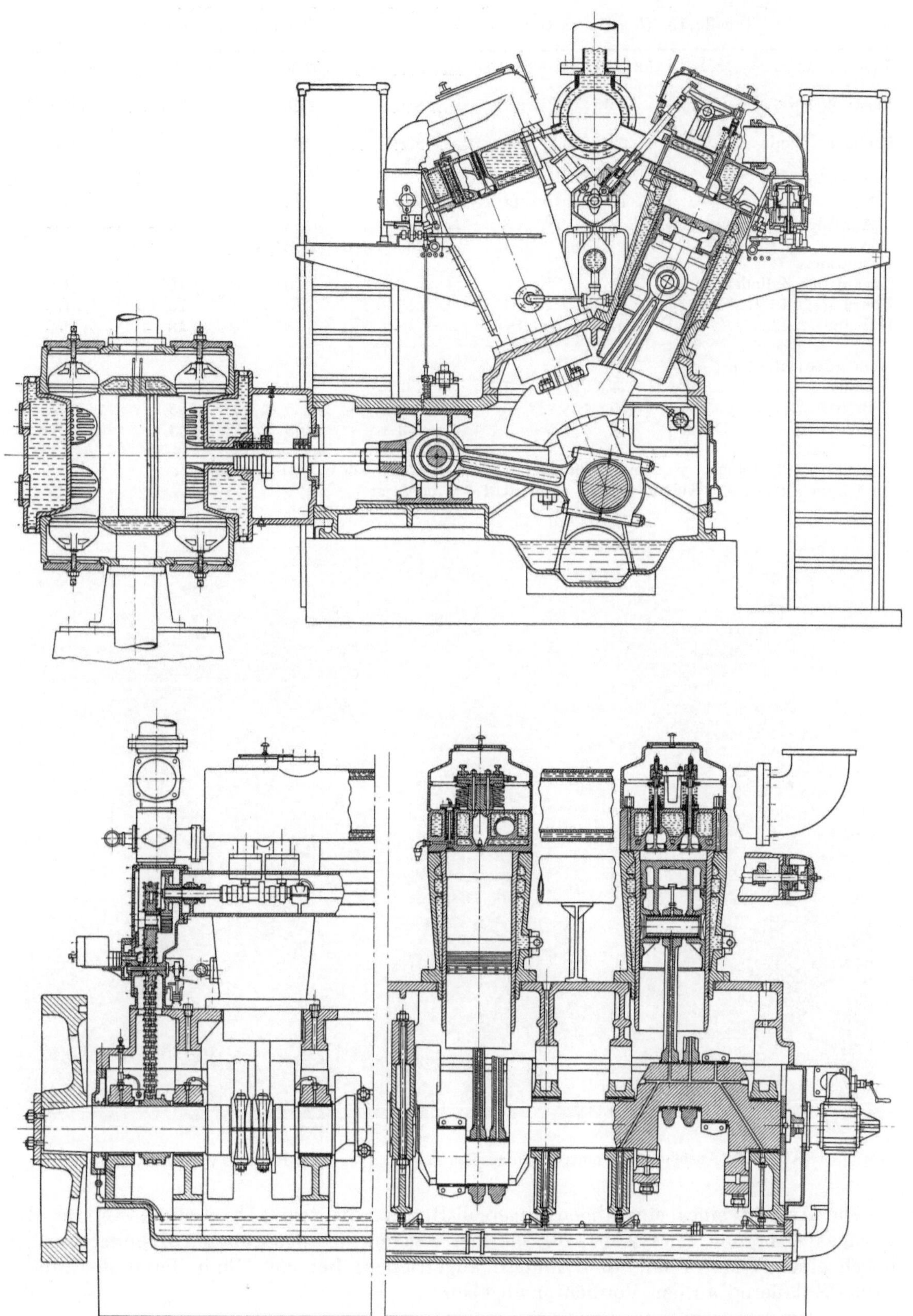

Abb. 119. Gasmotorverdichter (Ingersoll-Rand, Type XVG)

Tabelle 15. *Hauptdaten Gasmotor-Verdichter (Ingersoll-Rand Type KVG)*

Type	62-KVG	82-KVG	83-KVG	103-KVG	410-KVG	412-KVG
Leistung PS	660	880	880	1100	1100	1320
Drehzahl U/min	330	330	330	330	330	330
Verdichter						
Hub in [1]	14	14	14	14	15	15
Anzahl der Rahmen	2	2	3	3	4	4
Gasmotor						
Anzahl der Zylinder	6	8	8	10	10	12
Bohrung $\varnothing$ in [1]	$15\,^1/_4$	$15\,^1/_4$	$15\,^1/_4$	$15\,^1/_4$	$15\,^1/_4$	$15\,^1/_4$
Hub in [1]	18	18	18	18	18	18
Maße (über alles) m						
Länge	4,8	5,5	6,1	6,7	6,7	6,7
Breite [2]	5	5	5	5	5	5
Höhe [3]	3	3	3	3	3	3

[1] 1 in = 25,4 mm.　　[2] Zum Ausbau der Kolben werden noch rd. 1,1 m benötigt.
[3] Zum Ausbau der Kolben werden noch rd. 1,4 m benötigt.

Abb. 120. Ansicht eines einstufigen Gasverdichters (Ingersoll-Rand, Type 410 KVG)

Die Ansicht eines einstufigen Ingersoll-Randverdichters (Type 410 KVG) für die Ferngasversorgung zeigt Abb. 120. Die vier waagerecht angeordneten Zylinder werden durch einen V-Motor mit 10 Zylindern angetrieben. Bei 330 U/min kann der Motor 1100 PS dauernd an den Verdichter abgeben.[1]

---

[1] Dieselben Gasmotoren liefert Ingersoll-Rand auch als Kraftmaschine, z. B. zum Antrieb von Drehstromgeneratoren bis zu einer maximalen Dauerleistung von 1700 PS bei 16 Zylindern.

Ähnliche mit dem Gasmotor unmittelbar zusammengebaute Verdichter für noch größere Leistungen baut Clark, Abb. 121. Die im Zweitakt arbeitenden Motorzylinder sind stehend angeordnet und werden durch von Abgasturbinen angetriebene Verdichter

Abb. 121. Gasmotorverdichter mit Abgasturboaufladung (Clark, Type TLA)

aufgeladen. Bei 300 U/min können je nach Zylinderzahl bis zu 3300 PS aufgebracht werden. Auf Tab. 16 sind die für den Aufbau der Maschine wichtigen Angaben zusammengestellt.

Tabelle 16. *Hauptdaten Gasmotor-Verdichter (Clark Type TLA)*

Type	TLA-6	TLA-7	TLA-10
Leistung PS	2000	2350	3300
Drehzahl U/min	300	300	300
Hub in[1]	19	19	19
Motorzylinder			
Bohrung ∅ in[1]	17	17	17
Anzahl	6	7	10
Anzahl der Verdichterzylinder			
normal	3	3	4
maximal	4	4	5
Maße (über alles) m			
Länge	8	8,6	10,9
Breite[2]	5,3	5,3	5,5
Höhe[2]	3,6	3,6	3,6

[1] 1 in = 25,4 mm.   [2] Zum Ausbau der Kolben werden noch rd. 1,5 m benötigt.

Motor- und Verdichterteil haben den gleichen Hub von rd. 480 mm. Auf den stark verrippten Kurbelkasten, an den die Führungen für die Kreuzköpfe des Verdichterteiles angeschraubt werden, ist ein kräftiger Gußblock aufgesetzt, in dem die wassergekühlten auswechselbaren Laufbüchsen für die Motorzylinder eingesetzt sind. Die wassergekühlten Zylinderköpfe sind aus Stahlguß. Von der Kurbelwelle direkt angetriebene Zahnradpumpen liefern über Druckfilter das Drucköl für die Triebwerksschmierung sowie für die Kühlung der Kolbenköpfe und Kolbenhemden. Um Ölnebel zu vermeiden, wird das Kolbenkühlöl gesondert in die Kurbelwanne zurückgeführt. Wie beim Ingersoll-Randverdichter wird das Drucköl über die Hauptlager und entsprechenden Bohrungen in der aus einem Stück geschmiedeten Kurbelwelle dem Kurbelzapfen und durch Bohrungen in den Schubstangen dem Kolbenbolzen zugedrückt. Alle Lagerschalen erhalten daher für die Fortleitung des Öles Ringnuten. Die Bohrungen für die Verdichterzylinder werden an diesen Maschinen mit Durchmessern zwischen rd. 175 und 1000 mm ausgeführt. Um an den luftgekühlten Verdichterzylindern größere Querschnitte für die Strömung zu erhalten, sind die Ringplattenventile zum Teil übereinander (turmartig) angeordnet.

Abb. 122 zeigt einen liegenden zweistufigen Gasverdichter in Boxerbauart. Die Zylinder mit 465 und 275 mm Durchmesser sind doppeltwirkend. Mit 240 mm Hub und 430 U/min werden bei einem Leistungsbedarf von 415 PS 2910 Nm³/h von 2,2 auf 22,8 at verdichtet.

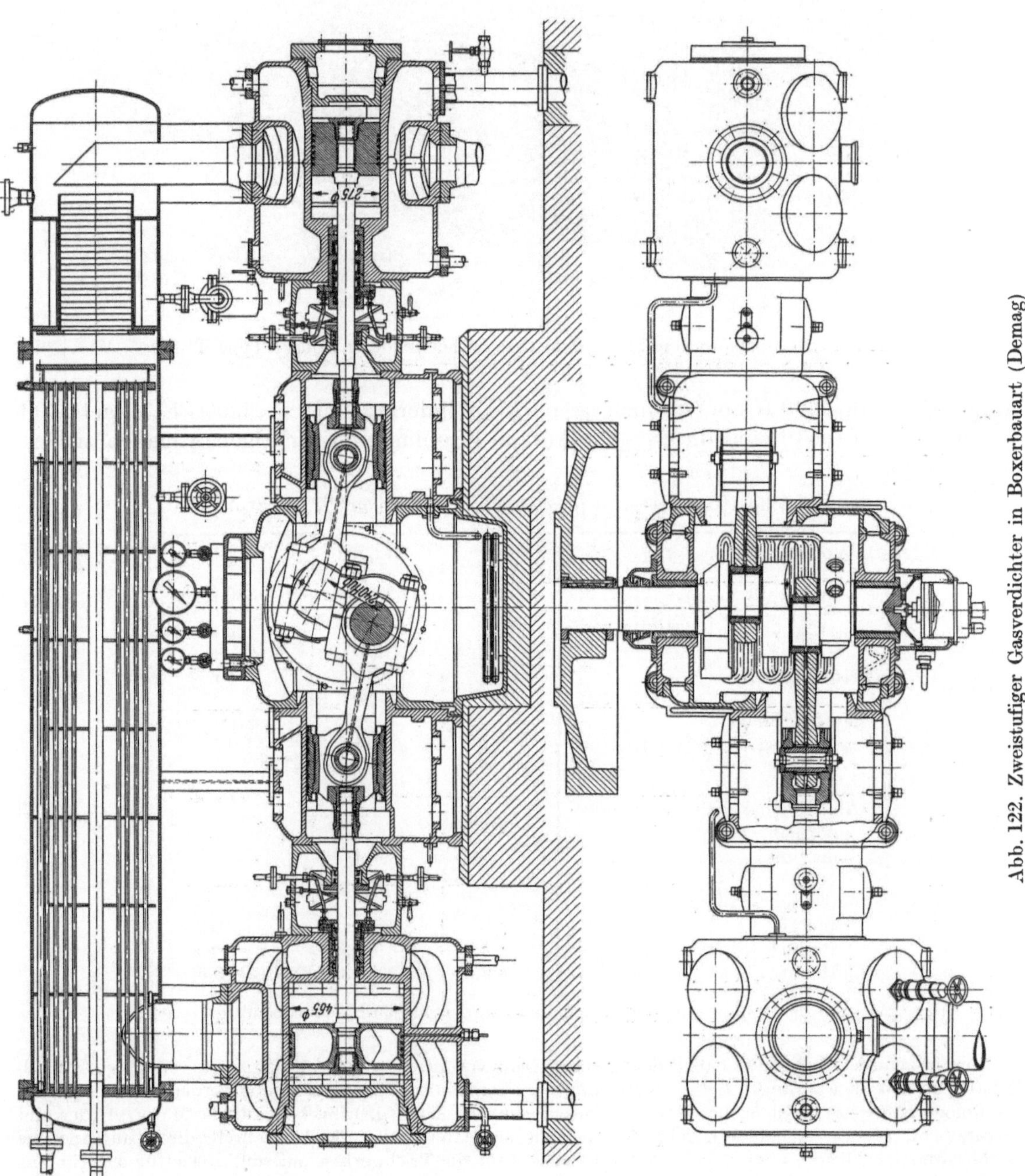

Abb. 122. Zweistufiger Gasverdichter in Boxerbauart (Demag)

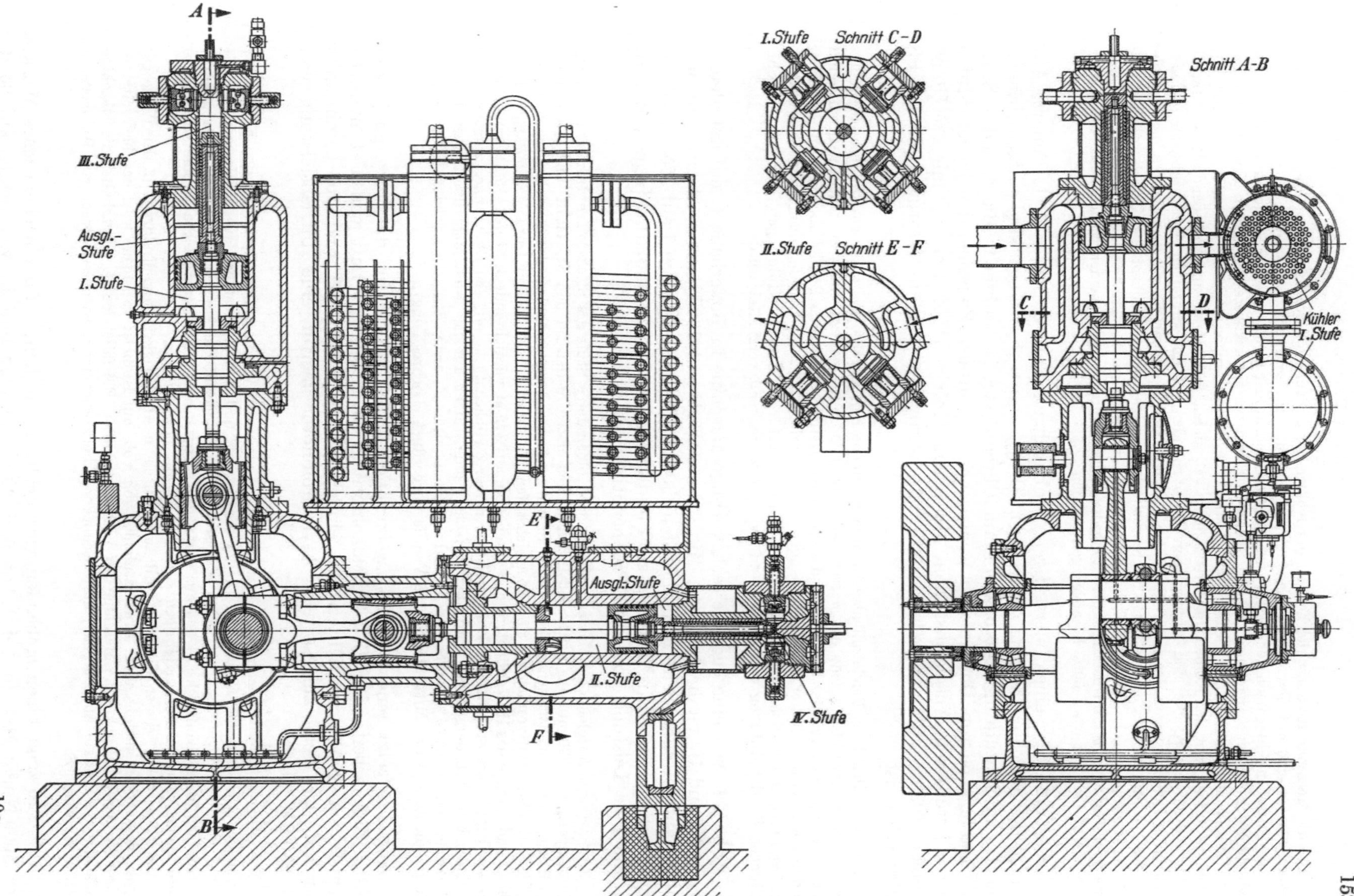

Abb. 123. Vierstufiger stehend-liegender Luftverdichter (Winkelbauart Demag)

Um die Massenkräfte auszugleichen, ist der Kolben der 2. Stufe voll gegossen. Zum Ausgleich der rotierenden Massen sind auf den Kurbelwangen Gegengewichte angeschraubt.

Der Zwischenkühler nach der 1. Stufe ist als Bündelrohrkühler im Kreuzstrom ausgeführt und über den Zylindern der Maschine angeordnet. Durch Spannringe sind die Kreuzkopfzapfen in den Kreuzköpfen und das Massenschwungrad auf der Kurbelwelle befestigt. Die Kolbenstangen werden sehr vorteilhaft durch aufgehängte Muttern mit den Kolben und Kreuzköpfen verbunden. Für das zu- und abfließende Wasser für die Kühlung der Zylinderdeckel sind Öffnungen im Guß vorhanden, die eine sorgfältige Abdichtung des Zylinderdeckels im Zylinder gegen das Kühlwasser voraussetzen. Die Ölpumpen für die Schmierung der Zylinder und des Triebwerkes werden direkt von der Kurbelwelle angetrieben; im Ölsumpf des Kurbelkastens ist, wie auf der Maschine nach Abb. 107, eine Rohrschlange zum Kühlen des Triebwerköles angeordnet. Durch eine vom Bedienungsstand betätigte Strömungsdruckausschubregelung an beiden Stufen kann die Fördermenge stufenlos auf etwa 60% herabgeregelt werden.

Abb. 123 zeigt einen vierstufigen, einkurbligen Luftverdichter in ∟-Bauart. Alle Stufen der Maschine, welche unter einem Druck von 6 at ansaugt, sind einfachwirkend. Die 1. und 3. Stufe mit 245 bzw. 74 mm Durchmesser ist senkrecht, die 2. und 4. Stufe mit 165 bzw. 50 mm Durchmesser waagerecht angeordnet. Zwischen den beiden Stufen liegen jeweils sog. Ausgleichsstufen. Mit einem Hub von 200 mm und mit 485 U/min können 1080 Nm³/h auf 221 at verdichtet werden, wobei ein Leistung von 248 PS erforderlich ist.

Die in Rollen bzw. Pendelrollenlagern aufgenommene Kurbelwelle besitzt aufgeschraubte, besonders schwere Gegengewichte, welche die Massenkräfte erster Ordnung nahezu völlig ausgleichen. Unmittelbar über dem liegenden Teil der Maschine sind zwei im Kreuzstrom arbeitende Bündelrohrkühler übereinander und in einem Wasserbehälter drei Rohrschlangen für die Kühlung der 2. bis 4. Stufe nebeneinander angeordnet. An der Maschine auffallend sind die gekühlten Gleitbahnen für die Kreuzkopfführungen, und daß auf Rohrleitungen für die Kühlung von Zylinder zu Zylinder weitgehend verzichtet wurde.

Abb. 124 zeigt eine liegende sechskurblige Maschine in Boxerbauart, mit der gleichzeitig N_2 und H_2 verdichtet wird. Mit 350 mm Hub und 250 U/min verdichtet die Maschine auf der einen Seite in fünf Stufen 2900 Nm³/h Stickstoff von 1 auf 225 at, auf der anderen Seite 10 000 Nm³/h Wasserstoff in drei Stufen von 13 auf 325 at. Insgesamt wird hierfür eine Leistung von 2440 PS_e benötigt.

Zum besseren Ausgleich der Massenkräfte ist der Kolben der 1. Stufe des Stickstoffverdichters mit einem Durchmesser von 630 mm aus Leichtmetall. Die beiden ersten Stufen für den Stickstoff- und Wasserstoffverdichter sind doppeltwirkend, alle übrigen Stufen einfachwirkend. Zwischen der 2. und 4. bzw. 3. und 5. Stufe des Stickstoffverdichters sind Ausgleichsstufen (480/145 bzw. 280/85 mm Durchmesser) angeordnet. Die 2. und 3. Stufe des H_2-Verdichters sind geteilt; die auf 325 at verdichtende 3. Stufe (155/115 mm Durchmesser) liegt an der Stopfbüchse. Das Gewicht der über Zwischenstücke mit den Gleitbahnen verschraubten Zylinder bzw. Zylindergruppen wird über einfache Pendelstützen auf das Fundament übertragen. Um die Fördermengen bis auf 75% herabzuregeln, sind an beiden Seiten der ersten Stufen des Stickstoff- und Wasserstoffverdichters in der Mitte des Hubes Ventile angeordnet (Lochregelung).

Abb. 125 zeigt eine liegende zweikurblige Maschine, die für die Versorgung von unter Tage arbeitenden Druckluftlokomotiven rd. 3000 m³/h Luft von 1 at in sechs Stufen auf 200 at verdichtet. Bei einem Hub von 550 mm und 162 U/min gibt der auf der Welle aufgesattelte Asynchronmotor hierfür eine Antriebsleistung von rd. 650 kW ab.

Die Differentialkolben der beiden Maschinenseiten gleiten in Weißmetallsättel, die auf den Kolben der 1. und der 2. Stufe aufgebracht sind. Die Zylinder der 5. und 6. Stufe bestehen aus gußeisernen, in die Zylinderdeckel der vorgebauten Stufen eingesetzten Laufbüchsen, die vom Wasser unmittelbar gekühlt werden (sog. nasse Laufbüchsen) und aus den Zylinderköpfen aus geschmiedetem Stahl; eine vorteilhafte Unterteilung, die sich im langjährigen Betrieb sehr gut bewährt hat.

Die Fördermenge dieser Maschine wird automatisch in Abhängigkeit vom Enddruck in der Weise geregelt, daß sie mit ansteigendem Druck stufenlos von Voll- auf Halblast verringert wird und bei weiterem Ansteigen des Enddruckes die Maschine auf Leerlauf schaltet. Bei fallendem Druck schaltet die Maschine zunächst von Leerlauf auf Halblast, um anschließend die Fördermenge wieder stufenlos von Halblast auf Vollast zu steigern.

Abb. 126 zeigt einen stehenden vierkurbligen Verdichter für ein chemisches Werk, der 5000 Nm³/h Methan bei 1,2 at und 20 °C ansaugt und in vier Stufen auf 60 at drückt. Bei einer Drehzahl von 320 U/min benötigt die mit einem Hub von 320 mm ausgelegte Maschine eine Antriebsleistung von rd. 850 kW.

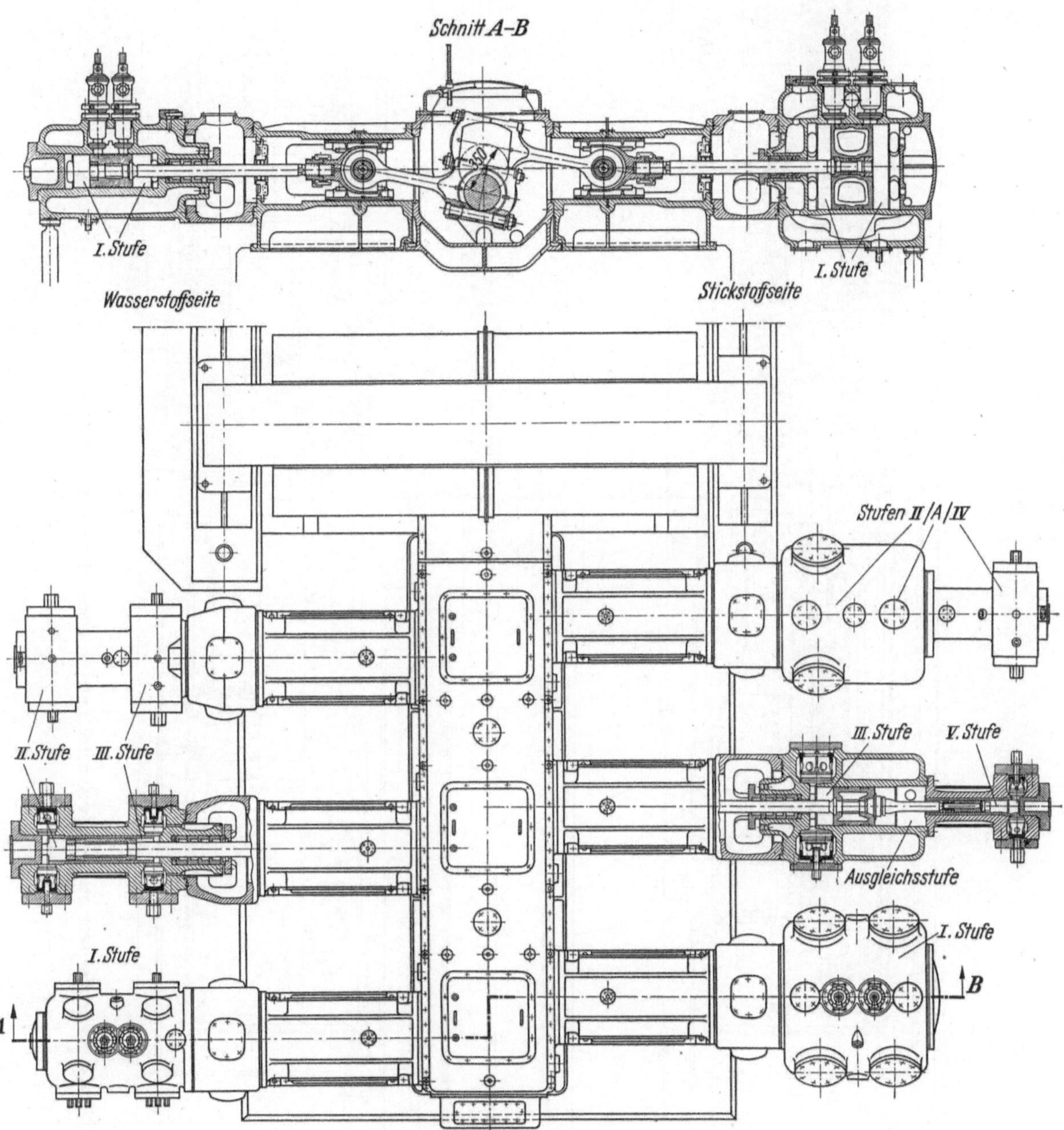

Abb. 124. Sechskurbliger kombinierter Stickstoff- und Wasserstoffverdichter in Boxerbauart (Demag)

Wie aus der Abbildung ersichtlich ist, wird die Welle des Verdichters mit dem auf ihr befestigten Schwungrad mit der Getriebewelle elastisch gekuppelt. Dadurch können kleine Abweichungen in der Ausrichtung der beiden Wellen, die bei der Montage bzw. im Laufe des Betriebes sich einstellen können, die Sicherheit des Betriebes nicht gefährden. Für diese Verbindung ist die vierkurblige Anordnung, die nur ein kleines Schwungmoment benötigt, sehr vorteilhaft. Die vierfach geknöpfte Kurbelwelle ist in 5 (Haupt-) Lagern mit einbaufertigen, beilagenlosen Dreistoff-Lagerschalen gelagert. Die Zylinder der ersten 3 Stufen sind aus Grauguß, der der letzten Stufe aus Stahlguß mit angeschweißtem Kühlmantel. Die 3. und 4. Stufe sind mit auswechselbaren Laufbüchsen ausgerüstet. Im Maschinengestell ist der Abstand zwischen

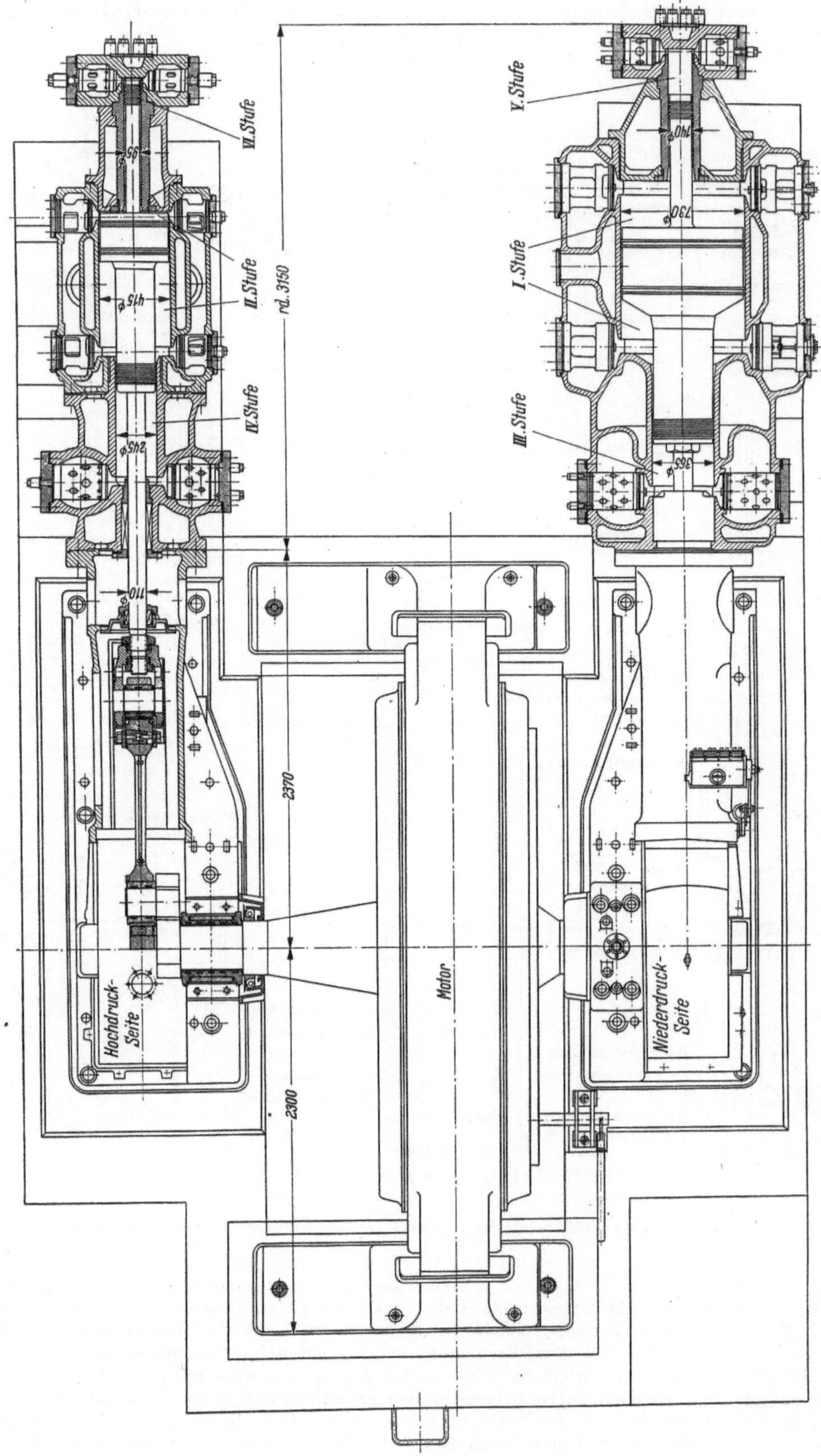

Abb. 125. Liegender sechsstufiger Zweikurbel-Luftverdichter (Borsig) für rd. 3000 m³/h von 1 auf 200 at

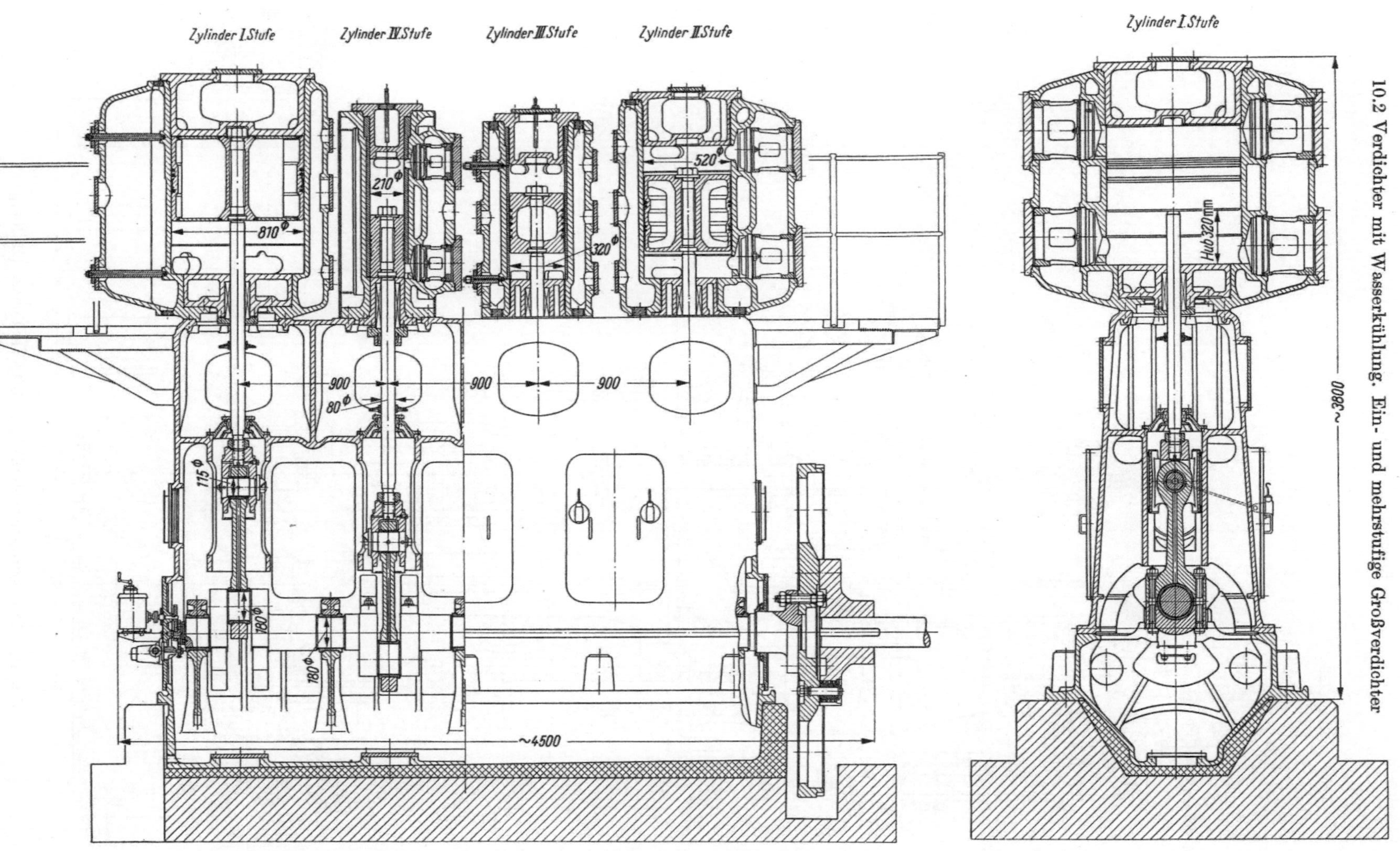

Abb. 126. Stehender vierkurbliger, vierstufiger Verdichter (Borsig) für 5000 Nm³/h Methangas von 1 auf 60 at

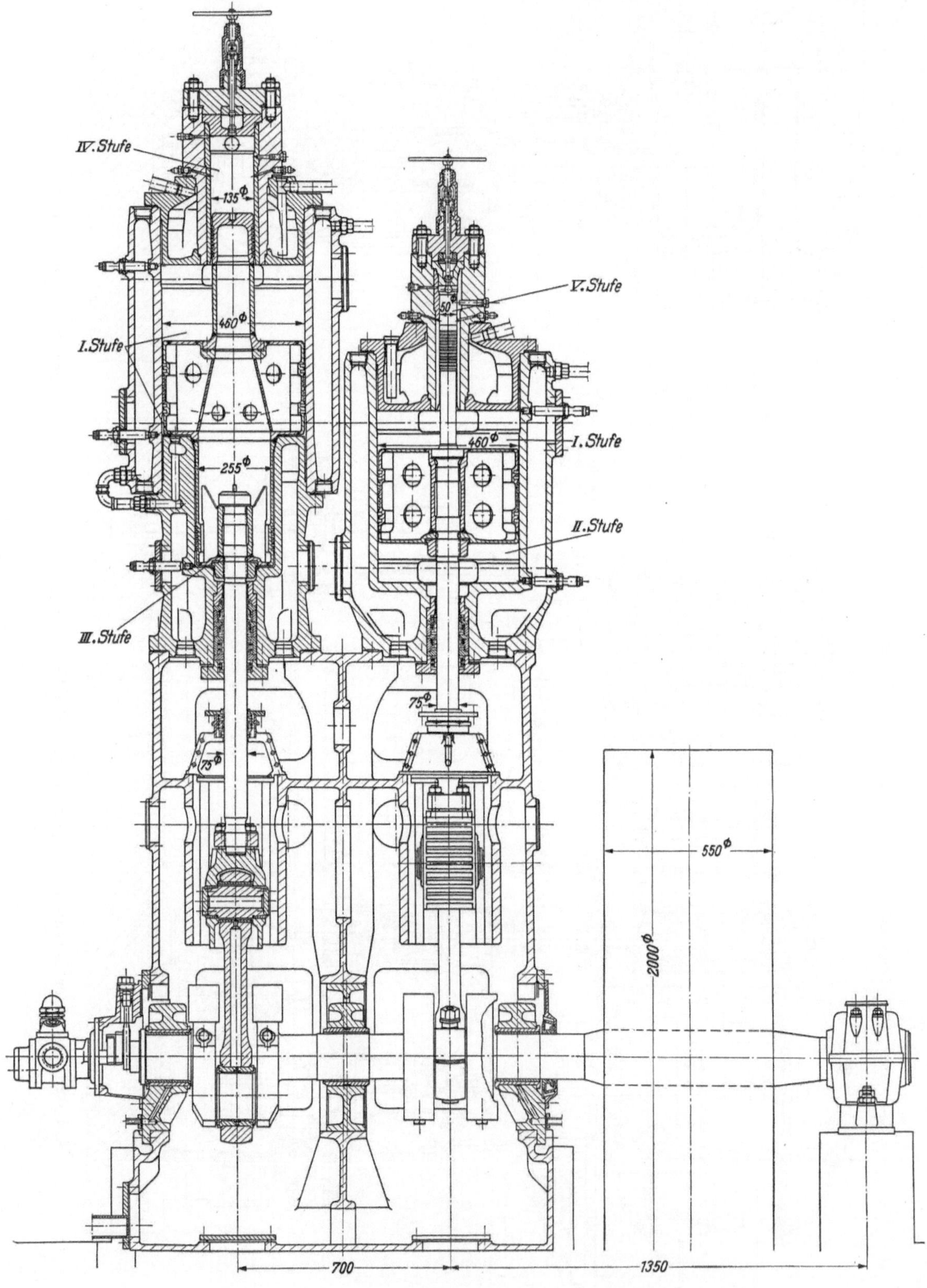

Abb. 127. Fünfstufiger zweikurbliger CO_2-Verdichter (Halberg)

Ölabstreifdeckel und den Zylindern so bemessen, daß die Maschine jederzeit auf Trockenlauf umgebaut werden kann. Der Teil der Kolbenstange, der mit dem Triebwerksöl in Berührung kommt, taucht daher in die Stopfbüchsen der Zylinder nicht ein.

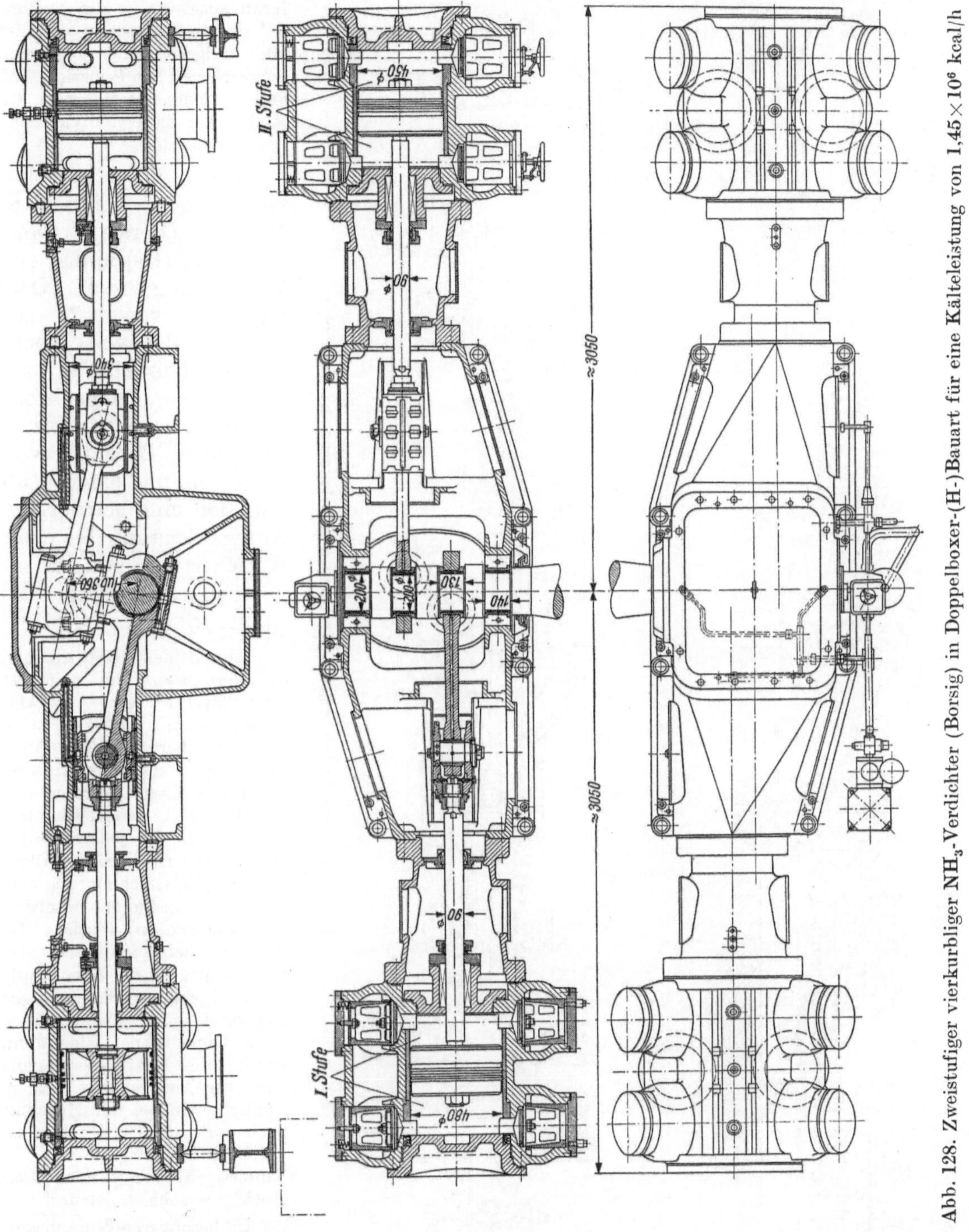

Abb. 128. Zweistufiger vierkurbliger NH$_3$-Verdichter (Borsig) in Doppelboxer-(H-)Bauart für eine Kälteleistung von $1,45 \times 10^6$ kcal/h

Abb. 127 zeigt einen stehenden fünfstufigen Zweikurbelverdichter mit Riemenantrieb (Halberg); bei 250 mm Hub, 300 U/min und einem Leistungsbedarf von 350 PS verdichtet er 1200 Nm³/h Kohlensäure von 1 auf 200 at.

Die Triebwerkskräfte werden von der dreifach gelagerten Kurbelwelle über Schildlager an das einteilig gegossene Kurbelgehäuse übertragen. Die Zylinder der ersten drei Stufen sind aus Gußeisen, die der 4. und 5. Stufe aus Stahl mit eingeschrumpften Laufbüchsen aus Sondergußeisen. Für einen guten Kräfteausgleich ist die 1. Stufe auf drei Zylinderseiten verteilt, alle übrigen Stufen sind einfachwirkend. Mit Rücksicht auf geringe Massenkräfte sind die Kolben für die ersten vier Stufen geschweißt.

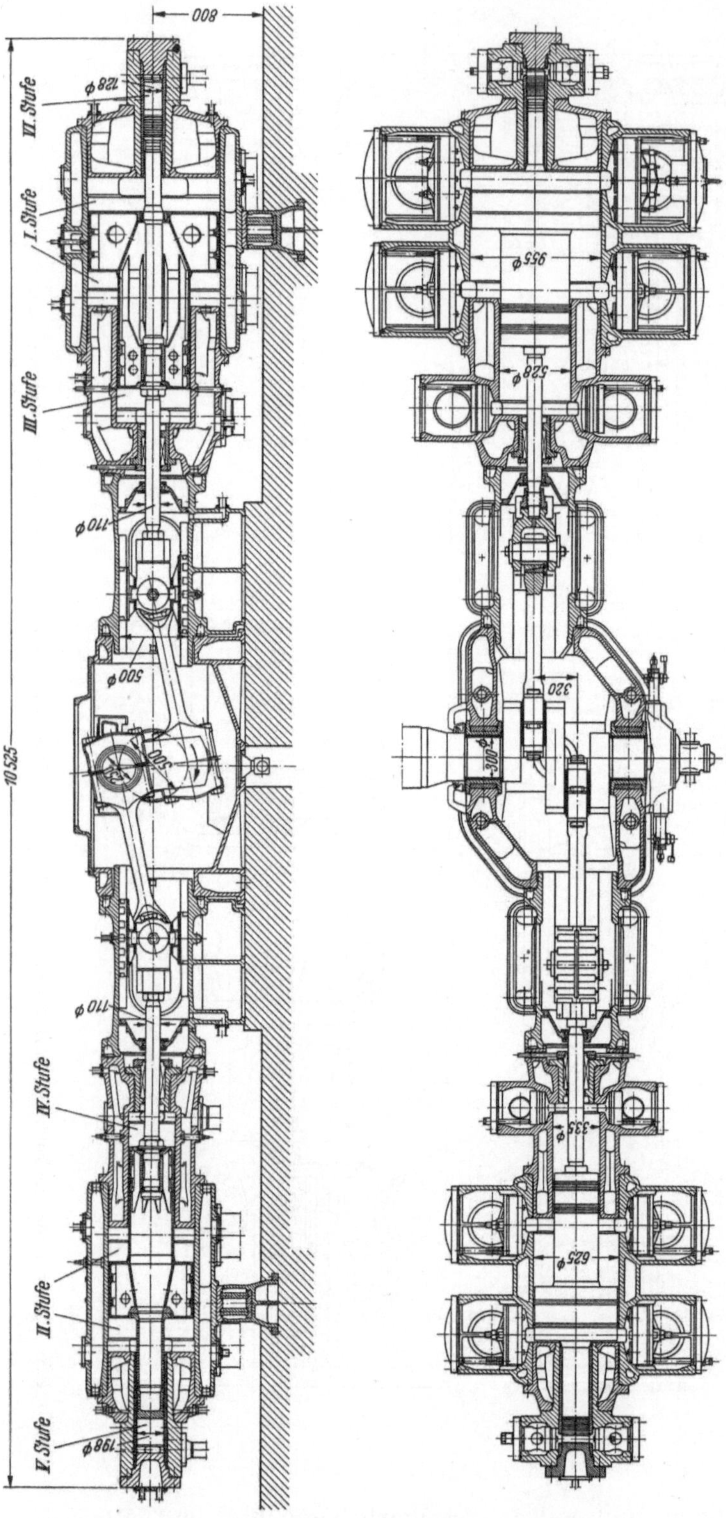

Abb. 128 zeigt eine zweistufige, vierkurblige Maschine (Borsig) in Doppel-Boxer (H-)Bauart zur Verdichtung von NH_3-Dämpfen von 1,76 auf 14,6 at, die von einem auf der Kurbelwelle aufgesattelten Asynchronmotor angetrieben wird. Bei einer Drehzahl von 372 U/min und einem Hub von 360 mm beträgt die Antriebsleistung bei einer Kälteleistung von rd.

$$1,45 \cdot 10^6 \ \text{kcal/h}$$
(bei $-20°$ C) rd. 850 kW.

Die beiden Gabelrahmen des Verdichters sind mit den Kreuzkopfführungen zusammengegossen, wodurch sich die kräfteübertragenden Wände äußerst günstig anordnen lassen. Sämtliche Lager werden mit Drucköl von Zahnradpumpen versorgt, die für jede Seite getrennt gemeinsam mit den Ölern für die Zylinderschmierung vom Kurbelwellenende aus unmittelbar angetrieben werden. Da den Kurbelzapfenlagern das Schmieröl über die Kreuzköpfe und hohlgebohrten Treibstangen zugeleitet wird, können sämtliche Lager ohne Ringnuten, welche die Kräfteübertragung verringern, ausgebildet werden. Ähnlich, wie bei der Maschine nach Abb. 126 ist die Kurbelwelle in Hauptlagern mit einbaufertigen, beilagenlosen Dreistoff-Lagerschalen gelagert.

Auf besonderen Wunsch wurden die Gabelrahmen spiegelbildlich ausgeführt. Dadurch wurden alle freien Massenkräfte

Abb. 129. Sechsstufiger Stickstoffverdichter in Boxerbauart (Halberg)

bei einem Kurbelversatz der beiden Maschinenseiten von 180° ausgeglichen. Im allgemeinen dürfte man wegen des geringeren Motorgewichtes und der günstigeren Beanspruchung der Rohrleitungen einen Kurbelversatz zwischen den beiden Seiten von 90° vorziehen. Die dabei noch vorhandenen geringen freien Massenmomente können von dem Fundament zumeist ohne irgendwelche Verstärkung aufgenommen und die beiden Gabelrahmen völlig gleich ausgebildet werden, was für die Fertigung von Vorteil ist.

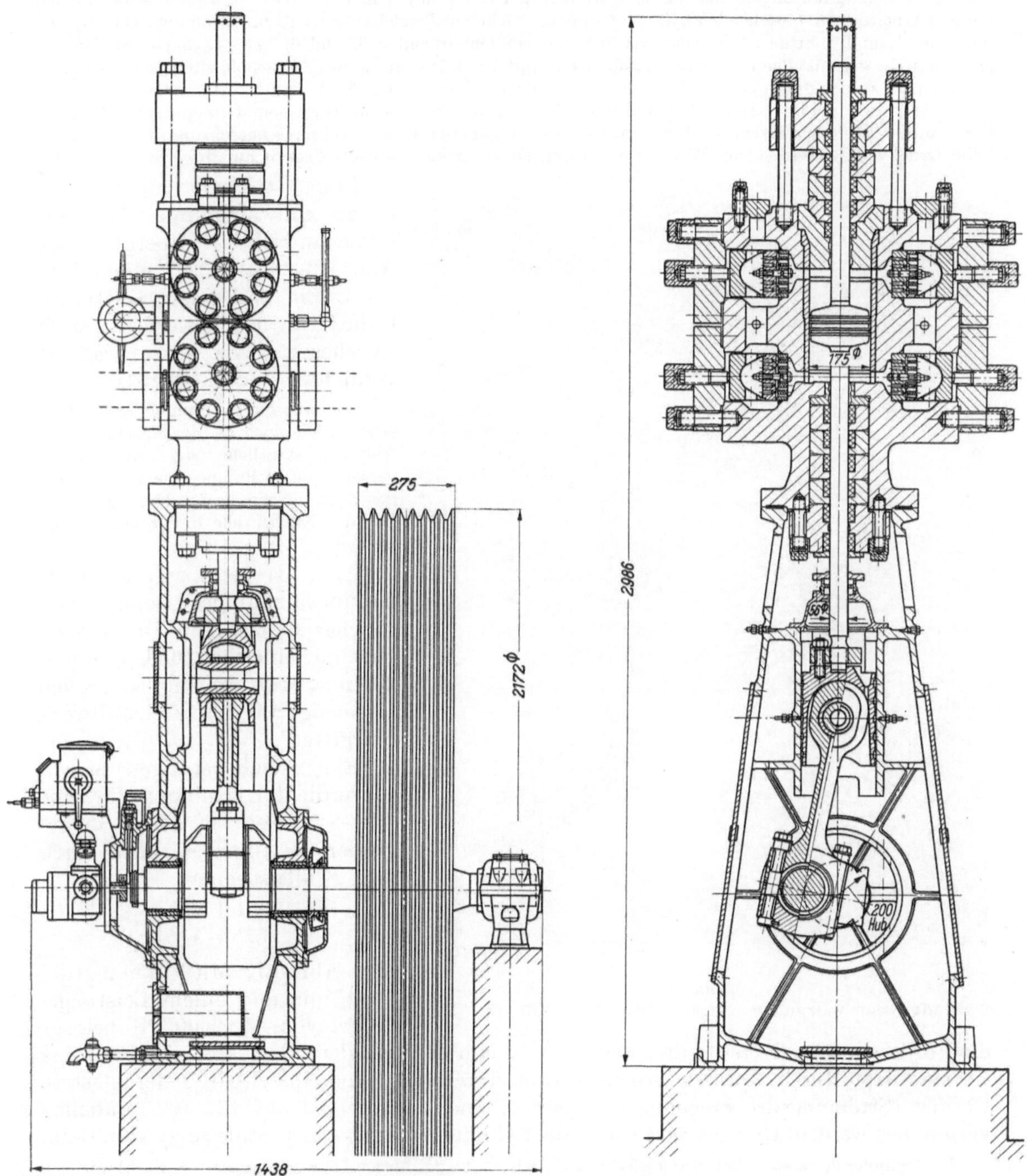

Abb. 130. Stehende Gasumwälzpumpe (Halberg)

Die aus Grauguß gegossenen ungekühlten Zylinder mit 480 und 450 mm Durchmesser ruhen auf Pendelstützen und besitzen leicht auswechselbare Laufbüchsen aus besonders verschleißfestem Material, welche durch Tellerfedern festgehalten werden. Durch eine Strömungsdruckregelung kann die Kälteleistung stufenlos und in Stufen in weiten Grenzen verändert werden.

Abb. 129 zeigt einen liegenden sechsstufigen Zweikurbel-Verdichter (Halberg) in Boxer-Bauart. Bei 188 U/min und einem Hub von 500 mm verdichtet die Maschine 4600 Nm³/h Stickstoff von 1 auf 201 at. Sie benötigt hierfür eine Antriebsleistung von rd. 1100 kW.

Die Kreuzkopfführungen sind durch Schrauben einerseits mit dem Kurbelkasten, andererseits mit den aus je 3 Arbeitsstufen bestehenden Zylindergruppen, welche auf Pendelstützen ruhen, verbunden. Die doppelt wirkende 1. und 2. Stufe ist jeweils zwischen den einfachwirkenden 3. und 6. bzw. 4. und 5. Stufen angeordnet. Die gegenläufigen Differentialkolben sind mit Rücksicht auf geringe Massenkräfte geschweißt ausgeführt und werden durch Gleitbacken aus Metall, die auf dem Kolben der 1. und 2. Stufe aufgebracht sind, unterstützt bzw. geführt. Die Zylinder der 1. bis 4. Stufe sind aus hochwertigem Grauguß, die Zylinder der 5. und 6. Stufe aus geschmiedetem Stahl, in welche gußeiserne Laufbüchsen eingeschrumpft sind. Sämtliche Druckventile werden, um Wärmespannungen zu vermeiden, mittels Federn auf ihre Sitze gedrückt.

Abb. 131
Stehende Gasumwälzpumpe (Borsig) 170 m³/h von 431 auf 451 at

Eine stehende doppeltwirkende Umwälzpumpe für Keilriemenantrieb (Halberg) zeigt Abb. 130. Mit 200 mm Hub, 174 U/min und einem Leistungsbedarf von 90 PS werden 80 m³/h Synthesegas von 431 auf 451 at verdichtet und umgewälzt.

Wie aus der Abbildung ersichtlich, werden, wie auch bei der Maschine nach Abb. 127, sämtliche Lager mit Drucköl versorgt, deren Pumpe, wie auch der für die Zylinderschmierung benötigte Öler, von der Kurbelwelle direkt angetrieben werden.

Abb. 131 zeigt eine stehende Gasumwälzpumpe (Borsig) von gleicher Bauart und Druckhöhe, aber mit einer bei 165 U/min und 300 mm Hub doppelt so großen Gasmenge für das Stickstoffwerk Salzgitter.

Einen siebenstufigen Mischgasverdichter (Halberg) für eine NH_3-Synthese auf 900 at in liegender Zweikurbelbauart nach dem Stufenschema

$$III/I/I + VII,$$
$$II/II + A/V/IV/VI.$$

zeigt Abb. 132. Mit 710 mm Hub, 150 U/min und einem Leistungsbedarf von rd. 2900 PS beträgt die Fördermenge der ersten drei Stufen 6250 Nm³/h, nach der CO_2-Wäsche in der 4. bis 7. Stufe 5450 Nm³/h. Die Fördermenge kann durch von Hand einstellbare federbelastete Greifer (Strömungsdruckregelung) in der 1. und 4. Stufe bis auf rd. 70% stufenlos vermindert werden. Querschnitte durch die Zylinder der 1., 3. und 4. Stufe zeigt Abb. 132a.

Die Zylinder der ersten drei Stufen sind aus Gußeisen, die der übrigen aus geschmiedetem Stahl mit eingeschrumpften gußeisernen Laufbüchsen. Die mit den Gleitbahnen verschraubten Zylindergruppen liegen auf Pendelstützen, die eine freie Beweglichkeit der Zylinder in ihrer Achse gewährleisten. Die einzelnen Verdichtungsstufen werden an den Kolbenstangen und am Plunger der 7. Stufe durch Stopfbüchsen aus mehrfach unterteilten metallischen Ringelementen[1] abgedichtet, an den Kolben der 1. bis 6. Stufe durch selbstspannende Kolbenringe.

---

[1] Elementenwerke Kranz, Ludwigshafen/Rhein. Ausführliches darüber W. LUBENOW: Berührungsdichtungen an bewegten Maschinenteilen. Konstruktion 1959. Bild 31 und 32, S. 442/3 [26].

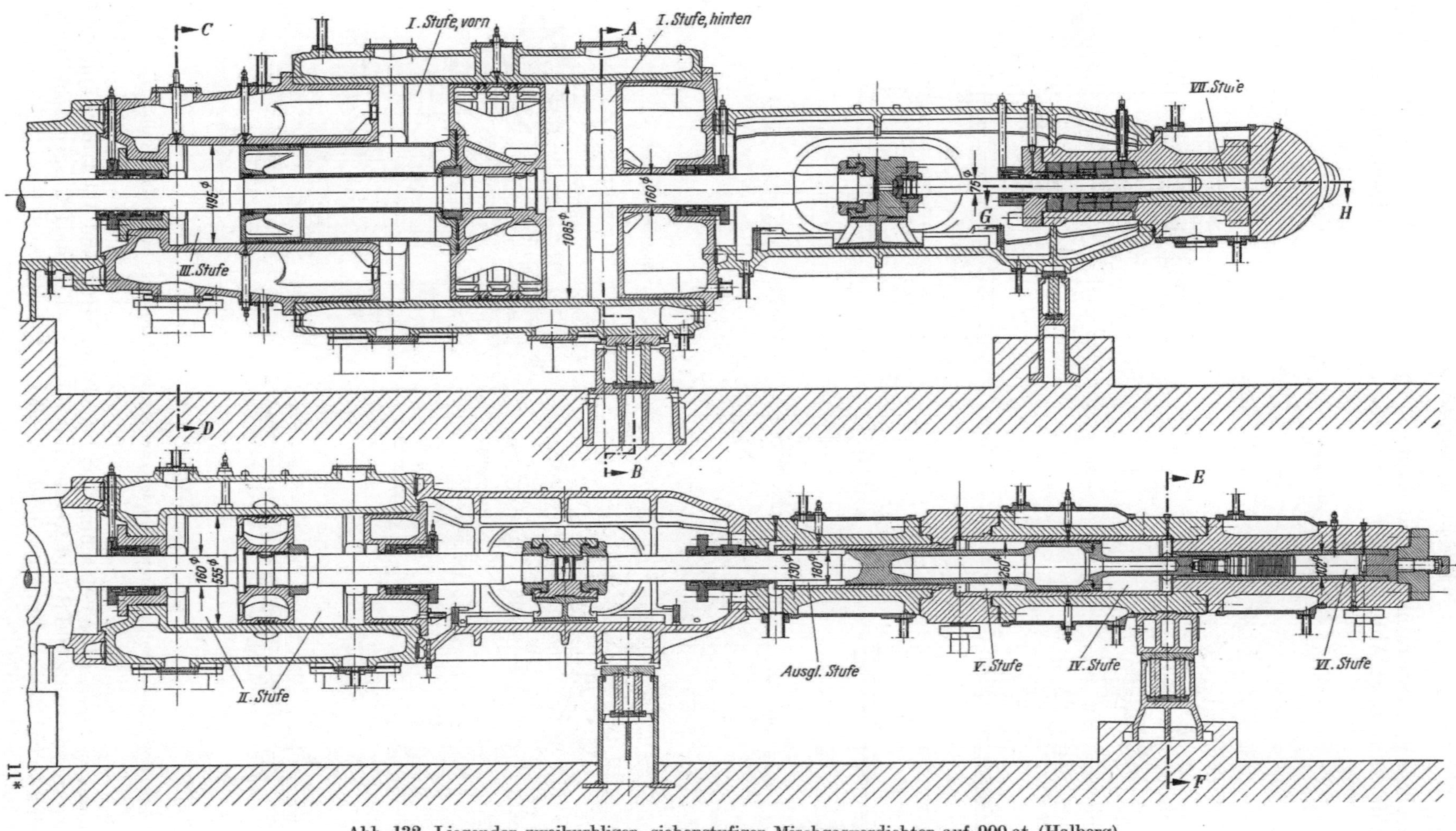

Abb. 132. Liegender zweikurbliger, siebenstufiger Mischgasverdichter auf 900 at (Halberg)

Einen liegenden zweikurbligen, siebenstufigen Gasverdichter (Borsig) für 10 000 Nm³/h von 1 auf 326 at zeigt Abb. 133. Die durch einen auf der Kurbelwelle aufgesattelten

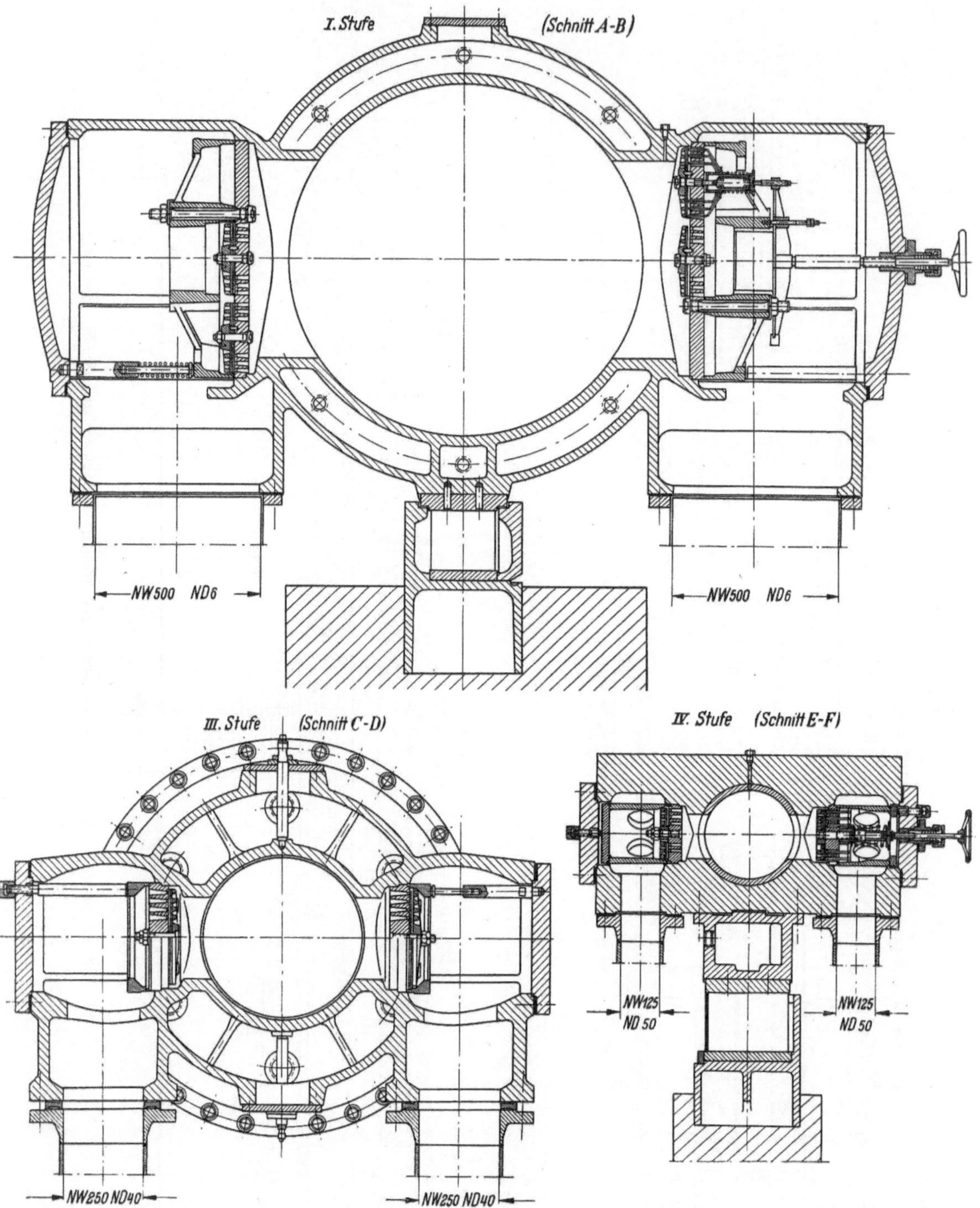

Abb. 132a. Querschnitte durch Zylinder zum Mischgasverdichter auf 900 at (Halberg)

Synchronmotor angetriebene Maschine hat bei 800 mm Hub und 150 U/min einen Leistungsbedarf von rd. 3600 PS und werden mit ihr je nach Bedarf Gasgemische für die Ammoniak- oder Methanolsynthese oder N_2 oder CO_2 verdichtet.

Die 1., 2. und 3. Stufe sowie die 5. Stufe sind doppeltwirkend, die übrigen Stufen einfachwirkend. Von der rechten Kurbel werden die 3. und die über ein Zwischenstück angeschlossene kurzgebaute 2. und 1. Stufe, von der linken Kurbel die 4. Stufe und die auch über ein Zwischenstück angeschlossene 5., 6. und 7. Stufe angetrieben.

Die Kolben der vier Niederdruckstufen sind freischwebende Scheibenkolben. Dadurch ergeben sich gegenüber Differentialschleppkolben relativ kleine Zylinderdurchmesser und wird verhindet, daß sich im Laufe der vielen Betriebsjahre die Zylinderbohrungen ungleichmäßig abnutzen. Auch ist die betriebswarme Maschine unempfindlich gegen geringe Verlagerungen gegenüber ihrem kalten Zustand. Die Kolbenstange der 1. und 2. Stufe ist so hergestellt, daß sie in belastetem Zustand nahezu waagerecht liegt. Kolbenringe in dem verstärkten Mittelteil der Kolbenstange verhindern, daß verdichtetes Gas von der 2. in die 1. Stufe übertritt. Der Kolben der Hochdruckseite ist mit der Kolbenstange aus einem Stück geschmiedet und wird durch Gleitbacken aus Metall, die unten und seitlich auf seinem größten Durchmesser aufgebracht sind, unterstützt bzw. geführt. In den Zwischenstücken werden die Kolbenstangen von Kupplungen getragen, die mittels Keile mit ihnen kraftschlüssig verbunden sind. Selbstspannende gußeiserne Ringe mit gasdichtem Stoß dichten in allen Stufen ab. Um kleine Abweichungen der Achse des Zylinders der 7. Stufe gegenüber jener der davorliegenden Stufen auszugleichen, ist der Kolben der 7. Stufe über ein Kugelgelenk mit der Kolbenstange verbunden. Die Verbindung läßt auch eine radiale Verschiebung zu.

An der Bauart dieser Maschine ist u. a. vorteilhaft, daß alle dem Verschleiß unterliegenden Teile leicht zugänglich sind und sich daher bequem ausbauen lassen. Auch der Kolben der 1./2. Stufe läßt sich

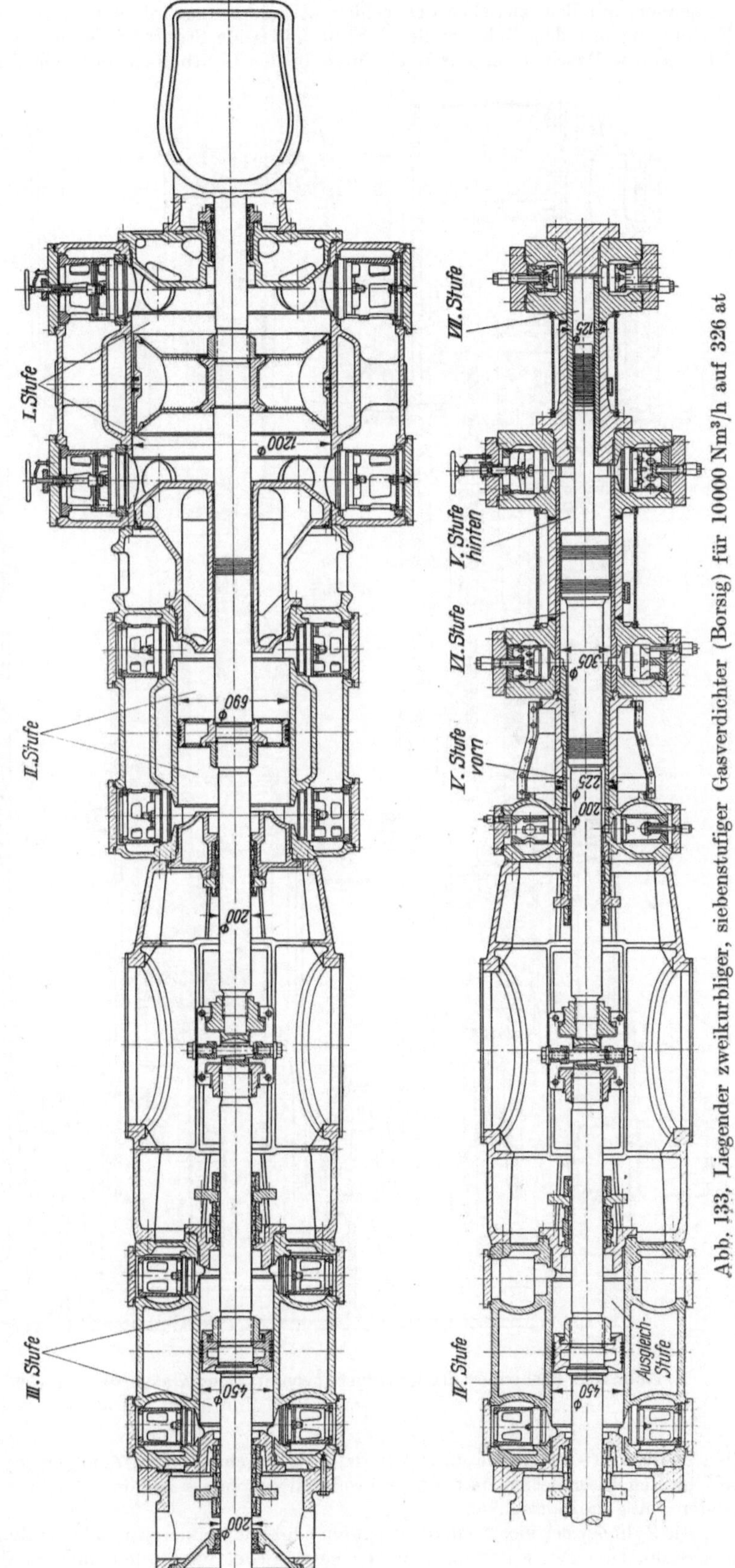

Abb. 133. Liegender zweikurbliger, siebenstufiger Gasverdichter (Borsig) für 10000 Nm³/h auf 326 at

zusammen mit dem zwischen den beiden Zylindern angeordneten Deckel leicht ausbauen, nachdem seine Verbindung mit dem Zylinder der 2. Stufe und seine Stopfbüchse zum Zylinder der 1. Stufe gelöst wurde. Die gesamte Maschine ist nur unter ihren beiden Gleitbahnen mit dem Fundament fest verbunden. Unter

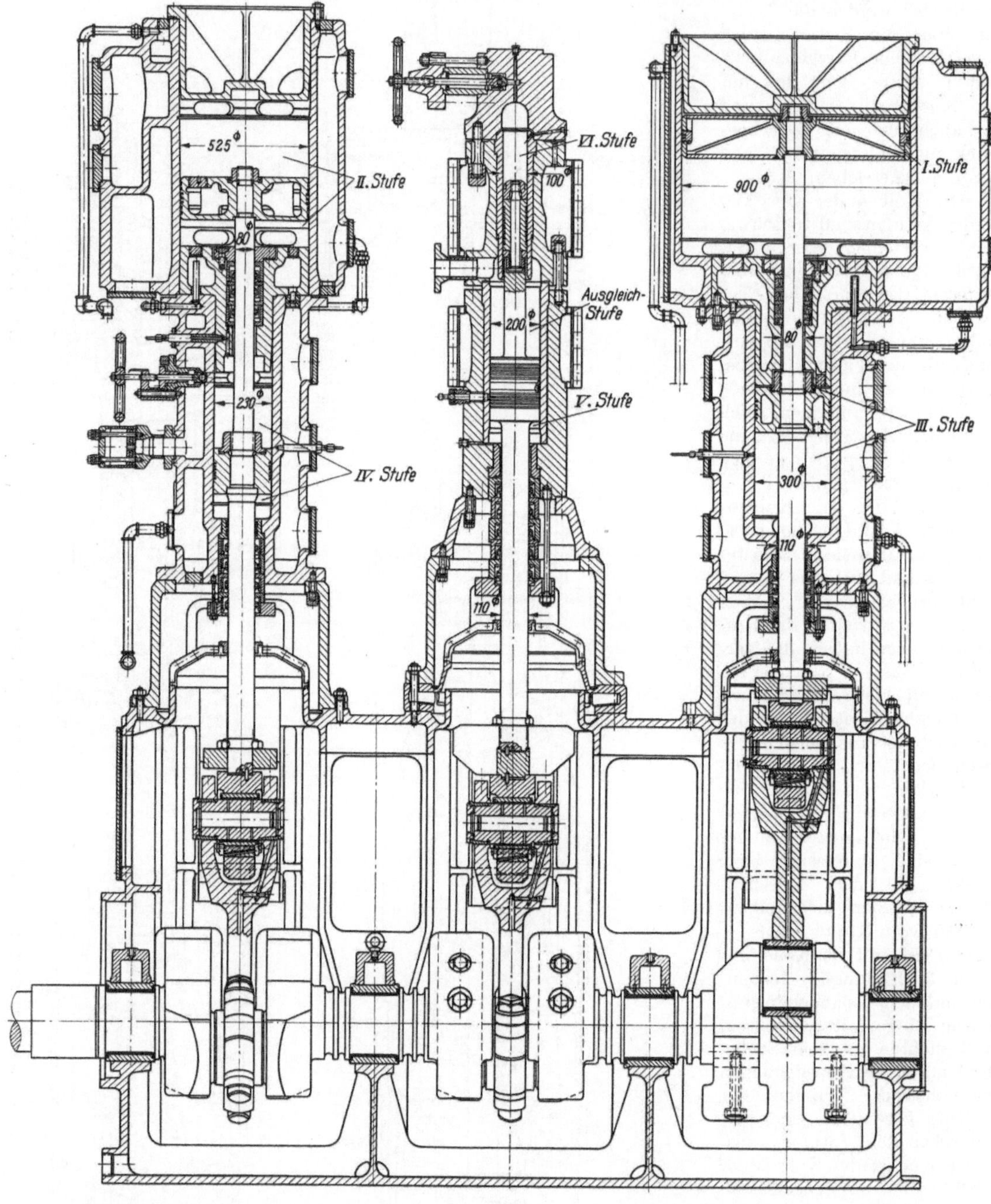

Abb. 134. Stehender dreikurbliger, sechsstufiger Gasverdichter (Maschinenfabrik Eßlingen) für 4300 Nm³/h auf 451 at

den Zwischenstücken sowie unter den dahinter anschließenden Zylindergruppen liegt sie auf Pendelstützen aus breiten Eisenblechen mit aufgeschweißten besonders harten Schneiden auf. Sie kann sich daher nach hinten völlig frei ausdehnen.

Die Zylinder der vier Niederdruckstufen sind aus Sondergrauguß; die Zylinder der drei Hochdruckstufen aus Stahl, zum Teil gegossen, zum Teil geschmiedet und miteinander verschweißt bzw. verschraubt. Um

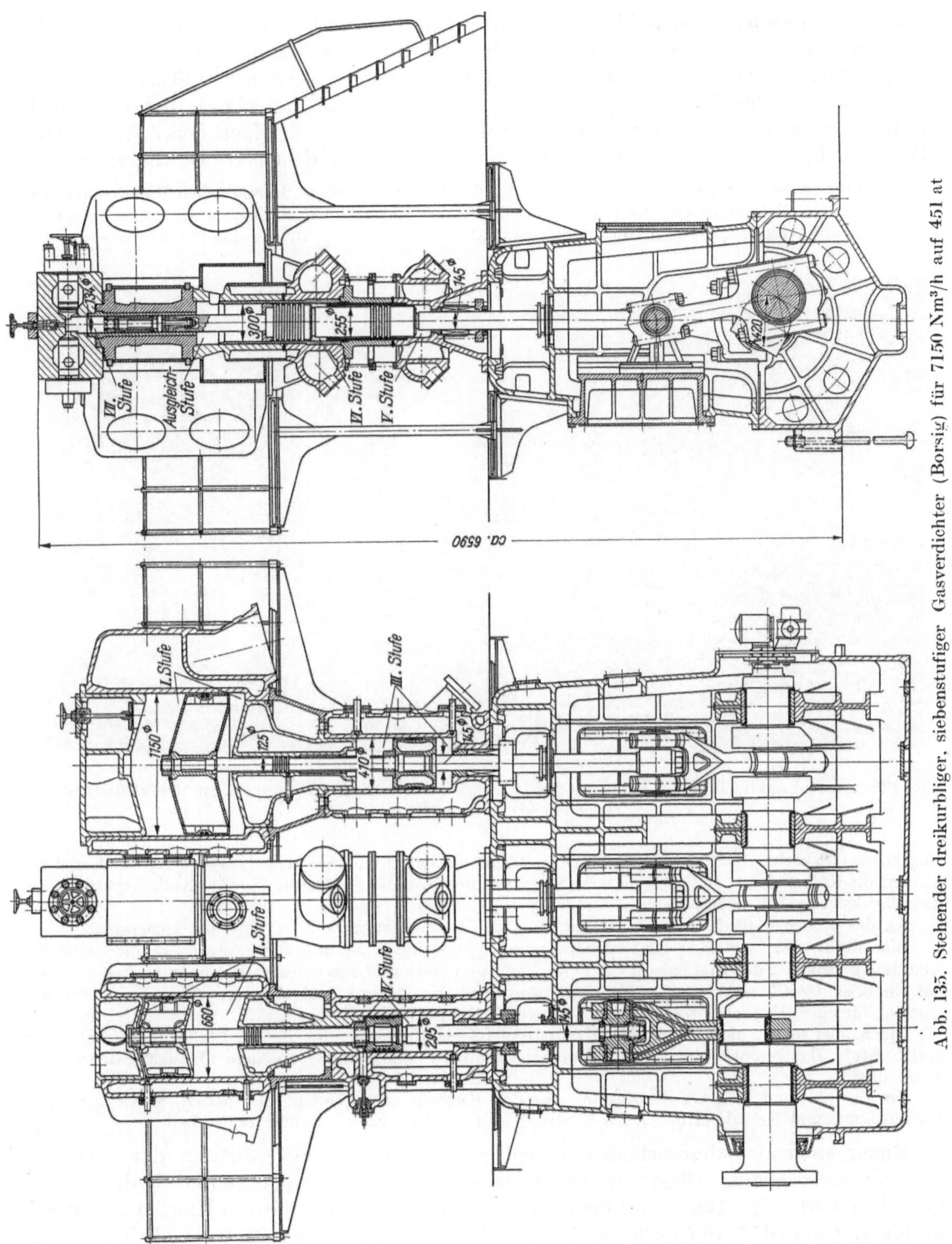

Abb. 135. Stehender dreikurbliger, siebenstufiger Gasverdichter (Borsig) für 7150 Nm³/h auf 451 at

hohe Festigkeitswerte an den durch Dauerwechselkräfte hochbeanspruchten Stellen der Zylinder (z. B. Durchdringungen) zu erreichen, wurden die Zylinder in kleinere leichter zu gießende bzw. zu verschmiedende Teile aufgeteilt, die miteinander verschweißt wurden[1]. Mit Rücksicht auf gute Laufeigenschaften (geringer Verschleiß) werden in die Stahlzylinder gußeiserne Laufbüchsen eingeschrumpft. Strömungsdruck-Ausschubregelungen an der 1. und 5. Stufe lassen die Fördermenge des Verdichters stufenlos bis auf 70% herabregeln.

---

[1] Siehe unter Zylinder, Abschn. 7.1.2, S. 78.

Einen stehenden dreikurbligen, sechsstufigen Gasverdichter für eine Ammoniaksynthese zeigt Abb. 134 (M. F. Eßlingen). Mit 245 U/min, 400 mm Hub und einem Leistungsbedarf von rd. 1900 PSe werden rd. 5600 Nm³/h in den ersten drei Stufen von 1,02 auf 21,5 at, rd. 4600 Nm³/h in der 4. und 5. Stufe von 19 auf 171 at und schließlich rd. 4300 Nm³/h in der 6. Stufe von 165 auf 451 at verdichtet. Nach der 3. Stufe wird CO_2, nach der 5. Stufe CO und der im Gas noch vorhandene Rest von CO_2 ausgewaschen.

Die gußeisernen Zylinder der 1. und 3. Stufe und der 2. und 4. Stufe sind unmittelbar miteinander ververschraubt. Metallstopfbüchsen, die in den Zwischendeckeln eingebaut sind, dichten die doppeltwirkende 1. und 2. Stufe gegenüber der ebenfalls doppeltwirkenden 3. und 4. Stufe ab. Werden die Schrauben in den

Abb. 136. Ansicht auf die über der Bedienungsbühne angeordneten Zylindergruppen von drei siebenstufigen Gasverdichtern nach Abb. 135

eingegossenen Taschen der Zylinder der 3. und 4. Stufe, mit denen die Zwischendeckel befestigt sind, gelöst, können die Kolben der 1. und 3. Stufe sowie die der 2. und 4. Stufe gemeinsam mit den Kolbenstangen und Zwischendeckeln nach oben ausgebaut werden.

An der 4. und 6. Stufe sind zur Abstimmung der Förderleistungen Zuschalträume angeordnet.

Eine drehsteife, sonst aber elastische Kupplung nimmt kleine Montageungenauigkeiten und ungleiche Abnutzung zwischen den vier Lagern des Verdichters und den zwei Lagern des Antriebsmotors ohne Schaden auf. Ein besonderes Zusatzschwungrad ist nicht erforderlich, da das im Asynchronmotor vorhandene Schwungmoment für einen Ungleichförmigkeitsgrad von rd. 1 : 100 allein ausreicht.

Die Kühler der 1. bis 3. Stufe sind Kreuzstrom-Bündelrohrkühler mit glatten Stahlrohren, die der 4. und 5. Stufe Doppelrohrkühler. Hinter sämtlichen Kühlern sind besondere Öl- und Flüssigkeitsabscheider angeordnet.

Um die hin- und hergehenden Massen aller drei Kurbeln annähernd gleichzuhalten, wurde zwischen Kolbenstange und Kreuzkopf der 5. bis 6. Stufe ein besonderes Zusatzgewicht angeordnet.

Einen stehenden dreikurbligen, jedoch siebenstufigen Gasverdichter, der ebenfalls für eine Ammoniaksynthese[1] bestimmt ist und von einem Synchronmotor direkt angetrieben wird, zeigt Abb. 135 (Borsig). In der 1. Stufe werden rd. 8450 Nm³/h bei 1,02 at, in der 4. Stufe rd. 7570 Nm³/h bei 19 at und in der 7. Stufe rd. 7150 Nm³/h bei 166 at angesaugt und wie bei der vorher beschriebenen Maschine nach Abb. 134 auf 21,5 bzw. 171 und 451 at verdichtet. Nach der 3. und 6. Stufe wird Kohlensäure (CO_2) bzw. Kohlenoxyd (CO) ausgewaschen. Die 7. Stufe saugt reines NH_3-Synthesegas (75% H_2 und 25% N_2) an.

---

[1] BÖGNER: Chemie-Ingenieur, Juni 1958: Auf S. 382—384 ist die in einem Hüttenwerk aufgebaute Syntheseanlage ausführlich beschrieben.

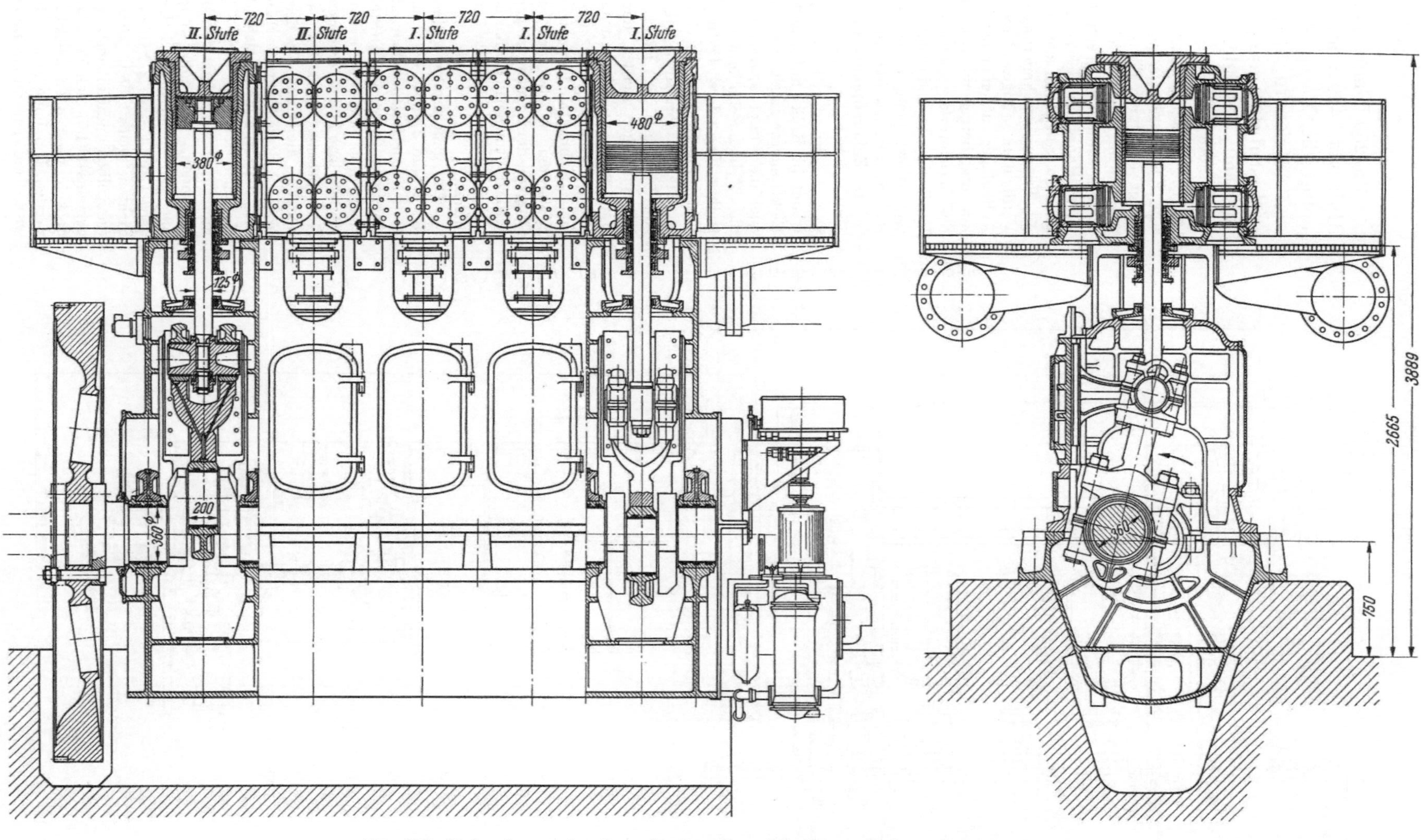

Abb. 137. Stehender zweistufiger, fünfkurbliger Mischgasverdichter (Burckhardt)

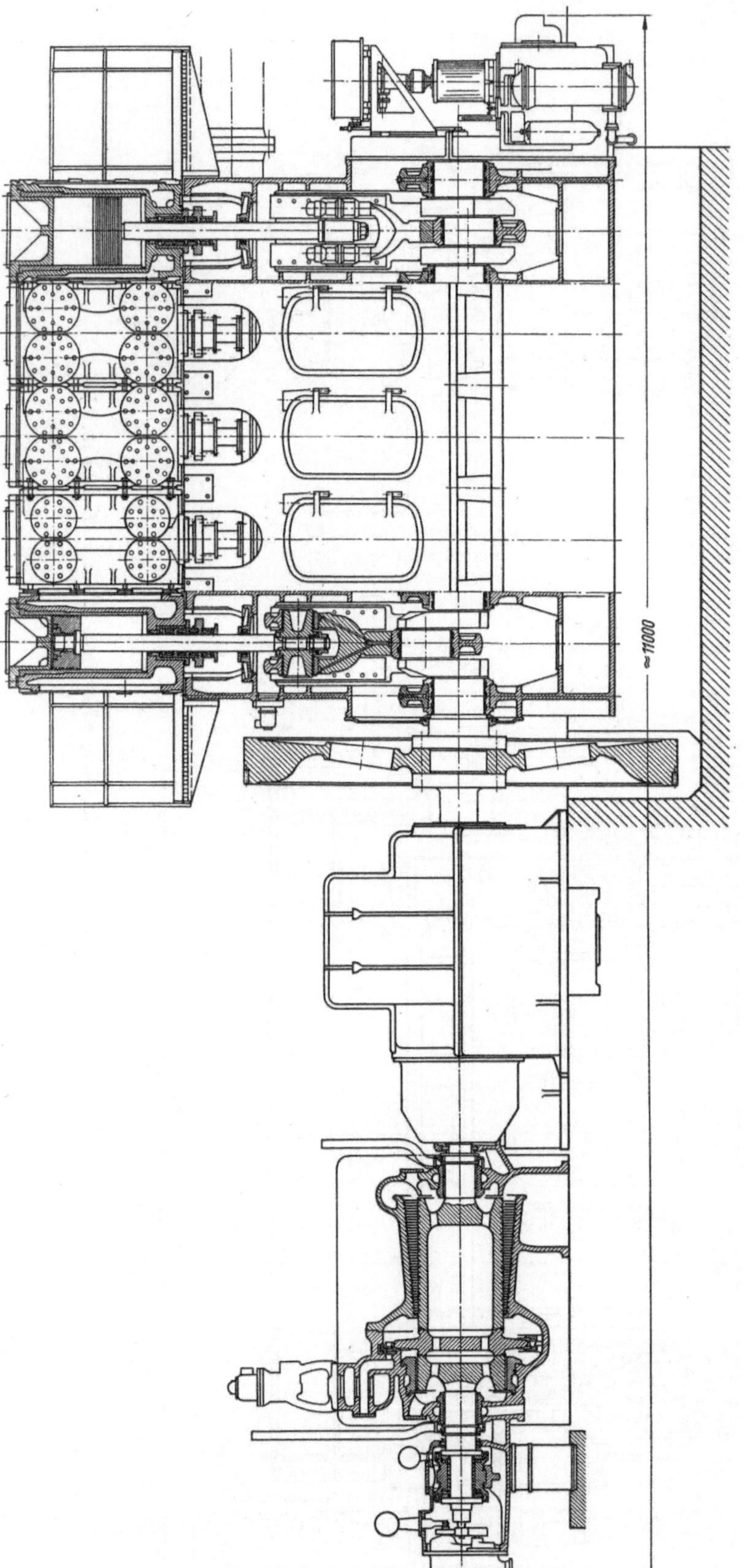

Abb. 138. Verdichter nach Abb. 137 mit Getriebe und Dampfturbine

Bei 250 U/min, einem Hub von 420 mm, benötigt die Maschine für den Antrieb rd. 3100 PS und ist durch ihre große Steifheit besonders bemerkenswert.

Die vierfach gelagerte kräftige Kurbelwelle ist mit der Motorwelle durch Flansch fest verbunden. Das Gewicht des Rotors wird zu rd. $\frac{1}{3}$ von dem ersten Hauptlager des Verdichters, zu rd. $\frac{2}{3}$ von einem an die Triebwerksschmierung des Verdichters angeschlossenen Außenlager aufgenommen. Die hin- und hergehenden Massen des Triebwerkes sowie der Kurbelversatz sind so gewählt, daß nahezu keine freien Massenkräfte vorhanden sind.

Die Zahnradpumpe für die Druckschmierung des Triebwerkes wird durch einen getrennt im Keller aufgestellten Elektromotor angetrieben, der auch die Pumpenaggregate für die Zylinderschmierung antreibt. Besondere Leitungen führen das Drucköl den einzelnen Hauptlagern sowie Kreuzkopfführungen zu. Die Kurbelzapfenlager werden durch Bohrungen in den Schubstangen von den Kreuzköpfen aus geschmiert. Umlaufende Ringnuten, welche die Tragfähigkeit der Lager verringern, sowie Bohrungen in der Kurbelwelle werden dadurch vermieden.

Die gußeisernen Zylinder der 1. und 3. sowie der 2. und 4. Stufe sind unmittelbar miteinander verschraubt. An Stelle einer Stopfbüchse verhindern Kolbenringe in der verstärkten Kolbenstange, daß Gas aus der 3. in die 1. bzw. aus der 4. in die 2. Stufe übertritt. Nachdem die Schrauben, welche die Zwischendeckel mit der darunterliegenden 3. bzw. 4. Stufe verbinden, und die Stopfbüchsen, welche die Zwischendeckel zur 1. bzw. 2. Stufe abdichten, gelöst sind, können die Kolben und Kolbenstangen gemeinsam mit den Zwischendeckeln nach oben ausgebaut werden. Um hohe Festigkeitswerte an den durch Dauerwechselkräfte beanspruchten Stahlzylindern der 5. und 6. Stufe zu erreichen, wurden diese in kleinere leichter zu gießende Teile aufgeteilt und miteinander verschweißt. Um den Verschleiß niedrig zu halten, sind in die Stahlzylinder gußeiserne Büchsen von guten Laufeigenschaften eingeschrumpft. Zuschalträume sowie Strömungsdruck-Ausschubregelungen an der 1., 4. und 7. Stufe lassen die Fördermenge bis auf 60% stufenlos herabregeln. Regeldiagramme der 1., 4. und 7. Stufe, Abb. 41, lassen die gute Arbeitsweise der Regelung erkennen.

Abb. 136 zeigt eine Ansicht auf 3 der aus 4 Maschinen bestehenden Synthesegas-Verdichtungsanlage.

Eine mit Dampf angetriebene Verdichteranlage eines europäischen Stickstoffwerkes zeigen die Abb. 137 bis 140.

Das von Turboverdichtern auf einen Enddruck von 11 bis 13 at vorverdichtete Synthesegas wird von Kolbenmaschinen angesaugt und auf 57 at zwischenverdichtet, bei welchem Druck die Kohlensäure ausgewaschen wird. Das nahezu reine Synthesegas wird dann in Hochdruckverdichtern von 54 auf 265 at endverdichtet. Die von Burckhardt, Basel, gelieferten stehenden Kolbenverdichter werden durch von Brown Boveri & Co., Baden, gelieferte Gegendruckdampfturbinen angetrieben. Durch Torsionswellen, die innerhalb der zwischengeschalteten Übersetzungsgetriebe untergebracht sind, wird verhindert, daß gefährliche Drehschwingungen in dem für die Regelung vorgesehenen Drehzahlbereich auftreten.

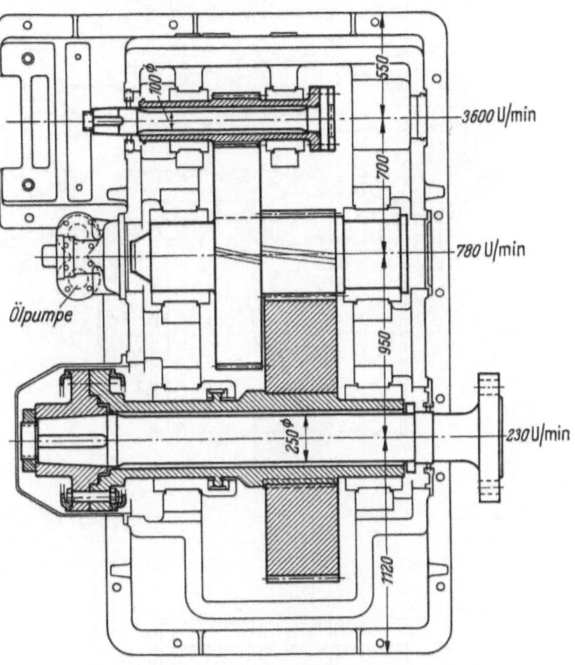

Abb. 139. Grundriß des Getriebes zum Verdichter nach Abb. 138

Der auf Abb. 137 im Schnitt dargestellte Mitteldruckverdichter besitzt fünf Kurbeln, von denen drei die doppeltwirkenden Kolben der 1. Stufe und zwei die der 2. Stufe antreiben. Die Betriebsdaten der Maschine sind folgende:

Verdichter:

Ansaugeleistung	60 500 Nm³/h
Ansaugedruck	12 at
Enddruck	57 at
Zylinderdurchmesser 1. Stufe ...	3 × 480 mm
Zylinderdurchmesser 2. Stufe ...	2 × 380 mm
Kolbenstangendurchmesser	125 mm
Drehzahl	230 U/min
Hub ...:	450 mm
Leistungsbedarf an der Welle ..	5600 PS

Um kleine Achsabstände zu erreichen, sind die miteinander verschraubten Zylinder seitlich offen gegossenen. Durch einseitige Kreuzkopfführungen und große Deckelöffnungen im Gestell ist das Triebwerk gut zugänglich.

Der Verdichter wird angetrieben von einer Dampfturbine[1] über ein zweistufiges Maag-Zahnräder-Getriebe[2] mit gehärteten und geschliffenen Zähnen, welches die Turbinendrehzahl von 3600 auf 230 U/min

---

[1] *Dampfturbine:*

Dampfdruck am Eintritt	19 at
Dampftemperatur am Eintritt ..	300 °C
Gegendruck	2 at
Drehzahl	3600 U/min
Leistung an der Welle	6000 PS

[2] Maag Gear Wheel Co. Ltd., Zürich.

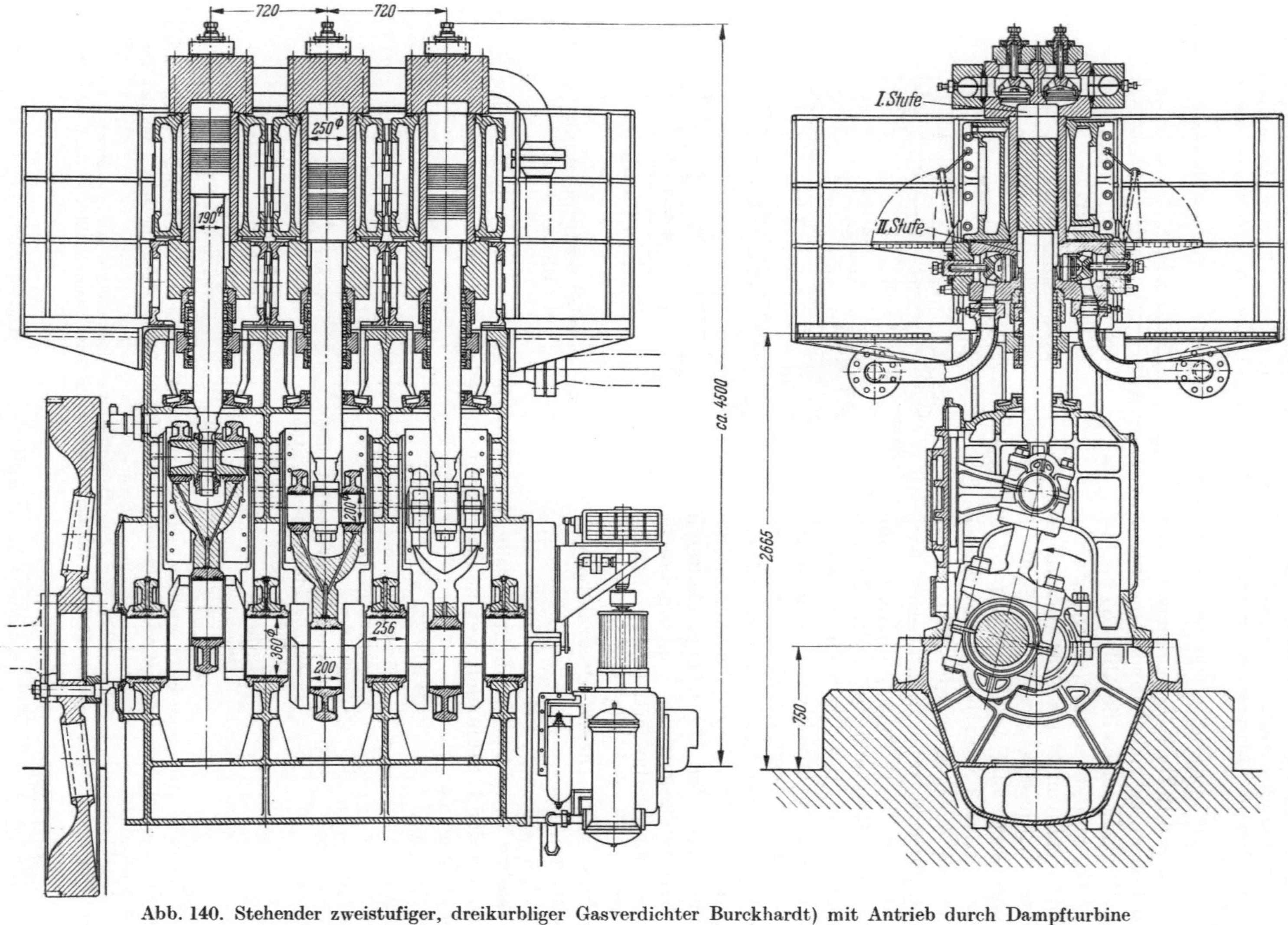

Abb. 140. Stehender zweistufiger, dreikurbliger Gasverdichter Burckhardt) mit Antrieb durch Dampfturbine

herabsetzt. Auf Abb. 138 ist der mit dem Getriebe und der Dampfturbine zusammengebaute Verdichter zu erkennen. Wie Abb. 139 zeigt, sind Getriebe und Verdichter durch eine Torsionswelle miteinander verbunden, die in der hohlen Welle des großen Getrieberades gelagert ist. Zwischen der Welle des Verdichters und der Torsionswelle ist das Schwungrad freiliegend angeordnet. Die Torsionswelle ist durch eine Scherbolzenkupplung mit der Hohlwelle verbunden, die bei dem dreifachen Normaldrehmoment zu Bruch geht. Dadurch wird im Falle eines Verdichterschadens verhindert, daß durch die rotierenden Massen der Turbine ersterer allzu sehr beschädigt wird.

Der auslaßseitige Fuß des Turbinengehäuses ist auf einem Vorsprung des Getriebegehäuses gelagert. Die Dampfturbine und die antriebsseitige Welle des Getriebes ist auch über ein kleine Torsionswelle gekuppelt. Die Leistung des Kolbenverdichters wird durch Drehzahlverstellung geregelt. Massen und Elastizitäten sind so gewählt worden, daß man zwischen der Höchstdrehzahl von 230 U/min und der Mindestdrehzahl von 160 U/min ohne nennenswerte kritische Drehschwingungen fahren kann. Bei der Inbetriebnahme der Maschine müssen kleinere kritische Drehschwingungsbereiche höherer Ordnung durchlaufen werden, was ohne jede Schwierigkeit vor sich geht, weil sehr rasch angefahren werden kann.

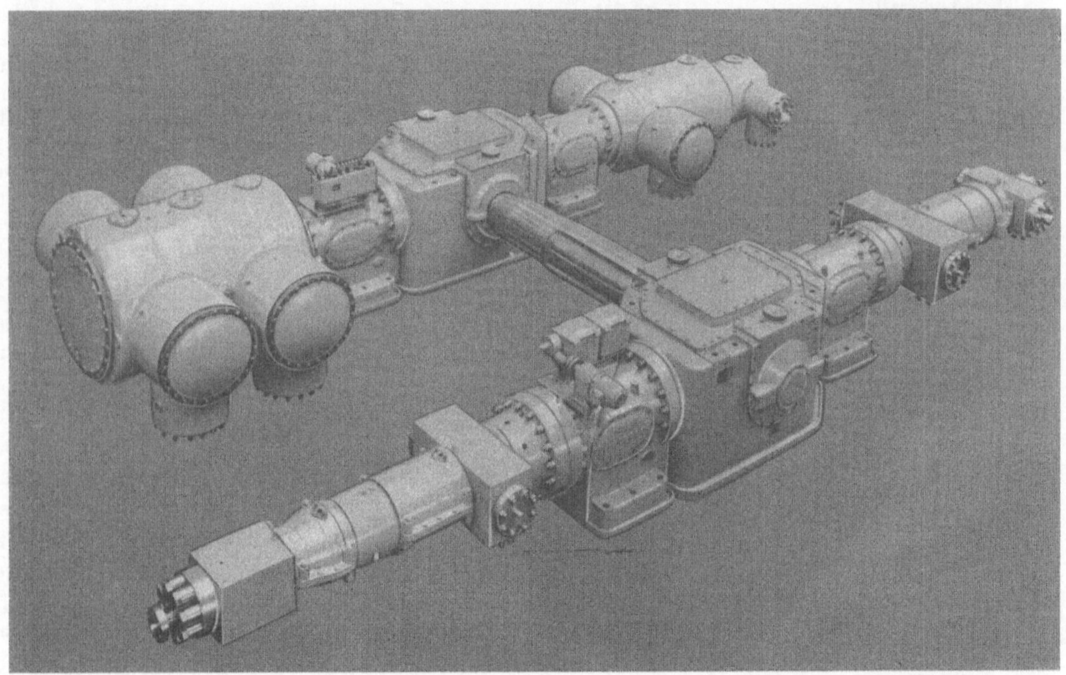

Abb. 141. Siebenstufiger Mischgasverdichter in Doppelboxer- (H-) Bauart (Halberg)
für 4600/4160/3715 Nm³/h auf 451 at

Der auf Abb. 140 im Schnitt dargestellte Hochdruckverdichter ist dreikurblig. Nach der Auswaschung der Kohlensäure hat er ein kleineres Gasvolumen als der Mitteldruckverdichter zu verarbeiten. Seine Hauptdaten sind folgende:

Verdichter:

Ansaugemenge	40000 Nm³/h
Ansaugedruck	54 at
Enddruck	265 at
Hub	450 mm
Zylinderdurchmesser 1. Stufe . . .	250 mm
Zylinderdurchmesser 2. Stufe . . .	250/190 mm
Drehzahl	230 U/min
Kraftbedarf an der Welle	3750 PS

Um eine möglichst gleichmäßige Drehmomentenkurve und Gasförderung zu erreichen, besitzt diese Maschine drei unter einem Kurbelversatz von 120° arbeitende Zylinder der 1. Stufe und in darunterliegenden Ringräumen drei Zylinder der 2. Stufe. Die einfachwirkenden Zylinder bestehen aus je zwei geschmiedeten Ventilköpfen, die durch lange Zuganker gegen die dazwischenliegende Laufbüchse aus hart verchromtem Stahl gespannt werden. Die Zylinderbüchsen sind in gußeisernen Rahmen gelagert, die wiederum gegenein-

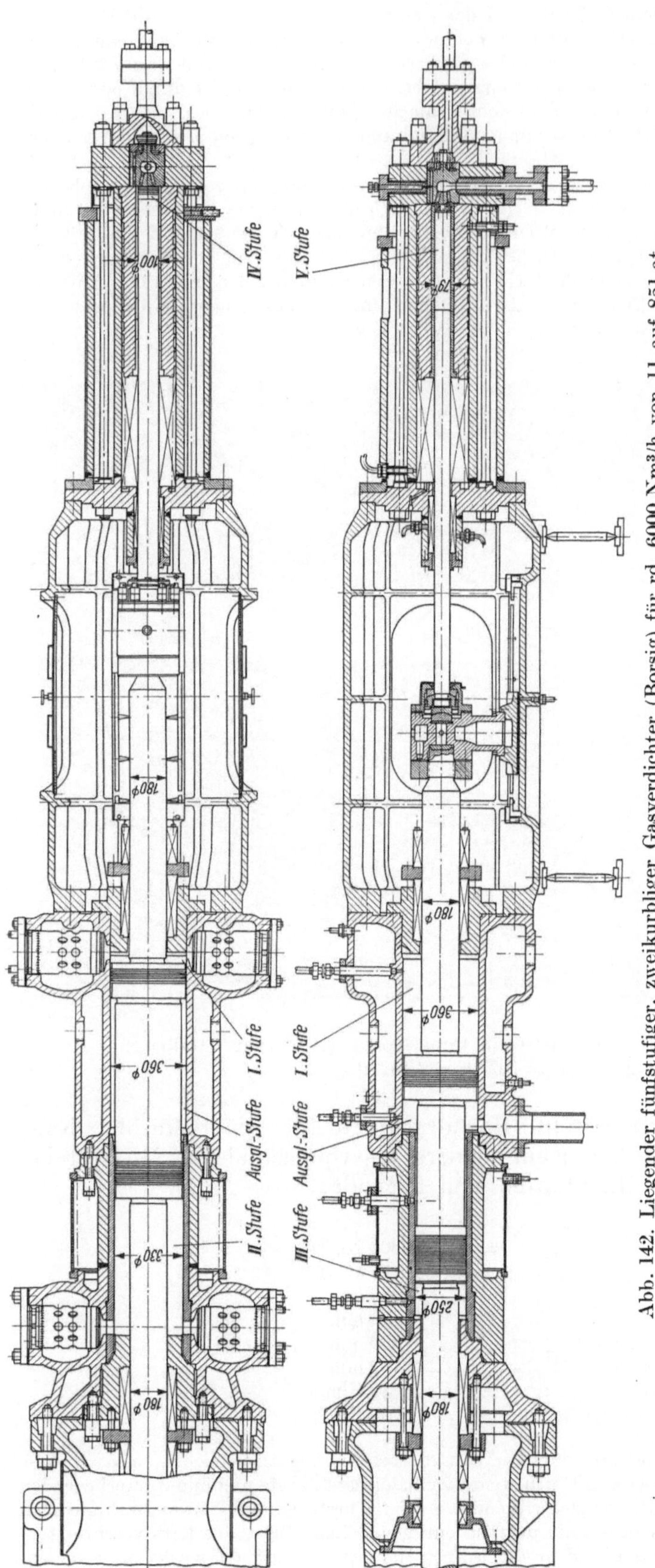

Abb. 142. Liegender fünfstufiger, zweikurbliger Gasverdichter (Borsig) für rd. 6000 Nm³/h von 11 auf 851 at

ander verschraubt sind. Diese zusammengesetzte und im Betrieb bewährte Konstruktion der Zylinder hat es ermöglicht, trotz der großen Abmessungen mit relativ kleinen Schmiedestücken auszukommen.

Die Kolbenstangen werden wie die des Mitteldruckverdichters durch mehrteilige Konusring-Metallstopfbüchsen[1] abgedichtet, wobei das Leckgas aus einer besonderen Kammer abgeführt wird. Das Kurbeltriebwerk ist von gleicher Bauart wie bei der Mitteldruckmaschine.

Der Hochdruckverdichter wird ebenfalls angetrieben von einer Dampfturbine[2] über ein Maag-Zahnradgetriebe, das gleiche Gehäuseabmessungen und gleiche Bauart aufweist wie das bei der Mitteldruckmaschine. Entsprechend der geringeren zu übertragenden Leistung ist lediglich die Breite der Zahnräder und die Anzahl der Scherbolzen vermindert worden.

Die Antriebsdampfturbine für den Hochdruckverdichter gleicht nahezu völlig der für den Mitteldruckverdichter. Der geringeren Leistung von 4000 PS entsprechend besitzt sie lediglich eine andere Beschaufelung.

Abb. 141 zeigt die Werkstattaufnahme eines siebenstufigen Mischgasverdichters in Doppelboxer- (H-) Bauart, der analog wie bei den auf den Abb. 134 u. 135 gezeigten Maschinen 4600/4160/3715 Nm³/h auf 451 at verdichtet. Bei einem Hub von 450 mm und bei 214 U/min benötigt die Maschine eine Antriebsleistung von rd. 1300 kW.

Abb. 142 zeigt einen liegenden zweikurbligen Höchstdruckverdichter, der rd. 6000 Nm³/h NH_3-Synthesegas von 11 at in 5 Stufen auf 851 at drückt. Der auf der Kurbelwelle aufgesattelte Asynchron-

---

[1] Elementenwerke Kranz, Ludwigshafen/Rhein.

[2] *Dampfturbine:*
Dampfdruck am Eintritt . 19 at
Dampftemperatur am Eintritt .... 300 °C
Gegendruck .... 2 at
Drehzahl ....3600 U/min
Leistung an der Welle ..4000 PS

motor treibt den Verdichter mit 1330 kW bei 122 U/min an. Mit Rücksicht auf die Betriebssicherheit beträgt der Hub der linken Maschinenseite mit der auf 850 at verdichtenden 5. Stufe nur 630 mm gegenüber 700 mm auf der rechten Seite.

Zwischen der schwebend und geteilt angeordneten 1. Stufe und der 2. bzw. 3. Stufe sind Ausgleichsstufen. Die ersten 3 Stufen sind untereinander mit Kolbenringen und nach außen durch metallische Stopfbüchsen abgedichtet. Die beiden letzten Stufen sind mit sog. Plungern und koaxialen Ventilen ausgerüstet. (Siehe auch Abb. 53.) Durch diese Anordnung der Ventile werden große Querbohrungen vermieden, durch welche die Zylinder infolge der großen pulsierenden Drücke an den Durchdringungen zu der Hauptbohrung hoch beansprucht sind[1]. Die Plunger sind mit den Kupplungen, welche die Differentialkolben der ersten 3 Stufen tragen, ähnlich wie die Kolben der letzten Stufe nach Abb. 57, nachgiebig angeschlossen. Diese für die 4. Stufe etwas teure Bauart hat den großen Vorteil, daß die Betriebsdauer der beiden letzten Stufen von dem Verschleiß irgendwelcher im Hubraum liegender Tragsattel, welcher auch von der unterschiedlichen Beschaffenheit des Gases abhängig ist, nicht beeinflußt wird.

Abb. 143. Hochdruckverdichter nach Abb. 142

Abb. 143 zeigt diesen Verdichter in Ansicht.

Abb. 144 zeigt einen zweikurbligen sechsstufigen Äthylenverdichter in L-Bauart, der bei einem Hub von 380 mm, bei 296 U/min und einer Antriebsleistung von 930 kW 4000 Nm³/h von 1,02 at und 30 °C in 3 Stufen auf 17 at und 4600 Nm³/h in weiteren 3 Stufen auf 301 at verdichtet.

Die beiden ersten Stufen sind doppeltwirkend und stehend, alle übrigen Stufen sind einfachwirkend und liegend angeordnet. Zum leichteren Ausgleich der Massenkräfte ist der Kolben der 1. Stufe geschweißt ausgeführt.

Mit Rücksicht auf den Ein- und Ausbau der Kolben mit Kolbenstangen sind letztere mit den sonst gleichen liegend und stehend angeordneten Kreuzköpfen unterschiedlich verbunden.

Die Zylinder der 1. bis 3. Stufe sind aus Spezialgußeisen, die der 4. bis 6. Stufe aus Stahlguß bzw. geschmiedetem Stahl mit eingeschrumpften gußeisernen Laufbüchsen. Zwischen der 3. und 5. bzw. 4. und 6. Stufe sind Ausgleichsstufen. Sämtliche Kühler, Puffer- und Entölerbehälter sind im Keller untergebracht.

---

[1] Siehe die Ausführungen unter 7.1.2 auf S. 78 und Abb. 53.

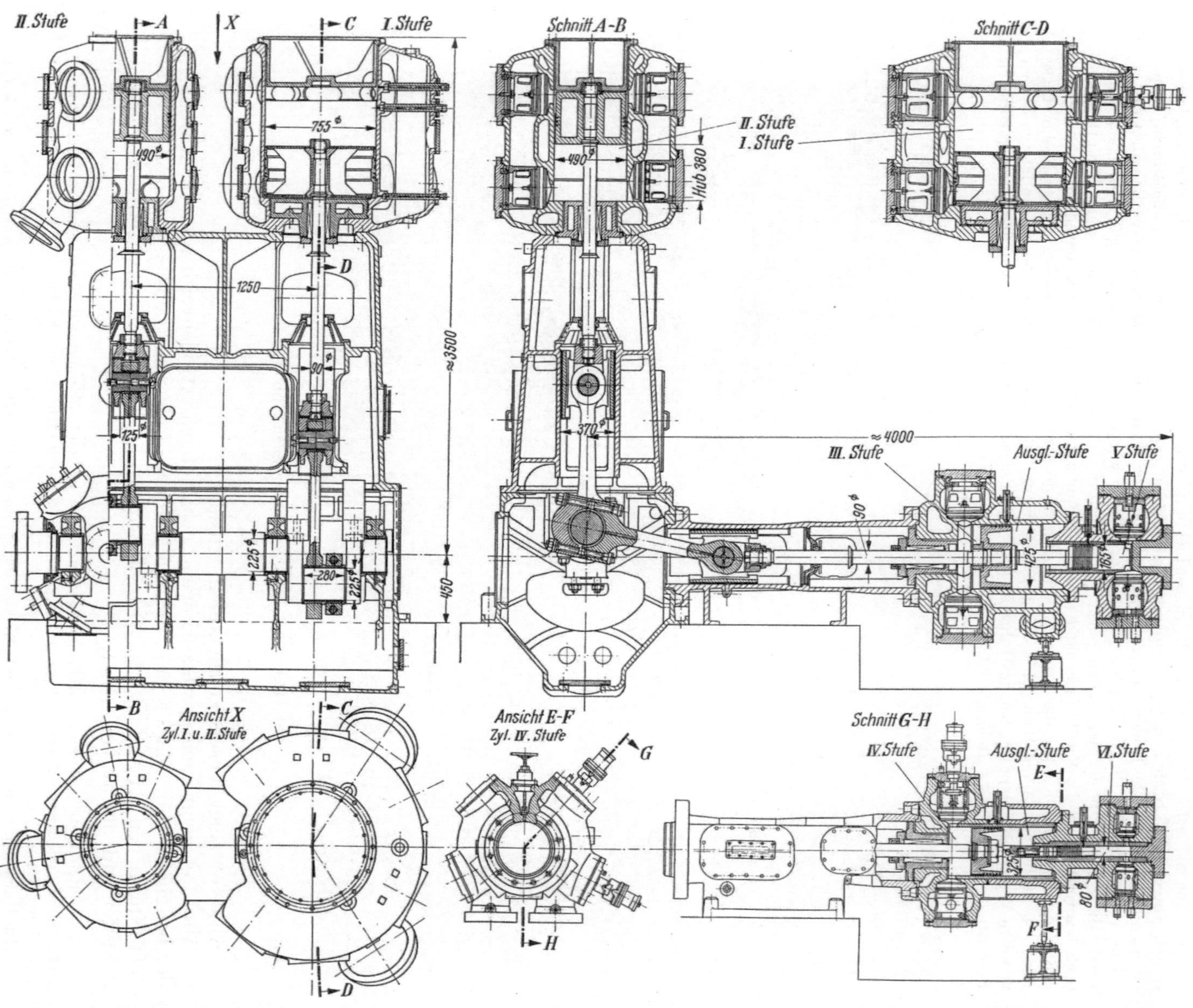

Abb. 144. Sechsstufiger zweikurbliger Äthylenverdichter in L-Bauart (Borsig) für 4600 Nm³/h von 1 auf 301 at

Abb. 145 zeigt eine aus vier siebenstufigen Maschinen bestehende Verdichteranlage (Borsig) für eine Ammoniaksynthese. Es sind dies die z. Z. größten Verdichter auf 451 at, von denen jeder rd. 15000 Nm³/h von 1,015 in 3 Stufen auf 31 at verdichtet. Nach Auswaschung der Kohlensäure in einer Druckwasserwäsche werden von der 4. Stufe rd. 14300 Nm³/h bei 29,5 at angesaugt und wieder in 3 Stufen auf 205 at verdichtet. In einer kombinierten Cu-Laugen-Ammoniakwasserwäsche werden die noch vorhandenen geringen Mengen an CO und CO_2 entfernt. Von der 7. Stufe werden schließlich rd. 14000 Nm³/h bei 200 at angesaugt und auf 451 at endverdichtet. Bei 125 U/min und einem Hub von 1000 mm benötigt jeder Verdichter, dessen Kühler, Entöler und Rohrleitungen im Keller untergebracht sind, eine Antriebsleistung von rd. 4500 kW.

Die Maschine vorn wurde vollkommen neu gebaut. Die im Hintergrund erkenntlichen 3 Maschinen wurden von 6 Stufen (Bauart Einheitsmaschine [1]) auf 7 Stufen nach dem Stufenschema

$$II/II + I/I$$

$$III/III + V/VI/IV/VII$$

und für einen Enddruck von 451 at umgebaut. An der Maschine ganz vorn wurden die Verhältnisse für die Maschinengründung dadurch erleichtert, daß rd. 65% der waagerechten Massenkräfte durch ein im Rotor untergebrachtes Schwunggewicht ausgeglichen und in die bei verhältnismäßig niederen Drehzahlen von der Gründung weniger schwierig aufzunehmende senkrechte Richtung verlagert wurden.

Abb. 145. Siebenstufiger Mischgasverdichter für 14300 Nm³/h auf 451 at

10.3 Trockenlaufverdichter

Für besondere Verhältnisse ist es untragbar, wenn Öl in der verdichteten Luft oder im Gas enthalten ist.

Für vollautomatisierte Anlagen in der chemischen oder Ölindustrie oder in Kraftwerken wird z. B. für die Betätigung der Regelgeräte Druckluft benötigt, die ölfrei sein muß, um zu verhindern, daß die Regeleinrichtungen durch das Öl allmählich verschmutzen. Desgleichen müssen z. B. die Druckluft zum Füllen der Flaschen in Brauereien und in der Mälzerei und der in der Reforminganlage einer Ölraffinerie umlaufende Wasserstoff vollkommen frei von Öl sein, um zu verhüten, daß das Produkt oder der Katalysator ungünstig beeinflußt oder vielleicht sogar unbrauchbar wird.

---

[1] Für Hydrieranlagen wurden in Deutschland zahlreiche sog. Einheitsverdichter gebaut, die rd. 15000/12500 Nm³/h Generatorgas bzw. Wasserstoff auf 28/325 at verdichten. In getrennten Nachschaltverdichtern (s. Abb. 83/84 und Beispiel auf S. 114/116) wurde dann der Wasserstoff auf 700 at weiter verdichtet.

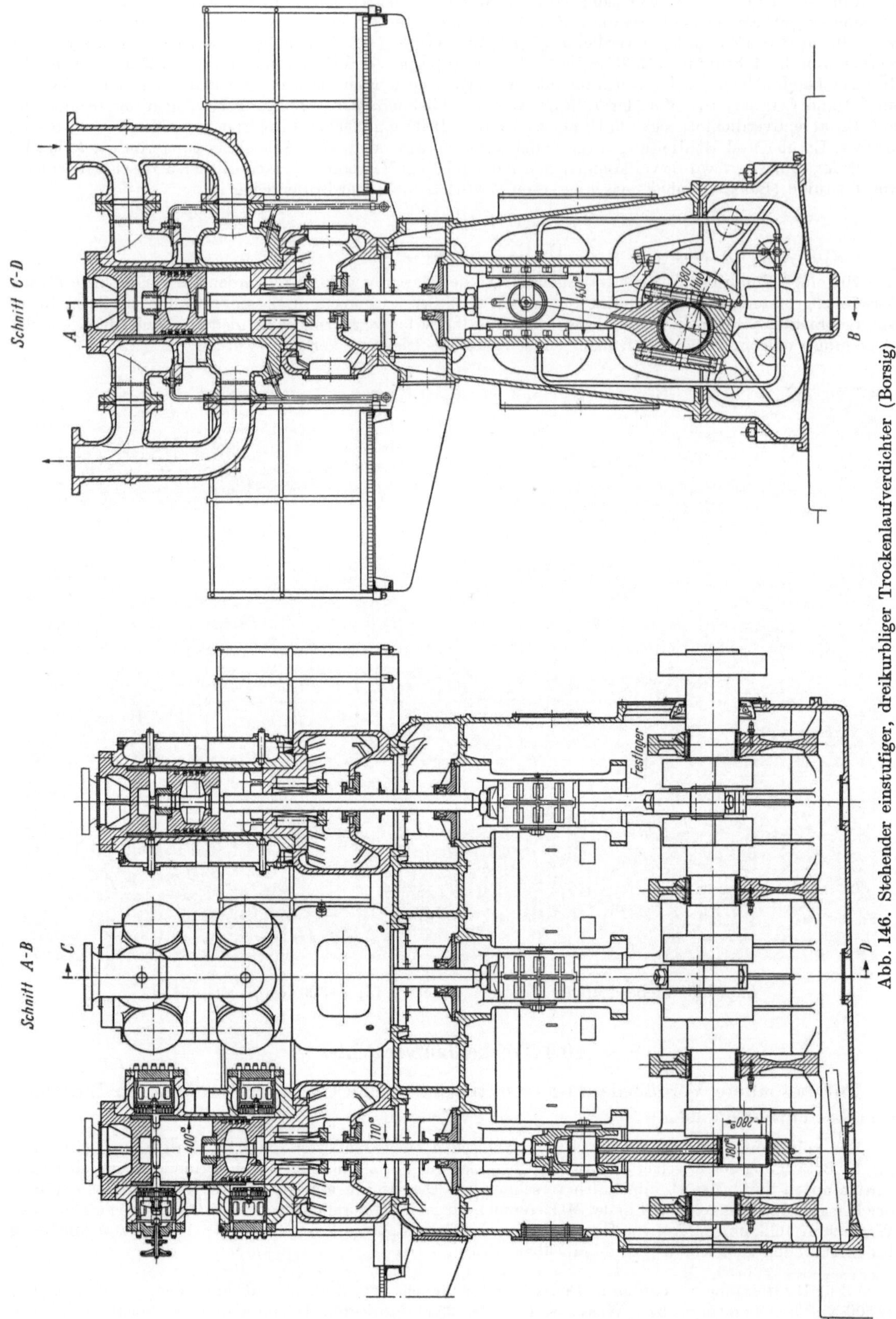

Abb. 146. Stehender einstufiger, dreikurbliger Trockenlaufverdichter (Borsig)

Sind Turboverdichter wegen zu geringer Menge, zu hohem Druck oder zu hoher Druckdifferenz oder wegen ihres höheren Leistungsbedarfes unzweckmäßig, so ist bei den Kolbenverdichtern darauf zu achten, daß die mit dem Gas in Berührung kommenden Maschinenteile nicht mit Öl geschmiert werden. Erfahrungsgemäß können selbst die besten Ölabscheider und Filterbatterien die letzten Spuren von Öl aus dem verdichteten Medium nicht entfernen. In allen diesen und ähnlichen Fällen können Kolbenverdichter so eingerichtet werden, daß ihre Zylinder nicht mit Öl geschmiert zu werden brauchen.[1]

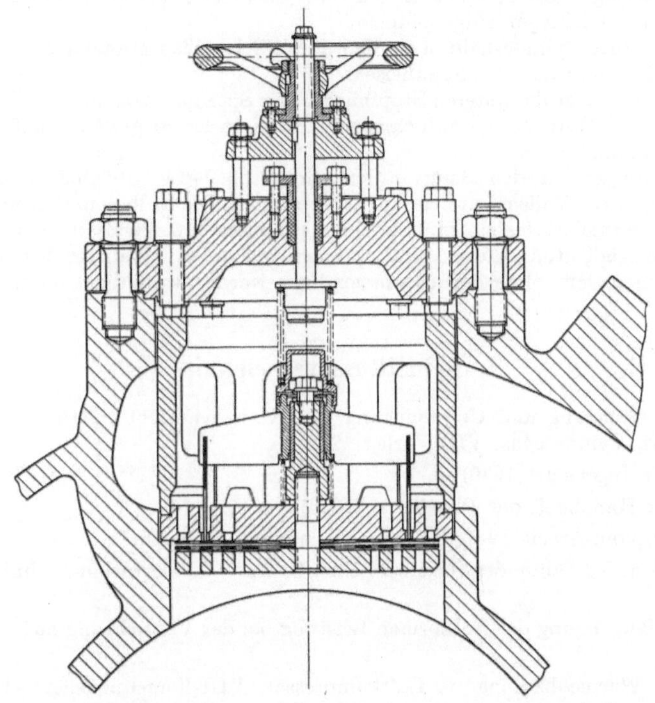

Abb. 146a. Saugventil mit Niederstellvorrichtung

Unter anderem werden sie hierfür mit Kolbenstangen und Ventilen aus nichtrostendem Stahl, Kolben und Stopfbuchsringen aus Kunststoff (Bascodur, Kunstkohle u. dgl.) ausgerüstet oder für berührungslose (Labyrinth) Dichtung eingerichtet. In allen Fällen ist darauf zu achten, daß der vom Triebwerksöl benetzte Teil der Kolbenstangen nicht in die mit dem Gas in Berührung kommenden Dichtelemente eintaucht.

Bei den Dichtringen ist darauf zu achten, daß ihr Werkstoff von dem zu fördernden Medium nicht angegriffen wird. Kunstkohle, die auf Grund ihres keramischen Herstellungsverfahrens immer porös ist, ist demnach mit entsprechenden Metallen, Metalllegierungen oder Kunstharzen zu tränken.[2]

Die Ringe aus Kunstkohle werden bis auf kleine Abmessungen mehrteilig ausgeführt und durch Federringe oder Federn an die Zylinderbohrung gedrückt. Anpreßdrücke zwischen 0,1 bis 0,2 kp/cm² haben sich bewährt. Um den Verschleiß niedrig zu halten, sind die Gleitflächen (Zylinderbohrung, Kolbenstangen usw.) mit weitgehendst glatter Oberfläche auszuführen; außerdem war es vorteilhaft, wenn die Oberflächen nach entsprechender Vorbehandlung mit Molybdändisulfid (MoS_2) eingerieben wurden.

Größere Schwierigkeiten bereitet die Verdichtung von sehr trockenen Gasen, beispielsweise aus einer Gaszerlegungsanlage.[3] In solchen Fällen werden tragbare Lauf-

---

[1] KLEMMAN, A.: Trockenlaufkolbenverdichter für Luft und andere Gase. Z. VDI (1959) S. 479—481 [27].

[2] WIENER, H., u. E. GILBERT: Trockenlaufkolbenverdichter; Kunstkohle als Gleitwerkstoff und ihre industrielle Verwendung. Z. VDI (1959) S. 596—603. [28]

[3] WEISS, E.: Trockenlaufkolbenverdichter, Versuche über den Einfluß extrem trockener technischer Gase auf die Standzeit von Trockenlaufwerkstoffen in Kolbenverdichtern. Z. VDI (1959) S. 777—788. [29]

zeiten nur bei Rauhigkeitsgraden unter 0,5 μ und mit harten metallgetränkten elektrographitierten Kunstkohlen erreicht.

Abb. 146 zeigt einen stehenden dreikurbligen Trockenlaufverdichter (Borsig) für eine Reforminganlage, der 92 400 Nm³/h Recyclegas bei 31 at ansaugt und bis auf 51 at verdichtet. Mit 247 U/min und einem Hub von 380 mm beträgt die mittlere Kolbengeschwindigkeit 3,13 m/s und werden 2000 kW für den Antrieb benötigt.

Die Welle des Antriebsmotors ist mit der Verdichterwelle starr gekuppelt und wird das Rotorgewicht zu ungefähr $\frac{1}{3}$ vom Festlager des Verdichters und zu $\frac{2}{3}$ von einem an die Triebwerksschmierung des Verdichters angeschlossenen Gleitlager aufgenommen.

Die in Stahl gegossenen Zylinderhälften werden durch Schweißen miteinander verbunden und erhalten eingeschrumpfte Laufbuchsen aus Sondergußeisen.

Der Abstand der Dichtringe der unteren Stopfbuchse (für Sperrgas) von den das Kurbelgehäuse nach oben abschließenden und die Ölabstreifringe aufnehmenden Deckeln ist so gewählt, daß kein Schmieröl an die Kohleringe gelangen kann.

Niederstellvorrichtungen an den Saugventilen nach Abb. 146a ermöglichen, die Förderleistung der Maschine in sechs Stufen von Vollast auf Leerlauf zu verringern. Die Kolben und Stopfbuchsen werden durch mehrteilige Ringe aus verschleißfester Sonderkohle abgedichtet bzw. im Zylinder geführt. Trotz der hohen Anforderungen an die Abdichtung durch die Stopfbuchsen wurden mit diesen bereits Laufzeiten von über 15 000 Betriebsstunden erzielt, ohne daß es notwendig geworden war, diese auszuwechseln.

Schrifttumsverzeichnis

[1] FRÖHLICH, F.: Berechnung und Untersuchung von Kolbenverdichtern an Hand neuer Entropietafeln für Luft und NH₃-Synthesegas. VDI-Verlag 1934

[2] WITTE, 2. Chemie-Ingenieur (1939)

[3] WAALS, V. D. JR.: Handbuch der Physik 10 (1926)

[4] BUCHOLZ, W.: Diplom-Arbeit 1947, Technische Universität Berlin

[5] CHRISTIAN, W.: Das Verhalten der Gase bei hohen Drücken. Dissertation Technische Universität Berlin 1947

[6] CHRISTIAN, W.: Berechnung der isothermen Leistung bei der Verdichtung auf hohe Drücke. Z. VDI 86 (1942)

[7] KOLLMANN, K.: Wärmeübergang im Luftkompresser, VDI-Forschungsheft 348, Berlin: VDI-Verlag 1931

[8] WUNSCH, W.: Gasverdichtung. Z. VDI v. 11. 5. 1958

[9] FUNCK, G.: Abwärme-Dampfkraftprozeß unter besonderer Berücksichtigung der Verdichtungswärme von Kolbenkompressoren. GWF 99 (1958) H. 39, S. 984—987; H. 41, S. 1055—1058

[10] MÜLLER, H.: Untersuchung von Kompressorventilen. Dissertation Braunschweig 1958

[11] MÜLLER, H.: Ermittlung des Ventilwiderstandes und Aufnahme von Huboszillogrammen von Verdichterventilen. Konstruktion 11 (1959) H. 10

[12] GÖHNER, O.: Die Berechnung zylindrischer Schraubenfedern. Z. VDI (1932) S. 269—272

[13] LIESECKE, G.: Berechnung zylindrischer Schraubenfedern mit rechteckigem Drahtquerschnitt. Z. VDI (1933) S. 425 u. S. 892

[14] FUCHS, R., E. HOFFMANN u. F. SCHÜLER: Der Einfluß der Ventile auf den Gütegrad von Kälteverdichtern mit besonderer Berücksichtigung der Drosselverluste in Plattenventilen. Z. f. d. ges. Kälteindustrie 48 (1941) S. 5—8

[15] Grauguß unlegiert und niedriglegiert. DIN 1691

[16] WERNER, O.: Die Versprödung von Stahl durch Aufnahme von atomarem Wasserstoff. Z. VDI (1959) S. 1303/04

[17] FRÖHLICH, F.: Neue Bauelemente im Hochdruckverdichterbau. Maschinenelemente-Tagung Düsseldorf 1938. VDI-Verlag 1940, S. 13—19

[18] SCHMIDT, TH. E.: Wärmeleistung von berippten Flächen. Mitt. d. Kältetechnischen Instituts der TH Karlsruhe, H. 4 (1949)

[19] KIRSCHBAUM, E.: Neues zum Wärmeübergang mit und ohne Änderung des Aggregatzustandes. Chem.-Ing. Techn. 24, (1952) H. 7 auf S. 398

[20] JESCHKE, H.: Berechnung der Zwischenkühler von Kolbenkompressoren. Z. VDI 1926, S. 1100—1102

[21] SCHACK, A.: Der industrielle Wärmeübergang. 5. Aufl. Düsseldorf, Stahleisen 1957

[22] DIN 1952. VDI-Durchflußmeßregeln

[23] Dr. Pirzer: Verfahren zur Messung des spezifischen Kraftbedarfes von Hochdruckverdichtern. Z. VDI 1939, S. 661—663

[24] Herning u. Schmidt: Durchflußmessung bei pulsierender Strömung. Z. VDI (1938) S. 1107

[25] Rausch, E.: Maschinenfundamente und andere dynamische Aufgaben. VDI-Verlag 1943 und 1953

[26] Lubenow, W.: Berührungsdichtungen an bewegten Maschinenteilen. Konstruktion (1959) S. 442/443

[27] Klemman, A.: Trockenlaufkolbenverdichter für Luft und andere Gase. Z. VDI (1959) S. 479—481

[28] Wiener, H., u. E. Gilbert: Trockenlaufkolbenverdichter, Kunstkohle als Gleitwerkstoff und ihrer industrielle Verwendung. Z. VDI 1959, S. 596—603

[29] Weiss, E.: Trockenlaufkolbenverdichter, Versuche über den Einfluß extrem trockener technischer Gase auf die Standzeit von Trockenlaufwerkstoffen in Kolbenverdichtern. Z. VDI 1959, S. 777—788

Sachverzeichnis

Tafel-Anhang

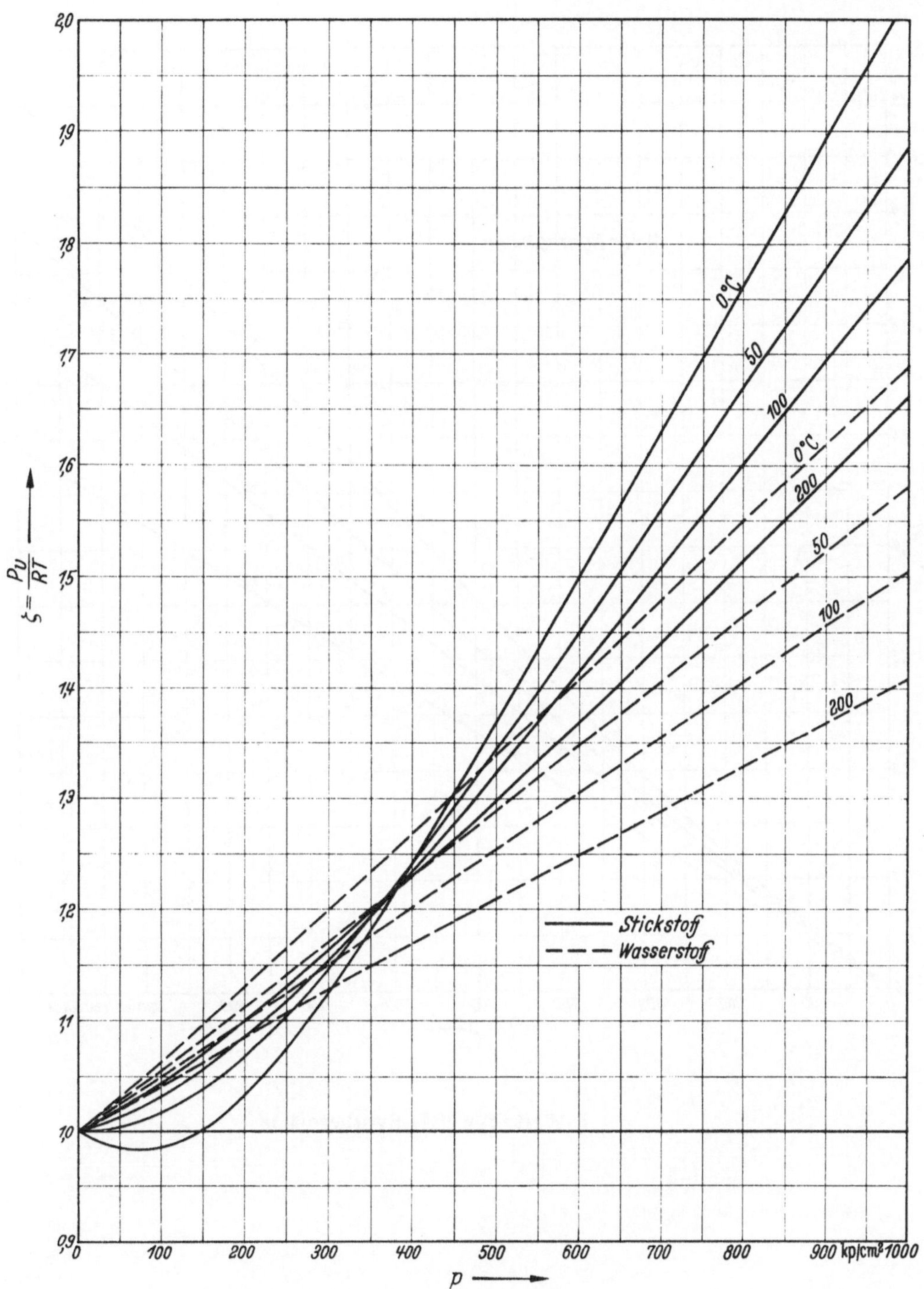

ζ-Werte für N₂ und H₂

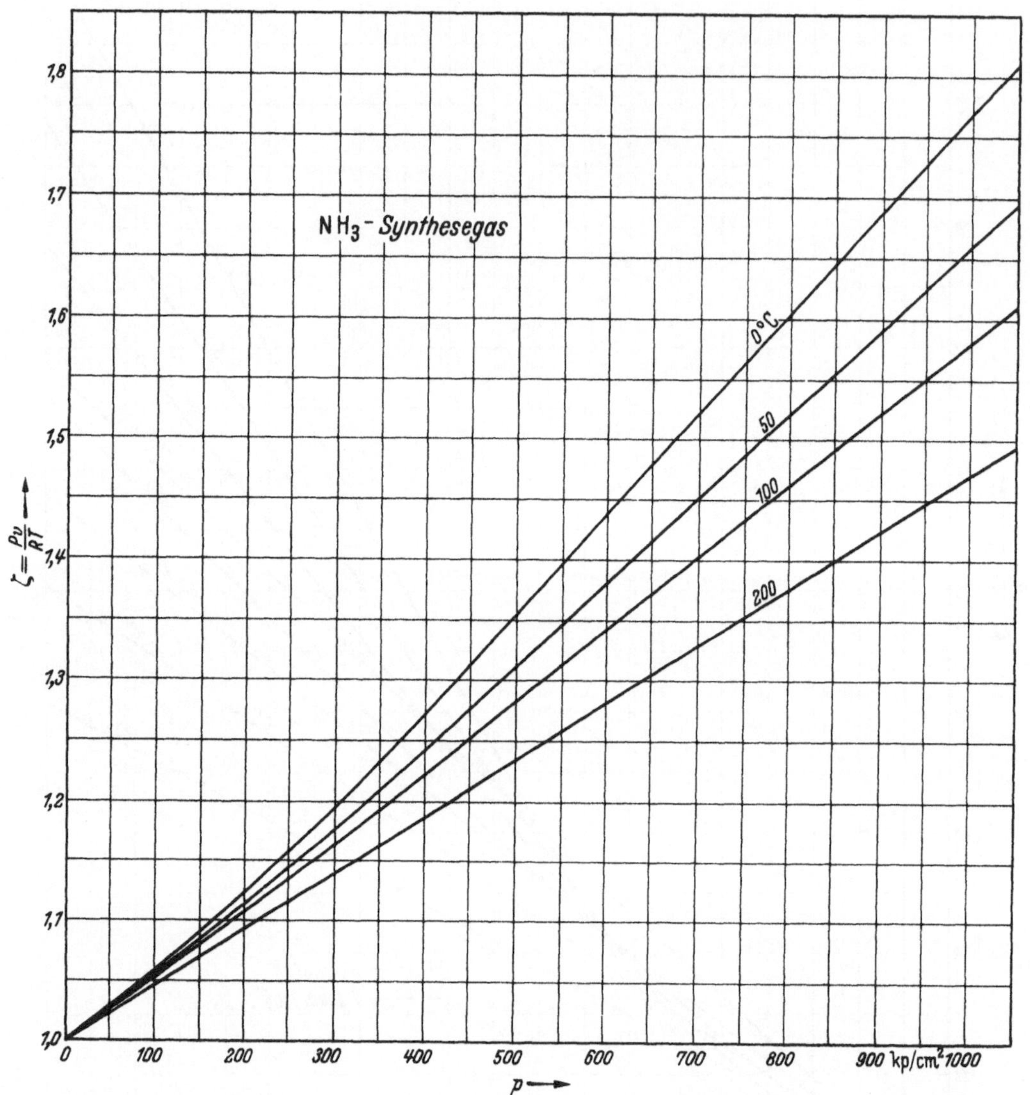

ζ-Werte für NH₃-Synthese-Gas

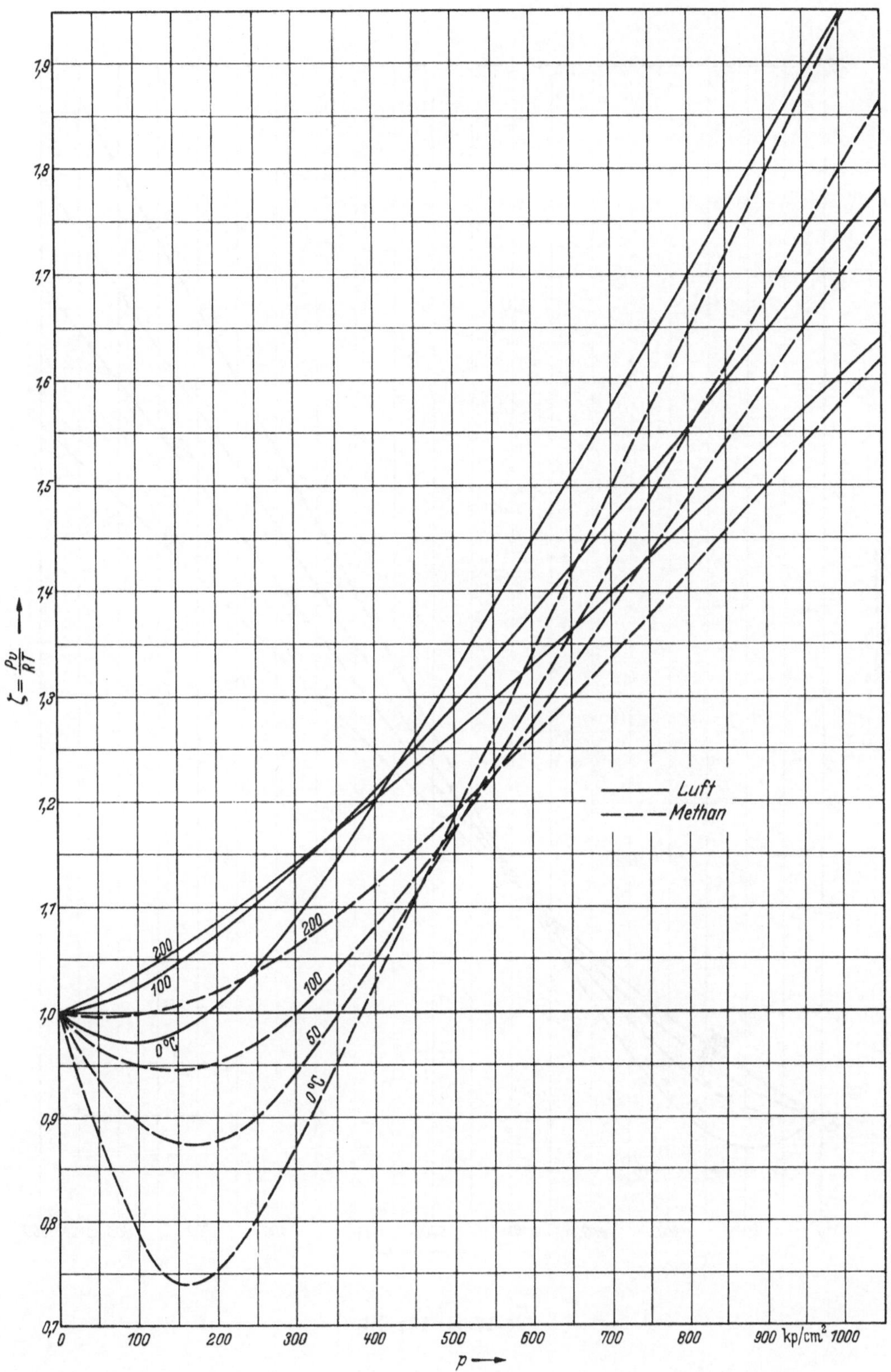

ζ-Werte für Luft und Methan

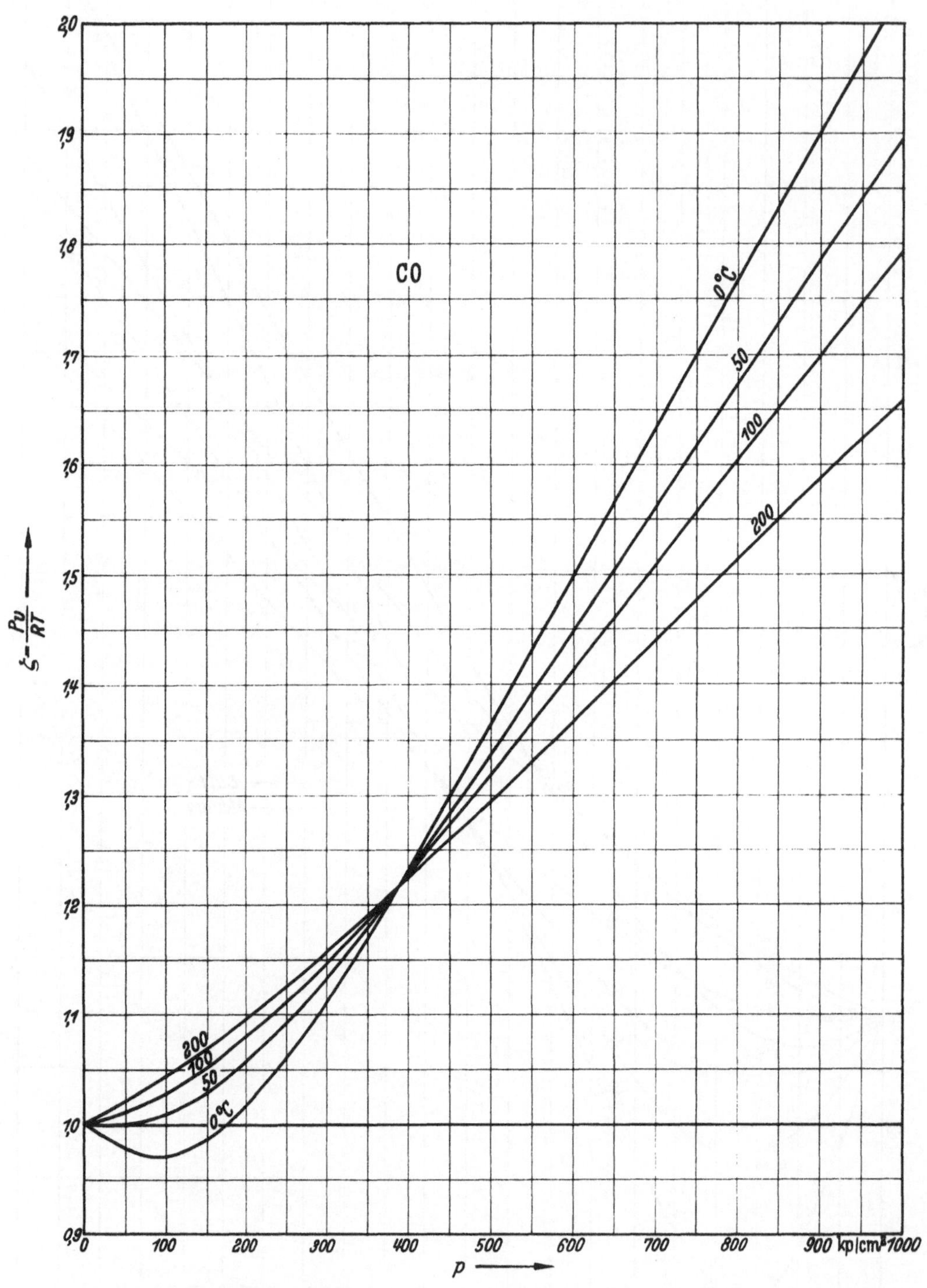

ζ-Werte für CO

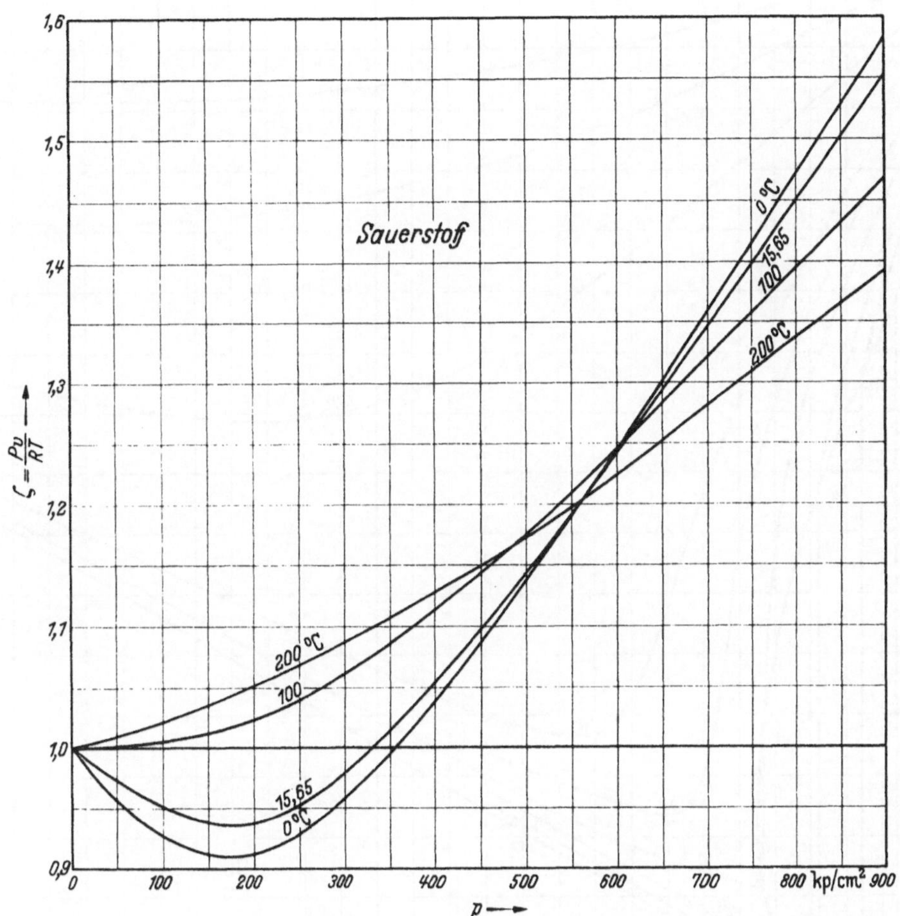

ζ-Werte für O_2

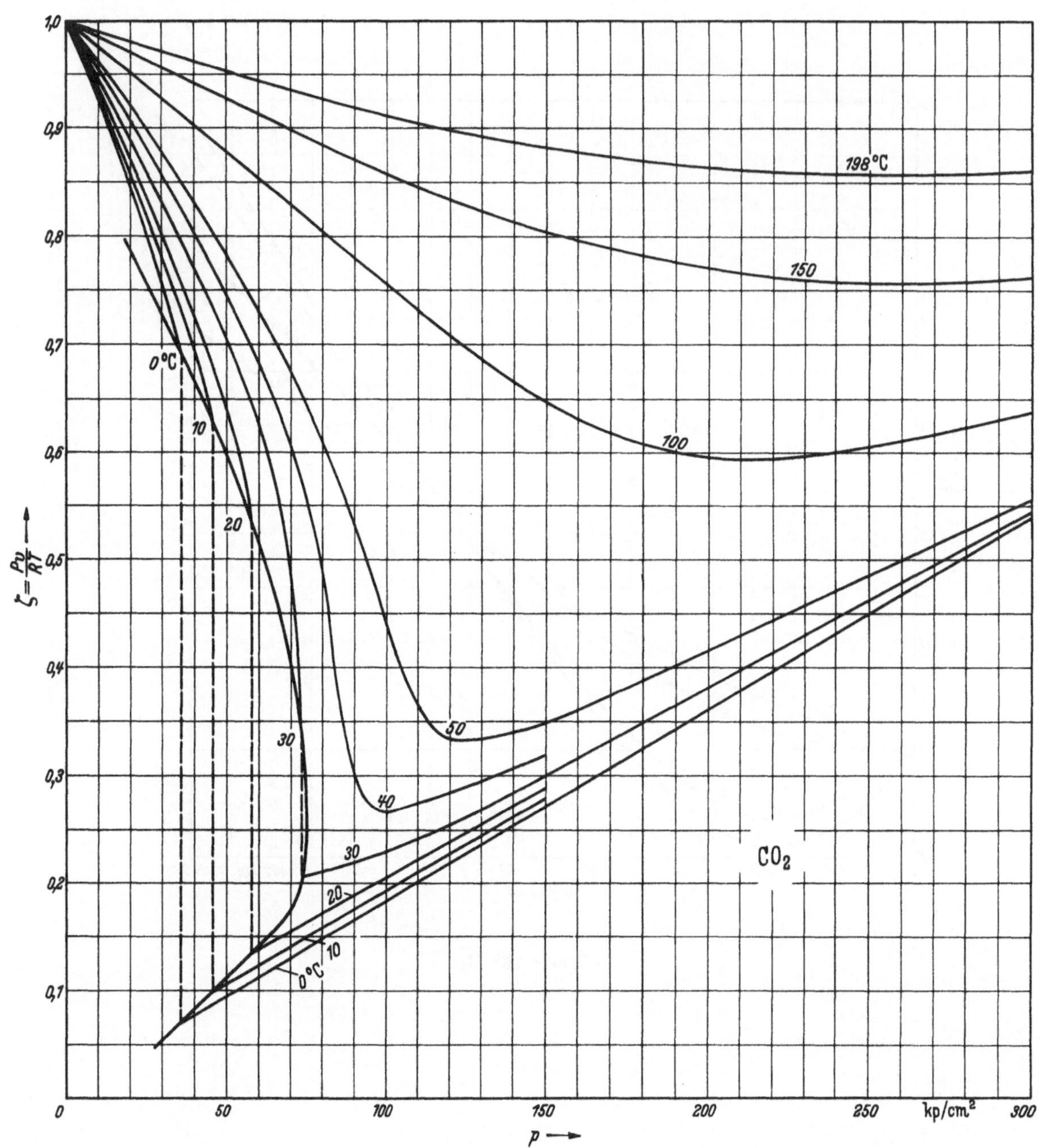

ζ-Werte für CO₂

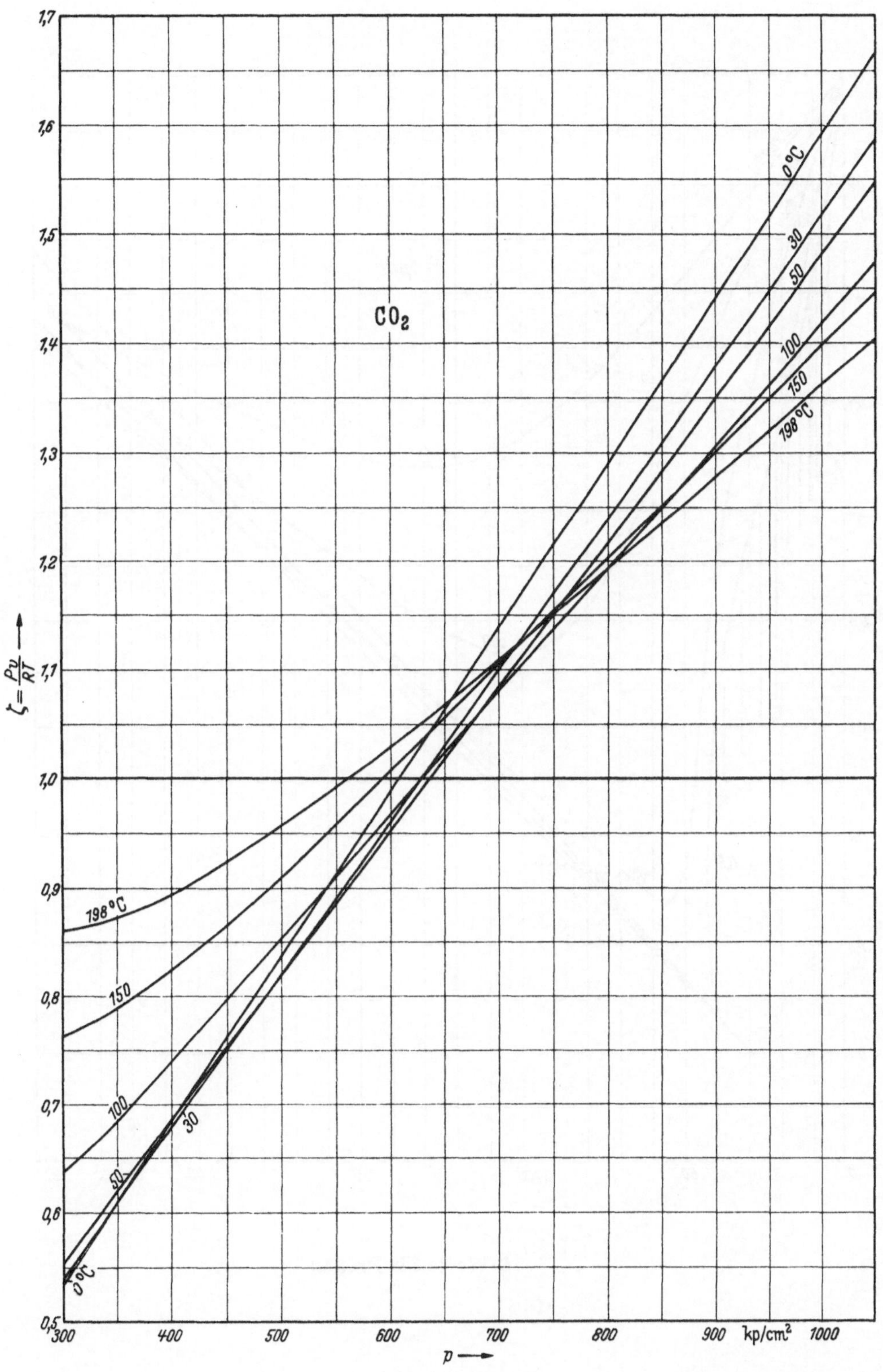

ζ-Werte für CO$_2$

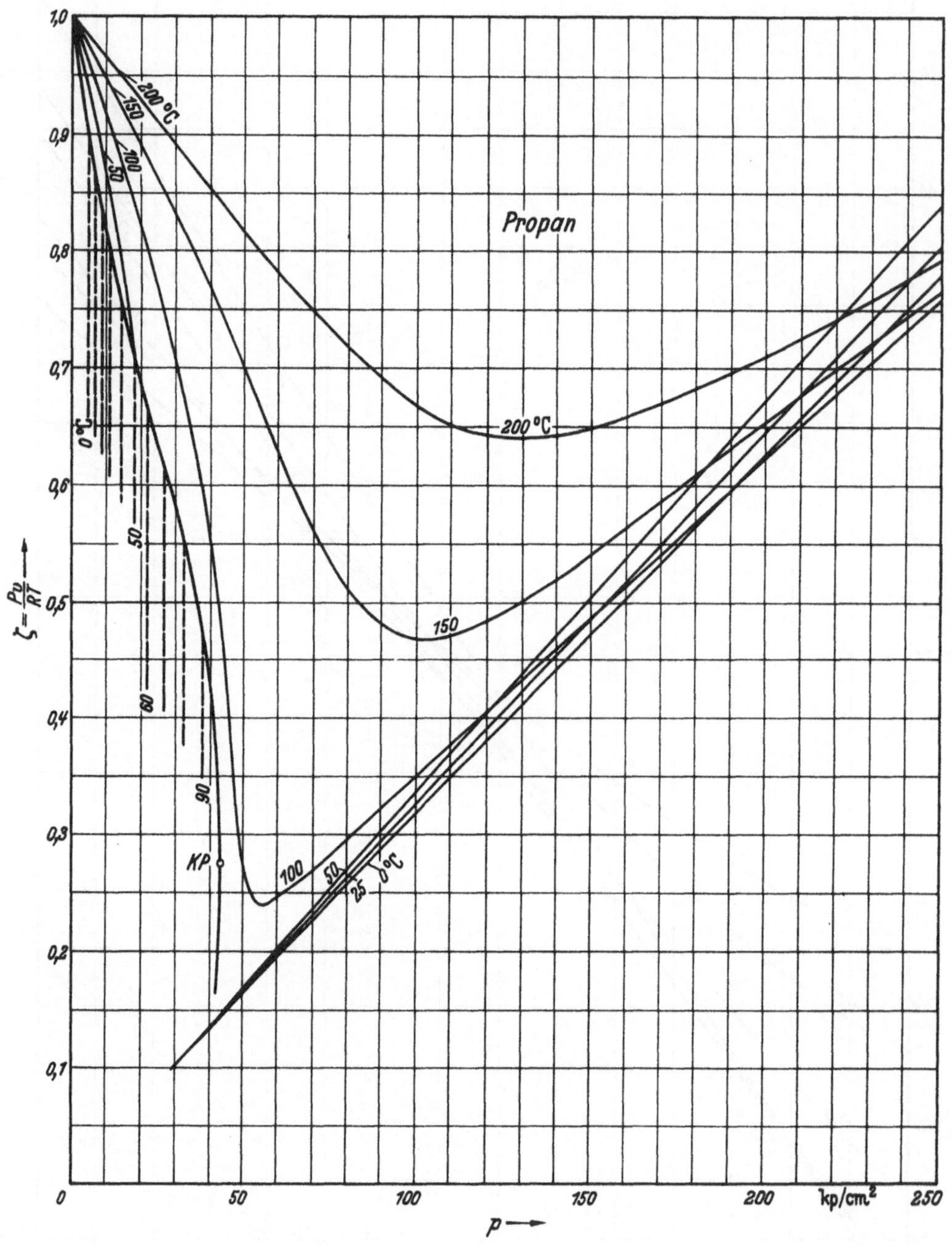

ζ-Werte für Propan

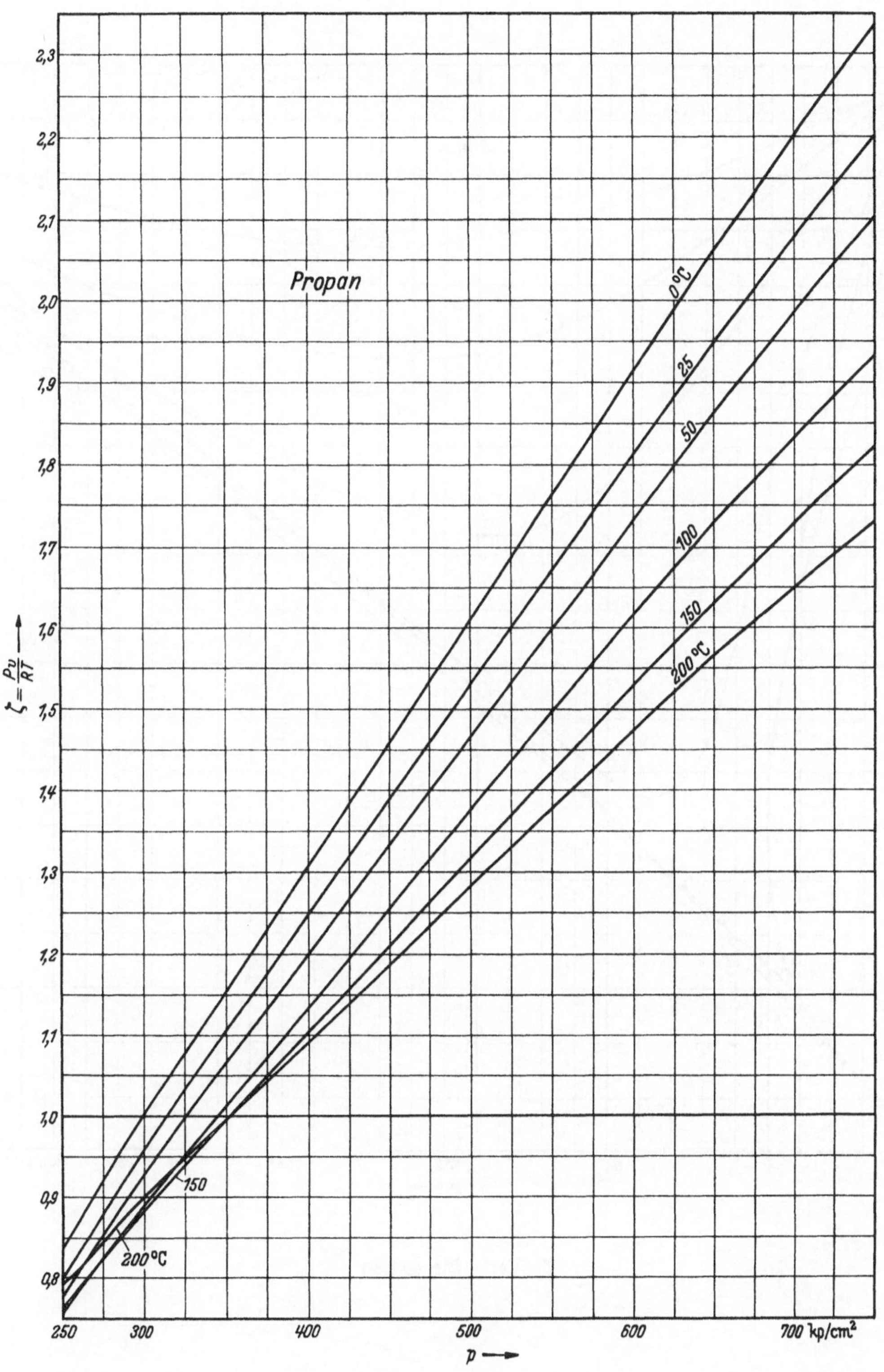

ζ-Werte für Propan

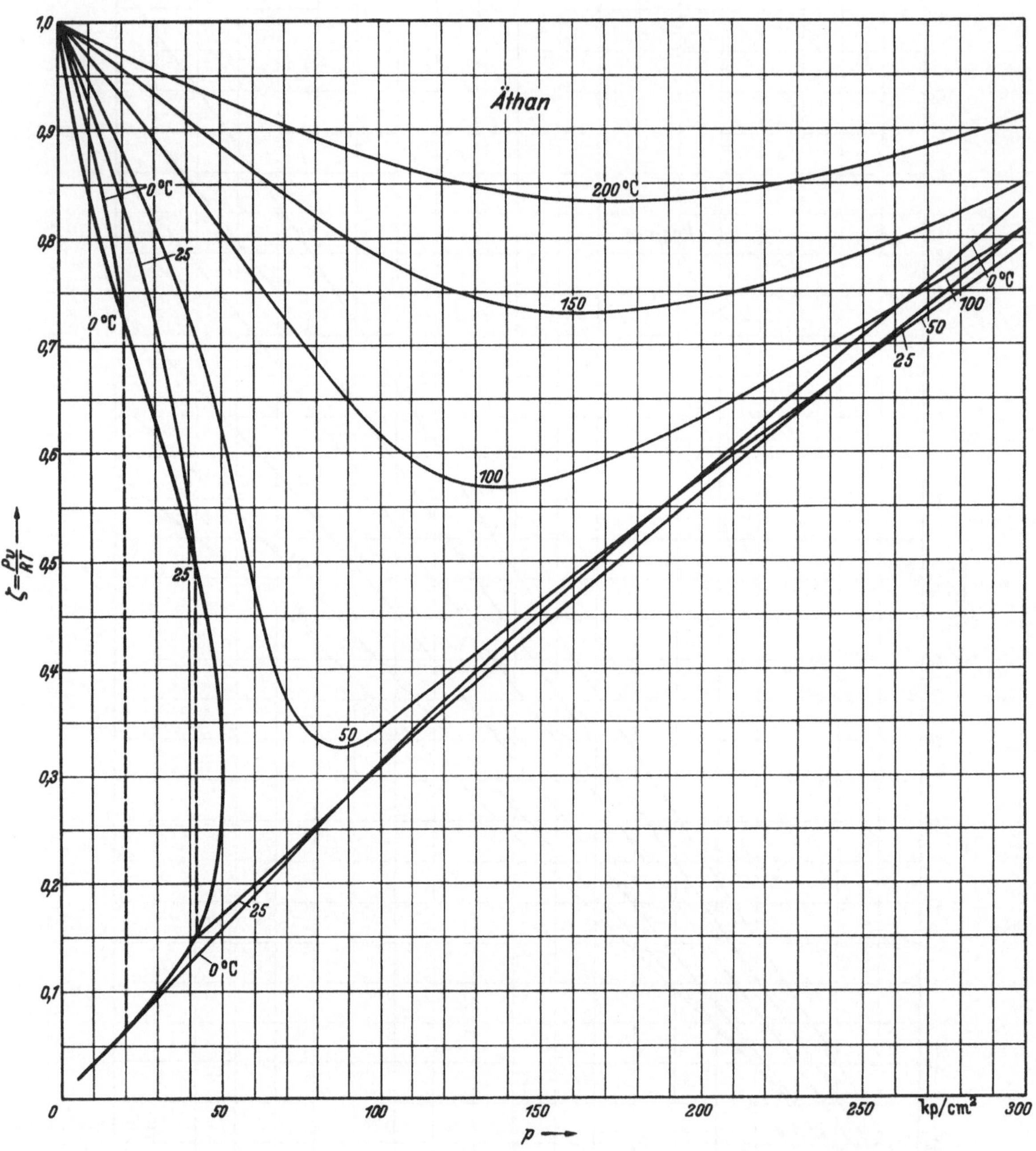

ζ-Werte für Äthan

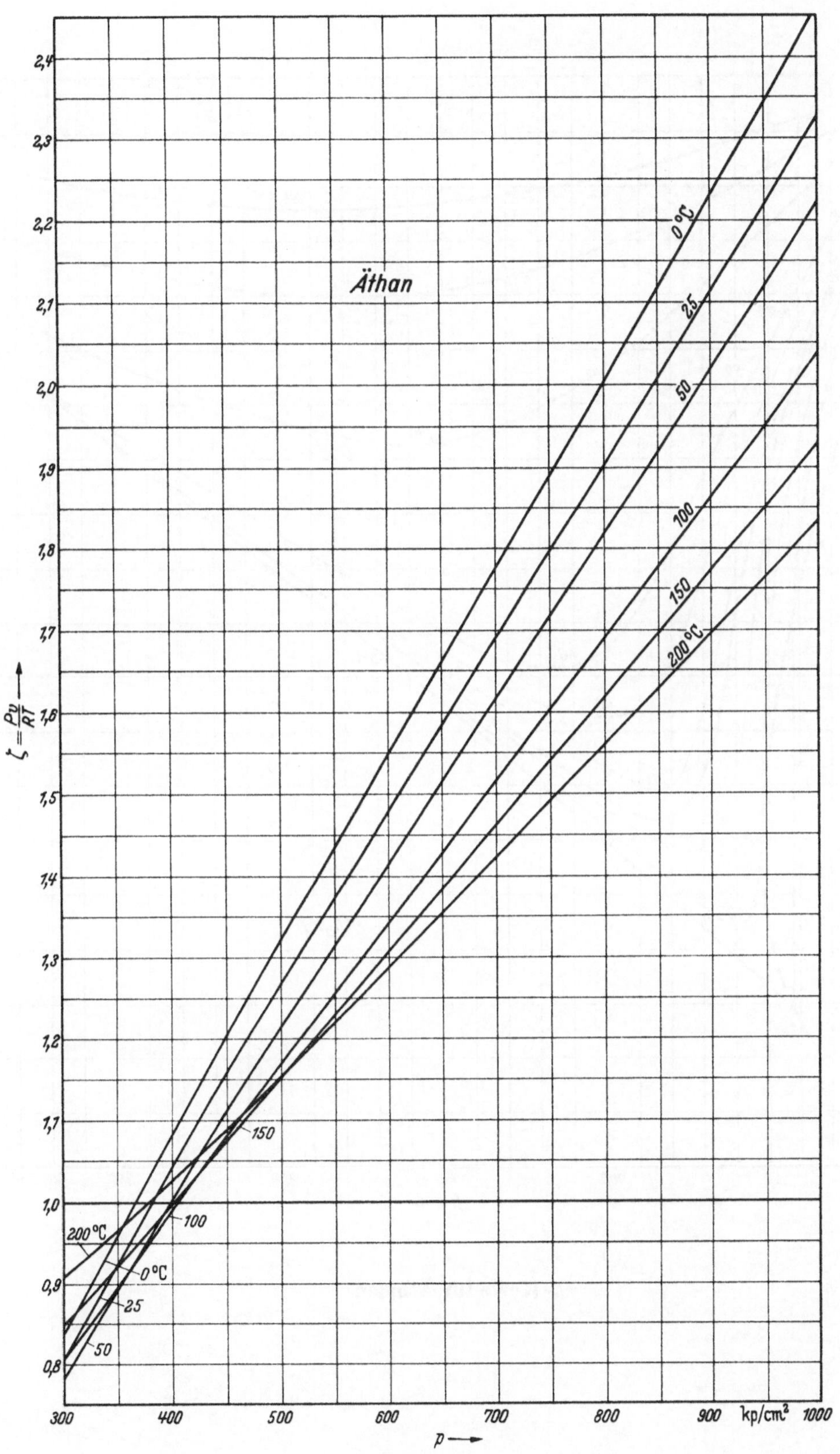

ζ-Werte für Äthan

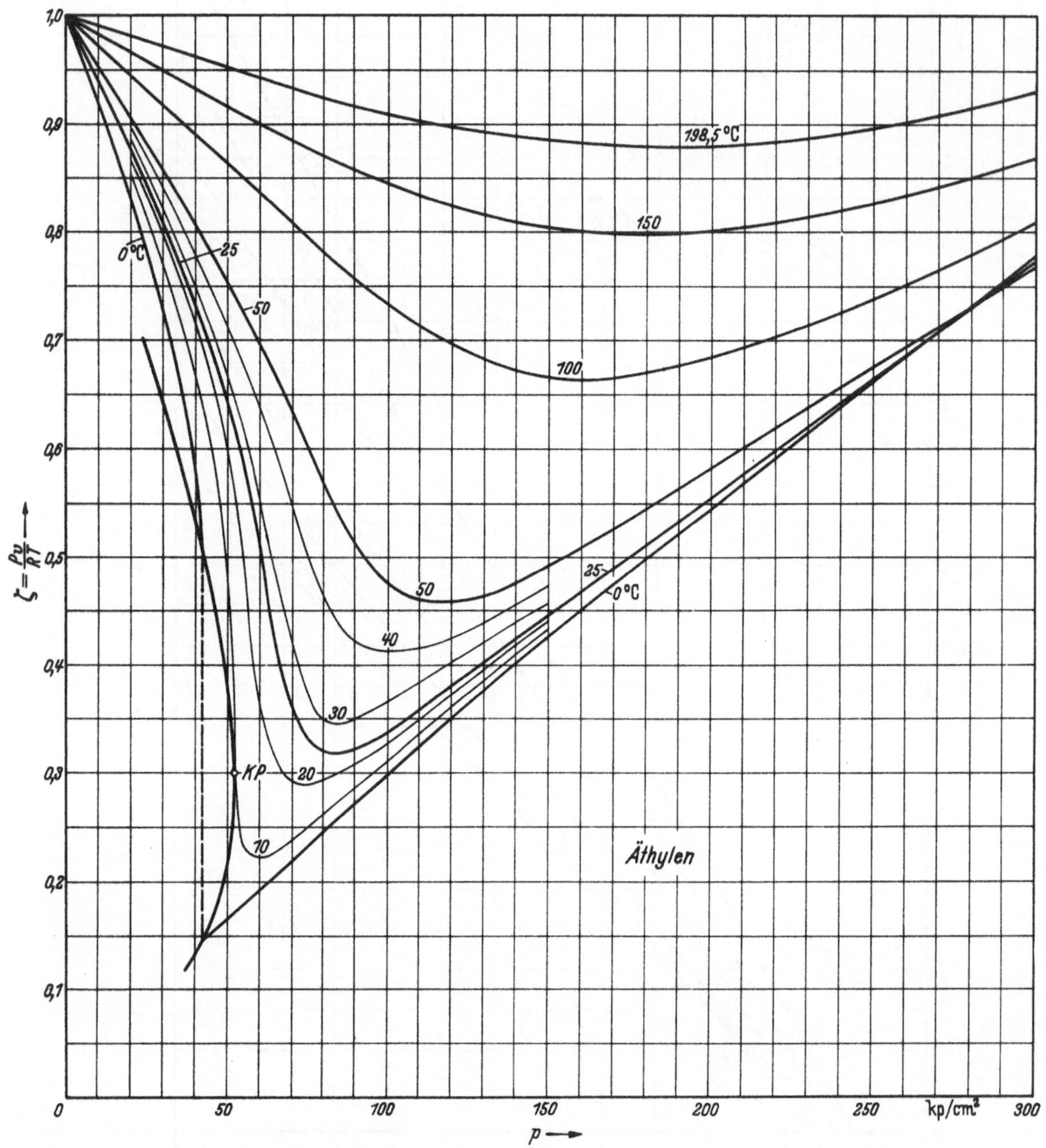

$$\zeta = \frac{pv}{RT}$$

ζ-Werte für Äthylen

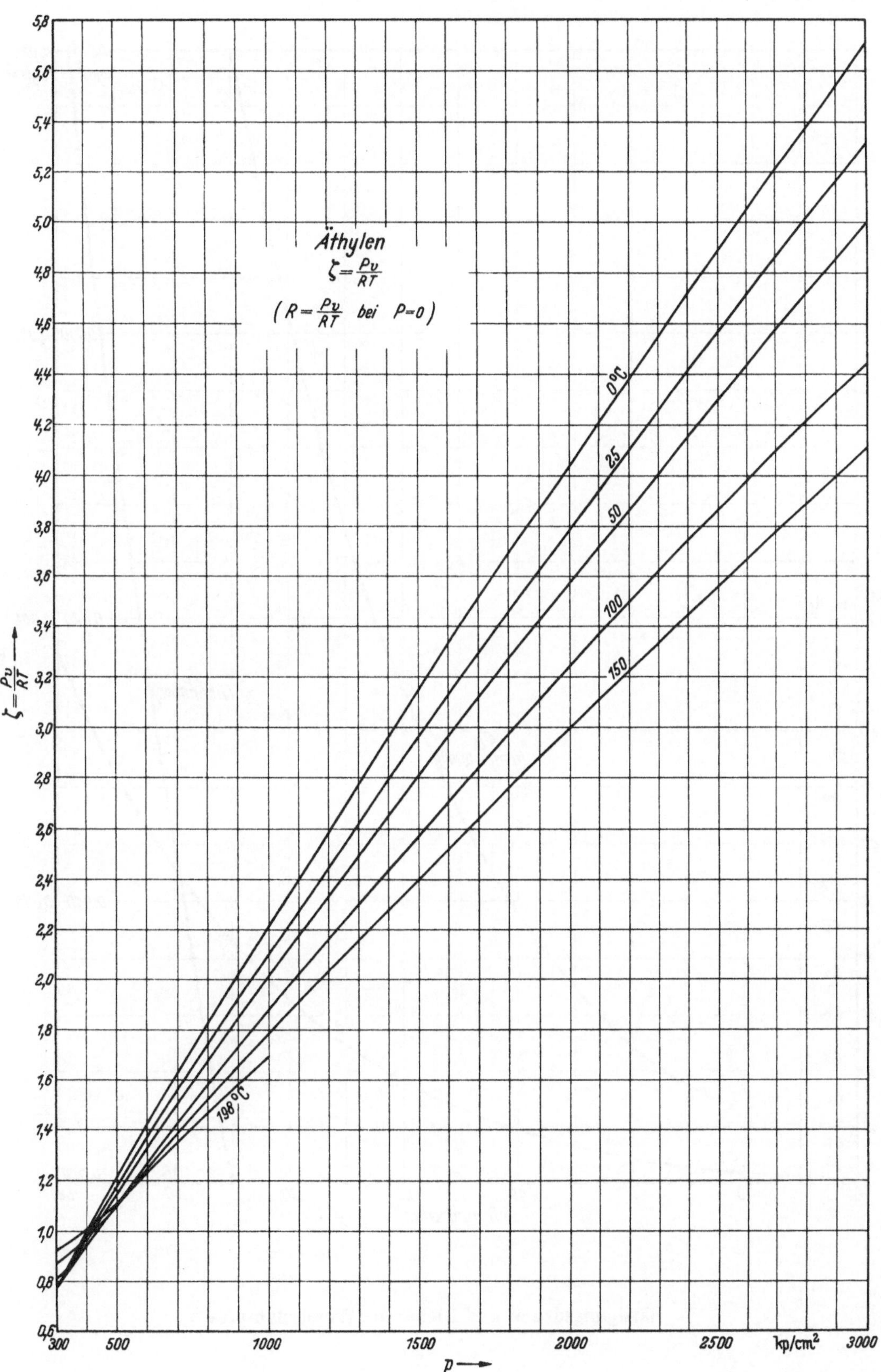

ζ-Werte für Äthylen

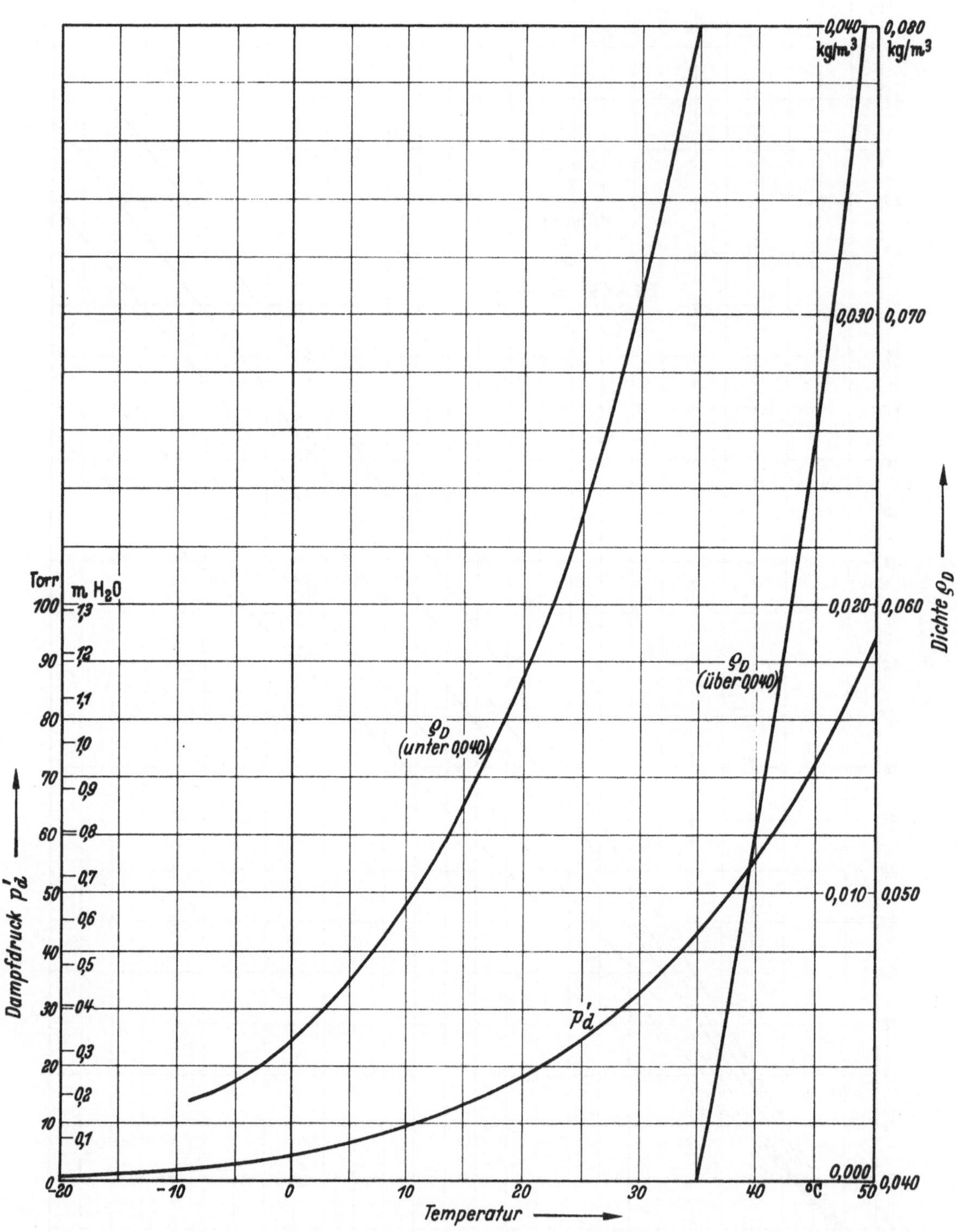

Sättigungsdruck und Dichte des Wasserdampfes

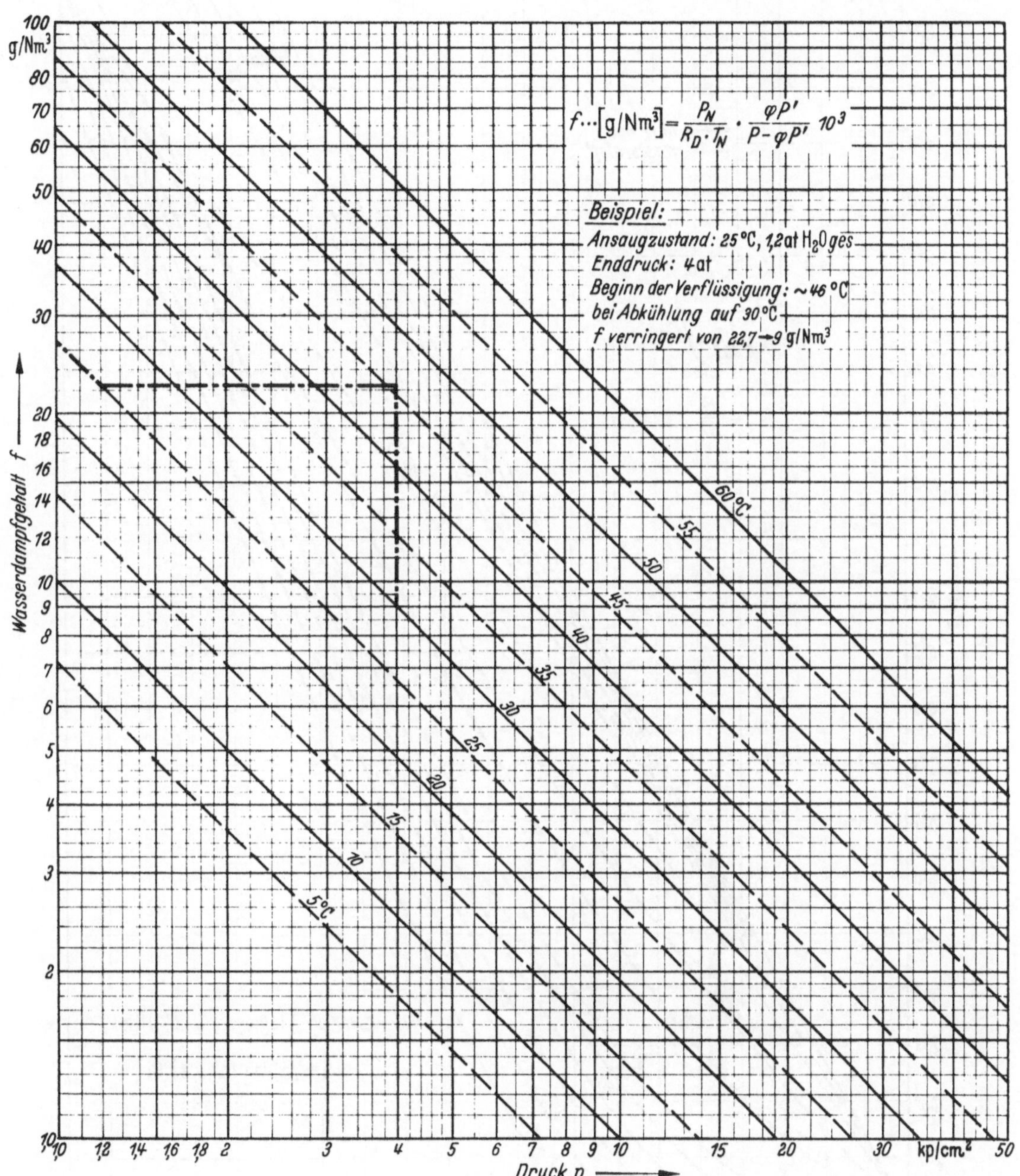

Feuchtigkeitsschaubild

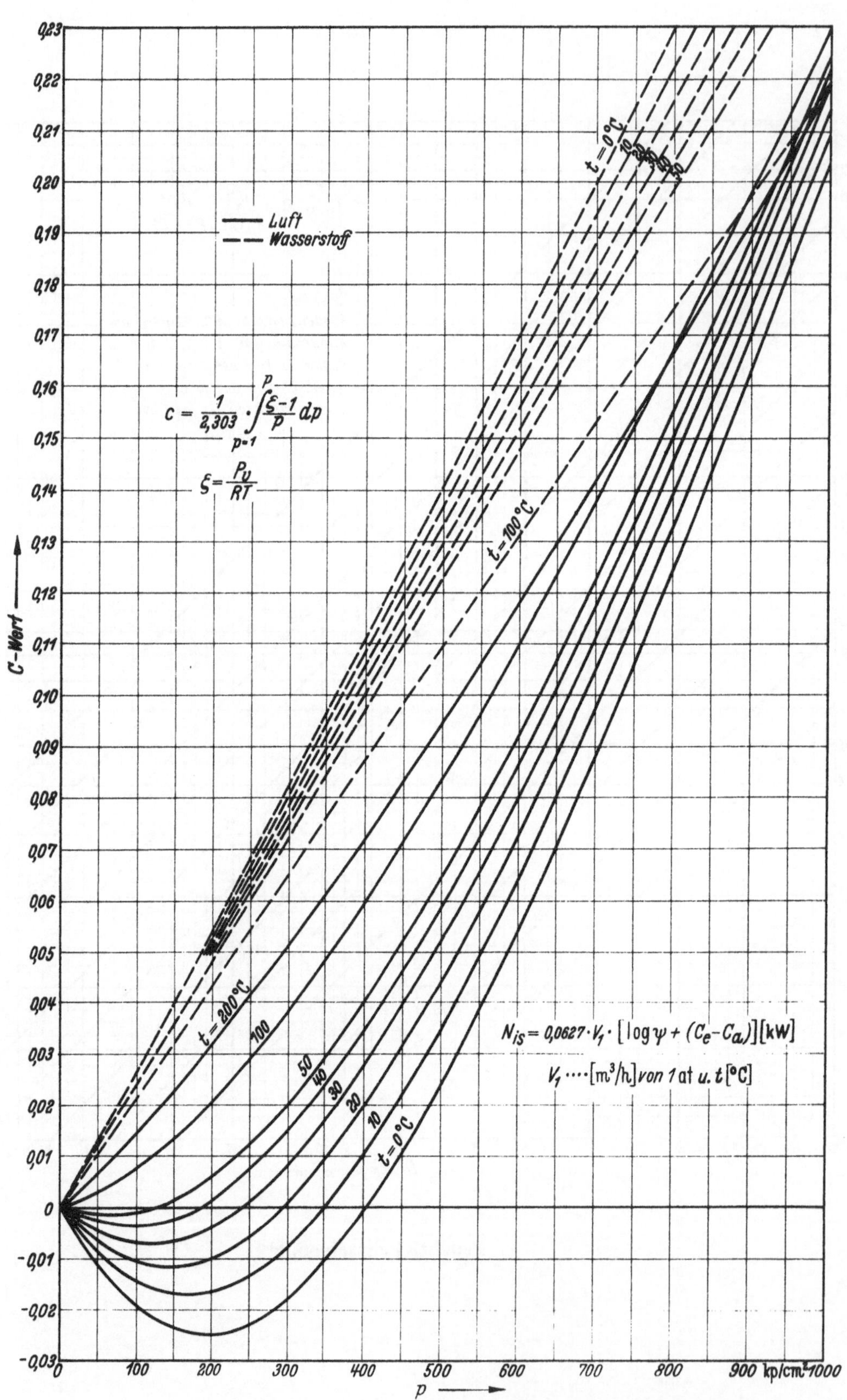

C-Werte zur Berechnung der isothermen Leistung für H₂ und Luft

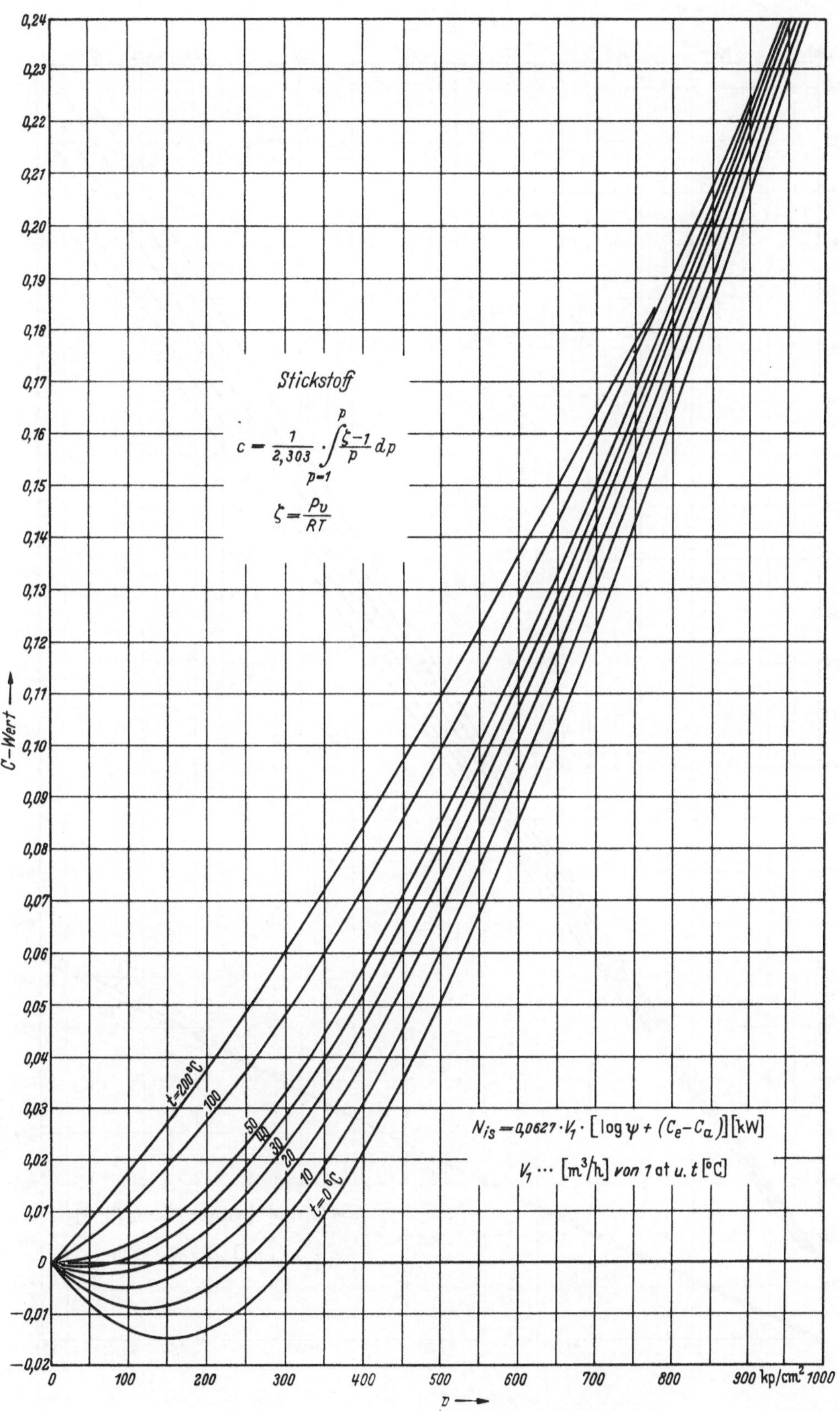

$$c = \frac{1}{2,303} \cdot \int_{p=1}^{p} \frac{\zeta - 1}{p}\, dp$$

$$\zeta = \frac{pv}{RT}$$

$$N_{is} = 0{,}0627 \cdot V_1 \cdot \left[\log \psi + (C_e - C_a) \right] [\text{kW}]$$

$$V_1 \cdots [\text{m}^3/\text{h}] \text{ von 1 at u. } t\,[°\text{C}]$$

C-Werte zur Berechnung der isothermen Leistung für N₂

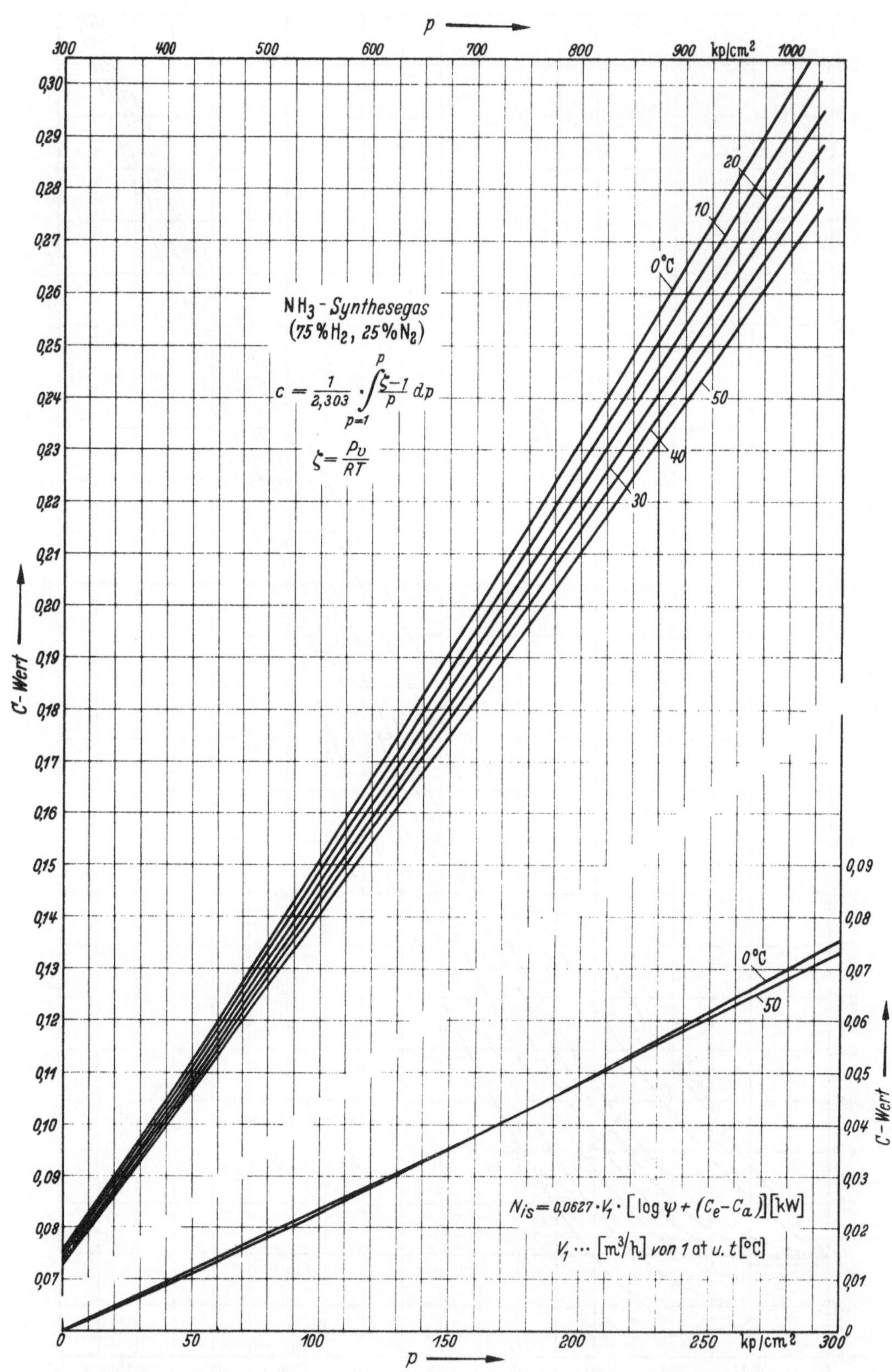

$$c = \frac{1}{2,303} \cdot \int\limits_{p=1}^{p} \frac{\zeta-1}{p}\, dp$$

$$\zeta = \frac{p\,v}{RT}$$

$$N_{is} = 0,0627 \cdot V_1 \cdot \left[\log \psi + (C_e - C_a)\right]\,[\text{kW}]$$

$$V_1 \cdots [\text{m}^3/\text{h}]\ \text{von 1 at u. } t\,[\text{°C}]$$

C-Werte zur Berechnung der isothermen Leistung für NH₃-Synthese-Gas

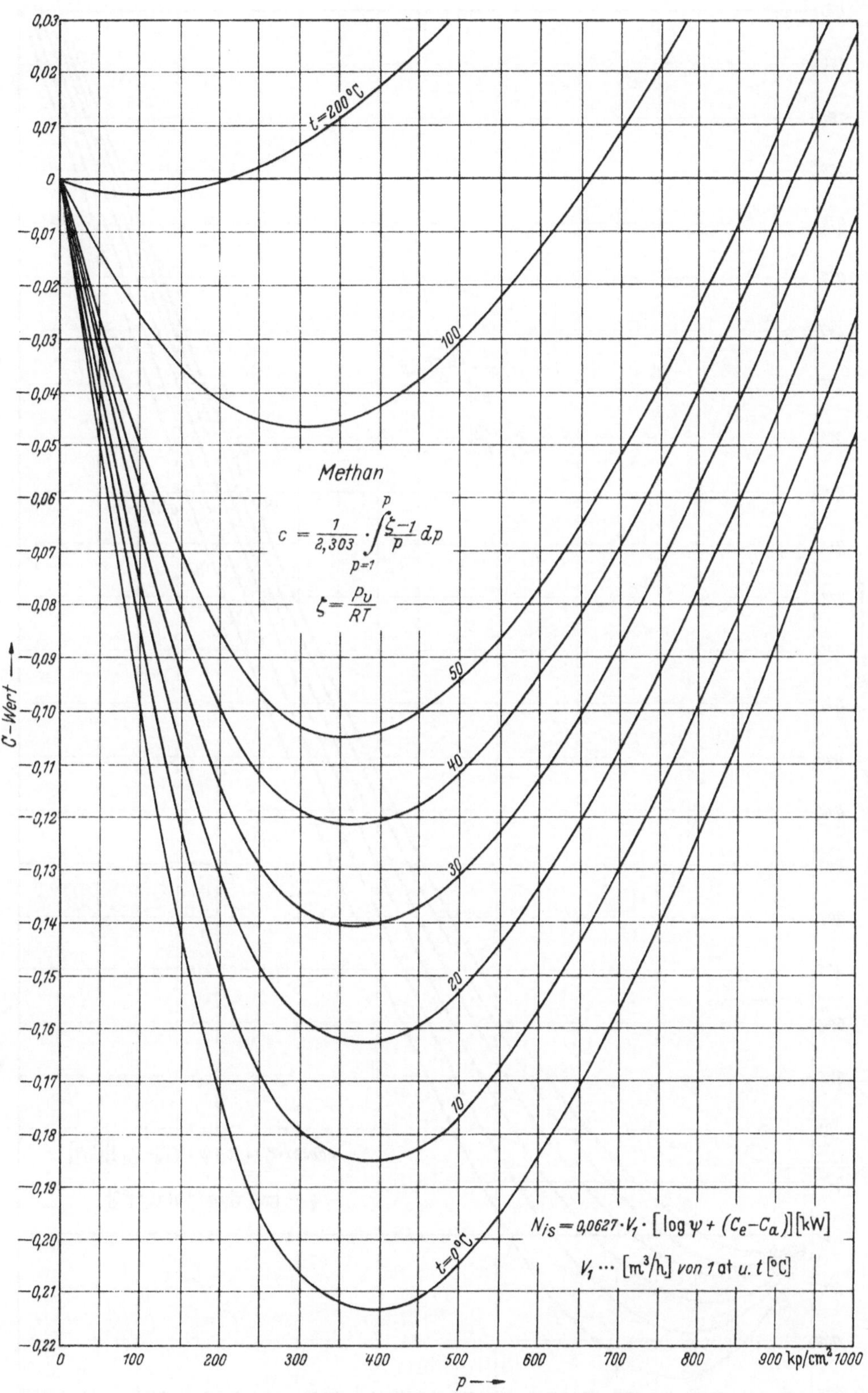

$$c = \frac{1}{2,303} \cdot \int_{p=1}^{p} \frac{\zeta - 1}{p}\, dp$$

$$\zeta = \frac{p\,v}{RT}$$

$$N_{is} = 0,0627 \cdot V_1 \cdot \left[\log \psi + (C_e - C_a)\right] \; [\text{kW}]$$

$$V_1 \cdots \left[\text{m}^3/\text{h}\right] \; von \; 1\; at \; u.\; t \; [^\circ\text{C}]$$

C-Werte zur Berechnung der isothermen Leistung für Methan

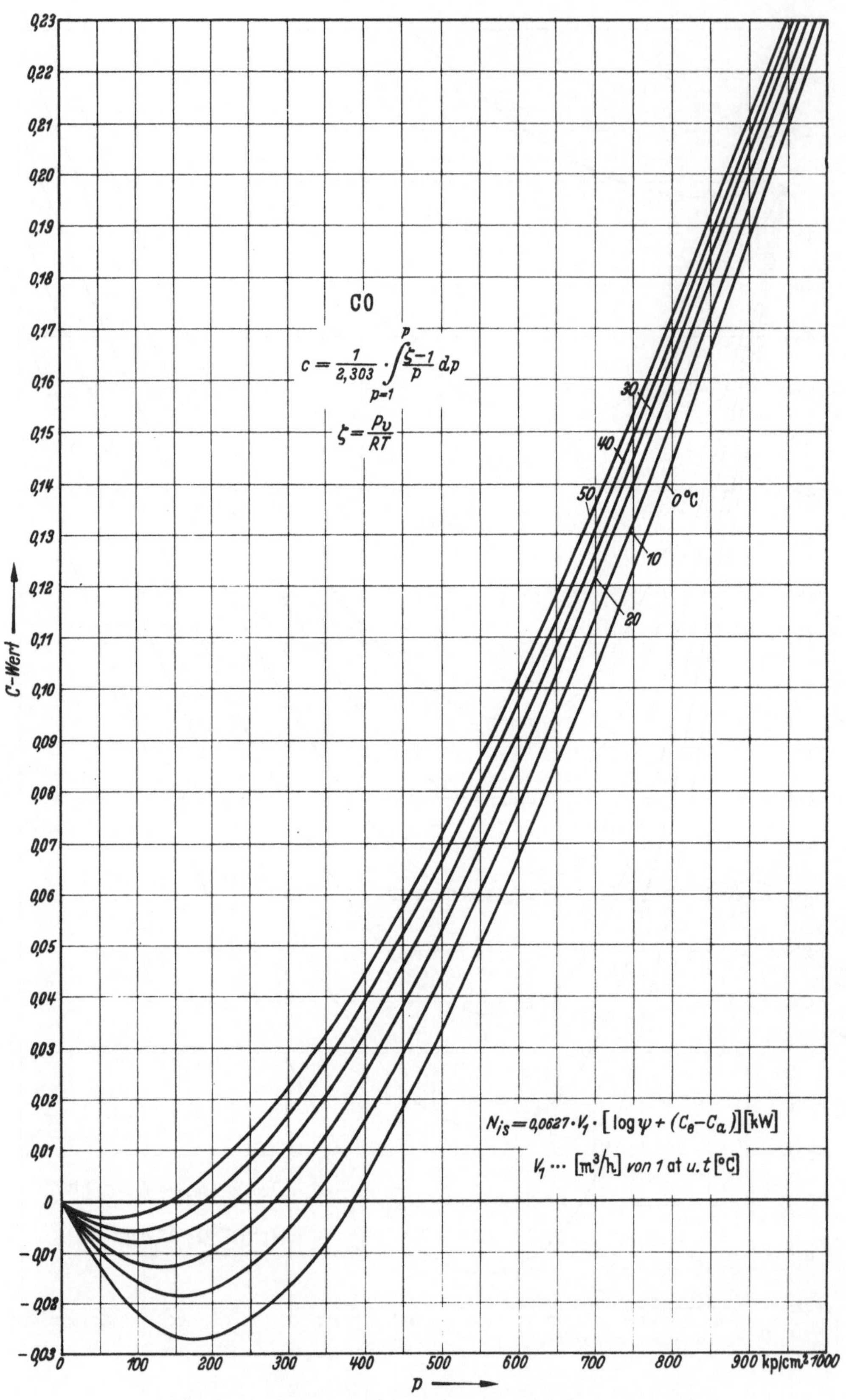

C-Werte zur Berechnung der isothermen Leistung für CO

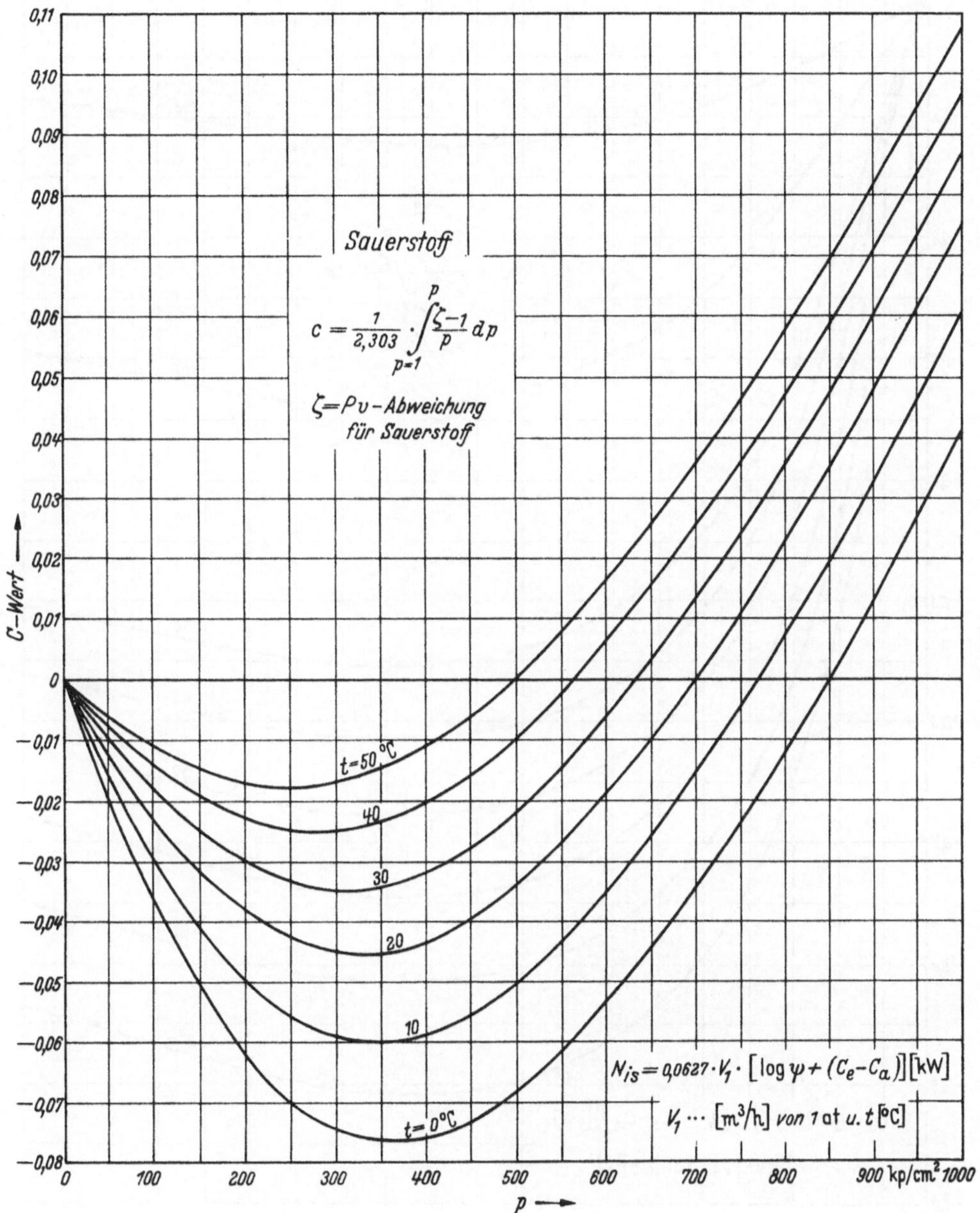

C-Werte zur Berechnung der isothermen Leistung für O_2

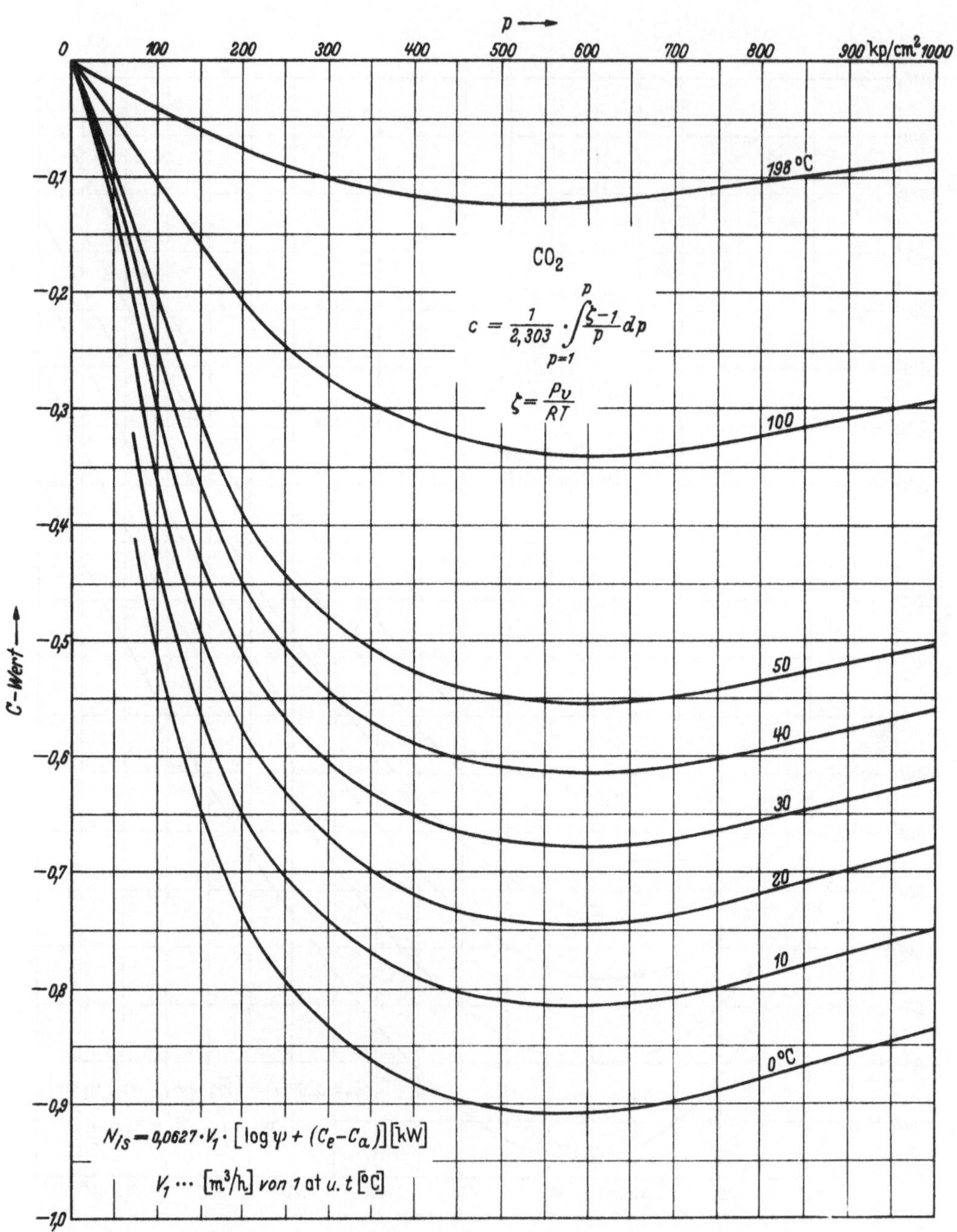

$$c = \frac{1}{2,303} \cdot \int\limits_{p=1}^{p} \frac{\zeta-1}{p}\,dp$$

$$\zeta = \frac{pv}{RT}$$

$$N_{is} = 0{,}0627 \cdot V_1 \cdot \left[\log \psi + (C_e - C_a) \right]\,[\text{kW}]$$

$$V_1 \cdots [\text{m}^3/\text{h}]\ \text{von 1 at u. } t\,[^{\circ}\text{C}]$$

C-Werte zur Berechnung der isothermen Leistung für CO₂

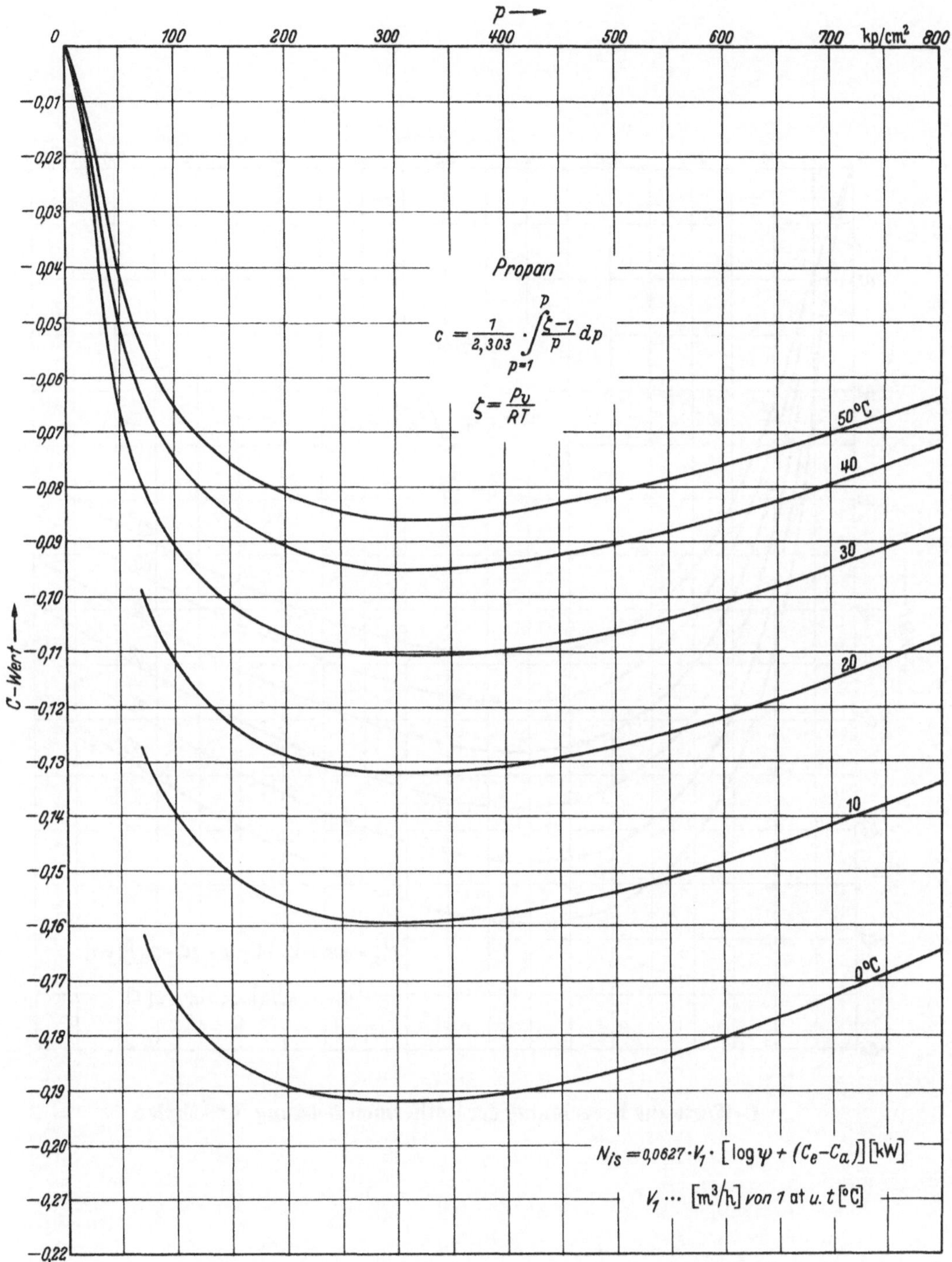

$$c = \frac{1}{2,303} \cdot \int\limits_{p=1}^{p} \frac{\zeta-1}{p}\, dp$$

$$\zeta = \frac{pv}{RT}$$

$$N_{is} = 0,0627 \cdot V_1 \cdot \left[\log \psi + (C_e - C_a)\right]\ [\text{kW}]$$

$$V_1 \cdots [\text{m}^3/\text{h}]\ \text{von 1 at u. } t\ [°\text{C}]$$

C-Werte zur Berechnung der isothermen Leistung für Propan

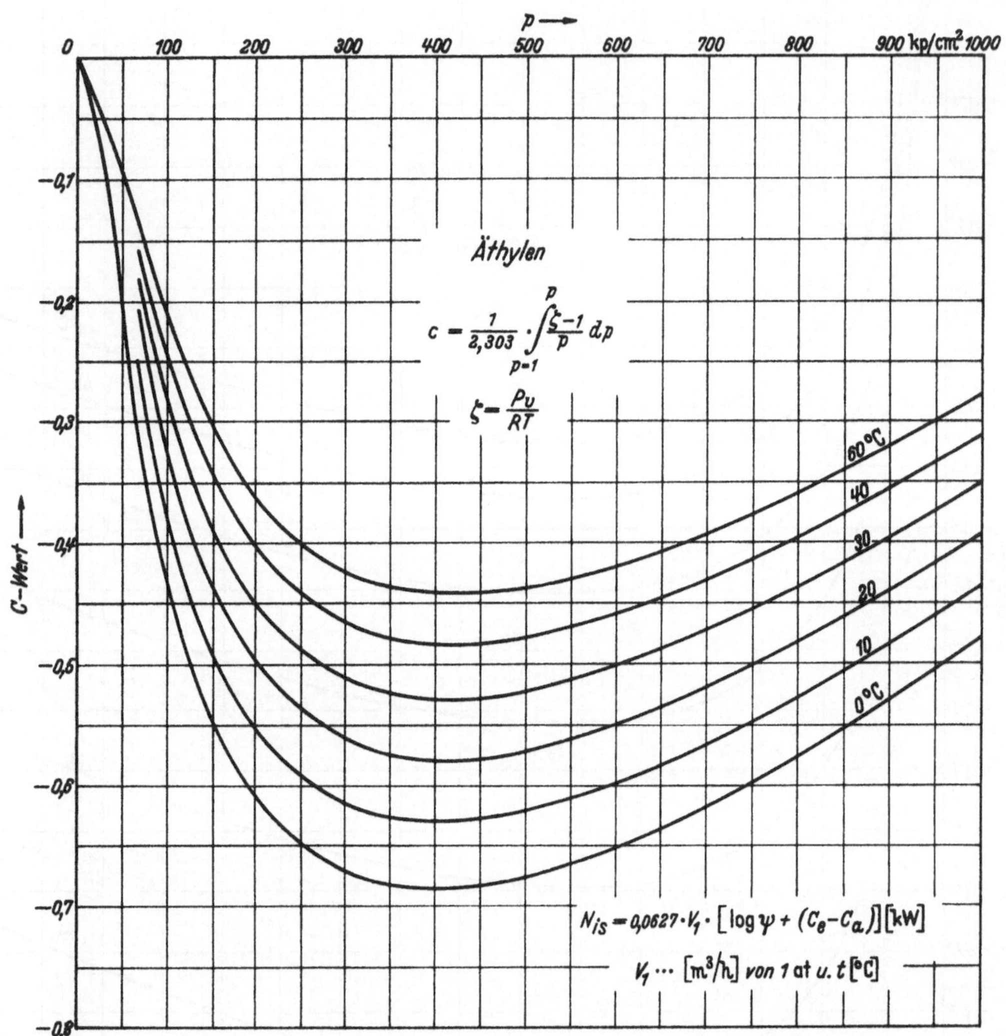

$$c = \frac{1}{2,303} \cdot \int\limits_{p=1}^{p} \frac{\zeta - 1}{p}\, dp$$

$$\zeta = \frac{p\, v}{R\, T}$$

$$N_{is} = 0,0627 \cdot V_1 \cdot \left[\log \psi + (C_e - C_a) \right]\, [\mathrm{kW}]$$

$$V_1 \cdots [\mathrm{m^3/h}] \; von \; 1 \, at \; u. \; t\,[^{\circ}C]$$

C-Werte zur Berechnung der isothermen Leistung für Äthylen

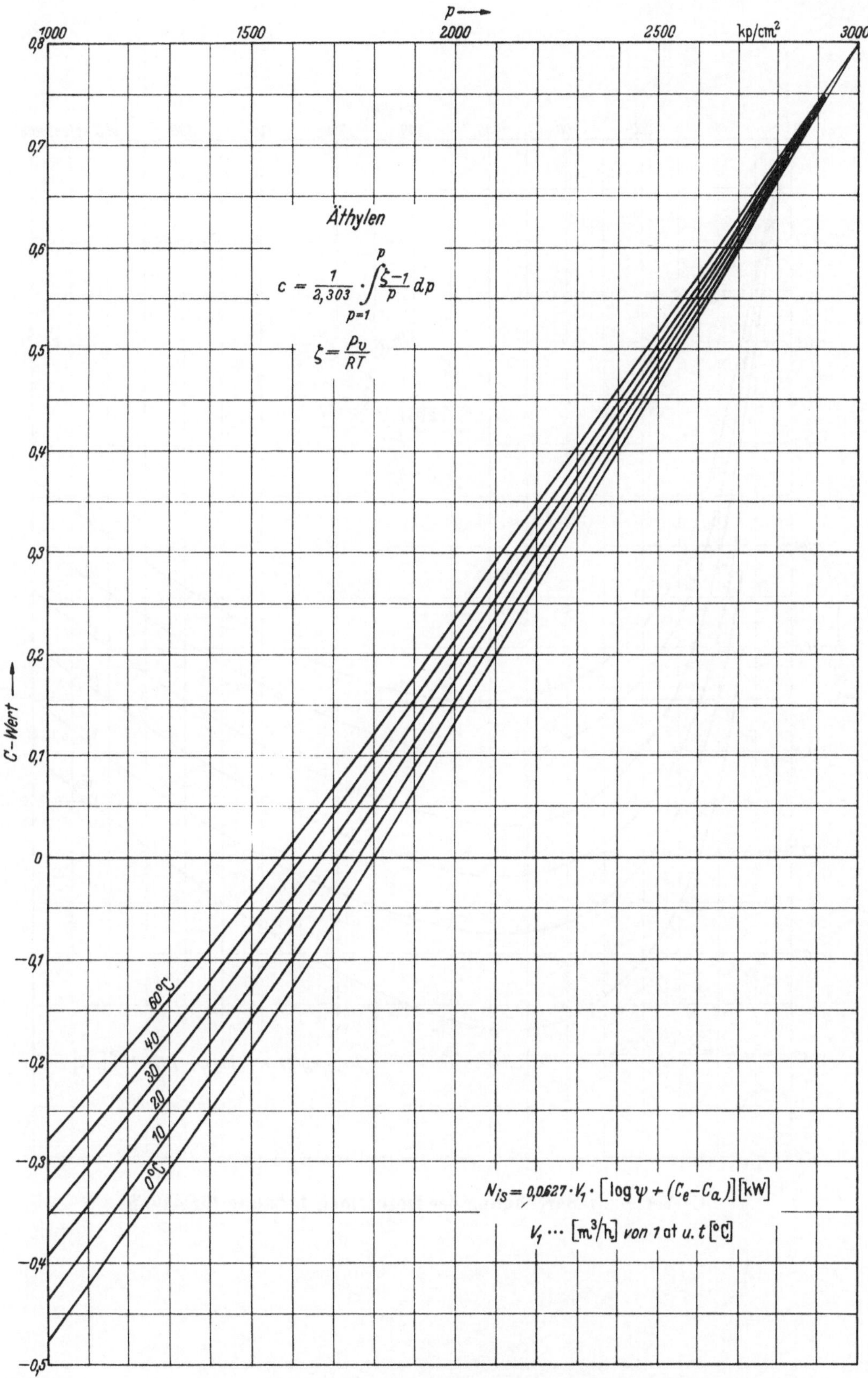

$$c = \frac{1}{2,303} \cdot \int_{p=1}^{p} \frac{\zeta - 1}{p}\, dp$$

$$\zeta = \frac{p_v}{RT}$$

$$N_{is} = 0{,}0627 \cdot V_1 \cdot \left[\log \psi + (C_e - C_a)\right]\ [\text{kW}]$$

$$V_1 \cdots [\text{m}^3/\text{h}]\ \text{von 1 at u. } t\ [^\circ C]$$

C-Werte zur Berechnung der isothermen Leistung für Äthylen

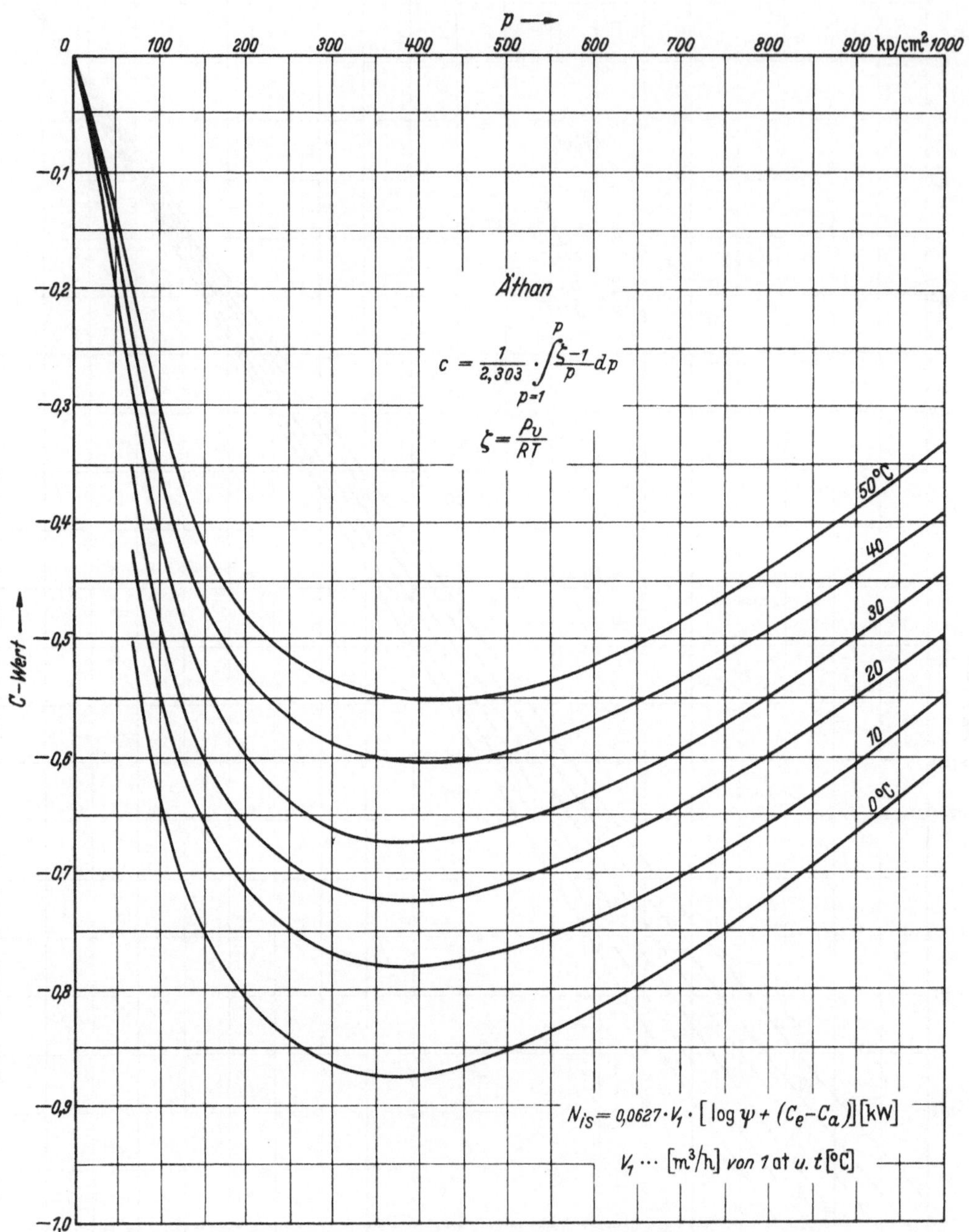

$$c = \frac{1}{2,303} \cdot \int\limits_{p=1}^{p} \frac{\zeta-1}{p}\,dp$$

$$\zeta = \frac{p\,v}{RT}$$

$$N_{is} = 0,0627 \cdot V_1 \cdot \left[\log \psi + (C_e - C_a)\right]\,[\text{kW}]$$

$$V_1 \cdots [\text{m}^3/\text{h}] \; von \; 1 \, at \; u. \; t\,[°C]$$

C-Werte zur Berechnung der isothermen Leistung für Äthan

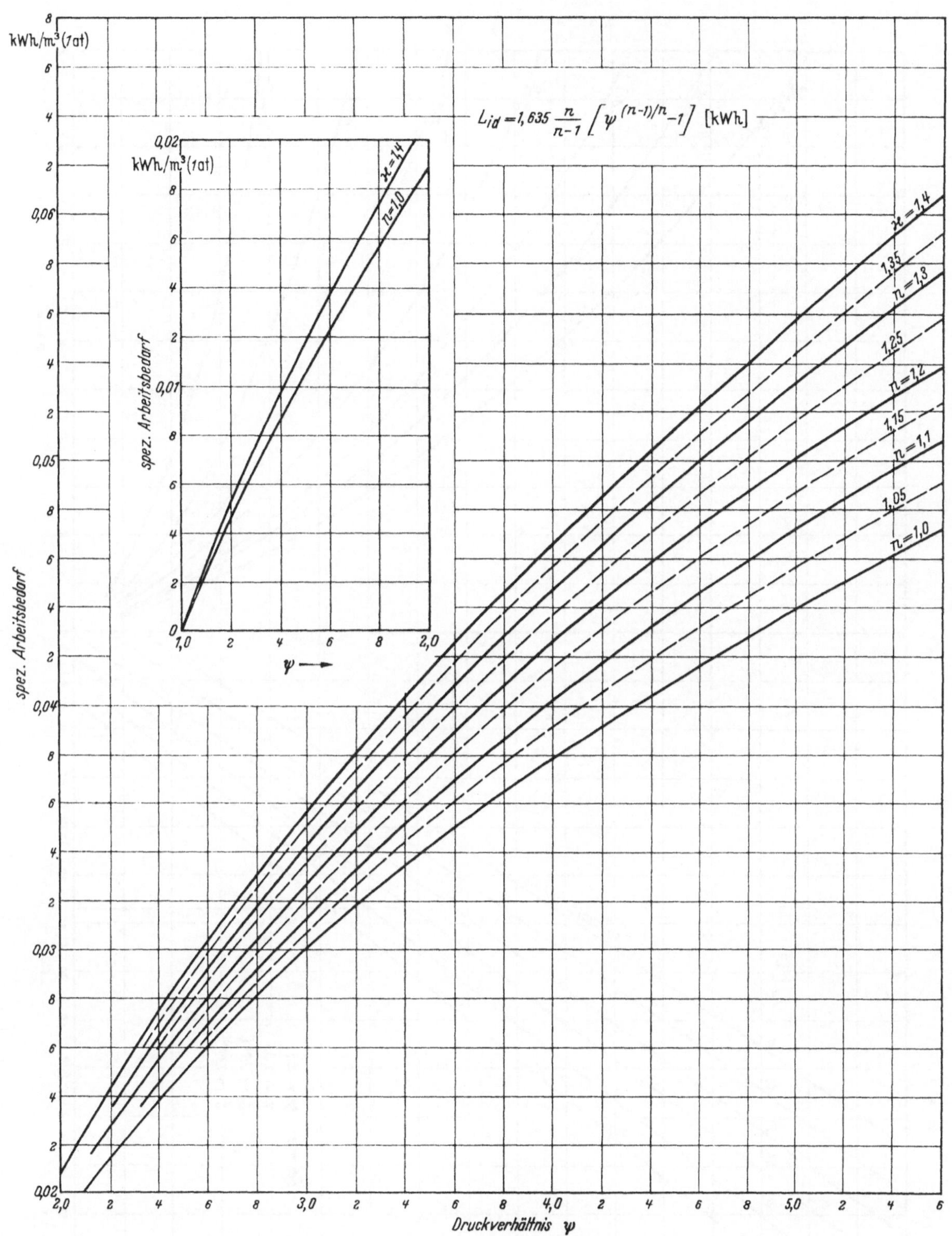

Spezifischer Arbeitsbedarf

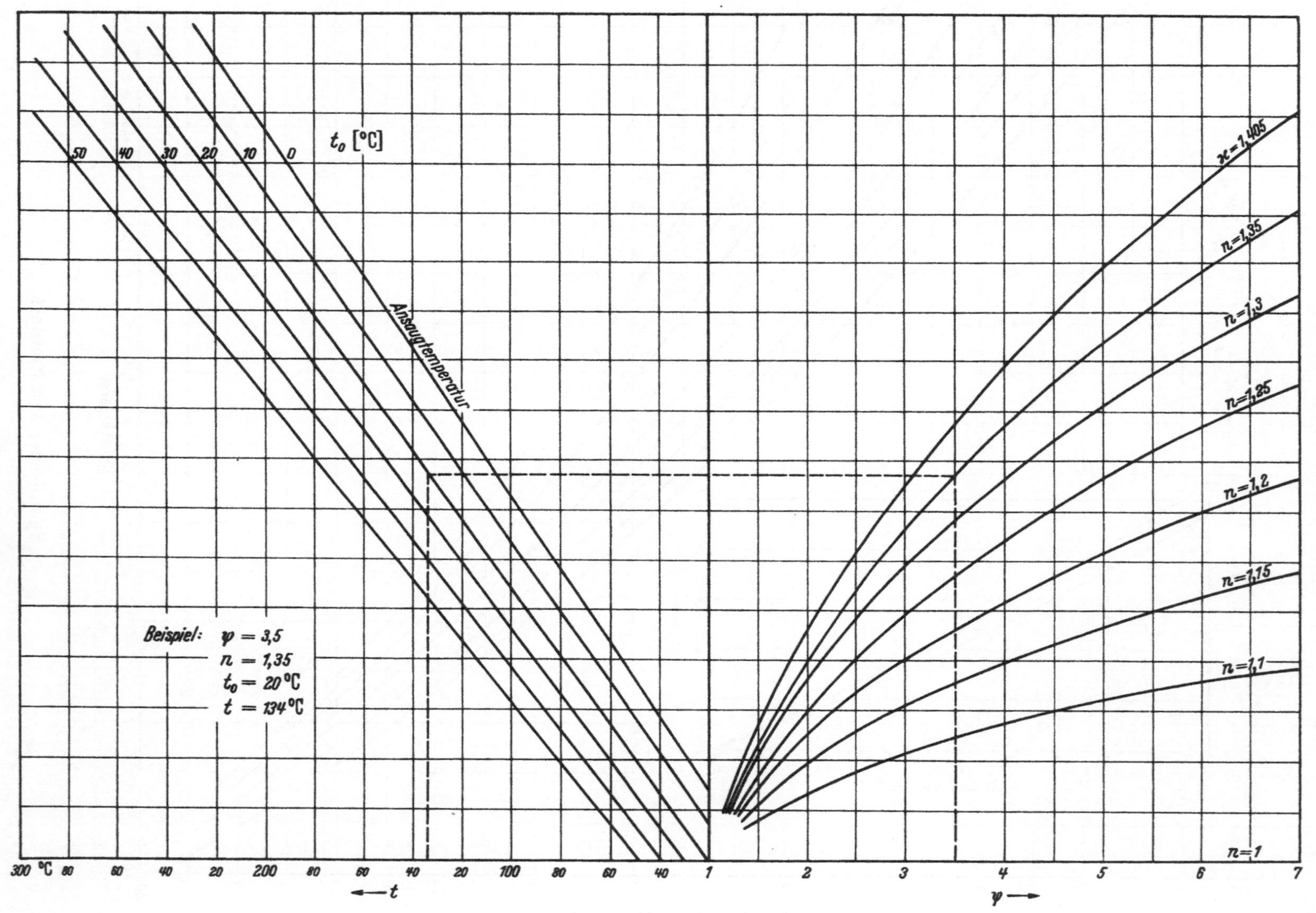

Verdichtungs-Endtemperaturen

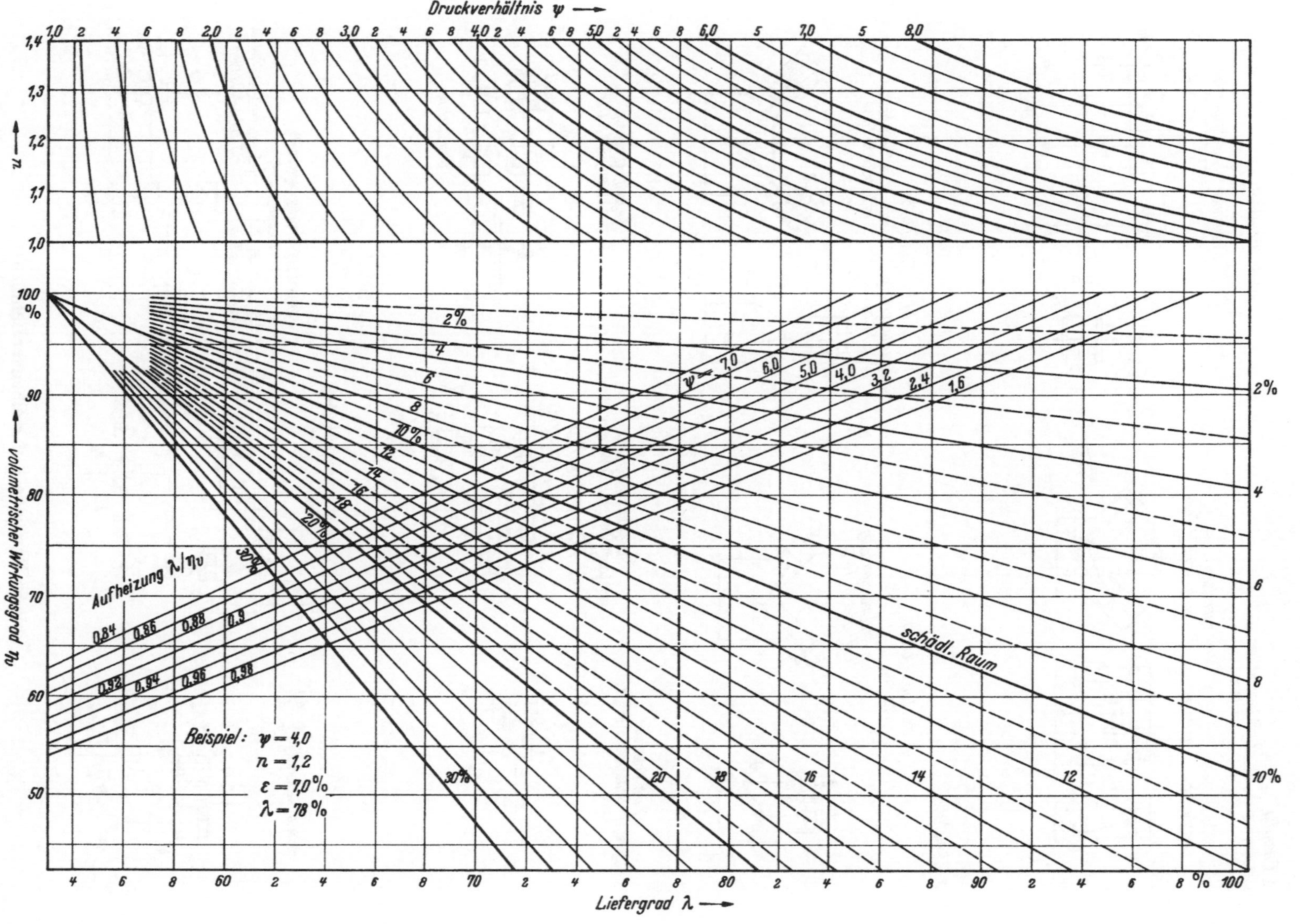

Druckverhältnis ψ
n
Volumetrischer Wirkungsgrad, Liefergrad
volumetrischer Wirkungsgrad ηv
Aufheizung λ/ηv
schädl. Raum
Liefergrad λ
Beispiel: ψ = 4,0
n = 1,2
ε = 1,0 %
λ = 78 %

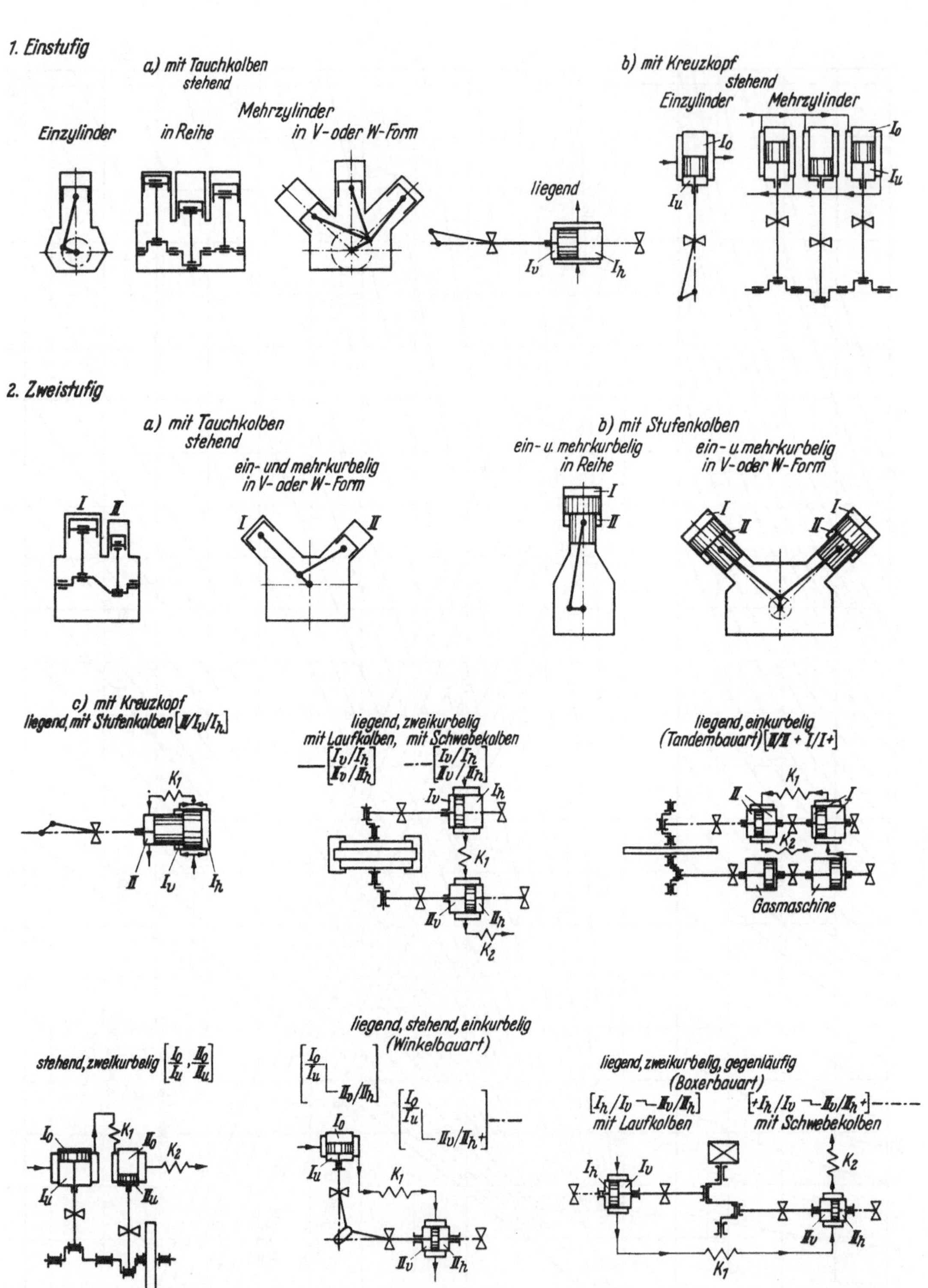

Übliche Bauarten von Kolbenverdichtern

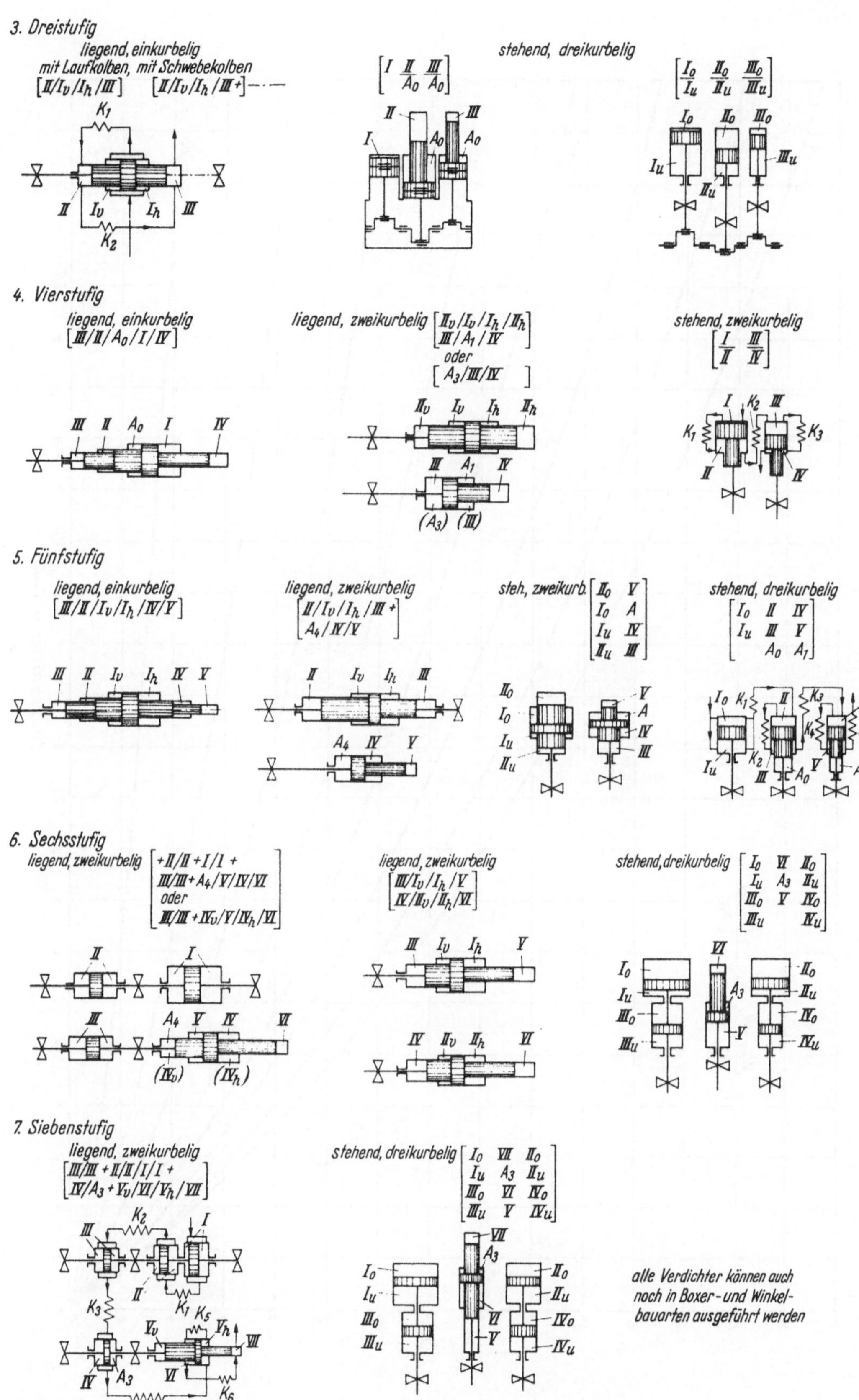

Übliche Bauarten von Kolbenverdichtern

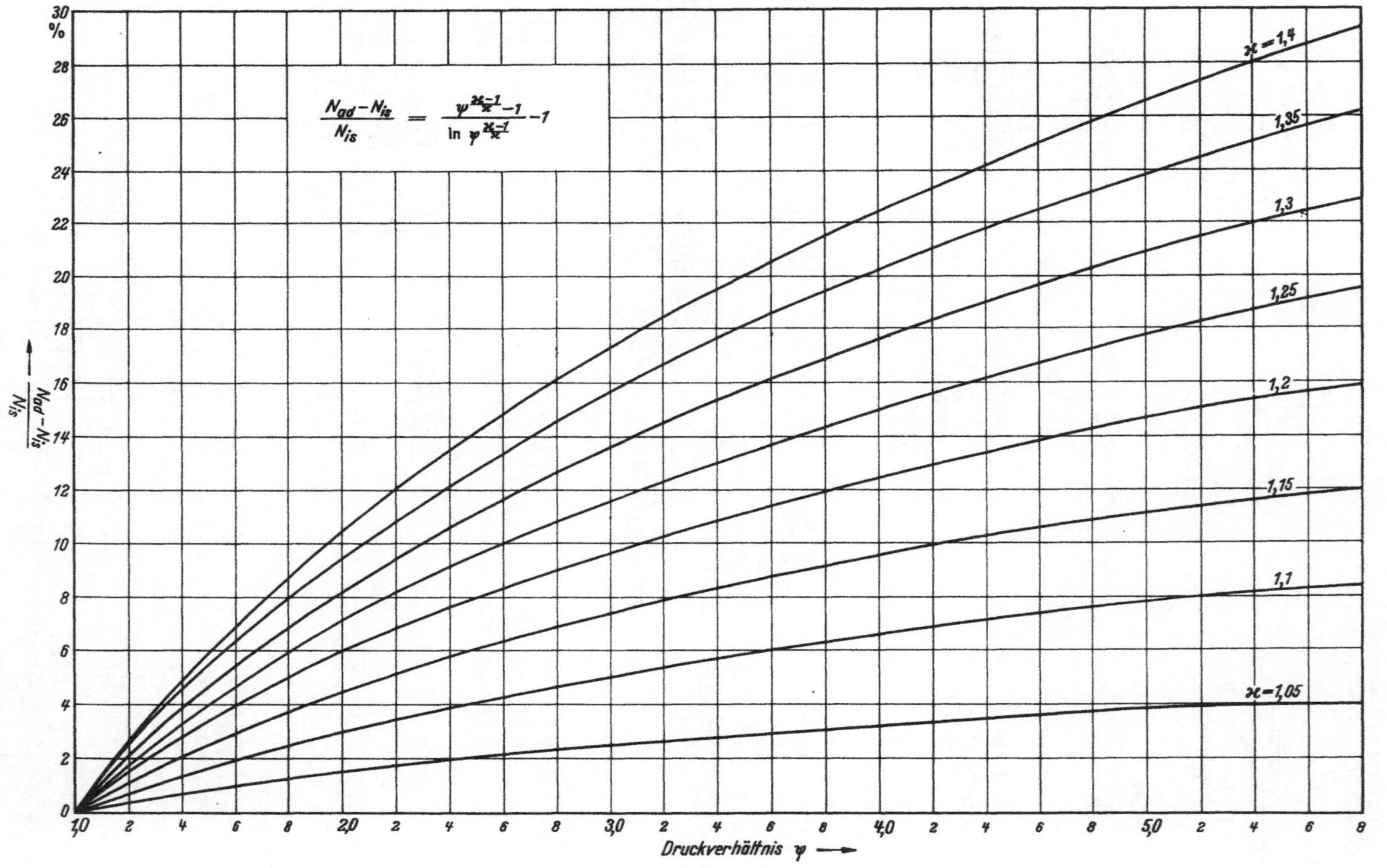

$$\frac{N_{ad} - N_{is}}{N_{is}} = \frac{\psi^{\frac{\varkappa-1}{\varkappa}} - 1}{\ln \psi^{\frac{\varkappa-1}{\varkappa}}} - 1$$

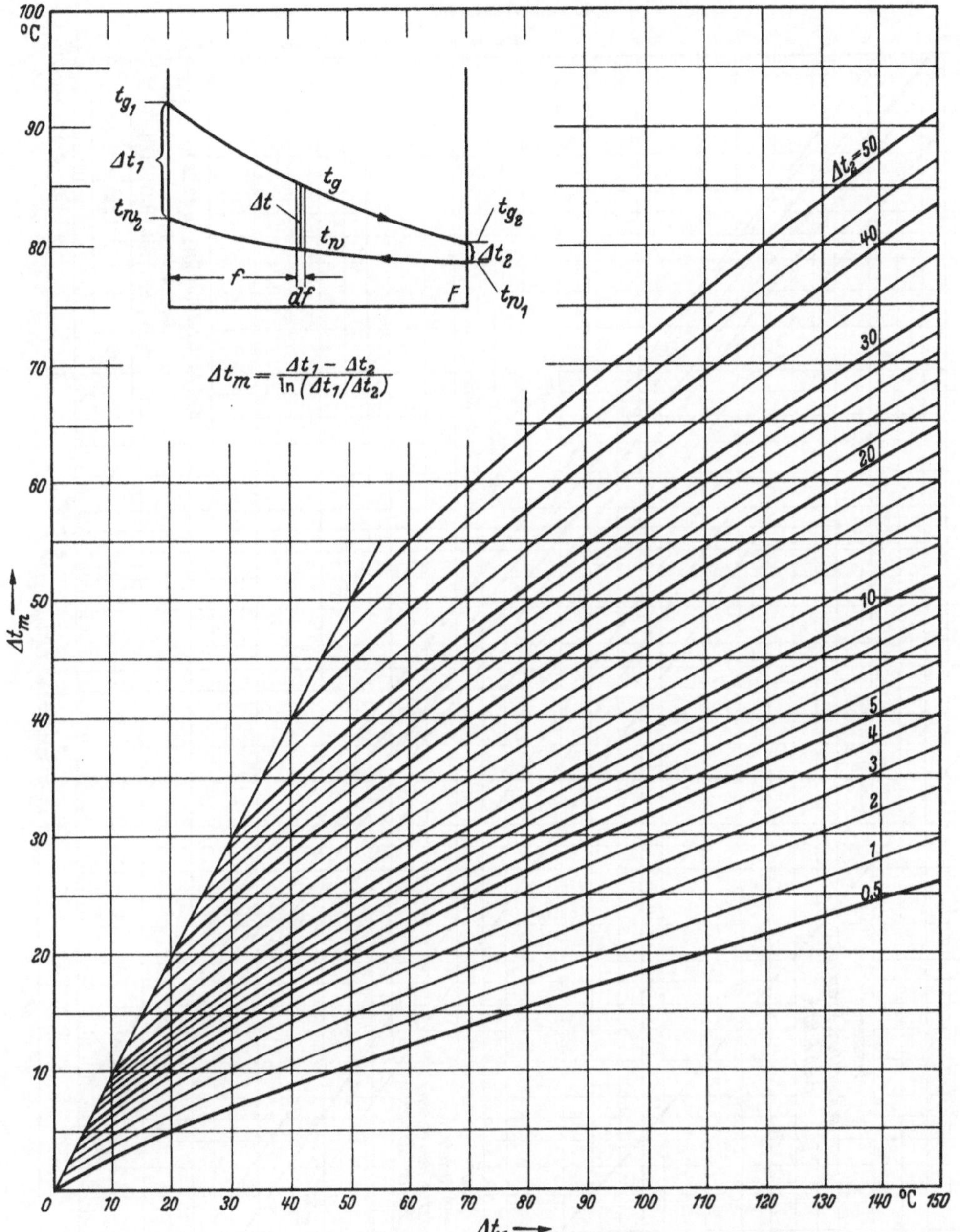

Mittleres Temperaturgefälle bei Gegenstrom

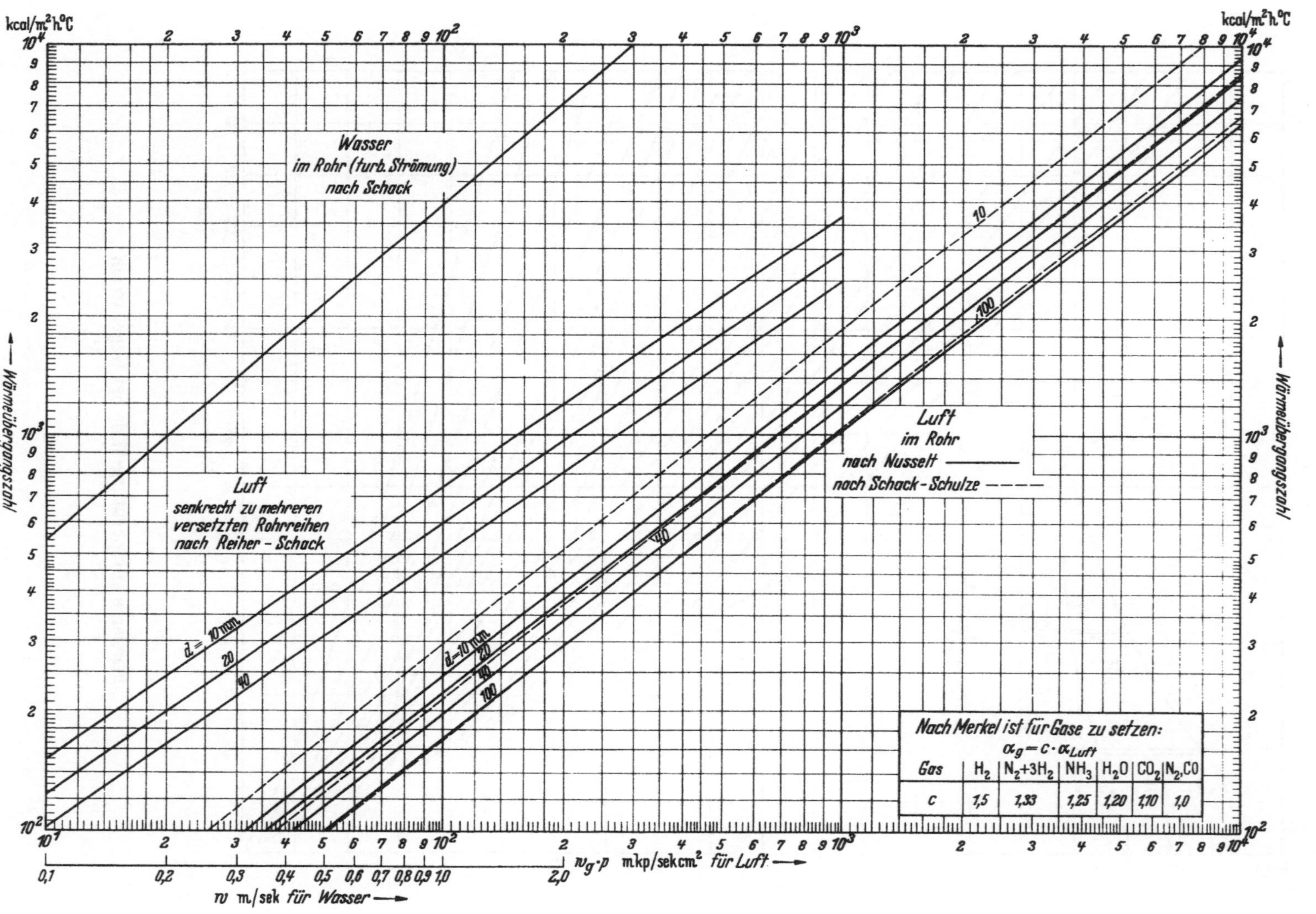

Wärmeübergangszahlen

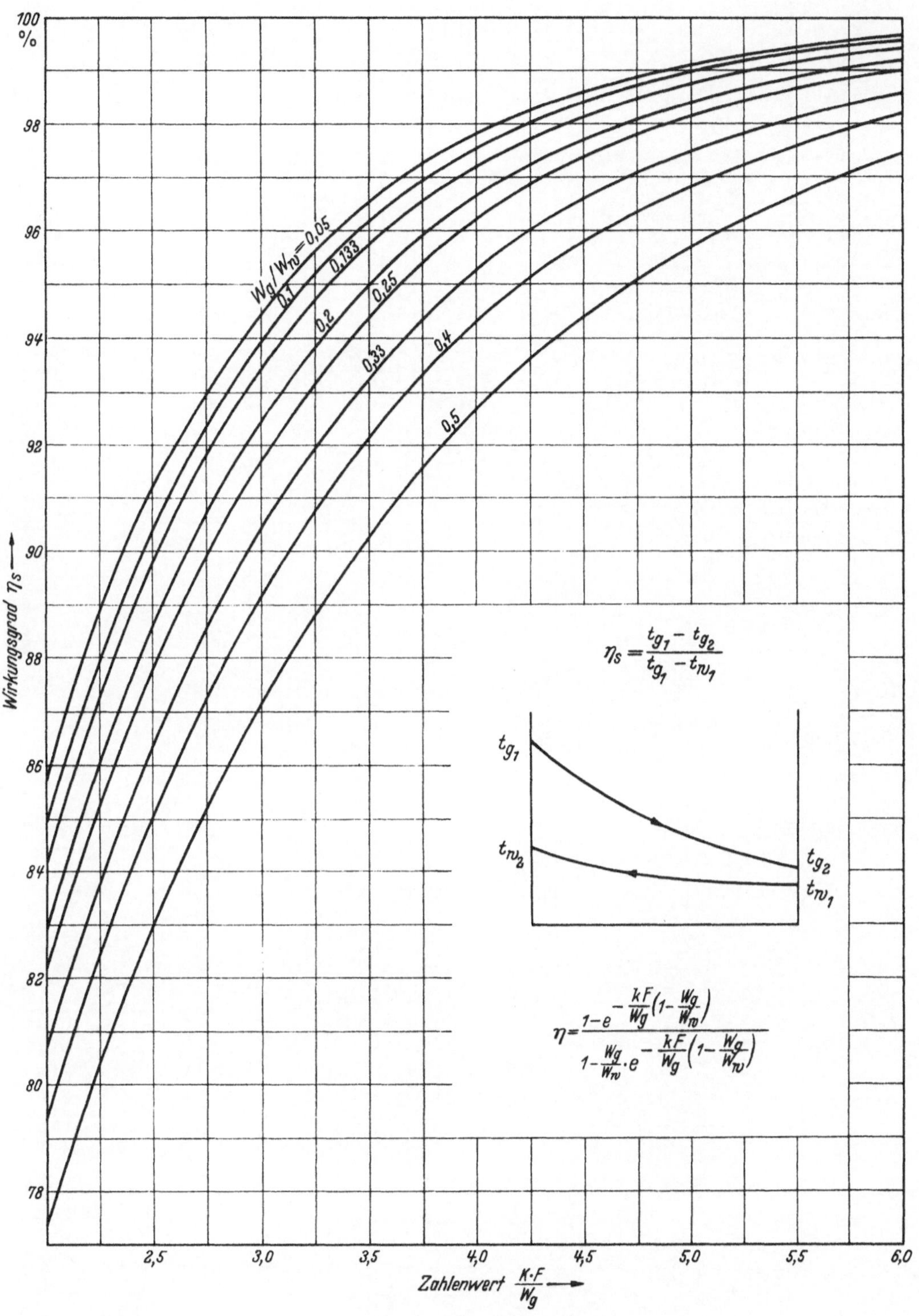

$$\eta_s = \frac{t_{g_1} - t_{g_2}}{t_{g_1} - t_{w_1}}$$

$$\eta = \frac{1 - e^{-\frac{kF}{Wg}\left(1 - \frac{Wg}{Ww}\right)}}{1 - \frac{Wg}{Ww} \cdot e^{-\frac{kF}{Wg}\left(1 - \frac{Wg}{Ww}\right)}}$$

Kühlerwirkungsgrad

Berichtigungen

S. 13, Abb. 2 und im 3. Absatz: statt c_p **lies** C_p in kcal/Nm³

S. 21, Mitte: Die obere Integrationsgrenze lautet

$$\text{nicht} \quad \int^{d=p} \quad \cdot \quad \text{sondern} \quad \int^{p=p}$$

S. 25, oben: statt 2. $m < x$ **lies** 2. $m > x$

S. 28, 1. Zeile v. u. statt (> 200 Upm) **lies** (< 200 Upm)

S. 37, Abb. 22a: Für die Bezeichnung der Ordinate gilt "p" und nicht "t"

S. 48, Tabelle 3: Die Gestängekraft ist nicht in kg, sondern in kp angegeben

S. 49, im Rechnungsbeispiel oben: statt 931 kW **lies** $N_{is} = 391$ kW

S. 49, Tabelle 4: Die Gestängekraft ist nicht in t, sondern in Mp angegeben

S. 50/51, Tabelle 5: Die Stangenkraft nach vorn und nach hinten ist nicht in t, sondern in Mp angegeben. Desgleichen sind im Rechnungsbeispiel auf S. 50 die Gestängekräfte nicht in t, sondern in Mp angegeben

S. 57, Abb. 32, Legende zu a: statt Windkanal **lies** Windkessel

S. 94, Gl. 96: statt $W_N^{0,69}$ **lies** $w_N^{0,69}$

S. 120: In den Gleichungen für den Schwingungsausschlag a, die zusätzliche Federkraft P_z und den Erschütterungsbeiwert f_1 lautet der Ausdruck im Nenner

$$\text{nicht} \quad \sqrt{\omega_e^2 - \omega_m^2 + \cdots} \quad \text{sondern} \quad \sqrt{(\omega_e^2 - \omega_m^2)^2 + \cdots}$$

S. 143, Tabelle 13: Die Motorleistung ist in kW angegeben

S. 160, 3. Zeile v. u.: statt Massenkräfte **lies** Massenmomente